西北旱区生态水利学术著作丛书

水工建筑物安全与管理

杨 杰 胡德秀 程 琳 马春辉 编著

科 学 出 版 社

北 京

内 容 简 介

水利工程中各种水工建筑物所处的环境和工作条件十分复杂,运行过程中受到诸多不确定性因素的影响,使得水工建筑物的安全与管理面临巨大挑战。本书围绕水工建筑物安全与管理的相关要求、法律法规、维护修理、安全巡视检查、无损检测、安全监测、管理信息化等内容,系统梳理并论述水利工程中不同类型水工建筑物的安全与管理问题,提出相应的安全鉴定、隐患探测、分析方法和工程处理措施,既有理论探索,又紧密结合工程实际,对水利工程的设计、施工、运行管理和维护修复等,均有较强的指导意义。

本书可供水利工程、水电工程、农业工程、土木工程和工程管理等领域从事科学研究、工程设计、工程施工和运行管理工作的技术人员参考,也可作为高等院校水利水电工程等专业师生的参考用书。

图书在版编目(CIP)数据

水工建筑物安全与管理/杨杰等编著. —北京:科学出版社,2022.3
(西北旱区生态水利学术著作丛书)
ISBN 978-7-03-071032-1

Ⅰ. ①水… Ⅱ. ①杨… Ⅲ. ①水工建筑物—安全管理—研究
Ⅳ. ①TV6

中国版本图书馆 CIP 数据核字(2021)第 268826 号

责任编辑:祝 洁 罗 瑶 / 责任校对:崔向琳
责任印制:张 伟 / 封面设计:迷底书装

科学出版社 出版
北京东黄城根北街 16 号
邮政编码:100717
http://www.sciencep.com

北京中石油彩色印刷有限责任公司 印刷
科学出版社发行 各地新华书店经销
*
2022 年 3 月第 一 版 开本:720×1000 1/16
2022 年 3 月第一次印刷 印张:21
字数:415 000
定价:198.00 元
(如有印装质量问题,我社负责调换)

《西北旱区生态水利学术著作丛书》学术委员会

《西北旱区生态水利学术著作丛书》编写委员会

总 序 一

水资源作为人类社会赖以延续发展的重要要素之一，主要来源于以河流、湖库为主的淡水生态系统。这个占据着少于 1%地球表面的重要系统虽仅容纳了地球上全部水量的 0.01%，但却给全球社会经济发展提供了十分重要的生态服务，尤其是在全球气候变化的背景下，健康的河湖及其完善的生态系统过程是适应气候变化的重要基础，也是人类赖以生存和发展的必要条件。人类在开发利用水资源的同时，对河流上下游的物理性质和生态环境特征均会产生较大影响，从而打乱了维持生态循环的水流过程，改变了河湖及其周边区域的生态环境。如何维持水利工程开发建设与生态环境保护之间的友好互动，构建生态友好的水利工程技术体系，成为传统水利工程发展与突破的关键。

构建生态友好的水利工程技术体系，强调的是水利工程与生态工程之间的交叉融合，由此生态水利工程的概念应运而生，这一概念的提出是新时期社会经济可持续发展对传统水利工程的必然要求，是水利工程发展史上的一次飞跃。作为我国水利科学的国家级科研平台，西北旱区生态水利工程省部共建国家重点实验室培育基地(西安理工大学)是以生态水利为研究主旨的科研平台。该平台立足我国西北旱区，开展旱区生态水利工程领域内基础问题与应用基础研究，解决若干旱区生态水利领域内的关键科学技术问题，已成为我国西北地区生态水利工程领域高水平研究人才聚集和高层次人才培养的重要基地。

《西北旱区生态水利学术著作丛书》作为重点实验室相关研究人员近年来在生态水利研究领域内代表性成果的凝炼集成，广泛深入地探讨了西北旱区水利工程建设与生态环境保护之间的关系与作用机理，丰富了生态水利工程学科理论体系，具有较强的学术性和实用性，是生态水利工程领域内重要的学术文献。丛书的编纂出版，既是对重点实验室研究成果的总结，又对今后西北旱区生态水利工程的建设、科学管理和高效利用具有重要的指导意义，为西北旱区生态环境保护、水资源开发利用及社会经济可持续发展中亟待解决的技术及政策制定提供了重要的科技支撑。

中国科学院院士 王光谦

2016 年 9 月

总 序 二

近 50 年来全球气候变化及人类活动的加剧,影响了水循环诸要素的时空分布特征,增加了极端水文事件发生的概率,引发了一系列社会-环境-生态问题,如洪涝、干旱灾害频繁,水土流失加剧,生态环境恶化等。这些问题对于我国生态本底本就脆弱的西北地区而言更为严重,干旱缺水(水少)、洪涝灾害(水多)、水环境恶化(水脏)等严重影响着西部地区的区域发展,制约着西部地区作为"一带一路"桥头堡作用的发挥。

西部大开发水利要先行,开展以水为核心的水资源-水环境-水生态演变的多过程研究,揭示水利工程开发对区域生态环境影响的作用机理,提出水利工程开发的生态约束阈值及减缓措施,发展适用于我国西北旱区河流、湖库生态环境保护的理论与技术体系,确保区域生态系统健康及生态安全,既是水资源开发利用与环境规划管理范畴内的核心问题,又是实现我国西部地区社会经济、资源与环境协调发展的现实需求,同时也是对"把生态文明建设放在突出地位"重要指导思路的响应。

在此背景下,作为我国西部地区水利学科的重要科研基地,西北旱区生态水利工程省部共建国家重点实验室培育基地(西安理工大学)依托其在水利及生态环境保护方面的学科优势,汇集近年来主要研究成果,组织编纂了《西北旱区生态水利学术著作丛书》。该丛书兼顾理论基础研究与工程实际应用,对相关领域专业技术人员的工作起到了启发和引领作用,对丰富生态水利工程学科内涵、推动生态水利工程领域的科技创新具有重要指导意义。

在发展水利事业的同时,保护好生态环境,是历史赋予我们的重任。生态水利工程作为一个新的交叉学科,相关研究尚处于起步阶段,期望以该丛书的出版为契机,促使更多的年轻学者发挥其聪明才智,为生态水利工程学科的完善、提升做出自己应有的贡献。

中国工程院院士　王超

2016 年 9 月

总　序　三

我国西北干旱地区地域辽阔、自然条件复杂、气候条件差异显著、地貌类型多样，是生态环境最为脆弱的区域。20 世纪 80 年代以来，随着经济的快速发展，生态环境承载负荷加大，遭受的破坏亦日趋严重，由此导致各类自然灾害呈现分布渐广、频次显增、危害趋重的发展态势。生态环境问题已成为制约西北旱区社会经济可持续发展的主要因素之一。

水是生态环境存在与发展的基础，以水为核心的生态问题是环境变化的主要原因。西北干旱生态脆弱区由于地理条件特殊，资源性缺水及其时空分布不均的问题同时存在，加之水土流失严重导致水体含沙量高，对种类繁多的污染物具有显著的吸附作用。多重矛盾的叠加，使得西北旱区面临的水问题更为突出，急需在相关理论、方法及技术上有所突破。

长期以来，在解决如上述水问题方面，通常是从传统水利工程的逻辑出发，以人类自身的需求为中心，忽略甚至破坏了原有生态系统的固有服务功能，对环境造成了不可逆的损伤。老子曰"人法地，地法天，天法道，道法自然"，水利工程的发展绝不应仅是工程理论及技术的突破与创新，而应调整以人为中心的思维与态度，遵循顺其自然而成其所以然之规律，实现由传统水利向以生态水利为代表的现代水利、可持续发展水利的转变。

西北旱区生态水利工程省部共建国家重点实验室培育基地(西安理工大学)从其自身建设实践出发，立足于西北旱区，围绕旱区生态水文、旱区水土资源利用、旱区环境水利及旱区生态水工程四个主旨研究方向，历时两年筹备，组织编纂了《西北旱区生态水利学术著作丛书》。

该丛书面向推进生态文明建设和构筑生态安全屏障、保障生态安全的国家需求，瞄准生态水利工程学科前沿，集成了重点实验室相关研究人员近年来在生态水利研究领域内取得的主要成果。这些成果既关注科学问题的辨识、机理的阐述，又不失在工程实践应用中的推广，对推动我国生态水利工程领域的科技创新，服务区域社会经济与生态环境保护协调发展具有重要的意义。

中国工程院院士　胡春宏

2016 年 9 月

前　言

我国水资源和水能资源均十分丰富，其中水能资源蕴藏量和技术可开发量均居世界首位，水能资源逐渐成为促进我国社会经济发展的重要清洁能源基础。新中国成立以来，尤其是 20 世纪 90 年代以来，我国的水利设施建设取得突飞猛进的发展，水利工程建设处于世界领先地位，先后建成长江三峡工程、黄河小浪底水利枢纽工程、拉西瓦水电站、南水北调东线工程、南水北调中线工程、二滩水电站、水布垭水电站和锦屏一级水电站等大型水利水电枢纽工程，各类中小型水库大坝工程更是星罗棋布，数量已近 10 万座。这些工程在防洪、发电、灌溉、供水、航运和改善生态环境等方面发挥了极其重要的作用，为国民经济发展和保障人民群众的生命财产安全做出重要贡献。

然而，在我国水利工程建设高速发展的同时，也应该清醒地认识到，目前我国相当一部分水利工程已建成并运行数十年以上，受各种因素的影响，水利工程安全事故(包括溃坝)时有发生，水工建筑物，尤其是大坝失事带来的灾害损失十分惨重。水库大坝安全运行与管理维护的任务十分艰巨，相关理论方法和管理技术的研究亟待加强。

本书围绕水利工程中各类水工建筑物的安全运行与管理维护问题，以土石坝、混凝土坝等挡水建筑物和溢洪道、隧洞等泄水与输水建筑物为主要研究对象，系统论述水工建筑物隐患分析、病害检测、安全巡视检查和大坝安全性态综合评判的理论方法，可为水工建筑物的运行维护、安全监测、安全鉴定和除险加固等工作提供理论与技术指导。首先，概述水利工程安全与管理相关的基本概念和法律法规；其次，详细论述土石坝、混凝土坝、浆砌石坝、输水隧洞、涵管(洞)、渡槽、倒虹吸管、渠道和溢洪道运行中的常见病害及其处理方法，以及水利工程安全巡视检查与水工建筑物无损检测的内容和方法；再次，着重论述水工建筑物安全监测的方法、内容及相关设施，并介绍常用的安全监测数据分析、监控指标拟定的理论方法；最后，阐述水库大坝安全鉴定、安全性态综合评判及水库大坝安全监测管理信息系统的相关内容。

本书由西安理工大学杨杰、胡德秀、程琳、马春辉共同撰写。博士研究生李斌、仝飞、冉蠢、屈旭东、张安安和硕士研究生郑程之、王浩多、侯恒、秦全乐、顾中明、郭盼等在书稿整理、插图绘制等方面做了大量工作。各章具体分工如下：第 1~2 章由杨杰、马春辉撰写，李斌、郑程之整理；第 3~5 章由杨杰、程琳撰写，冉蠡、王浩多整理；第 6～8 章由杨杰、程琳、马春辉撰写，屈旭东、侯恒整理；第 9～10 章由程琳、胡德秀撰写，张安安、顾中明整理；第 11 章由胡德秀、程琳撰写，郭盼整理；第 12 章由杨杰、胡德秀撰写，仝飞、秦全乐整理。

　　本书出版受到国家自然科学基金项目"大坝安全监控的不确定性理论与分析方法研究"(50779051)、"黄河上游梯级水库群若干生态环境风险的分析方法与模型"(41301597)和"环境激励下水工混凝土结构的在线健康监测方法研究"(51409205)，陕西省自然科学基础研究计划重点项目"高陡边坡施工期及运行期变形机理与安全性态智能馈控研究"(2018JZ5010)，陕西省自然科学基础研究计划企业联合基金项目"黄金峡枢纽工程库岸高边坡变形机理及安全监测动态反馈分析研究"(2019JLM-55)，陕西省水利厅科技计划项目"混凝土坝蓄水期安全性态综合评判与实时监控模型研究"(2018SLKJ-5)，以及"丹凤水库群大坝安全性态研究""临潼南刘等四水库群除险加固""靖边县坪庄、五舍、鸦巷、神水沟等四座抗旱水源工程勘测设计"等十多项课题的联合资助，在此谨对各项目管理部门和相关单位表示衷心的感谢！

　　本书撰写过程中参考了大量文献，谨对所有作者致以诚挚的谢意！

　　限于作者的水平和认识，书中疏漏或不足之处难免，请广大读者批评指正！

目　录

第1章 绪 论

1.1 概 述

管理学是一门综合性的交叉学科，是系统研究管理活动基本规律和一般方法的科学。管理学是适应现代社会化大生产的需要而产生的，主要研究内容是在现有条件下，如何通过合理地组织和配置人、财、物等相关因素进一步提高生产力水平。

1.1.1 管理和公共管理

1. 管理的含义

管理是管理者为有效地达到组织目标，对组织资源和组织活动有意识、有组织、不断进行的协调活动。这个概念包含以下4层含义。

(1) 管理是一种有意识、有组织的群体活动。

(2) 管理是一个动态的协调过程。

(3) 管理的目的在于有效地达到组织目标，提高组织活动的成效。

(4) 管理的对象是组织资源和组织活动。

管理作为一种特殊的实践活动，具有二重性、科学性和艺术性(焦强等，2005)。信息由数据生成，是数据经过加工处理后得到的，如报表、账册和图纸等。信息用于反映客观事物的规律，从而为管理工作提供依据。有用信息必须具有高质量、及时性和完全性。

2. 公共管理及其相关概念

公共管理是指以政府为核心的公共部门处理公共事务、提供公共物品和服务的活动。公共管理中的两个重要概念是公共物品和公共事务(李军鹏，2005)。公共管理的直接对象是各类公共事务。公共事务涉及的范围极为广泛，从人到物，从有形的制度到无形的精神，可以说无所不在。公共事务的广泛性与公共领域的广阔和公共管理活动的宽泛是一致的(胡象明，2006)。

公共管理与私人管理有许多相似之处，它们均包含合作团体的活动，而且所有的大组织都必须履行一般的管理职能，如计划、组织、人事和预算等。但公共管理在许多重要方面与私人管理存在差别，主要表现在以下4个方面。

(1) 公共管理与私人管理的使命不同。

(2) 与私人管理相比，公共管理的效率意识不强。

(3) 与私人管理相比，公共部门尤其是政府管理更强调责任。

(4) 就人事管理方面而言，公共组织尤其是政府中的人事管理系统更加复杂和严格。

1.1.2　水利工程安全与管理

1.1.2.1　水利工程安全与管理的概念及特点

1. 水利工程安全与管理的概念

所谓水利工程安全与管理，是指以国家的法律、法规、技术标准和施工企业的标准及制度为依据，采取各种手段，对水利工程生产的安全状况，实施有效制约的一切活动，是管理者对安全生产进行建章立制、计划、组织、指挥、协调和控制的一系列活动(丛杨，2012)。

水利工程安全与管理是水利工程管理的一个重要部分，其目的是保护职工在生产过程中的安全与健康，保障职工的人身与财产安全。水利工程安全与管理是从图纸设计就启动的管理工作，它贯穿水利工程施工的整个过程(石自堂，2009)，其基本环节是：①制定安全管理总目标；②建立管理团队、管理制度和相关预算；③计划宣布、细则制定和宣传教育；④日常执行与监督检查；⑤及时处理与总结经验；⑥成果验收。

2. 水利工程安全与管理的特点

水利工程安全与管理的特点体现在以下 8 个方面。

(1) 产品的固定性。水工建筑物作为水利工程产品，一般就地施工，具有不可移动性，这是不同于其他产品的根本特点。水利工程的一切生产活动都围绕建筑物进行，这就需要在有限的场地上集中大量的工人、建筑材料、设备和机具进行作业。作业环境和各种作业的重叠和交叉，造成现场的安全问题异常复杂(赵登贵，2011)。

(2) 生产的流动性。生产是流动的，各工种的工人在一个水利工程的各个分部流动，工人在一个工地范围的各项施工对象之间流动。同时，施工队伍从一个工地转移到另一个工地，从一个建设区域转移到另一个建设区域，形成生产和人员的大量流动，若安全教育与培训活动未能及时开展，易造成安全隐患，因此安全形势不容乐观(李胜利，2009)。

(3) 产品的单件性。水利工程中水工建筑物的使用功能多种多样，其建筑类型也不同。另外，即使是使用功能、建筑类型相同，不同地区、不同条件下的建筑产品也有差异。建筑产品生产的单件性决定了安全管理的多变性。

(4) 水利工程涉及面广、综合性强。从建筑业角度来看,水利工程施工是多工种的综合作业;从外部角度来看,通常需要专业化企业、材料供应、运输、公共事业和劳动部门等方面的配合和协作。多工种、多部门的协同作业造成安全生产的可变因素非常多,若组织、协调差,极易出现安全问题。

(5) 水利工程施工的条件差异大、可变因素多。水利工程施工的自然条件(地形、地质、水文和气候等)、技术条件(结构类型、技术要求、施工水平、材料和半成品质量等)及社会条件(物资供应、运输、专业化和协作条件等)常常有很大差别,造成生产的预见性、可控性差(张军,2010)。

(6) 生产周期长、露天作业多、受自然气候条件影响大。一个水利工程项目施工周期短则一两年,长则十几年甚至几十年,而且大多是露天施工。施工队伍面临酷暑严寒、风吹日晒、劳动条件差等挑战。因此,劳动保护是多层次并随季节而变化的。

(7) 立体交叉施工、高空地下作业多。在水利工程施工中,由于多工种混合作业,往往需要立体交叉进行,组织比较复杂。此外,建筑物多从低到高建设,地下作业和高空作业都较多,施工的危险程度较大,若各工种之间的协调与配合不当,易造成意外伤害事故。

(8) 手工操作、劳动繁重、体力消耗大。建筑业有些工种至今仍是手工劳动,如砌砖工、抹灰工、架子工、钢筋工和管工等都要从事繁重的体力劳动。

1.1.2.2 水利工程安全与管理的基本要求

水是人类生产和生活必不可少的宝贵资源,但其自然状态并不完全符合人类需求。只有修建水利工程,才能调控水流,防止洪涝灾害,进行水量的调节和分配,满足人民生产和生活对水资源的需要。水利工程用于控制和调配自然界的地表水和地下水,是为了除害兴利而修建的工程,也可称之为水工程。

水利工程建成后,必须通过全面有效的管理,才能实现预期的工程效益,并验证工程规划与设计的合理性。水利工程管理的根本任务是利用工程措施,对天然径流进行实时时空再分配,即合理调度,以适应人类生产、生活和自然生态的需求(李石等,1991)。水工建筑物是水利工程管理中的核心对象,其管理目的、管理要求、管理内容均应符合水利工程管理要求。水工建筑物管理的目的在于保持建筑物和设备处于良好的技术状况,正确使用工程设施,调度水资源,充分发挥工程效益,防止工程事故发生。因为水工建筑物管理种类繁多,功能和作用不尽相同,所处客观环境也不一样,所以水工建筑物管理具有综合性、整体性、随机性和复杂性的特点(周小桥,2003)。

根据国内外数十年现代管理的经验,大坝安全是管理工作的中心和重点。我国国务院颁布的《水库大坝安全管理条例》(2018 年 3 月 19 日修订版)规定,"大坝管理单位必须按照有关技术标准,对大坝进行安全监测和检查",该条例还指出"大坝包括永久性挡水建筑物以及与其配合运用的泄洪、输水和过船建筑物等"。这里的"大坝",实际上是指包括大坝在内的各种水工建筑物(赵志仁等,2005)。国际上"大坝"一词,有时也具有"水库""水利枢纽""拦河坝"等综合性含义。本书中"水库大坝"通常指代整个水利枢纽工程,"大坝"通常指代单个拦河坝建筑单元。因此,这里所讨论的"管理",实际上也可以理解为以大坝为中心的水利工程安全监测和检查,属于水工建筑物的技术管理,其基本工作要求有以下6点。

1. 检查与观测

通过管理人员现场观察和仪器测验,监视工程的状况和工作情况,掌握其变化规律,为有效管理提供科学依据;及时发现不正常迹象,采取正确应对措施,防止事故发生,保证工程安全运行;通过原型观测,对建筑物设计的计算方法和计算数据进行验证;根据水质变化提供动态水质预报。检查观测的项目一般有观察、变形观测、渗流观测、应力观测、混凝土建筑物稳定观测、水工建筑物水流观测、冰情观测、水库泥沙观测、岸坡坍塌观测、库区浸没观测、水工建筑物抗震监测、隐患探测、河流观测及观测资料的整编与分析等(王伯恭,2000)。

2. 养护修理

对水工建筑物、机电设备、管理设施及其他附属工程等进行经常性养护,并定期检修,以保持工程完整、设备完好。养护修理一般可分为经常性养护维修、岁修和抢修。

3. 调度运用

制订调度运用方案,合理安排除害与兴利的关系,综合利用水资源,充分发挥工程效益,确保工程安全。调度运用要根据已批准的调度运用计划和运用指标,结合工程实际情况和管理经验,参照近期气象水文预报情况,进行优化调度(龙智飞等,2018)。

4. 水利管理自动化系统运用

水利管理自动化系统运用的主要项目有大坝安全自动监控系统、防洪调度自动化系统、调度通信和警报系统及供水调度自动化系统。

5. 科学试验研究

针对已经投入运行的工程,在安全保障、提高社会经济效益、延长工程设施的使用年限、降低运行管理费用,以及在水利工程中采用新技术、新材料、新工艺等方面进行试验研究。

6. 积累技术材料并建立技术档案

水工建筑物管理乃至水利工程安全与管理正沿着制度化、规范化、自动化及信息化方向发展,在这一方面,我国与发达国家相比还有一定差距。我国已修建了大量的水工建筑物,做好水工建筑物管理工作越来越重要。目前,我国已颁布了《中华人民共和国水法》,国务院也颁布了关于水利工程安全与管理的一系列条例与规范,随着科学技术的进步,这些法律法规都将成为做好水利工程管理的重要依据和有利条件。

1.1.2.3 水利工程安全与管理的主要内容

1. 安全管理制度

以施工阶段为例,施工项目确立以后,施工单位应根据国家及行业有关安全生产政策、法规、规范和标准,建立一整套符合项目工程特点的安全生产管理制度,包括安全生产责任制、安全生产教育制度、安全生产检查制度、现场安全管理制度、电气安全管理制度、防火与防爆安全管理制度、高处作业安全管理制度和劳动卫生安全管理制度等。用制度约束施工人员的行为,达到安全生产的目的。安全生产责任制是所有安全生产管理制度的核心,也是最基本的安全管理制度。安全生产责任制是按照安全生产管理方针和"管生产的同时必须管安全"的原则,明确规定各级负责人员、各职能部门及其工作人员和岗位生产工人在安全生产方面职责的一种制度。

2. 安全管理组织

为保证国家有关安全生产的政策、法规及施工现场安全管理制度的落实,企业应定期召开安全工作会议,分析安全生产形势,总结和布置安全工作,及时研究解决工作中出现的重大安全问题;建立健全安全管理组织,并对安全管理组织的构成、职责及工作模式做出规定;认真贯彻国家和地方政府有关安全生产的法律、法规,建立健全安全管理组织和各项规章制度,培养安全管理专业人才,依法管理安全生产;根据生产的变化,主持制定年度安全生产措施或方案,按规定比例落实安全措施经费,确保安全投入;组织、督促和检查安全教育和技术培训、考核工作;企业还应重视安全档案管理工作,及时整理完善安全档案、安全资料,为预防、预测和预报安全事故提供依据。

3. 作业人员操作规范化管理

以施工阶段为例,施工单位要严格按照国家及行业的有关规定、各工种操作规程及工作条例要求,规范施工人员的行为,坚决贯彻执行各项安全管理制度,杜绝违反操作规程引发的工伤事故(郭春轩,2013)。各级工程技术人员、职能科室和生产工人在各自职责范围内对安全工作负责,要求熟练掌握、严格执行安全规章制度和安全技术规程,严格遵守各项安全生产规章制度,听从指挥,制止违章作业;进行日常安全教育、培训和考核,不断提高自身安全意识和素质;岗前认真检查工具、设备和防护用品,发现安全隐患及时上报解决,保持各种机械设备和生产设施状态良好;确保劳逸结合。

4. 安全技术管理

生产过程中，为防止伤亡事故，保障职工的安全，企业应根据国家及行业的有关规定，针对工程特点、施工现场环境、使用机械及施工中可能使用的有毒有害材料，提出安全技术和防护措施。以施工阶段为例，应在开工前根据施工图编制安全技术措施。施工前必须以书面形式对施工人员进行安全技术交底，针对不同工程特点和可能造成的安全事故，从技术上采取措施，消除危险，保证大坝安全。施工中要认真组织实施各项安全技术措施，经常进行监督检查。对施工中出现的新问题，技术人员和安全管理人员要在调查分析的基础上，提出新的安全技术措施。

5. 风险管理

水利工程管理工作中，受病险水库数量、资金投入和体制等因素的制约，被动性存在不容忽视的巨大风险，因此必须制定一整套风险管理的政策和程序，进行风险识别、处理和监控。风险管理作为一个过程性的管理机制，要实现其目标，主要从风险管理制度建设、降低大坝溃坝率和减少溃坝损失三个方面进行，通过定性和定量分析相结合的方法进行风险评价，采取工程措施和非工程措施相结合的方式，最终实现降低、转移、规避及保留风险的目标(彭雪辉等，2008)。

1.1.2.4 水利工程中监测工程的管理

水利工程中的监测工程指在水利工程结构物上进行监测仪器及采集系统布置，这是水利工程结构物安全运行的重要保障之一。

在监测工程建设过程中，投资控制的总目标应将实际发生费用控制在经主管部门审定的监测工程初步设计的总投资金额之内。在监测工程的具体实施过程中，监理工程师进行投资控制的主要依据是工程承包合同、施工设计图或文件及有关技术规范(廖勇龙等，2006)。

为了保证合同价款的正常支付，监理工程师应认真对已完成的监测工程进行质量签证，必须在质量合格的前提下才能支付相应价款，对于未经监理工程师批准的项目一律不予支付。监理工程师在监测工程实施过程中，应掌握合同内容，跟踪管理合同、检查各条款执行情况，并向有关方面准确地反映合同信息，督促实施单位按合同中规定的质量标准建立健全质量保证体系，并进行动态质量跟踪检查，确保监测项目质量、进度与投资目标的实现。

在监测工程建设过程中，对业主做出的各种指示，以及设计、实施单位的各种意见、观点、决定或工程实施情况，采取各种形式开展文字记录，合同实施过程中合同双方的一切程序均以书面文字为依据。同时，监理工程师应编制系统的监理规划和实施细则，对监测工程进展实行规范化、程序化和标准化管理，使监测工程的建设、实施做到有章可循、有据可依。

1.2　水利工程安全与管理的重要性

1.2.1　水利工程发展趋势

当前世界多数国家出现人口增长过快、可利用水资源不足、城镇供水紧张、能源短缺和生态环境恶化等重大问题，都与水有密切联系。水灾防治、水资源的充分开发利用成为当代社会经济发展的重大课题。水利工程的发展趋势主要是：

(1) 防治水灾的工程措施与非工程措施进一步结合，非工程措施越来越重要。

(2) 水资源的开发利用进一步向综合性、多目标发展。

(3) 水利工程的作用，不仅要满足日益增长的人民生活和工农业生产发展需要，还要更多地为保护和改善环境服务。

(4) 大区域、大范围的水资源调配工程，如跨流域引水工程将进一步发展。

(5) 由于新的勘探技术、新的计算分析和监测试验手段及新材料、新工艺的发展，复杂地基和高水头水工建筑物得到发展，当地材料将得到更广泛的应用，水工建筑物的造价将会进一步降低。

(6) 水资源和水利工程的统一管理、统一调度将逐步加强。防止水患、开发水利资源的方法、选择和建设技术得到进一步研究。通过工程建设，进一步控制或调整天然水在空间和时间的分布，防止或减少旱涝洪水灾害，水利资源将得到更合理开发和充分利用，为工农业生产和人民生活提供良好的环境和物质条件。

1.2.2　水利工程溃坝事故及其原因分析

目前，我国已建水库近十万座，水库在防洪、发电、灌溉、供水、航运和渔业等方面发挥了极其重要的作用，为国民经济发展和保障人民群众的生命财产做出了重要贡献。然而受到人为因素和自然因素的影响，水库溃坝事故时有发生，大坝溃决给下游居民生产生活带来的损失比其他任何工程的失事都惨重得多(何晓燕等，2008)。大坝的高度、数量、库容及其下游人口的密集程度都今非昔比，现代大坝失事的后果更加严重。因此，近年来大坝失事与安全问题引起许多国家的广泛关注。

据统计，全世界失事大坝的总数可能超过 15 万座，其中小型坝占绝大多数。我国是世界建坝数量最多的国家，积累了许多水坝建设与运行的经验，但与建坝技术较先进的国家相比，还存在许多不安全的因素，出现过各种溃坝事件。我国已溃坝水库的统计表明，1954～2003 年的 50 年中，全国各类水库溃坝失事 3481 座，平均年溃坝率为 8.2×10^{-4}，高于世界平均水平(黄华，2016)。中国与世界部分国家的年溃坝率比较见表 1.1(马婧，2019)。

表 1.1　中国与世界部分国家的年溃坝率比较

地区	溃坝数/座	大坝总数/座	时间/年	年溃坝率
	33	1764	40	$4.7×10^{-4}$
	12	3100	14	$2.8×10^{-4}$
美国	74	4914	23	$6.5×10^{-4}$
	1	4500	1	$2.2×10^{-4}$
	125	7500	40	$4.2×10^{-4}$
西班牙	150	1620	145	$6.4×10^{-4}$
中国	3462	85120	47	$8.7×10^{-4}$
	3481	85153	50	$8.2×10^{-4}$

　　长期以来,坝工界为探讨水坝失事的原因,曾进行过大量的统计与分析工作。根据最新的溃坝资料,我国以前溃坝的主要模式可概括为洪水漫顶、各种质量原因引起的溃坝和管理不善引起的溃坝(吴中如等,2008)。其中,防洪标准不足引起的洪水漫顶是最主要的溃坝模式,共有 1756 座,所占比例为 50.8%,近年有所增加;其次是大坝质量遭受破坏(如坝体坝基渗流、坝体滑坡、溢洪道和泄洪洞等),共有 1259 座,占 36.3%;此外还包括因管理不善、地震等其他原因引起的溃坝。我国大坝主要溃坝模式及其原因的统计结果见表 1.2。

表 1.2　我国大坝主要溃坝模式及其原因统计表

主要溃坝模式	溃坝原因	数量/座	比例/%	平均溃坝率/(×10⁻⁴)	备注
洪水漫顶	超标准洪水	443	12.8	1.0996	洪水漫顶 1756 座,比例为 50.8%,年溃坝率为 $4.391×10^{-4}$
	泄洪能力不足	1313	38.0	3.2912	
大坝质量遭受破坏	坝体坝基渗流	710	20.5	1.7720	大坝质量遭受破坏溃坝事故为 1259 座,占 36.3%,年溃坝率为 $3.611×10^{-4}$
	坝体滑坡	126	3.6	0.2781	
	溢洪道	215	6.2	0.5258	
	泄洪洞	11	0.3	0.0126	
	涵洞	182	5.3	—	
	坝体坍塌	15	0.4	0.0329	
管理不善	无人管理,超蓄、维护运行不当,溢洪道筑堰等	213	6.2	0.4676	—
其他	地震、人工扒口、近坝库岸滑坡、溢洪道堵塞、工程布置不当	231	6.7	0.5359	—
总计	—	3459	—	8.0157	

1.2.3　水利工程安全与管理的必要性

从灾害学观点来看，大坝等水工建筑物失事是一种特殊的灾害，失事后果十分严重。随着经济社会发展及城市化进程的加快，人口与财产高度集中，这种事故的后果也会越来越严重。水工建筑物的特点不仅表现在投资大、效益好、设计施工复杂，也表现在失事后果严重。因此，水库本身有事故发生的风险性(赵志明，2016)。随着时间的推移，结构老化及其他随机性因素，导致水工建筑物发生事故是难以完全避免的。但是，通过采取措施减免事故或失事，可将灾难造成的损失减至最小，特别是人员伤亡。

针对上述问题，最主要的解决措施就是要严格按照规程管理。根据国际大坝委员会对世界大坝失事的统计，1950 年以前，大坝的溃坝率为 2.2%，1951～1986年，大坝的溃坝率为 0.5%，1986 年以前的大坝总溃坝率为 1.2%。20 世纪 70 年代，美国溃坝数量也很惊人，通过采取各类措施，到 1980 年其溃坝率已降到 0.2%。近几年，我国在各方面的努力下，溃坝率也在降低。为降低溃坝率，保证工程安全，必须采取有效的措施，包括改进水工建筑物设计方法；加强水工建筑物安全监测；重视工程的规划和勘探，特别是水文分析和基础勘探工作；严格化水工建筑物运行管理和除险加固等工作。

1.3　相关法律法规

1.3.1　《中华人民共和国水法》

1.3.1.1　水法的概念

水法是国家调整水资源的开发、利用、节约、保护，以及管理水资源和防治水害过程中各种社会关系的法律规范总称(林冬妹，2004)。水法是国家法律体系的重要组成部分。水法有狭义、广义之分。狭义的水法仅指 2002 年 8 月 29 日，由第九届全国人民代表大会常务委员会第二十九次会议审议通过，于 2016 年 7月 2 日修正的《中华人民共和国水法》(简称《水法》)，它是我国的水事基本法，其法律效力仅在宪法之下。广义的水法又称水法规，是指规范水事活动的法律、法规、规章及其他规范性文件的总称。例如，《中华人民共和国防洪法》(简称《防洪法》)、《中华人民共和国水土保持法》(简称《水土保持法》)、《中华人民共和国河道管理条例》(简称《河道管理条例》)、《取水许可和水资源费征收管理条例》、《水行政处罚实施办法》等。本书提及《水法》均为狭义概念。

1.3.1.2　《水法》的特点

《水法》的专业性较强，是水行政主体行使水管理职权的基本法律依据，一方面具有法律规范的一般特点；另一方面有其自身的特点，即科学性、技术性、社会性等。

(1) 科学性。水资源与人类生活和社会发展关系十分密切，而水资源在大气、地表和地下的存在形式、运行和变化规律不依人的意志而转移，是客观存在的。因此，在开发利用和保护水资源的过程中，必须尊重水资源的客观规律性，并在正确的水资源管理理论指导下，达到开发利用和保护水资源的目的。

(2) 技术性。从《水法》的立法角度而言，水资源存在、运行和变化的客观规律是制定《水法》的前提与基础。《水法》必须反映这种客观规律，并将大量的水资源行业管理规范、技术操作规范与规程、各种技术标准与工艺等内容列入《水法》，《水法》中的大多基本原则、管理制度等是从水资源的开发利用和保护研究成果及技术规范中抽象、概括出来的，与其他的部门(如公安部、交通运输部等)行政法规范相比，技术性更强。

(3) 社会性。水资源既是一种自然资源，又是一种重要的环境要素，具有多种功能。水资源的多功能性决定了水资源在人类生活和社会发展中的重要地位，水资源危机已经严重影响了不同国家、地区的社会发展，日渐成为一个世界性的问题。这是不同社会制度、不同的国家亟须解决的问题。对这一问题的不断探索，完全符合全社会、各民族及全人类的共同利益，《水法》要体现水资源存在、运行和变化，以及人类认识、利用和保护水资源经验与教训，并以这些内容去制约人类在迈向更高级的文明中与水资源开发利用和保护相关的人类活动，以维护人类生存对水资源的共同需求，实现人类社会的可持续发展。

1.3.1.3 《水法》的基本原则

《水法》作为水行政主管部门行使水管理职权的基本法律依据，主要包括以下基本原则。

(1) 坚持国有制，保障水资源合法开发和利用的基本原则。

(2) 坚持开发利用与保护相结合的原则。开发利用水资源，应当坚持兴利与除害相结合，兼顾上下游、左右岸和有关地区之间的利益，充分发挥水资源的综合效益。

(3) 坚持利用水资源与防治水害并重的原则。《水法》明确规定开发、利用、节约、保护水资源和防治水害，应当全面规划、统筹兼顾、标本兼治、综合利用、讲求效益，发挥水资源的多种功能，协调好生活、生产经营和生态环境用水。

(4) 保护水资源，维护生态平衡的原则。在干旱和半干旱地区开发、利用水资源，应当充分考虑生态环境用水需要。跨流域调水，应当进行全面规划和科学论证，统筹兼顾调出和调入流域的用水需要，防止对生态环境造成破坏。

(5) 实行计划用水，厉行节约用水的原则。我国厉行节约用水，大力推行节约用水措施，推广节约用水新技术、新工艺，发展节水型工业、农业和服务业，建立节水型社会。各级人民政府应当采取措施，加强对节约用水的管理，建立节约用水技术开发推广体系，培育和发展节约用水产业。

(6) 国家对水资源实行流域管理与行政区域管理相结合的原则。《水法》第十二条规定："国家对水资源实行流域管理与行政区域管理相结合的管理体制。国务院水行政主管部门负责全国水资源的统一管理和监督工作。"这一规定体现了资源管理与开发利用管理分开的原则，建立了流域管理与区域管理相结合，统一管理与分级管理相结合的水资源管理体制。

1.3.2 《水库大坝安全管理条例》

1.3.2.1 《水库大坝安全管理条例》的立法宗旨及适用范围

为了加强水库大坝安全管理，保障人民生命财产和社会主义建设的安全，国务院于 1991 年 3 月 22 日发布了《水库大坝安全管理条例》，2018 年 3 月 19 日第二次修订。该"条例"共 6 章 34 条，分别对总则、大坝建设、大坝管理、险坝处理、罚则和附则等做了详细规定，于发布之日起施行。为完善大坝安全鉴定制度，保证大坝安全运行，根据国务院《水库大坝安全管理条例》的规定，水利部于 2003 年 6 月 27 日发布了《水库大坝安全鉴定办法》，该办法于当年 8 月 1 日生效。该办法适用范围如下。

(1) 适用于我国境内坝高 15m 以上或者库容 100 万 m³ 以上的水库大坝(简称"大坝")。该办法所称大坝包括永久性挡水建筑物及与其配合运用的泄洪、输水和过船建筑物等。

(2) 坝高 15m 以下或库容在 10 万～100 万 m³，对重要城镇、交通干线、重要军事设施或工矿区安全有潜在危险的大坝，其安全管理参照该条例执行。

1.3.2.2 《水库大坝安全管理条例》对大坝建设的规定

为了水库大坝建设工作的顺利开展，《水库大坝安全管理条例》做出了以下规定。

(1) 兴建大坝必须符合由国务院水行政主管部门会同有关大坝主管部门制定的大坝安全技术标准。

(2) 兴建大坝必须进行工程设计，包括工程原则、通信、动力、照明、交通和消防等管理设施的设计。

(3) 大坝的设计、施工必须由具有相应资格证书的单位承担。

(4) 施工单位必须按照施工承包合同规定的设计文件、图纸要求和有关技术标准进行施工。建设单位和设计单位应当派驻代表，对施工质量进行监督检查。

(5) 兴建大坝时，建设单位应当按照批准的设计，提请县级以上人民政府按照国家规定划定管理和保护范围，树立标志。

(6) 大坝开工后，大坝主管部门应当组建大坝管理单位，由其按照工程基本建设验收规程参与质量检查以及大坝分部、分项验收和蓄水验收工作。

1.3.2.3 《水库大坝安全管理条例》对大坝管理的规定

为了加强水库大坝的管理，《水库大坝安全管理条例》做出了以下规定。

(1) 大坝及设施受国家保护，任何单位和个人不得侵占、毁坏。大坝管理单位应加强大坝的安全保卫工作。

(2) 禁止在大坝管理和保护范围内进行一切危害大坝安全及危及山体的活动。

(3) 禁止乱建、乱占等影响大坝安全、工程管理和抢险工作的活动。

(4) 大坝主管部门应当配备具有相应业务水平的大坝安全管理人员；对其所管辖的大坝应当按期注册登记，并建立技术档案；应当建立大坝定期安全检查、鉴定制度。

(5) 大坝管理单位应当建立、健全安全管理规章制度，采取措施确保大坝安全运行，发挥大坝的综合效益。

(6) 大坝管理单位和有关部门应当做好防汛抢险物料的准备和气象水情预报，并保持水情传递、报警以及大坝管理单位与大坝主管部门、上级防汛指挥机构之间联系通畅。

大坝出现险情征兆时，大坝管理单位应当立即报告大坝主管部门和上级防汛指挥机构，并采取抢救措施。有垮坝危险时，应当采取一切措施向预计的垮坝淹没地区发出警报，做好转移工作。

1.3.2.4 《水库大坝安全管理条例》对安全监测管理的规定

为了规范安全监测工作，可参考《水库大坝安全管理条例》，针对安全监测制订如下管理办法和工作细则。

(1) 工程施工阶段安全监测工作管理办法。工程施工阶段安全监测工作管理办法分 6 节 36 条，叙述了安全监测工程的重要性、分类及归口管理部门的职责，并分别对安全监测工程的立项、委托实施、设计审核、施工管理、监测数据收集、监理和反馈等环节做出了规定，主要包括：①监测项目的委托实施；②施工设计审核；③监测施工管理和监理；④监测数据管理。安全监测监理规划分 13 节 68 条，分别对监测监理工作的内容、依据、任务、目标、组织、工作程序、合同管理、信息管理、监测报告编写和监理人员守则等做出详细规定(王德厚，1997)。管理条例的制定为安全监测工程管理、监理、验收、交接中的一系列活动划分了工作程序，确定了工作内容，提出了工作依据，文件的内容在实施过程中不断地完善和修改，使之更符合实际。

(2) 安全监测工作细则。为将监测规划落实到每一项监理工作中去，分别对各监测专业制定了准确的监理工作细则，包括大地测量法变形监测监理实施细则，变形监测监理实施细则，钻孔单元工程监理实施细则，应力应变及温度监测监理实施细则，渗流监测监理实施细则，水力学监测监理实施细则和振动、爆破及声波监测监理实施细则。这些细则通常涉及七个方面的内容：①制定该细则的依据，该细则的适用范围和监理基本要求(总则)；②监理工作流程；③实施准备阶段的监理工作；④监测设施、仪器仪表购置和监测土建工程的监理工作；⑤周期观测阶段的监理工作；⑥工程验收的有关规定；⑦监理工作中其他需要说明的问题。安全监测工程管理办法与各项条例的制定与完善、各类表格化管理的推行与实施，进一步规范了安全监测管理和监理工作。这些文件的制定与实行，保证了水库大坝工程的安全有效运行。

1.3.2.5　违反《水库大坝安全管理条例》的行为及其法律责任

对于威胁或影响大坝安全的行为，《水库大坝安全管理条例》明确了相应的法律责任。

(1) 毁坏大坝或其观测、通信、照明、交通和消防等管理设施，应承担民事责任，如责令停止违法行为，赔偿损失，采取补救措施等。

(2) 在大坝管理和保护范围内进行爆破、打井、采石等，以及乱建、乱堆、乱围等危害大坝安全活动，应承担行政责任，如行政处分、罚款和拘留等。

(3) 在勘测、设计、施工、调度等过程中滥用职权、玩忽职守，导致大坝发生事故构成犯罪的，依法追究刑事责任。

(4) 盗窃或抢夺大坝工程设施、器材的，依法追究刑事责任。

1.4　本书主要内容

兴水利、除水患，历来是中华民族治国安邦的大事。党中央、国务院始终高度重视水利工作，"十三五"时期，我国水利工作以习近平新时代中国特色社会主义思想为指导，深入落实新发展理念和一系列重大战略决策部署。以全面提升水安全保障能力为主线，围绕全面建设节水型社会、健全水利改革发展体制机制、完善水利基础设施网络、保护和修复水生态环境、夯实农村水利基础等领域的主要任务，有序推进规划实施，取得了显著成效，圆满完成了"十三五"规划确定的主要目标和任务。

根据《中共中央关于制定国民经济和社会发展第十四个五年规划和二〇三五

年远景目标的建议》，"十四五"时期我国水利事业将继续发展，进一步加强水利基础设施建设，提升水资源优化配置和水旱灾害防御能力，实现水利工程补短板、水利行业强监管。水利行业的建设、运行与管理水平将得到全面提升，投入运行的水利工程数量将进一步增加，对水利工程安全与管理和水工建筑物安全与管理提出了更高要求及标准。

水利工程中各类水工建筑物所处的环境和工作条件十分复杂，这就决定了其设计、施工和运行的全生命周期中必然会受到诸多不确定性因素的影响。同时，水工建筑物在长期运行中伴随着建筑材料逐渐老化、安全可靠性能逐步降低等不利情况。因此，水工建筑物的安全与管理必将面临巨大挑战。

针对上述问题，本书围绕水工建筑物安全与管理中的概念、仪器、方法与发展方向等内容，主要以建筑物类别与安全管理重要环节为对象。各章主要内容包括：水工建筑物安全与管理的基本概念、相关法律法规，土石坝的检查维护和裂缝、滑坡、渗漏处理及白蚁防治，混凝土坝、浆砌石坝的检查维护和失稳、裂缝、渗漏处理，溢洪道、隧洞等泄水、输水建筑物的安全与管理，水工建筑物的安全巡视检查与无损检测，水工建筑物无损检测及其仪器选用，安全监测数据处理与监控指标拟定方法，水库大坝安全鉴定与安全性态综合评判，水库大坝安全监测管理信息化建设等。本书主要内容框架如图 1.1 所示。

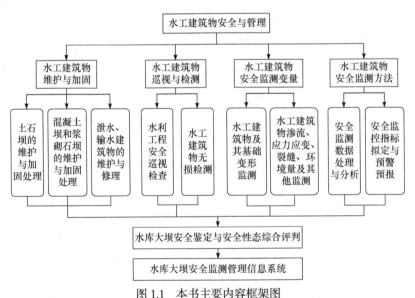

图 1.1　本书主要内容框架图

第2章 土石坝的维护与加固处理

2.1 土石坝的检查与养护

土石坝由土料、石料等散粒体材料构成，土料颗粒(简称"土粒")间的黏结强度低，抗剪能力小，且土料颗粒间孔隙较大，在渗流、冲刷、沉降、冰冻及地震等影响下，土石坝容易受到破坏。土石坝的局部损坏多为裂缝、漏水和塌坑等。土石坝的破坏有一定的发展过程，如果及早发现，并采取积极措施进行处理和养护，就可以减轻和防止各种不利因素的影响，保证土石坝的安全(牛运光，1998)。

土石坝的运行状况仅靠专业仪器进行观测是不够的，因为固定测点仅布设于建筑中某几个典型断面，而建筑物的局部损坏不一定发生在测点上，也不一定发生在观测的时候(王德厚，2007)。因此，为了及时发现土石坝的异常情况，必须经常对其表面进行巡回检查和观察。大量的工程管理经验表明，工程缺陷和破坏主要是通过检查和观察发现的。

从广义角度来看，土石坝的检查和观察包括经常检查、定期检查和特别检查。

(1) 经常检查是用经验或简单的工具，经常对建筑物表面进行检查和观察，了解建筑物是否完整，有无异常现象。

(2) 定期检查是每年汛前汛后组织一定的力量，用专业仪器设备对水利工程包括固定测点在内的水工建筑物进行全面的检查，掌握其变化规律。

(3) 特别检查是当工程出现严重的破坏现象，或者严重怀疑其存在潜在的危险时，组织专门力量进行的检查。

要制定切实可行的检查观测工作制度，加强岗位责任，做到"四无"(无缺测、无漏测、无不符合精度要求和无违时)，"四随"(随观测、随记录、随校核和随整理)，"四固定"(固定人员、固定仪器、固定测次和固定时间)。

应及时分析观测结果，研究判断建筑物的工作情况。发现异常现象时，应分析原因，报告领导，提出处理措施。

2.1.1 土石坝的日常检查与观察

土石坝日常检查与观察的主要目标是发现土石坝表面的缺陷和局部工程问题，其主要工作有以下几个方面(何为，2004)。

1. 检查与观察土石坝表面情况

应经常注意检查和观察土石坝坝顶路面、防浪墙、护坡块石及坝坡等有无开裂、错动现象，以判断坝体有无裂缝或其他破坏征兆。

2. 检查与观察坝体有无裂缝

对于坝体与岸坡接头部位、河谷形状突变部位、坝基压缩性过大的软土部位、填土质量较差部位、土石坝与刚性建筑物接合部位、分段施工接头处或施工导流合拢部位及坝体不同土料分区部位等，应特别注意检查、观察，发现坝体产生裂缝后，应对裂缝进行编号，记录裂缝所在的桩号并测量距坝轴线的距离、裂缝长度、宽度、走向等，绘制裂缝平面分布图，并注意其发展。对于垂直坝轴线的横向裂缝，应检查其是否已贯穿上下游坝面，形成漏水通道；对于平行坝轴线的纵向裂缝，应进一步检查判断其发生滑坡的可能性。

3. 检查与观察坝坡是否产生滑坡

滑坡通常有下述特征：①裂缝两端向坝坡下部弯曲，缝呈弧形。②裂缝两侧产生相对错动。③缝宽与错距的发展逐渐加快，但对于一般的沉陷裂缝，它的发展随着时间的推移逐渐减缓，两者有明显的不同。④滑坡裂缝的上部往往有塌陷，下部有隆起等现象。

异常水位及暴雨期间应特别注意检查土石坝是否有滑坡现象。例如，在高水位运行期间，下游坡易产生滑坡现象；水库水位骤降可能造成上游坡滑坡；暴雨期间，上下游坡面都易产生滑坡等。

4. 检查下游坝坡和坝脚处有无散浸和异常渗流现象

土石坝背水坡渗流溢出点太高，超过排水设备顶部，使坝坡土体出现潮湿现象，这种现象称为散浸。散浸现象的特征是土湿而软、颜色变深、面积大、冒水泡和阳光下有反光现象，有些地方青草丛生或草皮比其他地方长得旺盛。

对坝后渗流的观察包括坝后渗出水的颜色、部位和表面现象，通过这些观察项目可以判断坝体是正常渗漏还是异常渗漏(赵艳秋，2019)。

(1) 若从原设计的排水设施或坝后地基中渗出的水清澈见底，不含土颗粒，一般属于正常渗漏；若渗水由清变浑，或明显看到水中含有土颗粒，属于异常渗漏。

(2) 坝脚出现集中渗漏，或坝体与两岸接头部位和刚性建筑物连接部位出现集中渗漏，如渗漏量(渗流量)剧烈增加，或渗水突然变浑，是坝体发生渗漏破坏的征兆。在滤水体以上坝坡出现的渗水属异常渗漏。

(3) 地基表层有较薄的弱透水覆盖层往往发生渗流穿洞，涌水翻砂，渗流量随水头升高不断增大。有的土石坝土料中含有化学物质，渗水易改变坝体填料的物理力学性质，可能造成坝体渗透破坏。

(4) 要注意检查土石坝是否有塌坑。根据经验，坝体塌坑大部分是渗流破坏引起的，发现坝体塌坑后应加强渗流观测，并根据塌坑所在部位分析其产生的原因。

(5) 对土石坝的反滤坝趾、集水沟、减压井等导渗降压设施，要注意检查有无异常或损坏，还应注意观察坝体与岸坡或溢洪道等建筑结合处有无渗漏。

5. 注意观察土石坝坝面

在土石坝的日常检查、观察过程中，应注意观察土石坝坝面是否存在以下问题：

(1) 沿坝面库水有无漩涡。

(2) 浆砌石护坡有无裂缝、下沉、折断和垫层掏空等现象。

(3) 干砌石护坡有无松动、翻起、架空和垫层流失等现象。

(4) 草皮护坡及土坡有无坍陷、雨淋沟缺、冲沟和裂缝等现象。

(5) 经常检查有无兽洞、蚁穴等隐患。

2.1.2　土石坝的养护

根据《土石坝养护修理规程》(SL 210—2015)，对土石坝坝顶、坝端、坝坡、排水设施、观测设施、坝基和坝区进行养护。

1. 坝顶及坝端的养护

坝顶养护应做到坝顶平整、无积水、无杂草、无弃物，防浪墙、坝肩、踏步完整，轮廓鲜明，坝端无裂缝、无坑凹、无堆积物。如坝顶出现坑洼和雨淋沟缺，应及时用相同材料填平，并应保持一定的排水坡度。经主管部门批准车辆通行的坝顶，如有损坏应按原路面要求及时修复，不能及时修复的，应用土或石料临时填平(叶家峻等，2009)。

坝顶的杂草、弃物应及时清除。防浪墙、坝肩和踏步出现局部破损，应及时修补或更换。坝端出现局部裂缝、坑凹应及时填补，发现堆积物应及时清除。

2. 护坡的养护

护坡的养护应做到坡面平整，无雨淋沟缺，无荆棘杂草滋生；护坡砌块应完好，砌缝紧密，填粒密实，无松动、塌陷、脱落、风化、冻毁或架空现象。

(1) 干砌石护坡的养护。及时楔紧、填补个别松动或脱落的护坡石料；及时更换被风化或冻毁的块石，并嵌砌紧密；块石塌陷，垫层被淘刷时，应先翻出块石，恢复坝体和垫层后，再将块石嵌砌紧密。

(2) 混凝土或浆砌石护坡的养护。及时填补伸缩缝内流失的填料，填补时应将缝内杂物清洗干净。护坡局部发生侵蚀剥落、裂缝或破碎时，应及时采用水泥砂浆进行表面抹补、喷浆或填塞处理，处理时应清洗干净表面；破碎面较大且垫层被淘刷、砌体有架空现象时，应用石料作临时性填塞，适时进行彻底整修。排水孔如有不畅，应及时进行疏通或补设。

(3) 堆石护坡或碎石护坡的养护。对于堆石护坡或碎石护坡，如遇石料有松动，造成厚薄不均时，应及时进行平整。

(4) 草皮护坡的养护。应经常修整、清除杂草，保持完整美观。草皮干枯时，应及时洒水养护；出现雨淋沟缺时，应及时还原坝坡，补植草皮。

(5) 严寒地区护坡的养护。在冰冻期间，应积极预防冰凌对护坡的破坏。可根据具体情况，采用打冰道或在护坡临水处铺设塑料薄膜等办法减少冰压力。有条件的地区，可采用机械破冰法、动水破冰法或水位调节法，破碎坝前冰盖。

3. 排水与导渗设施的养护

各种排水、导渗设施应无断裂、无损坏、无阻塞、无失效，及时清除排水沟(管)内的淤泥、杂物及冰塞，以保持排水通畅。排水沟(管)局部的松动、裂缝和损坏应及时用水泥砂浆修补，如果其基础被冲刷破坏，应先恢复基础，后修复排水沟(管)。修复时，应使用与基础同样的土料，恢复到原来断面，并严格夯实。如排水沟(管)设有反滤层，也应按设计标准恢复。

随时检查修补滤水坝趾或导渗设施周边山坡的截水沟，防止山坡浑水淤塞坝趾导渗排水设施。减压井应经常进行清理疏通，保持排水通畅，如周围有积水渗入井内，应将积水排干，填平坑洼，保持井周无积水。

4. 观测设施的养护

各种观测设施应保持完整，无变形、无损坏、无堵塞现象。经常检查各种变形观测设施的保护装置是否完好，标志是否明显，随时清除观测障碍物。观测设施如有损坏，应及时修复，并重新进行校正。

测压管口及其他保护装置，应随时加盖上锁，如有损坏应及时修复或更换。水位观测尺若受到碰撞破坏，应及时修复，并重新校正。量水堰板上的附着物和量水堰上下游的淤泥或堵塞物，应及时清除。

5. 坝基和坝区的养护

对坝基和坝区管理范围内一切违反大坝管理规定的行为和事件，应立即制止并纠正。

设置在坝基和坝区的排水、观测设施和绿化区，应保持完整、美观，无损坏现象。发现坝区有白蚁活动迹象时，应及时进行治理。发现坝基范围内有新的渗漏溢出点时，不要盲目处理，应设置观测设施进行观测，弄清原因后再进行处理。

2.2 土石坝的裂缝及其处理

2.2.1 土石坝裂缝的类型及成因

土石坝裂缝是较为常见的现象，有的裂缝在坝体表面就可以看到，有的隐藏在坝体内部，要开挖检查或借助检测仪器才能发现。裂缝的宽度，窄的不到一毫米，宽的可达几百毫米，甚至更大；裂缝的长度，短的不足一米，长的达数十米，甚至更长；裂缝的深度，有的不到一米，有的深达坝基；裂缝的走向，有平行坝轴线的纵缝，有垂直坝轴线的横缝，有与水平面大致平行的水面缝，还有倾斜的裂缝(林继镛，2009)。

土石坝裂缝主要是坝基承载力不均匀，坝体材料不一致，施工质量差，设计不甚合理所致。土石坝中的裂缝可按照裂缝部位、裂缝走向和裂缝成因进行分类，裂缝分类及特征详见表 2.1。

表 2.1　裂缝分类及特征

分类标准	裂缝名称	裂缝特征
裂缝部位	表面裂缝	裂缝暴露在坝体表面，缝口较宽，一般随深度变窄而逐渐消失
	内部裂缝	裂缝隐藏在坝体内部，水平裂缝常呈透镜状，垂直裂缝多为下宽上窄的形状
裂缝走向	横向裂缝	裂缝走向与坝轴线垂直或斜交，一般出现在坝顶，严重的发展到坝坡，近似铅垂或稍有倾斜，防浪墙及坝肩砌石常随缝开裂
	纵向裂缝	裂缝走向与坝轴线平行或接近平行，多出现在坝顶及坝坡上部，也可能出现在铺盖上，一般较横缝长
	水平裂缝	裂缝水平或接近水平，常发生在坝体内部，多呈中间裂缝较宽，四周裂缝较窄的透镜状
	龟纹裂缝	裂缝呈龟纹状，没有固定的方向，纹理分布均匀，一般与土石坝表面垂直，缝口较窄，深度 10~20cm，很少超过 1m
裂缝成因	沉陷裂缝	多发生在坝体与岸坡接合段、河床与台地接合段、土石坝合拢段、坝体分区分期填土交界处、坝下埋管的部位及坝体与溢洪道边墙接触的部位
	滑坡裂缝	裂缝中段大致平行于坝轴线，缝两端逐渐向坝脚延伸，在平面上近似呈弧形，缝较长，多出现在坝顶、坝肩、背水面及排水不畅的坝体下部。在水位骤降或地震情况下，迎水面也可能出现滑坡裂缝。形成过程短促，缝口有明显错动，下部土体移动，有离开坝体倾向
	干缩裂缝	多出现在坝体表面，密集交错，没有固定方向，分布均匀，有些呈龟纹裂缝形状，降雨后裂缝变窄或消失；也有的出现在防渗体内部，其形状呈薄透镜状
	冰冻裂缝	发生在冰冻影响深度以内，表层呈破碎、脱空现象，缝宽及缝深随气温而异
	振动裂缝	在经受强烈振动或烈度较大的地震以后发生纵、横向裂缝，横向裂缝的缝口随时间逐渐变小或弥合；纵向裂缝缝口没有变化。防浪墙多出现振动裂缝，严重的可使坝顶防浪墙及灯柱倾倒

2.2.2　土石坝裂缝的检查

对于已建成的土石坝，其安全情况是不断变化的，往往直接或间接地反映为坝面上的异常现象。例如，细小的横向裂缝可能发展成坝体的集中渗流通道，而细小的纵向裂缝则可能是坝体滑坡的先兆。

2.2.2.1　龟纹裂缝

龟纹裂缝的方向没有规律，纵横交错，裂缝间距比较均匀。这种裂缝可能出现在没有铺设保护层的坝顶和坝坡，也可能出现在水库泄空而出露的上游防渗黏土铺盖表面。产生龟纹裂缝的主要原因是土石坝填土由湿变干时的体积收缩。筑坝土料黏性越大，含水量越高，出现龟纹裂缝的可能性越大。在壤土中，龟纹裂缝比较少见，在砂土中一般没有这种裂缝。此外，在严寒地区，可以见到由于填土受冰冻产生的龟纹裂缝。

龟纹裂缝是坝体表面常见的现象，一般不会直接影响坝体安全。但是出现在防渗斜墙或铺盖上的龟纹裂缝，可能会影响坝体安全，因此在进行安全检查时，应给予足够重视。要仔细探明龟纹裂缝的宽度、深度，并及时处理。对于较浅的龟纹裂缝，一般可在表面铺一层厚约二十厘米的砂性土保护层，防止其发展；较深的龟纹裂缝，一般采用开挖回填的方法进行处理，处理后要随即铺设保护层。发生在其他部位，如坝顶或均质坝坝面上的龟纹裂缝，可能促使冲沟、滑坡等继续发展，因此应及时处理。

2.2.2.2　横向裂缝

横向裂缝一般接近铅垂或稍有倾斜地伸入坝体内。缝深几米到十几米，上宽下窄。缝口宽几毫米到十几厘米，偶尔也能见到更深、更宽的缝口。裂缝两侧可能错开几厘米甚至几十厘米。当相邻的坝段或坝基产生较大的不均匀沉降时，就会产生横向裂缝。

横向裂缝主要出现在坝顶，但也可能出现在坝坡上。根据我国各类水库大坝裂缝的调查结果，虽然横向裂缝形成原因很多，但发生部位有一定的规律，常见部位有：

(1) 土石坝与岸坡接头坝段及河床与台地交接处。这些部位因填土高度变率大，施工时碾压不密实而出现过大的沉降差。

(2) 坝基有压缩性过大的软土或黄土，施工时未加处理或清除，泡水湿陷或加荷下沉。

(3) 土石坝与刚性建筑物接合坝段，因两种材料沉降不同所致。

(4) 分段施工接头处或施工导流合拢段，常因漏压及抢进度使得碾压质量不符合设计要求，最终成为坝体内的薄弱部位。横向裂缝常见的部位及形成原因如图2.1所示。

土石坝的横向裂缝具有极大的危险性，一旦水库水位上涨，渗水通过裂缝，很容易将裂缝冲刷扩大而导致险情。因此，在土石坝的安全检查中，必须特别重

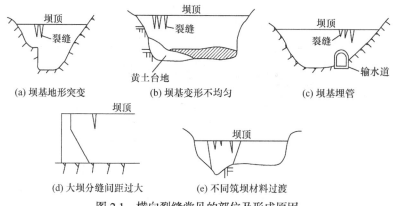

图 2.1　横向裂缝常见的部位及形成原因

视横向裂缝的检查(廖文来，2005)。

　　除了在坝面进行普遍检查外，还应该对较易出现横向裂缝的部位进行重点检查，坝顶防浪墙或路缘石的裂缝往往能反映坝体横向裂缝。

　　根据坝顶沉陷观测资料检查横向裂缝，也是一个重要的方法。如果相邻测点之间出现较大的不均匀沉陷，则该坝段很可能出现横向裂缝。对于坝面铺有保护层的土石坝，必要时应开挖与坝轴线平行的探槽，以揭露其横向裂缝。

　　在坝面发现横向裂缝后，如果时间允许，最好观测一段时间，待裂缝发展趋向稳定后再进行处理。但在此期间，必须控制水库运用。对于尚未处理或虽已处理但尚未经蓄水考验的土石坝，在汛期除了控制运用外，还应该准备必要的防汛抢险器材，以免出现险情时措手不及。由于横向裂缝的危害性很大，一般要求进行开挖回填处理。

2.2.2.3　纵向裂缝

根据土石坝纵向裂缝产生的原因,可将其分为纵向沉陷裂缝和纵向滑坡裂缝。

1. 纵向沉陷裂缝

在坝面上,由坝体或坝基的不均匀沉降产生的纵向沉陷裂缝一般接近于直线,基本上是铅直地向坝体内部延伸。裂缝两侧填土的错距一般不超过 30cm,缝深几米到十几米居多,也有更深的。缝宽几毫米到十几厘米,缝长几米到几百米。纵向沉陷裂缝的宽度和错距的发展是逐渐减慢的。某水库纵向沉陷裂缝的发展过程如图 2.2 中的曲线Ⅰ所示。

2. 纵向滑坡裂缝

纵向滑坡裂缝一般呈弧形,裂缝向坝体内部延伸时弯向上游或下游,缝的发展过程是逐渐加快的,直至土体发生滑动以后才逐渐变慢。某水库土石坝纵向滑坡裂缝的发展过程如图 2.2 中的曲线Ⅱ所示。纵向滑坡裂缝的宽度可达 1m 以上,

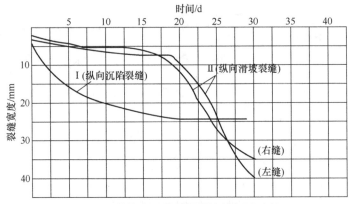

图 2.2 某水库两种纵向裂缝的发展过程

错距可达几米。当裂缝发展到后期，可以发现在相应部位的坡面或坝基上隆起带状或椭圆状的土体。这是区别于纵向沉降裂缝的重要标志。

有关滑坡的问题将在 2.3 节中叙述。

2.2.2.4　内部裂缝

土石坝坝面上出现的裂缝，都称为表面裂缝。此外，在土石坝坝体内部也可能出现内部裂缝，有的内部裂缝是贯通上下游的，很可能变成集中渗漏通道，由于不易被人们发现，其危害性很大。

内部裂缝常见的部位有：①窄心墙内部的水平裂缝，主要因坝壳顶托作用，使心墙中部高程的垂直压力减小，同一高程处坝壳压力增大，出现拱效应；②狭窄山谷，河床含有高压缩土，坝基下沉时，坝体上部重量通过拱作用传递到两岸，土拱下部坝体沉降大，可能使坝体受拉形成内部裂缝或空穴；③坝体与河床上的混凝土或浆砌石体等压缩性很小的材料相邻处，两者不均匀沉降造成过大拉应变和剪应力开裂。内部裂缝常见的部位如图 2.3 所示。

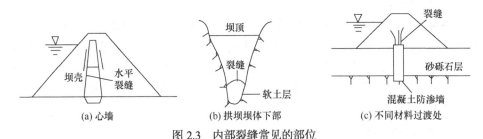

图 2.3　内部裂缝常见的部位

2.2.2.5　裂缝检查

对裂缝的检查与探测，首先应借助资料的整理分析，根据上面提及的裂缝常见部位，对这些部位的坝体变形(垂直和水平位移)、测压管水位、土体中应力及孔隙水压力变化、水流渗出后的浑浊度等进行鉴别。初步确定裂缝出现的位置后，再用探测方法明确裂缝确切位置、大小、走向，为制订裂缝处理方案提供依据。

通常在裂缝附近会产生下列异常情况：①沿坝轴线方向同一高程位置的填土高度、土质等基本相同，而其中个别测点的沉降比其他测点明显减小，则该点可能存在内部裂缝；②垂直坝段各排测压管的浸润线高度，在正常情况下，除靠岸坡的两侧略高外，其他大致相同，若发现个别坝段浸润线明显抬高，则测点附近可能出现横向裂缝；③通过坝体的渗水有明显清浑交替出现的位置，可能出现贯穿裂缝或管涌通道；④坝面有刚性防浪墙拉裂等异常现象的坝段，同时坝身有明显塌坑，说明该处有横向裂缝；⑤短距离内沉降差较大的坝段；⑥土压力及孔隙水压力不正常的位置。

对于可能存在裂缝的部位可采用土石坝隐患探测的方法，即有损探测和无损探测进行检查，但有损探测对坝身有一定的损坏。有损探测又分为人工破损探测和同位素探测，无损探测是指电法探测。

(1) 人工破损探测。对表面有明显征兆，沉降差特别大，坝顶防浪墙被拉裂的部位，可采用探坑、探槽和探井的方法探测。探坑、探槽和探井是指人工开挖一定数量的坑、槽和井来实际探测坝内隐患。该法直观可靠，易弄清裂缝位置、大小、走向及深度，但受到深度限制，目前国内探坑、探槽的深度不超过 10m，探井深度可达 40m。

(2) 同位素探测。此法是利用土石坝已有的测压管，投入放射性示踪剂模拟天然渗透水流运动状态，用同位素探测技术观测其运动规律和踪迹。通过现场实际观测可以取得渗透水流的流速、流向和途径。给定水力坡降和有效孔隙率时，可以计算相应的渗透水流速度和渗透系数。给定渗透层宽度和厚度的基础上，可以计算渗流量。同位素探测也称放射性示踪法，包括多孔示踪法、单孔示踪法、单孔稀释法和单孔定向法等。

(3) 电法探测。电法探测是一种无损探测的方法，在土石坝表面布设电极，通过电测仪器观测人工或天然电场的强度，分析这些电场的特点和变化规律，以达到探测工程隐患的目的。土石坝坝体是具有一定几何形状的人工地质体，同一坝段，沿大坝纵向的坝体横断面尺寸通常是一致的，筑坝材料也相对均匀。因此，坝体几何形状对人工电场的影响在各个坝段基本相同，一旦存在隐患，必然会破坏坝体的整体性和均匀性，引起人工电场的异常变化和隐患测点与其他测点视电阻率的差异，这就是电法探测土石坝隐患的机理。

电法探测适用于土石坝裂缝、集中渗流、管涌通道、基础漏水、绕坝渗流、接触渗流、软土夹层及白蚁洞穴等隐患探测，它比传统的人工破损探测速度快、费用低，目前已广泛运用。电法探测的方法较多，有自然电场法、直流电阻率法、直流激发极法和甚低频电磁法。以上列举的裂缝探测方法有些较直观、准确，有些只能大体确定裂缝位置，具体采用何种方法应视当地具体条件及设备情况而定。

2.2.3　土石坝裂缝的预防措施

1. 龟纹裂缝的预防措施

在竣工后的坝面上及时铺设砂性土保护层是预防龟纹裂缝的有效措施。此外，在施工期防止坝体填土龟裂也很重要。填筑中断时，应在填土表面铺设松土保护层。对于已经出现的龟纹裂缝应翻松重压，以免在坝体内留下隐患。

2. 沉陷裂缝的预防措施

预防坝体沉陷裂缝应该同时从三方面着手：第一，减少坝体与坝基的沉陷和不均匀沉陷；第二，提高坝体填土适应变形的能力；第三，可以采取必要的安全措施，防止坝体裂缝导致土石坝出现险情。

1) 减少坝体与坝基的沉陷和不均匀沉陷

造成沉陷裂缝的直接原因是坝体的不均匀沉陷，但是一般说来，沉陷越大，不均匀沉陷也越大，因此减少坝体和坝基的沉陷是预防沉陷裂缝的重要措施。对坝基中的软土层，应该优先考虑挖除。如果开挖困难，则可以考虑采用打砂井(对于软黏土层)或预先浸水(对于湿陷性黄土)等措施，使坝基土层事先沉陷。对于土石坝坝体，根据土料特性和碾压条件，选择适宜的填筑标准之后，更重要的是在施工时必须严格控制填土质量。很大一部分土石坝裂缝是填土质量差引起的。

为了减少坝体的不均匀沉陷还应该尽可能避免坝体高度的突变。与土质防渗体连接的岸坡开挖应符合下列要求：岸坡应大致平坦，不应成台阶状、反坡或突然变坡，岸坡自上而下由缓坡变陡坡时，变换坡度宜小于 20°；岩石岸坡坡度不宜陡于 1：0.5，陡于此坡度时应有专门论证，并应采取相应工程措施；土质岸坡坡度不宜陡于 1：1.5。

埋在土石坝下面涵管的外墙壁面和溢洪道边墙(墩)与土石坝相接触的壁面，都应该有一定坡度，这样不但可以减少坝体不均匀沉陷，而且有利于涵管和边墙(墩)与坝体的结合处理。必须强调，在施工中要保证填土的密实度均匀，防止因漏压、欠压造成的局部土层松动。

上述这些措施对于减少坝体不均匀沉陷，防止裂缝发生十分重要。

2) 提高坝体填土适应变形的能力

填土适应变形的能力，除了取决于它的矿物成分、颗粒组成外，还与填土的含水量和干容重有关。含水量的增加，对提高填土适应变形的能力有较显著的效果。但是，含水量过高就会使填土压实困难且沉陷增加。因此，控制坝体的填筑含水量，使之略高于塑限含水量，对于减少和防止出现裂缝是有效的。在可能发生裂缝且不易发现的部位,如混凝土防渗墙或涵管的上部等,可用塑性较好、适应变形能力较强的土料填筑。

3) 采取必要的安全措施

土石坝裂缝小且危险性较大的是横向裂缝和内部裂缝。为了防止这些裂缝导致土石坝出险,需要采取一些必要的安全措施。例如,在土石坝与其他建筑物或岸坡接合处,适当加宽防渗体的厚度;采用刺墙、截水环或结合槽,以延长渗径。在可能发生裂缝的部位,应适当增加防渗体下游反滤层的厚度,以防止反滤层破坏导致土石坝出险。

把土石坝做成拱形,不但可以减少土石坝的横向裂缝,而且可以保证土石坝与岸坡接合良好。河北省于 1958 年建成的鸽子塘水库,其均质土石坝坝高 17m,坝顶长 120m,在平面上拱向上游,建成后未见有裂缝,土石坝与岸坡接合处也未见有渗水。

2.2.4 土石坝裂缝的处理

处理坝体裂缝首先应根据观测资料判断裂缝类型、裂缝部位和裂缝产生的原因,按实际情况进行处理。

非滑坡性裂缝处理方法主要有开挖回填法、灌浆法(充填灌浆法与劈裂灌浆法)和两者结合等方法。开挖回填法是处理裂缝最彻底的方法,适用于位置不深及防渗体面上的裂缝;灌浆法适用于裂缝较多或坝体内部裂缝;开挖回填与灌浆相结合的方法适用于由表层延伸至坝体一定深度的裂缝。

2.2.4.1 开挖回填法

对于防渗体心墙顶部或斜墙表面的干缩裂缝,处理时需清除表土层,然后按原设计土料分层夯实,使其干容重达到设计要求;对于均质坝表面干裂且缝深小于 0.5m 的裂缝,只需用泥浆封口,这类小缝浸水后可以自行闭合。

贯穿性横向裂缝会顺缝漏水,有使坝体穿孔,造成溃坝的危险。从安全出发,应采用开挖回填法进行彻底处理。开挖回填法具体如下。

1. 裂缝的开挖

为探清裂缝的范围和深度,在开挖前可先向缝内灌入少量石灰水,然后沿缝挖槽。缝的开挖长度应超过裂缝两端 1m,深度超过裂缝尽头 0.5m,开挖的坑槽底部宽度至 0.5m,边坡应满足稳定及新旧回填土结合的要求。坑槽开挖应做好安全防护工作,防止坑槽进水、土壤干裂或冻裂,挖出的土料要远离坑口堆放。

对贯穿坝体的横向裂缝,开挖时顺裂缝向抽槽,先挖成梯形或阶梯形(每阶以高度 1.5m 为宜,回填时逐级消除阶梯,保持梯形断面),并沿裂缝方向每隔 5～6m 设一道结合槽,结合槽垂直裂缝方向,槽宽 1.5～2.0m,并注意新老土结合,以免集中渗流。

2. 处理方法

(1) 梯形楔入法。适用于裂缝不太深的非防渗部位，如图 2.4(a)所示。

(2) 梯形加盖法。适用于裂缝不太深的防渗斜墙和均质土石坝迎水坡的裂缝，如图 2.4(b)所示。

(3) 梯形十字法。适用于处理坝体和坝端的横向裂缝，如图 2.4(c)所示。

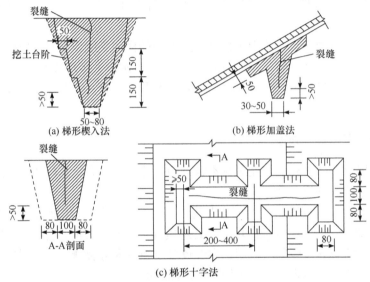

图 2.4　开挖回填处理方法示意图(单位：cm)

3. 土料的回填

回填的土料要符合坝体土料的设计要求。沉陷裂缝要选择塑性较大的土料，含水量大于最优含水量的 1%～2%。回填前，如果坝土料偏干，应将表面润湿；如果土体过湿或冰冻，应清除后再进行回填，便于新、老土的结合。回填时应分层夯实，土层厚度以 0.1～0.2m 为宜。要特别注意坑槽边角处的夯实质量，要求压实厚度为填土厚度的 2/3。回填后，坝顶或坝坡应覆盖 30～50cm 的砂性土保护层。对于裂缝宽大于 1cm，缝深超过 2m 的纵向裂缝也需开挖回填处理。但应注意，如果裂缝是不均匀沉降引起的，当坝体继续产生不均匀沉降时，应先把裂缝的位置记录下来，采用泥浆封口的临时措施，待沉降趋于稳定时，再开挖处理，这类裂缝在开挖回填处理中还会被破坏，故应采取必要的安全措施以防人身安全事故发生。当挖槽工作量大时，可采用打井机具沿裂缝挖井。小型土石坝采用此方法比较切实可行，井的直径一般为 120cm，两个井圈搭接 30cm，在具体施工中应先打单数井，回填坝体；之后打双数井，分层夯实。浙江省温岭市用冲抓钻打井处理土石坝裂缝已取得了良好成效。

2.2.4.2　充填灌浆法

充填灌浆法就是在裂缝部位用较低压力或浆液自重将其灌入坝体,充填密实裂缝和孔隙,达到加固坝体的目的。

1. 孔序布置

灌浆前应首先对裂缝的分布、深度及范围进行调查和探测,调查了解坝体施工时坝体填筑质量,以及蓄水后坝体的渗漏及裂缝状况和发展过程。对于表层裂缝,通常在每条主缝上布孔,该孔应布置在长裂缝的两端、转弯处、缝宽突变处、裂缝密集处及各缝交汇处。但应注意,灌浆孔不宜靠近防渗斜墙、反滤体和排水设施,以及测压管的滤水管段,要保持足够的安全距离(通常不小于 3m),以防浆液填塞及串浆发生,使排、滤水设施不能正常工作。用灌浆法处理内部裂缝时,要根据裂缝大小、分布范围及灌浆压力大小而定。一般采用灌浆帷幕式布孔,即在坝顶上游布置 1～2 排,孔距由疏到密,最终孔距以 1～3m 为宜,孔深应超过缝深 1～2m。

2. 灌浆压力

灌浆压力是保证灌浆效果的关键。灌浆压力越大,浆液扩散半径也越大,可减少灌浆孔数,并能将细小裂缝充填密实,同时浆液易析水,灌浆质量好。但是,如果压力过大,往往引起冒浆或飞串浆,裂缝扩展产生新的裂缝,造成滑坡或击穿坝壳、堵塞反滤层和排水设施(赵旭升等,2004),甚至人为地造成贯穿上、下游的集中漏水通道,威胁土石坝安全。因此,灌浆压力的选择应在保证坝体安全的前提下,通过试验确定,一般灌浆管上端孔口压力采用 0.05～0.30MPa;施灌时灌浆压力必须由小到大,逐步增加,不得突然增大,灌浆过程中应维持压力稳定,波动范围不得超过 5%。同时,采用的最大灌浆压力不得超过灌浆孔段的土体重量。允许最大灌浆压力可按式(2.1)估算:

$$P = K_0 \gamma H \tag{2.1}$$

式中, P 为允许最大灌浆压力(kPa); K_0 为系数,砂质土取 0.1,壤土取 0.15,黏土取 0.2; γ 为灌浆孔段以上土层容重,可采用 14～16kN/m^3; H 为灌浆孔段埋藏深度(m)。

在实际工作中,灌浆压力要逐步增加。每次增加压力前,必须争取吃浆量在该压力下达到 0.5L/mm 左右,至少持续 10min。例如,浙江省金兰水库灌浆时控制灌浆压力为 0.05MPa 的低压,持续时间达 4～5h。灌浆压力可用灌浆机(泥浆泵)或重力法取得。采用重力灌浆时,泥浆桶可以放置在附近山头或在坝顶搭架,但应保证浆桶的泥浆面至灌浆管入口的高差不小于 10m。广东青年运河(水库)重力灌浆示意图，如图 2.5 所示。

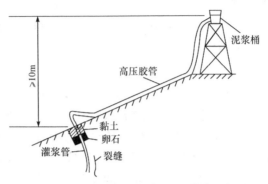

图 2.5 广东青年运河(水库)重力灌浆示意图

采用灌浆法处理裂缝时，灌浆压力常需进行现场试验。长时间低压灌浆一方面可保证浆液在缝中的充填效果；另一方面不会使裂缝因压力过大而展开。许多单位通过灌浆实践，提出采用低压灌浆的观点，建议孔口压力控制在 0.05MPa 左右。例如，湖北省白莲河水库土石坝灌浆，开始时孔口灌浆压力为 0.05MPa，结果发现坝面出现 3 条裂缝，之后压力逐渐下降，降至孔口压力为 0，利用重力灌浆，才免于坝顶开裂。为了保证低压灌浆的效果，可以在浆液中加入适量的水玻璃，改善浆液的流动性。

3. 灌浆浆液

灌浆浆液一般采用人工制浆，对于灌浆量大的工程，也可采用机械制浆。要求浆液流动性好，使其能灌入裂缝；析水性好，使浆液进入裂缝后，能较快地排水固结；收缩性好，使浆液析水后与土石坝结合密实。常用的浆液有纯黏土浆和水泥黏土浆两种。

(1) 纯黏土浆。多用于浸润线以上坝体裂缝的充填，如用于浸润线以下时，纯黏土浆长时间不易凝固，不能发挥灌浆的效果。用黏性土作为材料，一般黏粒的质量分数在 20%～45%为宜。如黏粒过多，土料黏性过大，浆液析水慢，凝固时间长，影响灌浆效果。在保持浆液对裂缝具有足够充填能力的条件下，浆液的浓度越大越好，根据试验，一般采用水土质量比为 1：1～1：2.5，泥浆的密度一般控制在 1.45～1.7g/cm³。为了改善泥浆的黏度并增加浆液的流动性、增强灌浆后初期强度并加快泥浆的初凝时间、驱赶和毒杀危害堤坝安全的动物(如白蚁、獾等)，有时需添加一定量的附加剂。目前，我国普遍采用掺入化学药剂，如水玻璃、杀虫剂等，如可在浆液中掺入干料量为 1%～3%的硅酸钠溶液(水玻璃)。

(2) 水泥黏土浆。由土料和一定比例的水泥混合搅制而成。在土料中掺入

10%～30%的水泥后，浆液析水性好，可促使浆液及早凝固发挥效果。注意水泥掺量不能过大，否则浆液凝固后会因不能适应土石坝变形而开裂。

水泥黏土浆灌坝体裂缝后会很快初凝，可用于浸润线以下坝体裂缝的充填。但混合浆会因水体滤失及体积收缩而浆面下沉，使固结后浆体中产生细小水平缝。水泥黏土浆固结后密度比纯泥浆小，且与坝体结合情况不如纯泥浆好，故灌浆法处理裂缝时较少采用，主要用于坝身与刚性建筑物接触部位及堵塞漏洞。

4. 灌浆与封孔

灌浆时应采用"由外向里，分序灌浆"和"由稀到稠，少灌多复"的方式进行。采用少灌多复可以使浆体形成疏密相间、颗粒粗细相间的木纹状构造，提高充填密实及防渗效果。

第一次灌入的浆液，泥浆向坝体排水固结时，细粒的流动性大，随水挟带渗入坝体孔隙，在缝内及侧壁形成由胶体黏粒组成的透水性小、微密的薄黏土层。第二次灌浆时，泥浆又从尚未固结的原泥浆浆脉中冲出，使第二次黏粒向侧壁运动，缝内细粒向第一次堵缝的粗粒渗吸，细粒在析水过程中形成黏性胶状的弱透水带，进而形成疏密相间的木纹状浆脉，对防渗极为有利。

在设计压力下，灌浆孔段经 3 次复灌不再吸浆时，灌浆即可结束。在浆液初凝后(一般为 12h)可进行封孔，封孔时应先扫孔到底，分层填入直径 2～3cm 的干黏土泥球，每层厚度一般为 0.5～1.0m，然后捣实。均质土石坝可向孔内灌注浓泥浆或灌注最优含水量的制浆土料捣实(陈德，2011)。

5. 灌浆时应注意的几个问题

在雨季及水库水位较高时，由于泥浆不易固结，一般不宜进行灌浆；灌浆工作必须连续进行，若中途必须停灌，应及时洗清灌孔，并尽可能在 12h 内恢复灌浆；灌浆时应密切注意坝坡的稳定及其他异常现象，发现突然变化应立即停止灌浆，分析原因后采取相应处理措施；灌浆结束后 10～15d，对吃浆量较大的孔应进行一次复灌，以充填上层浆液在凝固过程中因收缩而脱离坝体所产生的孔隙。

2.2.4.3 劈裂灌浆法

当处理范围较大，裂缝的性质和部位都不能完全确定时，可采用劈裂灌浆法处理，处理方法见 2.4.3 小节。

2.3 土石坝滑坡及其处理

土石坝坝坡局部(有时带着部分地基)失去稳定，发生滑动，上部坍塌，下部隆起外移，这种现象称为滑坡。

土石坝滑坡，有的是突然发生的，有的是先出现裂缝然后产生的，如能及时发现并积极采取适当处理措施，其危害性可以减轻，否则就可能造成重大损失。

2.3.1　滑坡的类型

土石坝滑坡按其性质可分为剪切性滑坡、塑流性滑坡和液化性滑坡三种，土石坝滑坡的类型如图 2.6 所示。

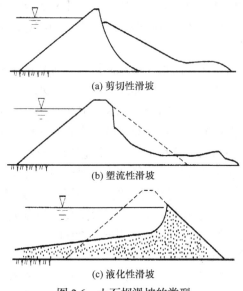

(a) 剪切性滑坡

(b) 塑流性滑坡

(c) 液化性滑坡

图 2.6　土石坝滑坡的类型

(1) 剪切性滑坡。剪切性滑坡多发生在坝基和坝体除高塑性以外的黏性土中。主要原因是坝坡坡度太陡，填土压密程度较差，渗透水压力较大，当坝受到较大的外荷作用使滑动体上的滑动力矩超过抗滑力矩时，在坝坡或坝顶开始出现一条平行于坝轴线的裂缝，随后裂缝不断延长和加宽，两端逐渐弯曲延伸(在上游坡时曲向上游，在下游坡时曲向下游)。与此同时，滑坡体下部出现带状或椭圆形隆起，末端向坝趾方向滑动，先慢后快，直至滑动力矩与抗滑力矩达到平衡时滑动终止。目前，土石坝中出现的滑坡绝大多数属于剪切性滑坡，见图 2.6(a)。滑坡裂缝与其他变形裂缝外形的区别如图 2.7 所示。

(2) 塑流性滑坡。塑流性滑坡主要发生在含水量较大的高塑性黏土填筑坝体，如图 2.6(b)所示。高塑性黏土在一定的荷载作用下会产生蠕动或塑性流动，土的剪应力低于土的抗剪强度时，剪应变仍不断增加，使坝坡出现连续位移和变形，其过程为缓慢的塑性流动，这种现象称为塑流性滑坡。这种滑坡的滑动体上部通

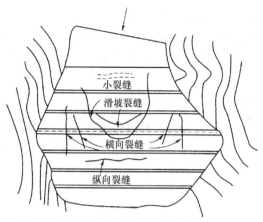

图 2.7　滑坡裂缝与其他变形裂缝外形的区别

常无明显的纵缝，但坡面上的位移连续增加，滑动体下部也可能有隆起现象。

(3) 液化性滑坡。液化性滑坡多发生在坝体或坝基土层为均匀中细砂或粉砂的情况下。水库蓄水后坝体在饱和状态下突然受到震动(如地震、爆破及机械振动等)时，砂的体积急剧收缩，坝体水分无法析出，使砂粒处于悬浮状态，坝体向坝趾方向急剧流泻，其过程类似流体向地势低的地方流散，故称为液化性滑坡，如图 2.6(c)所示。这类滑坡时间很短促，顷刻之间坝体液化流散，很难观测、预报及抢护。

滑坡裂缝与前述的沉陷裂缝在处理方法及程序上有别，因此须严加区别，以便正确处理，沉陷纵向裂缝和滑坡裂缝区别见表 2.2。

表 2.2　沉陷纵向裂缝和滑坡裂缝区别

项目	裂缝形式	
	沉陷纵向裂缝	滑坡裂缝
外形	直线或接近直线，垂直向下延伸	两端弯曲、中间近似为直线的弧形曲线
缝宽	缝宽小，几毫米到几十毫米，错距小于 30cm	缝宽可达 1m 以上，错距可达数米
发展时间	裂缝随土体固结逐渐减缓	开始发展缓慢，当滑体失稳后突然加快
发展结果	随时间加长，缝宽、缝深不断加大	滑体脱离原位，滑动力(矩)与抗滑力(矩)平衡，滑体静止
缝口特征	缝口少见有擦痕	缝口可见擦痕及错距，缝口可见稀泥
处理方法	开挖回填法或灌浆处理法	先堆石固脚，止滑后再进行处理

2.3.2　滑坡的原因

土石坝滑坡的原因是多方面的，主要与下列五种因素有关。

(1) 筑坝的土料组成。不同土料的力学指标(主要指内摩擦角和黏聚力)不同，其阻止滑动体滑动的抗滑力也不相同。另外，不同的土料颗粒组成不同，其碾压密实度也不尽相同，因此土的抗剪强度也不相同，抗剪强度低的土层可能会引起滑坡。

(2) 土石坝的结构形式。土石坝的结构形式是指土石坝上下游坝坡、防渗体与排水设施的布置等。例如，坝坡太陡，势必造成滑动面上的滑动力(矩)大于抗滑力(矩)，而防渗体或排水设施布置不当或失效，会引起坝体浸润线过高，下游坝坡大面积渗水，造成渗透压力过大，增大滑动力(矩)，导致土石坝滑坡。

(3) 土石坝的施工质量。土石坝的施工过程中，由于铺土太厚、碾压不实或者土料含水量等不符合要求，使碾压后的坝体干容重达不到设计标准，填筑土体的抗剪强度不能满足稳定要求；在冬季施工时，没有采取适当措施，形成冻土层，或者将冻土带进坝体，冻土解冻后或土石坝蓄水后，库水入渗形成软弱夹层；合拢段的边坡及两岸与土石坝连接段的岸坡太陡，以及土石坝加高培厚的新旧坝体之间结合处理不好等都可能引起滑坡。

(4) 管理因素。在水库运行管理中，水库的水位降落速度太快，土体孔隙中的水不能及时排出，形成较大的渗透压力。在坝坡稳定分析时，水位以下的上游坝壳土体按浮容重计算滑动力。当水位骤降后，将会使水位降落区的土体由浮容量变为饱和容重。因此，滑动力增大可能使上游坝坡发生滑动。坝后排水设施堵塞或失效，造成坝体浸润线抬高，引起下游坝坡滑坡。

(5) 其他因素。持续的降雨使坝坡土体饱和，风浪淘刷使护坡破坏，地震及人为因素等均会影响土石坝坝坡稳定。

2.3.3 滑坡的预防与处理

2.3.3.1 滑坡的预防

预防滑坡的主要方法是保证土石坝有合理的断面和良好的质量。对于已建成的水库，要认真执行运用管理制度，避免运用不当造成滑坡。

对土石坝稳定性有怀疑时，应进行稳定校核。如发现土石坝在高水位或其他不利情况(如地震等)下有可能滑坡时，应及早采取预防措施。一般可采取在坝脚压重或放缓边坡，采取防渗、导渗措施以降低浸润线和坝基渗透压力。在特殊情况下，可采取有针对性的措施，或将土石坝局部翻修改建。

此外，当土石坝需要加高时，一般应在培厚的基础上加高，土石坝加高如图 2.8 所示。只有通过稳定校核，确无问题时才能直接加高坝顶。

2.3.3.2 滑坡的抢护

发现滑坡征兆后，应根据情况进行判断。滑坡抢护的基本原则是上部减载，

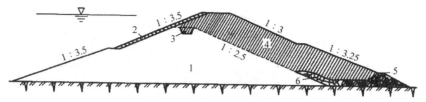

图 2.8　土石坝加高示意图

1-原有坝体；2-块石护坡；3-结合槽；4-培厚加高坝体；5-延水及新建滤水体；6-原有滤水体

1：3.5 表示坡面垂直高度和水平宽度的比为 1：3.5，余同

下部压重，即在主裂缝部位进行削坡，在坝脚部位进行压坡。具体的抢护措施应根据滑动情况、出现的部位、发生的原因等因素而定(董哲仁，1999)。

1. 迎水坡库水位骤降引起滑坡

(1) 有条件的应立即停止水库泄水(又称"过水")。

(2) 在保证土石坝有足够挡水断面的前提下，将主裂缝部位进行削坡。

(3) 在滑动体坡脚部分抛砂石料或沙袋等，临时压重固脚。

2. 背水坡渗漏引起滑坡

(1) 尽可能降低库水位，但应控制水位降落速度，以免水位骤降影响上游坡的安全。

(2) 沿滑动体和附近的坡面开沟导渗，使渗透水能够很快排出。

(3) 若滑动裂缝达到坝脚，应该首先采取压重固脚的措施。如坡脚有渊潭和水塘，应先抛砂石将其填平，然后在滑动体下半部用砂石料压脚。

(4) 对迎水坡进行防渗处理。

2.3.3.3　滑坡的处理

当滑坡稳定后，应根据情况研究分析，进行彻底的处理，其措施有以下几种(牛运光，1979)：

(1) 开挖回填。松动的土体已形成贯穿裂缝面，如不处理就不可能恢复到未滑动前的紧密结合状。因此，应尽可能将滑动体全部开挖，再用原开挖土或与坝体相同的土料分层回填并夯实。如滑动体方量很大，全部开挖确有困难，可以将松土部分挖掉，然后回填夯实。对松土开挖，可先将裂缝两侧松土挖掉，开挖至缝底以下 0.5m，其边坡不陡于 1：1，挖坑两端的边坡不陡于 1：3，并做好结合槽，以利于防渗。开挖回填前，应洒水润湿，将表层刨毛或耙松，再填土夯实。对地基淤泥层(或其他高压缩性土层)尚未清除或清除不彻底引起的滑坡，应在坝址处挖穿淤层，回填透水料(背水坡脚)，做成固脚齿槽，同时采取压重固脚的措施。淤泥地基划破综合处理如图 2.9 所示。

(2) 放缓坝坡。对设计坝坡陡于土体的稳定边坡引起的滑坡，处理时应考虑放缓坝坡，并将原有排水体接到新坝趾。如滑坡前浸润线溢出坡面，则新旧土体

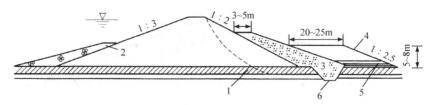

图 2.9 淤泥地基划破综合处理示意图
1-淤泥；2-上游抛石固脚；3-透水料；4-固压台；5-双向反滤层；6-固脚齿槽

之间应设置反滤排水层。放缓坝坡必须通过稳定计算，在没有试验资料确定计算指标时，也可参照滑坡后的稳定边坡确定放缓的坝坡，水库滑坡处理如图 2.10 所示。

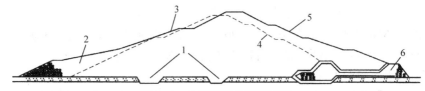

图 2.10 水库滑坡处理示意图
1-原截水槽；2-砌石压脚；3-放缓坝坡；4-原坝坡；5-处理后坝坡；6-新做排水体

(3) 压重固脚。严重滑坡时，滑坡体底部往往滑出坝趾以外，在这种情况下，就需要在滑坡段下部采取压重固脚的措施，以增加抗滑力。一般采用固压台，如同时起排水作用，也称为压浸台。压重固脚的材料最好用砂石料。在缺乏砂石料的地区，也可用风化土料，但应夯压到设计要求的密实度。有排水要求的，要同时考虑排水体的设施。固压台的尺寸，应根据使用材料和压实程度，通过试验和计算确定。对于中小型水库，当坝高小于 30m 时，压坡体高度一般可采用滑坡体高度的 1/2～2/3，固压台采用石料时的厚度一般为 3～5m(或 1/3 滑坡体高度)。如用土料，应比石料大 0.5～1.0 倍，其压坡体的坡度可放缓至 1：4。

(4) 加强防渗。水库蓄水后产生滑坡，一般需解决防渗问题。如原来坝体没有防渗斜墙，在高水头作用下，产生渗透破坏，引起背水坡滑坡，或者水位骤降引起迎水坡滑坡，使防渗斜墙受到破坏，均应根据具体情况降低库水位或放空水库，彻底修复防渗斜墙。对浸润线过高使库水溢出坡面或者大面积散浸引起的滑坡，除结合下游导渗设施外，还应考虑加强防渗，如进行坝身灌浆、加强防渗斜墙等。

(5) 排水处理。对于渗漏引起的背水坡滑坡，采用压重固脚时，新旧土体及新土体与地基间的接合面应设置反滤排水层并与原排水体相连。对排水体堵塞引起的滑坡，处理时应重新翻修原排水体，使其恢复作用。对减压井堵塞引起地基渗流破坏造成的滑坡，应对减压井进行维修，恢复效能。

(6) 综合措施。确定安全合理的剖面结构，选择能适应各种工作条件的稳定坝坡和采取完善可靠的防渗、排水措施，使不同运用条件下土体内孔隙水压力减小，这是防止和处理滑坡的有效方法。例如，有些水库会出现水位骤降，则应在上游设置排水，使水位下降时孔隙水压力由平行于坝坡方向变成垂直于坝基方向，以增加上游坡的稳定性，库水位下降时坝体内流网如图 2.11 所示。

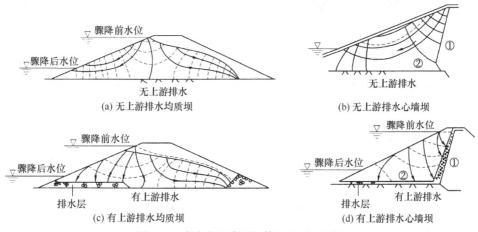

图 2.11　库水位下降时坝体内流网示意图
①-不透水料；②-中等不透水料

2.3.3.4　滑坡处理中应注意的几个问题

(1) 滑坡的原因不同，采取的处理措施也有所区别。但任何一种滑坡都需要采取综合性的处理措施，如开挖回填、放缓坝坡、压重固脚和防渗排水等，而非单一方法所能解决。在处理时一定要严格掌握施工质量，确保工程安全。

(2) 在滑坡处理中，特别是在抢护工程中，一定要在确保人身安全的情况下进行工作。

(3) 对滑坡性的裂缝，原则上不应采取灌浆方法处理，因为浆液中的水分，将降低滑坡体与坝体之间的抗剪强度，对滑坡稳定不利，而且灌浆压力也会加速滑坡体下滑。如必须采用灌浆方法时，一定要有充分论证，确保坝体的稳定。

(4) 滑坡体上部和下部的开挖与回填，应该符合"上部减载"与"下部压重"的原则。开挖部位的回填，要在做好压重固脚以后进行。其下部开挖，要分段进行，切忌全面同时开挖，以免引起再次滑坡(黄胜方，2007)。

(5) 不宜采用打桩固脚的方法处理滑坡，由于桩的抗滑作用很小，不能抵挡滑坡体的推力，而且打桩振动反而会助长滑坡的发展。

2.4　土石坝渗漏及其加固处理

土石坝的坝体和坝基,一般具有一定的透水性。因此,水库蓄水后在坝后出现渗漏现象不可避免。不引起土体渗透破坏的渗漏通常称为正常渗漏;引起土体渗透破坏的渗漏称为异常渗漏。正常渗漏的特征为渗流量较小,水质清澈,不含土颗粒;异常渗漏的特征为渗流量较大、水流比较集中,水质浑浊,透明度低(杜晖,2006)。

2.4.1　土石坝异常渗漏的类型和成因

按照土石坝发生异常渗漏的部位可分为坝体渗漏、坝基渗漏、接触渗漏和绕坝渗漏。

2.4.1.1　坝体渗漏

水库蓄水后,水将从土石坝上游坡渗入坝体,并流向坝体下游,渗漏的溢出点均在背水坡面,其溢出现象有散浸和集中渗漏两种。

散浸出现在背水坡上,最初渗漏部位的坡面呈湿润状态,随着土体饱和软化,坡面上会出现细小的水滴和水流。散浸现象特征为土湿而软,颜色变深,面积大,冒水泡,阳光照射有反光现象,有些地方青草丛生,或坝坡面的草皮比其他地方旺盛。需进一步鉴别时,散浸发生部位可用钢筋轻易插入,拔出钢筋时带有泥浆。散浸处坝坡水温比一般雨水温度低,且散浸处的测压管水位高。

集中渗漏是指渗水沿着渗流通道、薄弱带或贯穿性裂缝呈集中水股流出,对坝体的危害较大。集中渗漏既可能发生在坝体,也可能发生在坝基。

坝体渗漏的主要原因有以下三个方面。

(1) 设计考虑不周。坝体过于单薄,边坡太陡,防渗体断面不足,或下游反滤排水体设计不当,导致浸润线溢出点高于下游排水体;复式断面土石坝的黏土防渗体与下游坝体之间缺乏良好的过渡层,使防渗体遭到破坏;埋于坝体的涵管本身强度不够,基础地基处理不好,或涵管上部荷载分布不均,涵管分缝止水不当导致涵管断裂漏水,水流通过裂缝沿管壁或坝体薄弱部位流出;对下游可能出现的洪水倒灌没有采取防护措施,导致下游滤水体淤塞失效。

(2) 施工不按规程。土石坝在分层、分段和分期填筑时,不按设计要求和施工规范、程序进行,土层铺填太厚,碾压不实;分散填筑时,土层厚薄不一,相邻两段的接合部分出现少压和漏压的松土层;没有根据施工季节采取相应措施,在冬季施工中,对冻土层处理不彻底,把冻土块填在坝内,对雨季及晴天的土体含水量缺乏有效控制；填筑土料及排水体未按设计要求，随意取土，随意填筑，导致层间材料铺设错乱，造成上游防渗不牢，下游止水失效，使浸润线抬高，渗水从排水体上部溢出。

(3) 其他方面原因。白蚁、獾、蛇、鼠等动物在坝身打洞营巢，造成坝体集中渗漏；地震等引起的坝体或防渗体的贯穿性横向裂缝也会造成坝体渗漏(王凤岐，2001)。

2.4.1.2 坝基渗漏

上游水流通过坝基的透水层，从下游坝脚或坝脚以外覆盖层的薄弱部位溢出，造成坝后管涌、流土和沼泽化。管涌为在土体渗透水压力的作用下，土体中的细粒在粗粒孔隙中被渗水推动和带出坝体以外的现象。流土则为土体表层所有颗粒同时被渗水顶托而移动流失的现象。流土开始时坝脚下土体隆起，出现泉眼，并进一步发展，土体隆起松动，最后整块土被掀翻抬起。管涌和流土都属于土体渗透破坏形式，易在水库处于高水位时发生。

坝基渗漏的主要原因有以下两个方面。

(1) 勘测设计问题。坝址的地质勘探工作不够细致，未完全了解地基构造，导致设计未采取有效的防渗措施；坝前水平防渗铺盖的长度和厚度不足，垂直防渗深度未达到不透水层或未全部截断坝基渗水；黏土铺盖与强透水地基之间未铺设有效的过滤层，或铺盖以下的土体为湿陷性黄土，不均匀沉陷大，使铺盖破坏而漏水；对天然铺盖了解不够清楚，薄弱部位未做补强处理。

(2) 施工管理原因。水平铺盖或垂直防渗设施施工质量差，未达到设计要求；坝基或两岸岩基上部的风化层及破碎带未进行处理，或截水槽未按要求设于新鲜基岩(基础岩体)上；由于施工管理不善，在坝前任意挖坑取土，破坏了天然铺盖；没有控制水库最低水位，使坝前黏土铺盖裸露暴晒而开裂，或不当的人类活动破坏了防渗设施；对坝后减压井、排水沟缺乏必要的维修，使其失去了排水减压作用，导致下游逐渐出现沼泽化，甚至形成管涌；在坝后任意取土挖坑，缩短了渗径长度，影响地基渗透稳定。

2.4.1.3 接触渗漏

接触渗漏是指渗水从坝体、坝基、岸坡的接触面或坝体与刚性建筑物的接触面通过，在坝后相应部位溢出。

接触渗漏的主要原因有以下三个方面。

(1) 坝基底部基础清理不彻底；坝与地基接触面未做结合槽或结合槽尺寸过小；截水槽下游反滤层未达到要求，施工质量差。

(2) 土石坝两岸的山坡没有很好地清基，与山坡的接合面过陡，坝体与山坡接合处回填土夯压不实；坝体防渗体与山坡接触面没有必要的防止坝体沉陷和延长渗径处理。

(3) 土石坝与混凝土建筑物接合处未设截水环、刺墙，防渗长度不够，施工回填夯压不实；坝下涵管分缝、止水不当，一旦出现不均匀沉陷，会造成涵管断裂漏水，产生集中渗流和接触冲刷。

2.4.1.4　绕坝渗漏

绕坝渗漏是指渗水通过土石坝两端山体的岩石裂缝、溶洞和生物洞穴及未挖除的岸坡堆积层等渗漏，从山体下游岸坡溢出。

绕坝渗漏的主要原因有：两岸的山体岩石破碎，节理发育，或有断层通过，又未作处理或处理不彻底；山体较单薄，且有砂砾和卵石透水层；施工取土或其他原因破坏了岸坡的天然防渗覆盖层；两岸的山体有溶洞及生物洞穴或植物根系腐烂后形成的孔洞等。

2.4.2　土石坝渗透变形的判别与计算

无黏性土的渗透变形及其发生过程，与地质条件、土粒级配、水力条件和防渗排渗措施有关，通常可归结为流土、管涌、接触流失和接触冲刷四种类型。

其中，接触流失指在层次分明且渗透系数相差很大的两层土中，渗流垂直于层面运动时，将细粒层中细粒带入粗粒层中的现象。表现形式可能是单个颗粒进入邻层，也可能是颗粒群进入邻层，因此包含接触流土和接触管涌两种形式(李阳，2007)。接触冲刷指渗流沿着两种不同介质的接触面流动并带走细粒的现象，如建筑物与地基，土石坝与涵管等接触面流动造成的冲刷，都属于此类破坏。

对流土而言，作用力是单位土体的渗透力，管涌则为单个颗粒的渗透力。只有土体中细粒的质量分数不断增加直至土颗粒形成的孔隙被全部充填，形成一个实体时，管涌才转化为流土(唐静，2011)。土体孔隙中细粒的含量是影响渗透变形的关键，若孔隙中只有少量细粒，则细粒处于自由状态，在较小的水力坡降下，细粒将在渗流作用下由静止状态启动而流失。若孔隙中细粒不断增加，虽然仍处于自由状态，但因阻力增大，需较大的水力坡降，才足以推动细粒运动。若孔隙全被细粒充填，此时孔隙中的砂粒，就像微小体积的砂土一样，互相挤压，阻力更大，渗流在这些砂粒中的运动与一般砂土中的渗流运动一样，因此这时的渗透破坏就是流土变形，需要更大的水力坡降。

对于任何水工建筑物及地基，渗透变形的形式可以是单一的，也可以是多种形式同时出现于不同的部位，因此不能因为某种形式的渗透变形出现，而忽视其他部位的渗透变形。就土体本身的性质而言，其破坏形式通常只有管涌和流土两种。

2.4.2.1 土体渗透变形的判别

(1) 用土料的不均匀系数 η 来判别。苏联的伊斯托明那为代表，定义不均匀系数为

$$\eta = \frac{d_{60}}{d_{10}} \tag{2.2}$$

式中，d_{10} 为小于某粒径的沙量占总沙量的 10%；d_{60} 为小于某粒径的沙量占总沙量的 60%。

以上两参数可通过筛析法或沉降法测制颗粒级配曲线获得。当 $\eta \le 10$ 时，流土；当 $\eta \ge 20$ 时，管涌；当 $10 < \eta < 20$ 时，流土及管涌。

(2) 用土体的孔隙直径与填土粒径之比来判别。苏联的伊巴特拉雪夫等提出，用土体平均孔隙直径 d_0 与填土细粒直径 $d(d_3 \sim d_{10})$ 之比来判别，$\frac{d_0}{d} \le 1.8$，则该土为非管涌土；$\frac{d_0}{d} > 1.8$，则该土为管涌土。其中，

$$d_0 = 0.026(1 + 0.15\eta_t)\sqrt{\frac{k}{n}} \tag{2.3}$$

式中，k 为渗透系数；n 为土体的孔隙率；η_t 为天然土的不均匀系数。

(3) 用土体的细粒含量占比(即粒径 $d < 0.075$mm 的土体质量占其总质量的百分数)P_z 判别。以马斯洛夫为代表，认为土体渗透变形与细粒含量对粗料孔隙填充的程度有关，填充得越完全，渗透性越小。

中国水利水电科学研究院、南京水利科学研究院提出了类似观点(刘杰等，2017)：

$$P_z = \frac{\gamma_{d1} n_2}{(1 + n_2)\gamma_{SZ} + \gamma_{d1} n_2} \tag{2.4}$$

式中，P_z 为细粒含量占比；γ_{d1} 为细粒干容重(kN/m³)；n_2 为粗粒在压实状态下的孔隙体积(m³)；γ_{SZ} 为粗料土粒密度(g/cm³)。

国外学者提出这一问题，但未进行深入研究。我国科研人员根据试验结果，在式(2.4)的基础上，进行了一些补充，我国土体渗透变形的判别标准见表2.3。

表 2.3　我国土体渗透变形的判别标准

渗透变形	中国水利水电科学研究院判别标准	南京水利科学研究院判别标准
流土	$P_z \geqslant 35\%$	$P_z \geqslant 33\%$
管涌	$P_z < 25\%$	$P_z < 26\%$
均可能出现	$25\% \leqslant P_z < 35\%$	$26\% \leqslant P_z < 33\%$

2.4.2.2　渗流由下而上时流土的计算

通常，土石坝基础、水闸地基及类似上部为不透水或弱透水盖重的地基，其非黏性土的流土临界水力坡降计算如下。

(1) 太沙基公式。根据单位体积的土体在水中的重量和作用在该土体上渗透力平衡的临界状态得

$$(1-n)\gamma_S - (1-n)\gamma_W = \gamma_W J_B \tag{2.5}$$

则

$$J_B = \left(\frac{\gamma_S}{\gamma_W} - 1\right)(1-n) \tag{2.6}$$

式中，J_B 为流土的临界水力坡降；γ_S 为土粒密度(g/cm³)；γ_W 为水的容重(kN/m³)；n 为土体的孔隙率。目前，式(2.6)为英美国家沿用，但该式计算结果偏小 15%～25%。

(2) 我国沙金煊公式。在单位土体上作用了四个力，即土体的浮重、土粒间的摩擦力、单位土体所受到的凝聚力和渗透力，然后用力平衡方程，推导得

$$J_B = \alpha\left(\frac{\gamma_S}{\gamma_W} - 1\right)(1-n) \tag{2.7}$$

式中，α 为不规则颗粒表面积与等体积球体颗粒表面积的比值。

式(2.7)主要考虑了土体颗粒的形状阻力。根据明滋、卡门试验资料：①对于各种砂粒，其 α 为 1.16～1.17。②对有锐角的不规则颗粒，$\alpha=1.5$。③对各种颗粒混合的砂砾料近似用 $\alpha=1.33$。

迄今为止，计算管涌临界水力坡降的公式还不太成熟。

2.4.3　土石坝的渗漏处理及加固措施

若土石坝坝体或坝基不能满足渗透稳定要求，或者已发生渗透破坏，应仔细检查和观察，对监测资料进行分析，找出渗漏原因，并根据具体情况，有针对性地采取必要的渗漏处理加固措施，确保工程安全。

处理土石坝渗漏的原则是"上堵下排"或"上截下排"。在上游采取防渗措

施，堵截渗漏途径；在下游采取导渗排水措施，将坝体内的渗水导出以增加渗透稳定和坝坡稳定。上堵的措施有水平防渗和垂直防渗，水平防渗指黏土水平铺盖和水下抛土等；垂直防渗有混凝土防渗墙、高压定向喷射板墙、灌浆、黏土贴坡、黏土截水墙、人工连锁井柱防渗墙和砂浆板桩防渗墙等。通常认为，垂直防渗处理效果比水平防渗好。下排的措施是指在坝的背水坡开沟导渗，坝后做反滤透水盖重、导渗沟和减压井等。

2.4.3.1　水平防渗

水平防渗是指在土石坝上游填筑黏土铺盖，与坝体防渗体连接，形成整体防渗，以延长渗径，控制地基渗透变形，减少渗流量。当土石坝上游的人工或天然铺盖存在缺陷时，可采用原铺盖补强或增设铺盖等方法处理。

采用加固上游黏土防渗铺盖时，必须在水库具有放空条件下进行，且当地有做防渗铺盖的土料。铺盖长度应满足地基中的实际平均水力坡降，坝基下游未经保护的出口水力坡降小于允许水力坡降，铺盖的防渗长度除与作用在铺盖上的水头有关外，还与铺盖土料的渗透系数、坝基情况等有关。一般在水头较小、透水层较浅的坝基中，土石坝的铺盖长度可采用 5~8 倍水头；水头较大，透水层较深的坝基可采用 8~10 倍水头(王益才，1995)。当铺盖长度达到一定限度时，再增加长度，其防渗效果就不显著。铺盖厚度应保证各处通过铺盖的渗透水力坡降不大于允许水力坡降(一般黏土允许水力坡降为 4%~6%，壤土可再减少 20%~30%)，应自上游向下游逐渐加厚。一般铺盖前端厚 0.3~1.0m；与坝体相接处水头为 1/10~1/6，一般不小于 3m。

对于砂料含量少，层向系数不合乎反滤要求，透水性较大的地基，必须先铺筑滤水过渡层，再回填铺盖土料。

水库放空，铺盖有干裂、冻融的可能性时，应加铺一定厚度的保护层。铺盖土料的渗透系数应不大于 10^5cm/s，坝基土的渗透系数与铺盖土料渗透系数的比值应大于 100。水平铺盖适用于较深的透水地基。

2.4.3.2　垂直防渗

对于透水地基，采用垂直防渗比水平防渗的截渗效果显著。垂直防渗的方法很多，既有适用于坝基防渗，又有适用于坝体防渗及绕坝防渗的方法，应根据渗漏原因和具体条件选取。

1. 抽槽回填

当均质土石坝和斜墙坝因施工质量或其他原因造成坝体渗漏，在上游坝坡面形成渗漏通道，渗漏部位明确且高程离水库水面较小时，可首先考虑采用抽槽回填方案，因为它比较可靠。施工时，水库水位必须降至渗漏通道高程以下 1m。开挖时采用梯形断面，抽槽范围必须超过渗漏通道以下 1m 和渗漏通道两侧各 2m，槽底宽度不小于 0.5m，深度应超过斜墙厚度以外 0.5m，且不小于 3m；边坡应满足稳定及新旧填土结合的要求，一般采用 1∶0.4～1∶1.0。挖出的土不要堆在槽壁附近，以免影响槽壁的稳定，必要时应增设支撑，确保施工安全。

回填的土料应与原土料相同。回填土应分层夯实，每层厚度为 10～15cm，要求压实厚度为填土厚度的 2/3。回填土夯实后的干容重不得低于原坝体设计值。回填后的坝坡保护措施应与原坝体护坡相同。坝体内的渗流通道可采用灌浆法充填密实。

2. 铺设土工膜

土工膜是用沥青、橡胶、塑料等制成的，其加工方法有喷涂和压延。土工膜分有筋与无筋两种，有筋材料一般为合成纤维织物或玻璃丝布。因为用于土石坝防渗的土工膜要承受较大的水压力，所以比用在渠道上的土工膜要厚一些。

土工膜有很好的防渗性，其渗透系数一般都小于 10^{-8}cm/s。土工膜可以代替黏土、混凝土或沥青等防渗材料。为避免土工膜被硬物刺穿，一般需要用质量大于 200g/m^2 的土工织物作为保护。由两种以上的土工织物、土工膜或其他有关材料的合成物称为复合土工膜。

(1) 土工膜的厚度一般按经验公式计算。根据承受水压力、垫层土料粒径和土工膜物理力学指标确定。

$$\delta = \frac{\gamma_W H d_1}{\sqrt{\dfrac{\left(\dfrac{[\sigma]}{0.0347}\right)^3}{E}}} \tag{2.8}$$

式中，δ 为土工膜厚度(m)；γ_W 为水的容重(kN/m^3)；H 为作用在土工膜上的水头(m)；d_1 为砂砾石粒径(m)(最大粒径不超过 6×10^{-3}m)；E 为土工膜弹性模量(Pa)；$[\sigma]$ 为土工膜允许抗拉强度(Pa)。

根据漏水通道尺寸、水压力及膜料物理力学指标确定土工膜厚度：

$$\delta = \frac{P_W S^2}{4f[\sigma]} \tag{2.9}$$

式中，S 为漏水裂缝宽度(m)；f 为土工膜受水压垂度(m)；P_W 为水压力(Pa)。

土工膜的厚度可根据式(2.8)和式(2.9)的计算结果确定，也可直接根据承受水压力的大小而定。承受 30m 以下水头，可选用无筋聚合物土工膜，铺膜总厚度为 0.3～0.6mm；承受 30m 以上水头，宜选用复合土工膜，膜厚度不小于 0.5mm。

(2) 土工膜铺设范围应超过上游坝坡面渗漏范围上下左右各 2～5m。

(3) 土工膜一般采用焊接，热合宽度不小于 0.1m；采用胶合剂黏接时，黏接宽度不小于 0.15m。黏接可用胶合剂也可用双面胶布，要求黏接均匀、牢固、可靠。

(4) 铺设前应进行坡面处理，先将铺设范围内的护坡拆除，再将坝坡表层挖除 0.3~0.5m，并彻底清除树根杂草，坡面修理平顺、密实，然后沿坝坡每隔 5~10m 挖防滑沟一道，沟深 1.0m，沟底宽 0.5m。

(5) 土工膜铺设。将卷成捆的土工膜沿坝坡由下而上纵向铺设，周边用 V 形槽埋固好。铺膜时不能拉得太紧，以免破坏。施工人员不允许穿钉鞋进入现场。

(6) 回填保护层要与土工膜铺设同步进行。保护层可采用砂壤土或沙，厚度不小于 0.5m，先回填防滑槽，再填坡面，边回填边压实，最后在保护层上按设计恢复原有护坡。

以上方法适用于均质坝或斜墙坝截渗。

3. 坝体劈裂灌浆法

劈裂灌浆法利用河槽段坝轴线附近的小主应力面一般为平行于坝轴线的铅直面，沿坝轴线单排布置相距较远的灌浆孔(赵丽子等，2011)。利用泥浆压力劈开坝体，灌注泥浆，并使浆坝互压，形成一定厚度的连续整体泥墙，起到防渗作用。同时，泥浆使坝体湿化，产生沉降，增加坝体的密实度。

1) 劈裂灌浆法作用机理

(1) 泥浆对坝体的充填作用。劈裂灌浆法对坝体有很大的充填能力，在坝体内部劈开一条灌浆通道，这个通道又可能把坝体内邻近的缝隙连通起来，灌入更多更稠的浆液，达到处理隐患、充填坝体和构造防渗帷幕的目的。劈裂与充填同时进行，随灌随劈随充填，达到缝开、浆到、料满。

(2) 浆坝互压作用机理。劈裂灌浆法把大量浆液压入坝体，浆液和坝体互压使坝体湿陷。浆液固结的作用是使浆液和坝体都发生质量的变化。浆液和坝体相互作用过程为灌浆时，浆压坝；停灌时，坝压浆。作用的结果是在一定范围内压密坝体，使水平压应力增加，同时泥浆被压密固结，达到一定的密实度要求。

(3) 湿陷作用。泥浆进入坝体时，大量的水也随之进入坝体。水除了产生孔隙水压力(根据观测可达 8~10Pa，但不会危及土石坝的安全)外，还对坝体产生湿陷作用。湿陷作用的程度与土石坝质量和土料性质有关。

一般需灌浆的土石坝，都存在坝体质量不佳，干容重较低等问题，因此灌浆后都会产生湿陷。湿陷作用使坝体沉降，增加了坝体密度。

(4) 灌浆的固结和压密作用。在灌浆过程中，浆液的扩散、固结受以下四类作用的影响，其共同决定了灌浆的固结和压密作用。

析水作用。泥浆在裂缝或孔洞中流速逐渐减慢直至停止，经过一段时间后，大量自由水析出，澄清的水在浆液上部，再经过其他作用进入坝体或用吸管吸出坝体。析水作用除与浆液中的颗粒大小和成分有关外，还与水中的离子性质有关

(何松云，2006)。

物理化学作用。包括土颗粒的电分子引力作用、水中的离子水化作用和孔隙中的毛细管作用。土对水的物理化学作用表现为土对水的吸力，同一类土含水量越小，坝体越干燥，吸力越大。因此，在坝体干燥或在浸润线低的情况下灌浆，对固结有利。

渗透作用。水在重力和压力作用下产生渗流，即灌浆压力使浆液渗入坝体，坝体回弹加速水分排出。

凝结作用。通过观测泥浆孔隙水压力和开挖检查表明，灌浆后第 1 个月泥浆固结 80%左右，10 个月即可接近固结。

2）劈裂灌浆设计要点

(1) 灌浆孔的设计。在灌浆设计前，应先将土石坝问题的性质、隐患的部位分析清楚，然后才能有针对性地进行灌浆设计。灌浆设计一般包括以下内容：

布孔位置。确定孔位要针对坝体质量、小主应力分布、裂缝及洞穴位置、地形等，用不同的灌浆方法和要求区别对待，一般分为河床段、岸坡段、弯曲段及其他特殊的坝段，如裂缝集中、洞穴和塌陷、施工结合部位等。在河床段，一般沿坝轴线或偏上游直线单排布孔。对重要的坝或普遍碾压不实、土料混杂、夹有风化块石、存在架空隐患的坝体，可采用双排或三排布孔，增加土体强度，改善坝体结构和防渗效果，排距一般为 0.5～1.0m。在岸坡段或弯曲段，由于坝体应力复杂，劈裂缝容易沿圆弧切线发展，应根据其弧度方向采用小孔距布孔，或采用多排梅花形布置，也可以通过灌浆试验确定，但必须保证形成连续的防渗帷幕(王益才，1994a)。

分序钻灌。分序钻灌是把一排孔分成几序钻孔灌浆，这样可以使灌入的浆液平衡、均匀地分布于坝体，有利于泥浆排水固结，避免坝体产生不均匀沉降和位移，进而出现新的裂缝。同时，后序孔灌注的浆液对前序孔可起到补充作用。分序钻灌一般按由疏到密的原则布孔。第一序孔间距的确定与坝高、坝体质量、土料性质、灌浆压力、钻孔深度等有关。土石坝高、质量差、黏性低，可采用较大的间距；土石坝低、质量较好、黏性高，可采用较小的间距。第一序孔距一般采用坝高的 2/3 或孔深的 2/3。先钻灌第一序孔，后在一序孔中间等分插钻第二序孔。孔序数一般分为二序，最多不宜超过三序，并尽量减少钻、灌机械设备的搬迁次数。如果坝体质量很好，但局部表面有裂缝和洞穴等，也可辅以充填灌浆。

孔深、孔径和钻孔。孔深一般达到隐患以下 2～3m。对于坝体碾压质量很差，渗流隐患较严重的坝，钻孔可深至坝底，甚至深入基岩弱风化层 0.5m，并尽量保持垂直，斜率控制在 15%以内，以保证相邻两灌浆孔之间形成的防渗浆体帷幕能够很好地衔接。孔径采用 5～10cm 为宜，孔太细则阻力大，易堵塞。钻孔采用干钻，如钻进确有困难时，可采用少量注水的湿钻，但要求保护好孔壁连续性，不出现初始裂缝，以免影响劈裂灌浆效果。

终孔距离。终孔距离的确定应考虑坝型、填坝土料、孔深及灌浆次数等因素，在保证劈裂灌浆连续和均匀的条件下，应适当放大孔距，降低工程造价。重要工程一般可通过现场灌浆试验决定。对于中小型工程，如河槽段孔深在 30~40m，可采用 10m 左右的孔距；孔深小于 15m，可采用 3~5m 孔距；岸坡段则宜选用 1.5~3.0m 的孔距。对于黏粒含量较高的坝，孔距可减小；对于砂性土石坝，孔距可放大。但是，孔距太大，会造成单孔注浆量大且注浆时间长，浆脉厚度不均匀，两孔之间浆脉不易衔接连续；孔距过小，增加钻灌工程量，坝体易产生裂缝，造成串浆冒浆现象。因此，要根据工程的实际情况，因地制宜地确定经济合理的孔距。

(2) 坝体灌浆控制压力的确定。灌浆压力是指注浆管上端孔口的压力，即灌浆时限制的最大压力。灌浆压力是泥浆劈裂坝体具备的能量，是大坝灌浆安全和灌浆效果的主要影响因素，也是劈裂灌浆设计的一个重要控制指标。合理的灌浆压力设计对坝体的压密和回弹、浆脉的固结和密实度、泥浆的充填、补充坝体小主应力不足及保证泥浆帷幕的防渗效果等均有很大作用。反之，将影响灌浆质量并可能破坏坝体结构，产生不良的效果。因此，灌浆压力的设计是一个比较复杂的问题，它与坝型、坝高、坝体质量、灌浆部位、浆液浓度及灌浆量等因素有关，通常可采用公式估算，重要工程还应通过试验确定。一般注浆管孔口上端压力不超过 49kPa。

(3) 坝体灌浆帷幕设计厚度。浆体厚度是指灌浆泥墙固结硬化后的厚度。确定其厚度，应考虑浆体本身抗渗能力、防渗要求、坝体变形、安全稳定及浆体固结时间等因素，一般按渗透理论、变形稳定、固结时间及浆脉渗透破坏验算等决定，一般为 10~50cm。

(4) 浆液的配制。泥浆的选择应考虑灌浆要求、土石坝坝型和土料、隐患性质和大小等因素，一般对土料的要求是黏粒含量不能太少，水化性好，浆液易流动，且有一定的稳定性。具体要求是浆液土料中黏粒的质量分数应在 20% 以上，粉粒的质量分数应在 40% 以上，浆液容重一般为 $12.7~15.7kN/m^3$。制浆一般采用搅拌机湿法制浆，随时测定泥浆密度，使其达到设计要求。

3) 灌注方法

土石坝劈裂灌浆也要按逐步加密的原则划分次序。不宜在小范围内集中力量搞快速施工。每个灌浆深孔都应自下而上分段灌浆。先将置入的孔管提离孔底 2~3m 进行第一段灌浆，经过多次复灌后再上提 2~4m 进行第二段灌浆，如此直到全孔灌完。

浆液自管底压出，促使劈裂从最低处开始，而后向高处延伸，争取造成"内劈外不劈"，提高灌浆效果。应力求避免将劈裂缝延伸到坝顶，产生冒浆。因此，应限制注浆率不能太快，每次的注浆量不能太多，从而限制每次的劈裂缝不能延伸得太远、开裂得太宽。所需的泥墙厚度要在多次重复灌浆中逐步达到设计要求，不能一气呵成。在一个孔段中达到限定的灌浆量时，本次灌浆即可停止，必要时再等下次重复灌浆(戚中兴等，2006)。

规定每次限定的灌浆量，可根据该孔的施工次序、已达到的孔距、孔深和期望得到的劈裂缝宽度进行计算，即

$$Q = \alpha_k \beta L h \delta' \tag{2.10}$$

式中，Q 为每次限定的灌浆量(m^3)；α_k 为孔距系数，可取 0.5～0.6；β 为孔序系数，分三序施工时第一序孔取 0.5，第二序孔取 0.3，第三序孔取 0.2；分二序孔施工时第一序孔取 0.65，第二序孔取 0.35；L 为与相邻孔的孔距(m)；h 为灌段中点的埋藏深度(m)；δ' 为本次期望得到的平均劈缝宽度(m)，一般 δ' 不宜大于 0.05m。

在灌浆中，复灌间隔时间主要以灌入坝体裂缝中浆体的固结状态来确定，待前次灌入的泥浆基本固结以后，再进行复灌，复灌间隔时间可参考表 2.4 中经验数据确定。

表 2.4　复灌间隔时间参考表

浆体厚度/cm	3	6	12	24	36
间隔时间/d	5	10	20	40	50

复灌次数(指单孔需要反复灌浆的次数)以泥浆对坝体的压缩效果，一次注浆允许增加的厚度及浆体帷幕厚度等条件确定。一般第一序孔吸浆量占总灌浆量的60%以上，灌浆次数也相应较多，可为 8～10 次；第二、第三序孔主要起均匀帷幕厚度的作用，灌浆次数较少，为 5～6 次。总之，复灌次数一般不少于 5 次。

每孔灌完后，可将注浆灌拔出，向孔内注满容重大于 14.7kN/m^3 的稠浆，直至浆面升至坝顶不再下降为止。必须注意，在雨季及库水位较高时，不宜进行灌浆。

4. 冲抓套井回填法

冲抓套井回填法是利用冲抓式打井机具，在土石坝或堤防渗漏范围造井，用黏性土粉分层回填夯实，形成一道连续的套接黏土防渗墙，截断渗流通道，起到防渗的目的。此外，在回填黏土夯击时，夯锤对井壁土层挤压，使其周围土体密实，提高堤坝质量，从而达到防渗和加固的目的(王益才，1994a)。

(1)确定套井处理范围。根据土石坝工程渗漏情况，即渗漏量、溢出点位置、施工记录和钻探、槽探资料分析，尽量全面确定渗漏范围。处理坝段长度，一般以渗漏点向左右沿轴线延伸约坝高的 1 倍。如处理一个漏洞时，要考虑到漏洞不

是一条直线，要适当扩大范围，其深度也要超过渗漏点 3m。

(2) 套井防渗墙设计。冲抓套井回填黏土防渗墙处理堤坝渗漏的设计，主要包括冲抓套井平面布置、孔距、孔深、排距和防渗墙厚度等。

① 套井平面布置。套井防渗墙，在平面上按主井、套井相间布置，一主一套相交连成井墙，冲抓套井造孔顺序排列如图 2.12 所示。

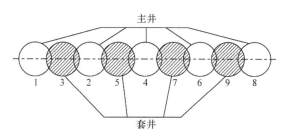

图 2.12　冲抓套井造孔顺序排列示意图
1～9 表示施工顺序

套井为整圆，主井被套井切割，呈对称蚀圆。从降低浸润线高度考虑，黏土心墙坝或均质坝套井应尽量布置在坝轴线上游，但为了与原防渗体连成整体，坝基防渗也可布置在上游河床上。

② 套井的排数与排距。套井的排数，即需要的套井回填黏土防渗墙的厚度，可根据渗透计算确定。计算内容侧重于渗透水力坡降的验算。

确定防渗墙的有效厚度如下

$$T \leqslant \frac{\Delta H}{J} \tag{2.11}$$

$$\Delta H = H_1 - h \tag{2.12}$$

式中，T 为防渗墙有效厚度(m)；ΔH 为防渗墙承担的最大水头(m)；J 为防渗墙允许渗透水力坡降(对于黏土一般采用 4～6)；H_1 为防渗墙上游侧水位。

根据试验测得的资料，土石坝由于冲抓建造防渗墙的侧向挤压作用，一般影响范围为套井边缘外 0.8～1.0m，其中符合设计干容重要求的有效环形厚度为 0.2～0.3m。1 排套井的实际有效厚度为 1.3～1.4m，安全有效厚度为 1.1～1.2m。

一般高度为 25m 以下的土石坝防渗，可考虑 1 排套井，在施工中根据渗漏情况，必要时可增设加强孔，以加厚防渗墙，满足防渗要求。

坝高超过 25m，达到 40m 的土石坝，可考虑采用 2 排或 3 排套井，根据几何关系推导，钻井平面套接布置如图 2.13 所示，井距、排距、有效厚度计算公式见表 2.5。

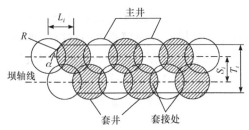

图 2.13　钻井平面套接布置示意图

R-钻井半径；L_i-井距；S_i-排距；T_i-有效厚度；α-最优角

表 2.5　井距、排距、有效厚度计算公式表

钻井排数	最优角 α	井距 L_i	排距 S_i	有效厚度 T_i
1	45°	$L_1=2R\cos\alpha$	—	$T_1=2R\sin\alpha$
2	38°34′	$L_2=2R\cos\alpha$	$S_2=R(1+\sin\alpha)$	$T_2=(1+3\sin\alpha)$
3	30°	$L_3=2R\cos\alpha$	$S_3=R(1+\sin\alpha)$	$T_3=(1+4\sin\alpha)$

当两排相切时，$S_2 = R\sqrt{4-\cos^2\alpha}$，$T_2 = R\sqrt{4-\cos^2\alpha}+2R\sin\alpha$，如考虑有效环变厚度，则在 S_2 和 T_2 计算中加入有效厚度。

如为 2 排井时，最优角 α=38°34′，井距 $L_2 = 2\times 0.5\cos 38°34' = 0.86(\text{m})$，排距 $S_2 = R(1+\sin\alpha) = 0.55(1+\sin 38°34') = 0.89(\text{m})$，钻井直径为 110cm；如为 3 排，$\alpha$=30°，则井距 L_3=0.95m，排距 S_3=0.83m。

③ 套井深度。根据坝体填筑质量确定，要求做到填筑质量较密实，保证紧邻防渗墙土体的渗透系数与防渗墙的渗透系数接近，并深入坝体填筑质量较好的土层内 1~2m。对坝基漏水，深入不透水层或较好的岩基。坝内设有涵洞的，为不影响涵洞质量，一般在洞顶以上 5m 处，不要冲击，而是采用钻头自重抓土。

④ 套井孔距。孔距取决于两孔间的搭接长度。搭接长，则孔距小，增加了套井工程量；搭接短，则孔距大，可减少总孔数。每个套井直径约为 1.1m。主要考虑搭接处厚度达 70~80cm 时，套井中心距一般为 65~75cm。实践证明，由于夯击时侧向压力作用，套井搭接处的坝体渗透系数小于套井中心处的渗透系数。因此，套井搭接处的厚度虽然小于套井中心，但防渗效果大于套井中心处，说明两孔套接处不会产生集中渗流，套井孔距可以加大，一般将套井中心距由 65~75cm 加大到 80~90cm，以节省工程量，降低工程造价。

(3) 回填土料选择。回填土料的质量是套井回填成功的关键，必须对所选料场做土工物理力学指标试验，与原坝体指标对比后确定是否选用。一般要求是非分散性土料，黏粒质量分数为 35%~50%，渗透系数小于 10cm/s，密度大于

$1.5g/cm^3$，通过现场试验将干密度与含水量控制在设计要求的范围内。

(4) 此法适用于均质坝和宽心墙坝。

5. 混凝土防渗墙

混凝土防渗墙是利用钻孔、挖槽机械，在松散透水地基或坝体中以泥浆固壁，挖掘槽形孔或连锁桩柱孔，在槽(孔)内浇筑混凝土或回填其他防渗材料筑成具有防渗等功能的地下连续墙(郭卫东，2013)。处理基础的防渗墙，将其上部与坝体的防渗体相连，墙的下部嵌入基岩的弱风化层；处理坝体的防渗墙，其下部应与基础的防渗体相连；处理坝体、坝基的防渗墙，可从坝顶造槽孔，直达基岩的弱风化层。在防渗加固中，只要严格控制质量可以截断渗流，从而保证已建坝体和坝基渗透稳定，并有效减少渗透流量，对于保证险库安全、充分发挥水库效益起着重要作用。

1) 设计要点

采用混凝土防渗墙，其设计布置形式可分为两种：第一种为坝体、坝基都出现渗漏的均质土石坝和心墙土石坝，混凝土防渗墙轴线一般布置在坝轴线上游附近或坝轴线上，分别如图 2.14 和图 2.15 所示；第二种为坝基出现渗漏的黏土斜墙土石坝，在水库可以放空的条件下，混凝土防渗墙轴线一般布置在斜墙脚下，如图 2.16 所示，如坝体、坝基均渗漏，其布置同均质土石坝。

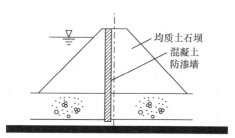

图 2.14　均质土石坝混凝土防渗墙位置示意图

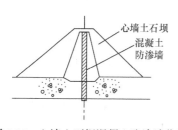

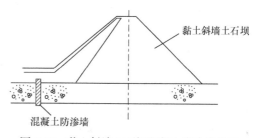

图 2.15　心墙土石坝混凝土防渗墙位置　　　图 2.16　黏土斜墙土石坝混凝土防渗墙位置

防渗墙一般采用槽孔式，这种形式的混凝土防渗墙由许多混凝土板墙套接而成。施工时，先建造单号槽孔混凝土板墙，后建造双号槽孔混凝土板墙，由单号、双号槽孔混凝土板墙套接成一道混凝土防渗墙，其槽孔应平整垂直，以满足设计要求的厚度。

　　槽孔长度应根据工程地质及水文地质条件、施工部位、成槽方法、机具性能、成槽历时、墙体材料供应强度、墙体顶留孔的位置、浇筑导管布置原则等综合确定，一般为 5.0～7.5m。在保证造孔安全成墙，质量好的前提下，槽孔越长，套接接缝越少，墙的防渗性能越好。但浇筑混凝土时，要求混凝土的供应强度大。槽形孔混凝土防渗墙平面布置如图 2.17 所示。

图 2.17　槽形孔混凝土防渗墙平面布置示意图

d-凝土桩柱直径；l-槽孔长度；1～5 号-槽孔编号

　　防渗墙厚度的选择应满足渗透稳定条件的要求；要考虑施工机械条件；抗渗稳定性取决于水力坡降，而水力坡降又随抗渗标号的提高而增强。根据最大水头和允许水力坡降确定防渗墙的厚度，一般为 0.3～1.0m。

　　防渗墙工程一般采用柔性接头。墙段连接可采用接头管(板)法、钻凿法、双反弧桩柱法和切(铣)削法等。

　　接头管(板)法是国内外使用最多的一种墙段连接方法(黄伟杰，2016)。该方法是在建造完成的一期槽孔混凝土浇筑前，在其端孔处下入钢制的接头管(板)，待混凝土初凝后用专用机械将管(板)拔出，在两期槽孔之间形成一定形状的曲面接头。这种接头在墙段连接处为楔形结构，两期墙段之间又嵌有聚氯乙烯(polyvinyl chloride，PVC)或橡胶止水带，防渗和止水效果较佳。我国承建的越南拜尚堪防渗墙中采用了这种墙段连接方式，取得了成功。该类接头方式适用深度有一定限制，一般不超过 30m。

　　钻凿法是我国最早并广泛采用的一种墙段连接方法，即采用冲击式钻机在已浇筑的一期槽(混凝土终凝后)两端主孔中套打一钻，重新钻凿成孔，在墙段间形成半圆形接缝连接的一种方法，它适用于低强度(<20MPa)的墙体材料。

　　双反弧桩柱法是先行建造并浇筑一期槽或圆桩，相邻一期槽孔(桩)之间的双反弧桩孔用特制的双反弧钻头钻凿，最后清除桩孔两端反弧上的泥皮及地层残留物，清孔换浆，浇筑混凝土，形成连续的墙体。该方法在国外多用于墙体深度为60m 的地下连续墙，如加拿大的马尼克-3 号主坝防渗墙最大墙体深度为 131m，墙体深度超过 52m 的墙段采用的就是双反弧桩柱法。在国内，已有多个工程成功运用这一墙段连接方法，如长江三峡一期工程、长江三峡二期围堰工程等。四川冶勒水电站防渗墙试验工程，双反弧桩孔深度达 100m。

切(铣)削法是利用抓斗或液压镜切削或铣削一定宽度的一期混凝土形成平面或锯齿状的接头。切削法适用于抗压强度较低的塑性混凝土或固化灰浆。切(铣)削法曾在黄河小浪底左岸段防渗墙施工中采用，具体方法是：在防渗墙施工前先开挖横向接头孔，浇筑塑性混凝土后再开挖一期、二期槽孔，两期槽孔的混凝土平接，位于槽孔中的塑性混凝土被切削后，上、下游各有一定厚度的塑性混凝土塞保护接缝，减少渗漏。这种方法可解决套打高强混凝土接头孔困难的问题。

防渗墙墙体材料一般分为刚性材料和柔性材料两类，主要有普通混凝土、黏土混凝土、塑性混凝土、固化灰浆和自凝灰浆等。

普通混凝土。以水泥、粉煤灰为胶凝材料拌制的适合在水下浇筑的强流动性混凝土，其胶凝材料用量不宜低于 $350kg/m^3$，水胶比不宜大于 0.6，砂率不宜小于 40%。尤其是刚性墙体材料，主要用于对强度和抗渗性能要求较高的地下连续墙工程。

黏土混凝土。除水泥、粉煤灰外，添加占胶凝材料总质量 20%左右的黏土，形成强流动性混凝土。20 世纪 90 年代以前，它是我国建造防渗墙使用最多的墙体材料。其变形模量仍然远远高于地基，属刚性墙体材料，不可与塑性混凝土混淆。黏土混凝土中的黏土也可用膨润土替代，但其掺量较低，一般为水泥和膨润土总质量的 10%左右。

塑性混凝土水泥用量较低，并掺加较多的膨润土、黏土等材料的强流动性混凝土，它具有低强度、低弹性模量和大应变等特性。其水泥用量不宜少于 $80kg/m^3$，膨润土用量不宜少于 $40kg/m^3$，水泥与膨润土的合计用量不宜少于 $160kg/m^3$。防渗墙嵌入基岩内，与地基联合受力。由于地基覆盖层是松散的砂砾石料，在水库蓄水后，会产生较大变形，混凝土防渗墙也会产生裂缝。为防止产生裂缝，采用塑性混凝土，降低弹性模量，使之与地基弹性模量接近，提高墙的抗拉强度，以适应地基较大变形(王益才，1994b)。

固化灰浆。在已建成的槽孔内，以固壁泥浆为基本浆材，加入水泥、水玻璃、粉煤灰等固化材料，以及砂和外加剂，经搅拌均匀固化而成的一种低强度、低弹性模量和大极限应变的柔性墙体材料。固化灰浆的水泥用量不宜少于 $200kg/m^3$，水玻璃用量宜为 $35kg/m^3$ 左右，砂的用量不宜少于 $200kg/m^3$。

自凝灰浆。以水泥、膨润土等材料拌制的浆液，在建造槽孔时起固壁作用，槽孔建造完成后，该浆液可自行凝结成一种低强度、低弹性模量和大极限应变的柔性墙体材料。其水泥用量不应小于 $100kg/m^3$，否则自凝灰浆将难以凝固。同时，其水泥用量不宜大于 $300kg/m^3$，否则其流动性的减弱和凝结时间的缩短，将不利于成槽施工。另外，为了保证成槽过程中浆液有较长时间的流动性，拌制自凝灰浆可加入缓凝剂。但如果成槽速度很快，或在气温较低的情况下施工，也可不掺加缓凝剂。

总之，不同种类的墙体材料有不同的性能适用范围，其材料组成、施工方法及造价也各不相同，应根据具体用途和工程条件选择墙体材料。墙体材料各项性能指标之间的匹配应合理，否则在施工中难以兼顾各项性能要求，既造成资源浪费，也不利于工程质量评定(熊威等，2018)。

各种防渗墙墙体材料性能的一般适用范围见表 2.6。

表 2.6　防渗墙墙体材料性能的一般适用范围

类型	抗压强度 /MPa	弹性模量 /MPa	抗渗等级	渗透系数 /(cm/s)	允许渗透 水力坡降
普通混凝土	15.0~35.0	2200~31500	≥ W6	≤ $4.19×10^{-8}$	150~250
黏土混凝土	7.0~12.0	120~20000	≥ W4	≤ $7.8×10^{-8}$	80~150
塑性混凝土	1.0~5.0	300~2000	—	$n×10^{-8}$~$n×10^{-6}$	40~80
固化灰浆	0.3~1.0	30~200	—	$n×10^{-8}$~$n×10^{-6}$	30~60
自凝灰浆	0.1~0.5	30~150	—	$n×10^{-8}$~$n×10^{-6}$	20~50

当混凝土防渗墙与土质防渗体的连接为插入式时，混凝土防渗墙顶应做出光滑的模型，插入土质防渗体的高度宜为 1/10 坝高，高坝可适当降低，或根据渗流计算确定，低坝不应低于 2m。在墙顶宜设填筑含水量略大于最优含水量的高塑性土区。墙底一般宜嵌入弱风化基岩 0.5~1.0m。风化较深或含断层破碎带的防渗体高度应根据其性状及坝高予以适当加深。

2) 成墙施工

泥浆下混凝土浇筑是混凝土防渗墙最常见的施工方式。泥浆下浇筑混凝土应采用直升导管法，导管直径(内径)以 200~250mm 为宜。直径过小容易发生堵管事故，甚至引发严重的质量事故，故在选择导管直径时应注意它与最大骨料粒径的匹配关系。国内外某些规范规定导管直径不小于最大骨料粒径的 6 倍，故建议浇筑二级配混凝土时采用直径为 240mm 以上的导管，直径 150mm 的导管一般只适用于浇筑薄型混凝土防渗墙。一个槽孔使用两套以上导管浇筑时，中心距不宜大于 4.0m。导管中心至槽孔端部或接头管壁的距离宜为 1.0~1.5m。

开浇前，导管底口距槽底距离应控制在 150~250mm。此距离小于 150mm，不利于导管内泥浆排出，易发生塞管事故；此距离超过 250mm，混凝土供应不上时，会造成返浆、混浆事故。实际操作方法是先将导管放至槽底，然后向上提升 150~250mm，将导管安放在槽口的井架上。开浇前，导管内应放入可浮起的隔离塞球或其他适宜的隔离物。开浇时宜先注入少量的水泥砂浆，随即注入足够的混凝土，挤出塞球并埋住导管底端。

混凝土浇筑过程中须遵守下列规定：导管埋入混凝土的深度不得小于 1m，

不宜大于 6m；混凝土面上升速度不得小于 2m/h；混凝土面应均匀上升，各处高差应控制在 500mm 以内；至少每隔 3min 测量一次槽孔内混凝土面深度，每隔 2h 测量一次导管内的混凝土面深度，并及时填绘混凝土浇筑指示；槽孔口应设置盖板，避免混凝土由导管外撒落至槽孔内；应防止混凝土将空气压入导管。混凝土终浇高程应高于设计规定的墙顶高程 0.5m，但不宜高于冻土层底部高程。

6. 倒挂井混凝土圈墙

倒挂井混凝土圈墙又称连锁井柱。此法是利用人工挖井，在井内浇筑混凝土井圈，然后在井圈内回填素混凝土，形成井柱，各井柱彼此相连，构成连锁井柱混凝土防渗墙。连锁井柱通常布置在上游坝脚处，用黏土铺盖并与坝体相连。

7. 高压喷射灌浆

高压喷射灌浆，简称"高喷灌浆"或"高喷"，其与静压灌浆作用原理有根本区别。静压灌浆借助于压力，使浆液沿裂隙或孔洞进入被灌地层。当地层隙(洞)较大时，虽然可灌性好，但浆液在压力作用下扩散很远，难于控制，要用较多的浆材。高压喷射灌浆则是一种采用高压水或高压浆液形成高速喷射流束，冲击、切割、破碎地层土体，并以水泥基质浆液充填、掺混其中，形成桩柱或板墙状的凝结体，用于提高地基防渗或承载能力的施工技术(刘晓钟等，2013)。因此，高压喷射灌浆比静压灌浆的可灌性和可控性好，而且节省浆材。

该项技术具有设备简单、适应性广、功效高、效果佳等优点，适用于淤泥质土、粉质黏土、粉土、砂土、卵(碎)石等松散透水地基(最大工作深度不超过 40m 的软弱夹层、砂层、砂砾层地基渗漏处理)。在块石、漂石层过厚或含量过多的地层，应进行现场试验，以确定其适用性。

1) 高压喷射灌浆作用机理

(1) 冲切掺搅作用。水压力高达 20～40MPa 的强大射流，冲击被灌地层土体，直接产生冲切掺搅作用。射流在有限范围内使土体承受很大的动压力和沿孔隙作用的水力劈裂力、由脉动压力和连续喷射造成的土体强度疲劳等，使土体结构破坏。在射流产生的卷吸扩散作用下，浆液与被冲切下来的土体颗粒掺搅混合，形成设计要求的结构。

(2) 升扬置换作用。在水、气喷射时，压缩空气在水射束周围形成气幕，保护水射束，减少摩阻，使水射束能量不会过早衰减，增加喷射切割长度。在喷射切割过程中，水、气、浆与地层中被切割下来的细粒掺混，形成气泡混合液，能量释放过程中，气泡混合液沿切割内槽及孔壁与喷射管的间隙向上升扬，流出孔口地面。由于压缩空气在浆液中分散成的气泡与地面大气的压差作用，使得冒出的浆液呈沸腾状，增加了升扬挟带能力，使切割掺搅范围内的细粒成分更容易被带出地面，浆液则被掺搅灌入地层，使地层的组成成分产生变化。

(3) 充填挤压作用。在高压喷射束的末端及边缘，能量衰减较大，不能冲切土体，但对周围土体产生挤压作用，使土体密实；在喷射过程中或喷射结束后，静压力灌浆作用仍在进行，灌入的浆液对周围土体不断产生挤压作用，使凝结体与周围土体结合更加密实。

(4) 渗透凝结作用。高压喷射灌浆，除在冲切范围内形成凝结体外，还能使浆液向冲切范围外渗透，形成凝结过渡层，也有较强的防渗性。渗透凝结层的厚度与被灌地层的组成级配及渗透性有关。在透水性较强的砾卵石层，其厚度可达10～50cm；透水性较弱的地层，如细砂层和黏土层，其厚度较薄，甚至不产生渗透凝结层。

(5) 位移袱裹作用。在高压冲切掺搅过程中，大颗粒的卵石、漂石等可自下而上冲切掺搅，大颗粒将产生位移，被浆液袱裹，浆液也可在大颗粒周围直接产生袱裹充填凝结作用。

2) 设计要点

在进行高压喷射灌浆设计工作前，要详细了解被灌地基土层的工程地质和水文地质资料。同时，进一步调查分析病险土石坝存在的问题，选择相似的地基做喷射灌浆试验，为设计提供可靠技术数据，结合试验成果设计钻孔孔距和布置形式。

(1) 灌浆孔的布置。灌浆孔轴线一般沿坝轴线偏上游布置；有条件放空的水库，灌浆孔位也可以布置在上游坝脚部位；凝结的防渗板墙应与坝体防渗体连成整体，伸入坝体防渗体内的长度不小于1/10的水头；防渗板墙的下端，应深入基岩或相对不透水层0.5～2.0m。

(2) 高喷墙的结构形式。根据工程需要和地质条件，高压喷射灌浆可采用旋喷、摆喷、定喷三种形式，每种形式可采用三管法、双管法和单管法[《水电水利工程高压喷射灌浆技术规范》(DL/T 5200—2004)]。高喷墙的结构形式如图2.18所示。

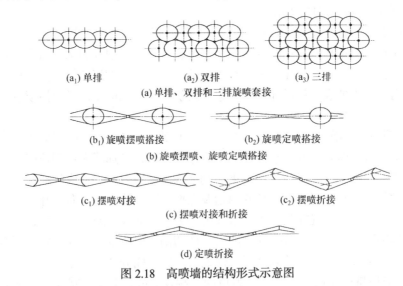

(a₁) 单排　　　　　　(a₂) 双排　　　　　　(a₃) 三排
(a) 单排、双排和三排旋喷套接

(b₁) 旋喷摆喷搭接　　　　　　(b₂) 旋喷定喷搭接
(b) 旋喷摆喷、旋喷定喷搭接

(c₁) 摆喷对接　　　　　　　　(c₂) 摆喷折接
(c) 摆喷对接和折接

(d) 定喷折接

图2.18　高喷墙的结构形式示意图

各种形式高喷墙的适用条件如下:定喷和小角度摆喷适用于粉土和砂土地层;大角度摆喷和旋喷适用于各种地层;承受水头较小或历时较短的高喷墙用摆喷对接或折接、定喷折接形式;在卵(碎)砾石地层中,深度小于 20m 时可采用摆喷对接或摆喷折接形式,对接摆角不宜小于 60°,折接摆角不宜小于 30°;深度为 20～30m 时,可采用单排或双排旋喷套接、旋喷摆喷搭接形式;当深度大于 30m 时,宜采用两排或三排旋喷套接形式或其他形式。

高喷灌浆孔的排数、排距和孔距,应根据对高喷墙的工程要求、地层情况、采取的结构形式及施工参数,通过现场试验或工程类比确定。

(3) 浆材。高喷灌浆浆液宜使用水泥浆。使用的水泥品种和强度等级,应根据工程需要确定。宜采用普通硅酸盐水泥,其强度等级可为 32.5 级或以上,质量应符合规定,不得使用过期或受潮结块的水泥。高喷灌浆浆液的水灰比可为 1.5∶1～0.6∶1(密度为 1.4～1.7g/cm³)。有特殊要求时,可加入膨润土、黏性土、粉煤灰、砂等掺和料及速凝剂、减水剂等外加剂。

在非黏性或低黏性土层,孔口回浆中的细粒可经处理分离后得到含砂量、土量较少的水泥浆液,这种浆液可二次输送到搅拌机中再添加适量的水泥干料,经搅拌后可制成能满足要求的高喷灌浆浆液,根据经验,所用回浆浆液的密度不应大于 1.25g/cm³,以保证重新制浆时能够掺加足够的水泥干料和防渗墙体的质量。

在黏性土地层中进行高喷灌浆时,孔口回浆已混合大量的黏性土颗粒,难以通过沉淀、过筛等处理方法从浆液中分离。在软塑至流塑状淤泥质土层中,其孔口回浆密度甚至可以超过进浆密度,这样的浆液不宜回收利用(唐景丽,2009)。

3) 高喷灌浆的施工

一般工序为机具就位、钻孔、下入喷射管、喷射灌浆及提升、冲洗管路、孔口回灌等。当条件具备时,也可以在钻孔时将喷射管一同沉入孔底,之后直接进行喷射灌浆和提升。多排孔高喷墙宜先施工下游排,再施工上游排,后施工中间排。一般情况下,同一排内的高喷灌浆孔宜分两序施工。高压灌浆施工参数可按表 2.7 取值。

表 2.7　高压灌浆施工参数取值

项目	施工参数	单管法	双管法	三管法
水	压力/MPa	—	—	30～40
	流量/(L/min)	—	—	70～80
	喷嘴数量/个	—	—	2
	喷嘴直径/mm	—	—	1.7～1.9

续表

项目	施工参数		单管法	双管法	三管法
气	压力/MPa		—	0.6~0.8	0.6~0.8
	流量/(m³/min)		—	0.8~1.2	0.8~1.2
	气嘴数量/个		—	2 或 1	2
	环状间隙/mm		—	1.0~1.5	1.0~1.5
浆	压力/MPa		25.0~40.0	25.0~40.0	0.2~1.0
	流量/(L/min)		70.0~100.0	70.0~100.0	60~80
	密度/(g/m³)		1.4~1.5	1.4~1.5	1.5~1.7
	浆嘴数量/个		2 或 1	2 或 1	2
	浆嘴直径/mm		2.0~3.2	2.0~3.2	6~12
	回浆密度/(g/m³)		1.3	1.3	1.2
粉土层	提升速度 v/(cm/min)		—	10.0~20.0	—
砂土层			—	10.0~25.0	—
砾石层			—	8.0~15.0	—
卵(碎石)层			—	5.0~10.0	—
旋喷	转速/(r/min)		—	$(0.8~1.0)v$	—
摆喷	摆速/(次/min)		—	$(0.8~1.0)v$	—
	粉土、砂土	摆角/(°)	—	15~30	—
	砾石、卵(碎)石		—	30~90	—

注：1. 对于振孔高喷，提升速度可为表中速度的 2 倍。

　　2. 单程为 1 次。

　　高喷灌浆过程中，若孔内发生严重漏浆，可采取以下措施处理：①孔口不返浆时应立即停止提升，孔口少量返浆时应降低提升速度；②降低喷射压力、流量，进行原位灌浆；③在浆液中掺入速凝剂；④加大浆液密度或灌注水泥砂浆、水泥黏土浆等；⑤向孔内填入砂、土等堵漏材料。

8. 灌浆帷幕

　　灌浆帷幕是在一定压力作用下，将水泥黏土浆或水泥浆压入坝基砂砾层中，使浆液充填砂砾石孔隙胶结而成的防渗帷幕。

　　1958 年以来，我国在砂砾石中成功设置灌浆帷幕的只有密云水库、下马岭水库和岳城水库，近年来基本上没有用此方法进行砂砾石坝基处理(宋国涛等，2016)。但国外成功的实例较多，如埃及的阿斯旺坝灌浆深度达 250m，加拿大米松·太沙基坝灌浆深度为 150m，法国谢尔邦松坝灌浆深度为 115m 等。当覆盖层较深，用混凝土防渗墙困难时，只有用灌浆帷幕才能解决。

1) 帷幕的位置

灌浆帷幕的位置应与坝身防渗体结合在一起，通常布置在心墙底部、斜墙底部或上游铺盖底部，灌浆帷幕位置如图 2.19 所示。

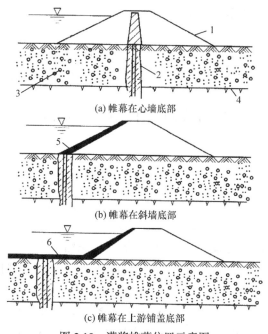

图 2.19　灌浆帷幕位置示意图

1-坝身；2-灌浆帷幕；3-砂砾层；4-不透水层；5-斜墙；6-上游铺盖

2) 帷幕的厚度

防渗帷幕的厚度 t 可按式(2.13)确定

$$t = \frac{H_{max}}{J_w} \tag{2.13}$$

式中，H_{max} 为最大设计水头(m)；J_w 为帷幕的允许水力坡降，$J_w \leqslant 3$。

对深度较大的多排帷幕，可根据渗流计算和已有的工程实例沿深度逐渐减薄。此时式(2.13)的估算值是帷幕顶部的最大厚度。

若在黏土心墙底部设置帷幕，其中水头 H 应考虑帷幕上游部分地基中的水头损失，这时的灌浆帷幕如图 2.19(a)所示，其厚度可用式(2.14)计算：

$$t = \frac{H' - h'}{J_w \left(1 - \dfrac{K_1}{K_0}\right)} - \frac{L'}{\dfrac{K_0}{K_1} - 1} \tag{2.14}$$

式中，H' 为坝前水深(m)；h' 为心墙下游浸润线高度(m)；K_0 为坝基土的渗透系数(cm/s)；K_1 为灌浆帷幕的渗透系数(cm/s)；L' 为帷幕及帷幕前地基渗径长度(m)。

3) 帷幕的深度

帷幕的底部深入相对不透水层不宜小于 5m，当相对不透水层较深时，可根据渗流分析，并结合类似工程研究确定。灌浆帷幕位置如图 2.19 所示，这样帷幕可起到全部封堵渗流通道的作用。

4) 浆液材料

帷幕灌浆的浆液分为水泥黏土浆、水泥浆和化学浆三类，具体应通过试验确定。如没有条件进行试验或尚未取得试验资料，可根据灌注部位，按可灌比、地基渗透系数或颗粒级配确定。

(1) 在砂砾石坝基内建造灌浆帷幕时，宜先按可灌比 M 判别其可灌性。可灌比 M 可按式(2.15)计算：

$$M = \frac{D_{15}}{d_{85}} \tag{2.15}$$

式中，D_{15} 表示受灌地层中小于该粒径的含量占总土重的 15%(mm)；d_{85} 表示浆材中小于该粒径的含量占总土重的 85%(mm)。

$M > 15$ 时可灌注水泥浆；$M > 10$ 时可灌注水泥黏土浆。

(2) 渗透系数。渗透系数 K 的大小，可以间接地反映土壤孔隙的大小，也可以根据渗透系数选用不同的浆材。

K 为 800m/d，水泥浆液中可加入细砂；$K > 150$m/d 可灌纯水泥浆；K 为 100~200m/d，可灌加塑化剂的水泥浆；K 为 80~100m/d，可灌加 2~5 种活性掺和料的水泥浆；$K \leqslant 80$m/d，可灌水泥黏土浆。

一般认为，水泥黏土灌浆较好的土层，渗透系数应大于 40m/d。砂砾石地基渗透系数大于 20~25m/d 的地层，一般在掺入一定数量的外加剂后，能接受水泥黏土浆或经过高速磨细的水泥与精细稀土制成的混合浆。砂砾石地基中粒径小于 0.1mm 的颗粒含量小于 5%时，一般可能接受水泥黏土浆的灌注。

(3) 颗粒级配。根据以往对砂砾石地基灌浆的经验，国内曾经根据一些颗粒级配资料整理出 4 条极限曲线，作为砂砾石地基对不同浆材的下限，判别土壤可灌性的颗粒级配曲线如图 2.20 所示。

当欲灌浆地层的颗粒级配曲线位于 A 线左侧时，该地层容易接受纯水泥灌浆；当地层埋藏较浅(5~6m)，颗粒级配曲线位于 B 线与 A 线之间时，该地层虽属表层，但也可以接受水泥黏土灌浆；当颗粒级配曲线位于 C 线与 B 线之间时，该地层容易接受一般的水泥黏土灌浆;当地层的颗粒级配曲线位于 D 线与 C 线之间时，该地层的灌浆比较复杂，须使用膨润土或精细黏土与高细度水泥(或高速搅拌的水

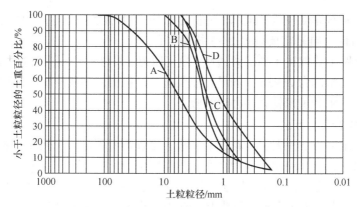

图 2.20　判别土壤可灌性的颗粒级配曲线

A-接受纯水泥浆的土壤分界线；B-接受水泥黏土灌浆的表层土壤分界线；C-接受一般水泥黏土灌浆的土壤分界线；
D-接受精细黏土与高细度水泥(或高速搅拌水泥浆)混合浆或加化学剂黏土浆的土壤分界线

泥浆)制成的浆液，有时还须加分散剂进行分散或降低黏度的细黏土作补充灌浆。对所有砂层和砂砾层，所有化学浆材都是可灌的(王立彬等，2010)。

5) 帷幕的形式

帷幕的形式可根据透水层的厚度选择。

(1) 均厚式帷幕。帷幕各排孔的深度均相同。在砂砾层厚度不大，灌浆帷幕不是很深的情况下，一般多采用这种形式。

(2) 阶梯式帷幕。在深厚的砂砾层中，渗透水力坡降随砂砾层的加深(即随帷幕的加深)而逐渐减小，故设置深帷幕时多采用上宽下窄呈阶梯状的帷幕。帷幕宽的部位，灌浆孔的排数较多；帷幕窄的部位，灌浆孔的排数较少。

6) 灌浆孔的布设

加固灌浆孔的布设常用方格形、梅花形和六角形，如图 2.21 所示。方格形布孔的主要优点是便于补加灌浆孔，在复杂的地区宜采用这种方法。梅花形布孔和六角形布孔的主要缺点是不便于补加灌浆孔，预计灌浆后不需要补加孔的地基多采用这两种形式布孔。钻孔可采用机钻、锥钻、打管等各种成孔方法(陈辉等，2009)。

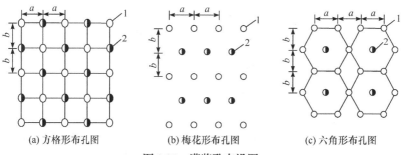

(a) 方格形布孔图　　　(b) 梅花形布孔图　　　(c) 六角形布孔图

图 2.21　灌浆孔布设图

a-孔距；b-排距；1-第一序孔；2-第二序孔

对于砂砾石厚度较浅的地基，一般设置 1～2 排灌浆孔即可；当地基承受的水头超过 25m 时，帷幕需要设置 2～3 排灌浆孔。

灌浆孔距主要取决于地层渗透性、灌浆压力、浆材等，一般要通过试验确定。通常，孔距可初选为 2～3m。如果在灌浆施工过程中发现浆液扩散范围不足，则可采用缩小孔距和加密钻孔的办法补救。

7) 帷幕灌浆的方法

帷幕灌浆的方法主要有打花管灌浆法、套管护壁灌浆法、循环钻灌法和套阀花管灌浆法等，工程中推荐采用套阀花管灌浆法。

(1) 打花管灌浆法。先在地层中打入下部带尖头的花管，然后冲洗进入管中的砂土，最后自下而上分段拔管灌浆，打花管灌浆法如图 2.22 所示。该方法比较简单，但遇卵石及砾石时打管很困难，故只适用于较浅的砂土层灌浆。

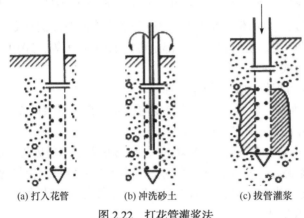

(a) 打入花管　　　　　(b) 冲洗砂土　　　　　(c) 拔管灌浆

图 2.22　打花管灌浆法

(2) 套管护壁灌浆法。套管护壁灌浆法如图 2.23 所示。边钻孔边打入护壁套管，直至预定的灌浆深度，如图 2.23(a)所示；接着下入灌浆管，如图 2.23(b)所示；然后拔套管灌注第一灌浆段，如图 2.23(c)所示；再用相同方法灌注第二灌浆段[图 2.23(d)]，以及其余各段，直至孔顶。

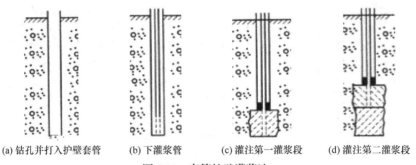

(a) 钻孔并打入护壁套管　　(b) 下灌浆管　　(c) 灌注第一灌浆段　　(d) 灌注第二灌浆段

图 2.23　套管护壁灌浆法

（3）循环钻灌法。循环钻灌法如图 2.24 所示，仅在地表埋设护壁管，无须在孔中打入套管，自上而下逐段灌注，直至预定深度为止。钻孔时需用泥浆固壁或较稀的浆液固壁。如砂砾层表面有黏土层，护壁管可埋设在黏土层中，如图 2.24(a)所示；如无黏土层则可埋设在砂砾层中，如图 2.24(b)所示。

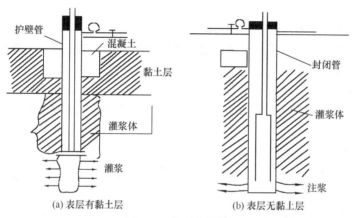

图 2.24　循环钻灌法

（4）套阀花管灌浆法。用套阀花管法施工可分为 4 个步骤，套阀花管灌浆法如图 2.25 所示。

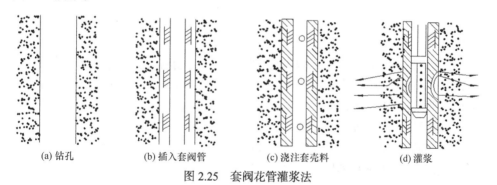

图 2.25　套阀花管灌浆法

　　钻孔，用优质泥浆(如膨润土)固壁，不用套管护壁，如图 2.25(a)所示。
　　插入套阀管，为使套壳料的厚度均匀，应设法使套阀管位于钻孔的中心，如图 2.25(b)所示。
　　浇注套壳料，用套壳料置换孔内泥浆，如图 2.25(c)所示。套壳料的作用是封闭套阀管与钻孔壁之间的环状空间，防止灌浆时浆液流窜，套壳在规定的灌浆段受到破碎而开环，使灌浆浆液在一个灌浆段内进入地层。
　　灌浆，待套壳料有一定强度后，在套阀管内放入带双塞的灌浆花管进行灌浆，如图 2.25(d)所示。灌浆方法的选用主要取决于施工队伍的经验和技术熟练程度，其中打花管灌浆法最简单，套阀花管灌浆法比较复杂，但施工质量较高。套阀花管灌浆法曾在密云水库成功应用，其优点是可根据需要灌注任何一个灌浆段，还可以在指定的孔段内进行复灌；可以使用较高压力，且灌浆时串浆、冒浆的可能性较小；钻孔和灌浆作业可分别进行，提高了设备利用率。其缺点主要是耗用钢管太多，造价较高。

目前，砂砾层灌浆对灌浆压力的确定还缺乏统一、准确的计算公式。灌浆初期，可凭经验预估压力灌浆，然后根据吸浆情况及对地表的观察，视有无冒浆或抬动变形情况，再调整压力。

灌浆的施工机具比较简单，可采用专用灌浆泵，也可用普通的泥浆泵加设一个简单的搅拌器。对进浆量较小的粉砂层灌浆，还可采用简单的手压注浆泵或隔膜泵。

8) 灌浆效果的检查

目前，用灌浆法作基础加固和基础防渗处理的效果还没有统一的标准，一般可用下列几个方法进行判断。

(1) 浆液的灌入量。同一地区地基差异不是很大，可根据各孔段的单位灌入量来衡量。

(2) 压水试验。设检查孔做压水试验，以单位吸水量表示帷幕防渗体的渗透性。

2.4.3.3　导渗

导渗为下排措施，将坝身或坝基内的渗水顺利地排出坝外，使土粒保持稳定，不被带走，达到降低浸润线、减少渗压水头、增加坝体与坝基渗透稳定的目的。当土石坝原有防渗排水设施不能完全满足坝身、坝基渗透稳定要求，浸润线较高，坝身出现散浸，坝后发生沼泽化甚至出现管涌、流土等渗透变形，危及大坝安全时，除加强防渗措施外可将原有导渗设施进行改善或增设新的导渗设施。导渗设施按导渗部位分为坝身和坝后两种。

1. 坝身导渗

(1) 导渗沟法。适用于开挖散浸不严重的坝体，不会引起坝坡失稳，仅起降低浸润线和渗水溢出高程的作用。通常在下游坝坡面上开挖不同形状的沟，内填透水材料，如粗砂、砾石等做成反滤层，沟深一般为 1～1.5m，沟宽应根据筑坝土料的透水性及保持两沟之间的坝面干燥为原则确定。沟的顶部高程应高出渗水溢出点，并与坝后排水坝趾相连。导渗沟如图 2.26 所示。导渗沟为防止雨水带土渗入堵塞，可在表面用黏性土回填夯实起保护作用。按其平面形状分为 I 形、Y 形和 W 形等，导渗沟形式如图 2.27 所示。为使坝坡保持整齐美观，免被冲刷，导渗沟也可做成暗沟。为避免坝坡塌崩，不应采用平行坝轴线的纵向或接近纵向的排渗沟。

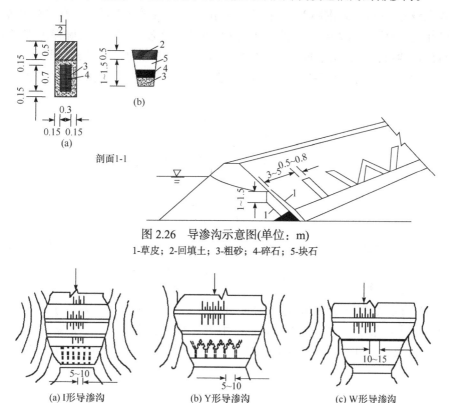

图 2.26　导渗沟示意图(单位：m)
1-草皮；2-回填土；3-粗砂；4-碎石；5-块石

图 2.27　导渗沟形式示意图(单位：m)

(a) I 形导渗沟　　　(b) Y 形导渗沟　　　(c) W 形导渗沟

(2) 导渗培厚法。适用于渗水严重，坝身单薄，坝坡较陡，需要在处理渗漏的同时增加下游坝坡稳定性的坝体。该法是在下游坡加筑透水戗台，或在原下游坝坡再贴坡补强，导渗培厚法如图 2.28 所示。采用后者时应注意新老排水设施的连接，确保排水设备有效和畅通。

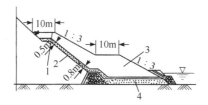

图 2.28　导渗培厚法示意图
1-原坝体；2-沙壳；3-培厚坝体；4-排水设施

(3) 导渗砂槽法。适用于散浸严重，坝坡较缓，导渗沟不能解决排水问题的坝体。在渗漏严重的坝坡上用钻机钻成相互搭接的排孔，搭接 1/3 孔径。通常孔径越大越好，孔深根据排渗要求而定。在孔槽内回填透水性材料，孔槽要和滤水坝趾相连。为保证良好导渗性能，钻孔用清水以静水压力固壁。为确保工程安全，在每钻好两组孔后，用木板和导管把两组孔隔离，并在每一组投放级配较好的干净砂料，以此类推直到坝趾滤水体为止，形成一条导渗砂槽，导渗砂槽法如图 2.29 所示。

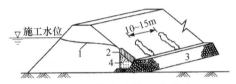

图 2.29　导渗砂槽法示意图
1-浸润线；2-填土；3-滤水体；4-砂

　　导渗砂槽能深达坝基，把坝体渗水迅速排走，有效地降低坝体浸润线。通常只要适当降低库水位即可施工，但需要一定机械设备，造价较高。

　　2. 坝后导渗

　　(1) 透水盖重和排渗沟。透水盖重用石料按反滤原则铺设在坝体下游地面上，以其自重平衡渗透压力。这种方式也常用于堤坝的防汛抢险，透水盖重的厚度可根据单位面积土柱受力平衡条件求得，坝体下游的透水盖重和排渗沟如图 2.30 所示。

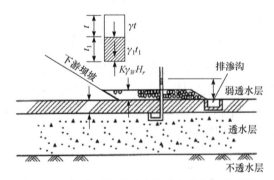

图 2.30　坝体下游的透水盖重和排渗沟示意图

$$\gamma t + \gamma_1 t_1 = K' \gamma_{\mathrm{W}} H_r \tag{2.16}$$

$$t = \frac{K \gamma_{\mathrm{W}} H_r + \gamma_1 t_1}{\gamma} \tag{2.17}$$

式中，t 为透水盖重的厚度(m)；γ 为透水盖重的容重(kN/m³)；H_r 为坝下游弱透水层底面上测压管水位与下游水位差；γ_{W} 为水的容重(kN/m³)；t_1 为弱透水层厚度；γ_1 为弱透水层土体的浮容重(kN/m^3)；K' 为安全系数，采用 1.5～2.0。透水盖重应铺设至弱透水地基中水力坡降小于坝基土的允许水力坡降处。

设置排渗沟的目的一方面是有计划地集中坝身和坝基渗水，然后排向下游，以免下游坝坡坡脚积水；另一方面是当下游有较薄的弱透水层时，可利用排渗沟作为排水减压措施。排渗沟设在下游坝脚附近，对于一般均质透水层，排渗沟只需深入坝基 1～1.5m。当表层弱透水层较薄时，排渗沟应穿过弱透水层引走渗流和降低剩余水头；当弱透水层较深时，排渗能力弱，不宜用排渗沟。排渗沟用作排除渗流水时，其过水断面根据渗流量确定；若兼顾排水减压作用，则应专门计算相关参数。排渗沟要有一定纵坡和排水出路，应按不冲不淤要求设计过水断面。

(2) 减压井。减压井是在坝后地基内按一定距离钻孔，穿过弱透水层，伸入强透水地基一定深度。孔的底部设有滤水管段，使深层承压水由滤水管段进入管内，经过导管导出地面排走，以减小渗透压力，防止渗透变形及下游地区沼泽化，这是解决承压地基渗透变形的重要措施之一。

减压井虽有良好的排渗减压作用，但施工复杂，管理和养护要求高，运用几年后滤水管段易堵塞，故只用于以下几种情况：①上游铺盖太短或断裂，坝基为成层基础，渗流出逸水力坡降过高，其他导渗措施无效时；②上游库水不允许放空，上防有困难，允许安全控制渗流条件下损失部分水量时；③施工、运用管理及技术经济方面优于其他方法时。

减压井的设计主要是合理地确定轴线位置，井的直径、间距、深度与计算出流量。

2.5　土石坝及堤防的白蚁防治

白蚁分布极广，遍布世界各地，已发现的 2600 多种白蚁绝大多数分布在热带和亚热带。截至 2000 年底，我国已发现的白蚁有 470 多种，大部分白蚁分布在长江以南地区，向北渐渐减少，全国除新疆、青海、宁夏、内蒙古、黑龙江和吉林等省(自治区)外，大多省(自治区、直辖市)都有其分布记录。

白蚁对土石坝和堤防(简称"堤坝")的危害极大，我国古代早有记载。韩非子在《喻老篇》中载有"千里之堤以蝼蚁之穴溃"。《淮南子·人间训》也载有"千里之堤以蝼螘之穴漏"(白蚁古代又称"飞螘")，今日"千里之堤，溃于蚁穴"之说源出于此。白蚁之患无论在古代还是当今都严重威胁着堤坝安全，如 1998 年长江大洪水，由白蚁造成的管涌达几百处。

2.5.1　白蚁的种类及生活习性

白蚁是一种群栖生活的昆虫，以群活动，以巢居住。巢内白蚁组织严密，分工明确，行动统一。巢中有生殖性的繁殖蚁(俗称"蚁王""蚁后")、工蚁和兵蚁。不同种类的白蚁担负不同性质的工作，活动规律各不相同。繁殖蚁主要发展群体，产卵和繁殖，故活动量及活动范围小；兵蚁主要在巢内守卫群体安全，其任务是警卫及战斗，一般活动范围较小，在群体中为少数，约占 20%；工蚁最为繁忙，主要任务是开路、筑巢、搬运、采集食物、保护幼蚁、喂养母蚁、兵蚁和幼蚁等，总数最多，约占白蚁中的 80%，其活动范围最大，是直接危害堤坝的主体。

　　白蚁的群栖性是分工严密，群体生存性强，单个白蚁离群无法生存。白蚁的畏光性表现为喜暗怕光，长期过隐蔽生活，外出觅食、取水等先用泥土和排泄物筑成掩蔽体的泥路(泥被、泥线)，与外界隔绝，只有长翅繁殖蚁分群时有趋光性。白蚁的整洁性反映在蚁巢内，蚁体经常保持整洁，巢内有不洁及同伙尸体时会立即清除，白蚁时常相互舐舔，去掉身上尘灰和杂物。白蚁的敏感性表现在发现泥路有光或缺口时会迅速修堵，遇震时立即逃跑，受惊白蚁由上颚连续碰击发出"哒""哒"的信号声，有时会整巢搬迁。白蚁活动与气温关系密切，黑翅土白蚁适宜温度为 24~26℃，当气温达 10℃时开始觅食，平均温度达 15℃时，其觅食活动增加，在 20~25℃和相对湿度达 80%时，其活动频繁。因此，繁殖蚁分飞建新巢大都在 4~6 月。白蚁的分群是繁殖发展的主要环节，分群经常在雷雨交加前后的傍晚、中午或夜晚发生，也有少数在雨停后分群。白蚁的嗜好性表现为各种群对食谱有明显的选择性，其嗜好程度也有较大的差异。白蚁的分群性表现为白蚁的传播主要靠羽化分群，黑翅土白蚁幼年巢发展到成年巢，必须经过五年以上的发展过程，才能形成成熟巢，出现有翅成虫分化现象。

　　我国堤坝白蚁主要危害种类有土白蚁属和大白蚁属，而这两类各有 20 多种，其中长江流域的堤坝主要危害白蚁种类是黑翅土白蚁。长江流域以北，如安徽、江苏等省堤坝的主要危害是凶土白蚁；南方广东、广西、福建、江西等省(自治区)堤坝主要危害是黑翅土白蚁；广东南部雷州半岛和海南主要危害是黄翅大白蚁。黑翅土白蚁的特点是繁殖蚁的翅是黑褐色、钻孔营巢深，对堤坝的破坏性大。黄翅大白蚁的工蚁和兵蚁比黑翅土白蚁的工蚁和兵蚁大，其繁殖蚁的翅为黄色，特点是打孔浅，蚁巢离地面只有几十厘米，其破坏性次于黑翅土白蚁。

　　根据 200 多处水库普查，发现白蚁活动有下列规律：①白蚁蚁巢一般在堤坝的迎水坡少，背水坡多，背水坡茅草丛生处更多。②对于不同土质的坝坡，蚁巢在黏性土石坝坡多，而在砂性土石坝坡少；在风化石里多，而在松散砂里少。③蚁巢在常年蓄水位和浸润线以上的坝身多，而在浸润线以下的少。④蚁巢在经常干燥河床处多，而在常年积水河床部位少。⑤蚁巢在坝身两岸山包有枯木、树根、杂草和古墓的地方多，在山冈上少；在枯林处多，在水田少。⑥蚁巢在填方堤段上部多下部少；在老旧堤坝多，新建的堤坝少。⑦蚁巢在蓄水水位线高水位持续时间不长的水库土石坝中多，而在持续高水位且时间长的水库土石坝中少。

湖北省黄梅县古角水库坝身蚁巢分布部位，背水坡占 88%，迎水坡占 12%，其中两岸山坡接头处占 64%，中间坝段占 36%，堤坝中蚁巢的结构组成如图 2.31 所示。

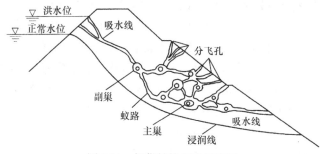

图 2.31　蚁巢结构组成示意图

2.5.2　白蚁的预防措施

1. 堤坝白蚁的来源

白蚁在堤坝中的来源主要有以下三条途径：①繁殖蚁转移到堤坝；②两岸山坡上的繁殖蚁蔓延到堤坝；③白蚁随着土料、木料和树根等混进堤坝(严国璋等，2001)。

2. 预防堤坝产生白蚁的措施

(1) 控制筑坝土料。新建或扩建堤坝工程，应严格控制筑坝土料中无蚁窝和无树皮、杂草之类的白蚁食料。附近山坡或堤边有白蚁时，应采用一切办法先消灭附近的隐患。经常清除堤坝坡上、山头与坝体间的杂草，破坏白蚁孳生繁殖的基础及进入坝体的通道。若已找到较大蚁窝，可用可湿性六六六粉烟雾剂或 80% 的敌敌畏乳剂稀释液灌入蚁洞，先把工蚁和兵蚁杀死。为防外面白蚁侵入堤坝，可在堤坝脚附近设置毒土防蚁层，即挖 0.5m×1.0m 的沟，填入黄泥，填土夯实时每立方米土中洒入 1% 浓度的氯丹水乳剂 5kg，或用可湿性六六六粉 0.5kg 拌入夯实，就可在数年内防止白蚁进入堤坝。

(2) 灯光诱杀。在水库坝脚或堤脚外 10～30m 沿纵向布置一排高强度黑光灯，灯距 50～100m，诱杀堤坝附近的有翅成虫。在第一排灯的外围，根据地形地貌再布置第二排，诱杀野外向堤坝飞来的有翅成虫。当水库距村庄较近时，可在库内水面架浮动高强度黑光灯，截杀库内飞向坝体的有翅成虫。湖北省黄冈市黄梅县古角水库安放 20W 交流黑光灯，间距 200m，灯高 1.5～3.0m，灯具距水面 0.1～0.3m，灯下放置收集器(口径为 1m 左右的水盆或铁锅)，收集器中存水 100L，掺可湿性六六六粉 0.5kg，煤油 0.25kg，并清除收集器半径为 10m 范围内的杂草，喷洒毒药，以毒杀落地飞蚁。经多年摸索对比，高强度黑光灯灭杀白蚁成效显著。

湖北省浠水县白莲河水库用 12 盏高强度黑光灯，一天灭杀白蚁有翅成虫 37000
多只。广东省一水库用 12 盏高强度黑光灯，一个分飞季节(通常为 4～6 月)灭杀
白蚁 45 万多只；另一水库用 22 盏高强度黑光灯，一个晚上诱杀有翅成虫 19.9kg，
整个分飞季节共诱杀有翅成虫 35.5kg，大大减缓了白蚁的繁殖。

(3) 喷洒毒药。在白蚁分飞落地后，雌雄有翅成虫需爬行一段时间寻找空隙
或洞穴以便筑巢。可将药剂喷洒在堤坝坡面上，灭杀落地的有翅成虫。我国常用
的药剂是五氯酚钠水溶液(质量分数为 1%～2%)或质量分数为 6%的可湿性六六六
粉、煤油、柴油等。把药剂喷洒在表土或挖洞灌药剂，洞的间距为 0.5～1m，洞
深 30cm，呈梅花形分布，灌后封好洞口，使坝和堤的表层土在一定时间内有药味，
刚落地的繁殖蚁无法挖洞筑巢，很快即会死去。

(4) 保护白蚁的天敌。利用生物防治白蚁，主要是消灭白蚁的有翅成虫。在
白蚁分飞季节各种鸟类会在空中捕食。堤坝坡上放养鸡群，能捕食落地有翅成虫。
白蚁的其他天敌有青蛙、蟾蜍、蝙蝠和蚂蚁等。当有翅成虫将离开分飞孔时，蟾
蜍早已等在孔口，伺机而食。一对蚂蚁在几分钟内可以咬死 3 对脱翅繁殖蚁，并
将白蚁尸体搬到蚁窝中。即使繁殖蚁入土筑巢，蚂蚁也可以入巢侵袭。因此，保
护白蚁的天敌是消灭有翅成虫的途径之一。

(5) 灌浆毒杀白蚁。用灌浆机把掺有毒性药物(如五氯酚钠与石灰水混合拌制
的泥浆)沿钻孔或蚁道灌入堤坝，可使毒浆液注入主巢，将白蚁消灭在洞内。1986
年，广东省梅县采用广东省防治堤坝白蚁中心站制备的重量仅 43kg 的小型灌浆
机，以浆液充填蚁巢，消灭白蚁试验成功。

(6) 其他。我国许多地区组织专业人员与群众结合的灭蚁队，寻找挖掘白蚁
的蚁巢灭蚁。

2.5.3　白蚁的灭治方法

寻找土栖白蚁的蚁道及蚁巢是灭治白蚁的关键。只有掌握其基本活动及营
巢基本规律，才能有效地对堤坝白蚁采取药杀、熏烟、灌浆和翻挖等综合灭治
方法。

1. 堤坝白蚁的寻找方法

(1) 普查法。根据白蚁的生活习性，工蚁外出寻食时需先修筑泥线、泥被，
繁殖蚁出飞时要先筑分飞孔，故每年在白蚁活动旺盛季节(一般为 3～6 月和 9～
11 月)，组织人员寻找蚁道、泥线和泥被，顺着泥线，普查人员对已查出地点做
好标记，细心察看周围，包括翻开附近枯树、牛粪和木材等，针对白蚁活动之处
进行有计划的处理。

(2) 引诱法。白蚁喜食有纤维的物质，如干枯艾蒿、茅草、甘蔗皮渣、桉树
皮等，可把这些捆扎好放在堤坝土栖白蚁容易出没处，定期翻看是否有白蚁活动。

这种方法简单易行。

(3) 锥探法。用钢锥锥探堤坝内有无白蚁巢,主要掌握钢锥下插时是否在堤坝中发现空洞(蚁洞)。

2. 寻找白蚁的蚁道

(1) 从泥被、泥线找蚁道。在发现泥被、泥线处先铲去 1m² 左右草皮,耐心用刀沿泥被削去泥皮,沿泥线不断渐进,发现有半月形小蚁道时,先喷入白滑石粉或塞入小草茎,再沿着白滑石粉或草径追挖,挖到拱形蚁道时,再追挖即可找到主蚁道。

(2) 繁殖蚁分飞季节(4~6 月)从分飞孔找蚁道。黑翅土白蚁在分飞前,由工蚁筑成凸形小土堆,形如圆锥形的分飞孔,此孔有时多达上百个。扒开分飞孔,内有半圆形薄室即候飞室,一般从分飞孔下挖 3~50cm 即可找到主蚁道。这种方法有效,但受季节限制。

(3) 从铲杂草枯蔸找蚁道。铲杂草枯蔸时,如果发现白蚁,可跟踪找出小蚁道,再顺着小蚁道追挖出主蚁道。

(4) 开沟截蚁道。一种是在泥线、泥被上方开一顺堤沟,深 1m、宽 0.5m、长1.2m,以容纳一人操作为宜,一般可以横截蚁道,沿着粗蚁道方向追踪主蚁道。另一种是在迎水坡正常水位附近或背水坡漏水线附近,开沟深 2m、面宽 1.2m、底宽 0.5m,断面呈梯形,均可切出不少大蚁道,找到蚁路后将原开挖沟分层夯实。这种方法比较危险,易使堤坝滑坡,故目前应用较少,大部分单位采用第一种方法。

(5) 从引诱坑(引诱堆、引诱桩、引诱箱)找蚁道。在白蚁活动季节,把白蚁喜食的木桩打入上堤内,可引来白蚁形成蚁道。这种方法简单易行,但引来的蚁道较小,追挖费工。设引坑,长 40cm、宽 30cm、深 30cm、坑距 5~15cm,视白蚁分布密度而定坑距,坑内放白蚁喜食的艾蒿、甘蔗渣等,捆好后埋入坑内。坑面要盖严又能较易打开,引诱白蚁,顺蚁道追挖,但应注意,坑内需防止蚂蚁侵入或雨水流进。引诱堆内存放白蚁喜食物品,引来白蚁,顺小蚁道追挖主巢。

以上几种方法应根据实际情况选用。在找到蚁道后,要正确判断巢向。通常是沿蚁道大的一端,纵切蚁道。在工蚁、兵蚁活动频繁和腥酸味浓的一侧,向前挖时,兵蚁很快将路封堵,越接近主巢,兵蚁封堵越快,把守越严,把小草塞进去,兵蚁咬住不放。蚁道相交时,应沿分叉的锐角方向追挖。对废路和封闭路要加以区别。废路内长有白、黄、黑色似头发样的苗丝或苗束,或有棉絮状的蛛网,或干燥光滑、有细小裂口等。封闭路是白蚁用土粒堵塞蚁道,有一道或数道土墙,通常追挖可找到主蚁道。只有找到主蚁道熏灌方法才能有效。

有时出现无数条错综复杂的蚁道,难以准确地判断巢向,就要结合堤坝白蚁的分布规律和近主巢方向蚁道特点，进行具体分析。否则，主巢向判断错误，重灌溉无效果，翻挖又浪费劳力。

3. 巢位确定

防治白蚁时，找出巢位很重要。灭蚁先灭王，蚁王和蚁后都在很深的主巢中，如找不到蚁王及蚁后，灭蚁即告失败。确定主巢位有下列方法：

(1) 追挖主蚁道找巢位。当发现蚁道由小变大，并有大量菌圃，越挖菌圃颜色越深，兵蚁把守越严，蚁道中腥酸味越浓，挖土锄土有空荡回声时即为主巢。

(2) 分群孔几何图像找巢。土栖白蚁分群孔是堤坝白蚁最重要的地表外露特征，分群孔距主巢较近，并与主巢位置的分布有一定的规律性。通过分群孔在堤坝的分布图像进行追挖，一般可较快挖到蚁巢。

(3) 利用锥探定位。锥进后有掉锥感觉，且拔出锥头有气味，表明主巢位就在附近，用毒浆灌入即可灭杀蚁王及蚁后。

(4) 利用同位素探巢。找到主蚁道后，用核素 ^{131}I 或 ^{124}Sb，拌艾蒿茎粉制成比蚁道小的小条或小丸，被白蚁吃光后可用辐射仪探出 43cm 或 55cm 深的蚁道。

(5) 探地雷达找巢。探地雷达探测白蚁巢，是根据白蚁生物学、生态学特性及探地雷达发射脉冲波的性质，用频率为 300MHz 或 500MHz 的天线，取样率为 512，时窗 80ns，探测剖面布线间距为 40cm。将探测所得的异常区位图像，采用密度分割式进行处理，通过计算先确定出异常区的平面坐标及深度，准确地标定蚁巢的位置和分布深度，然后进行垂直切片状开挖，获得白蚁巢。应用探地雷达探测堤坝白蚁工作效率高，不受死巢、活巢的限制，可精确确定蚁巢的地下空间位置，经过校正后可准确确定蚁巢的规模，是灭白蚁护堤坝最理想的方法和技术(陈家银等，2007)。

还可根据白蚁菌圃中生长的可食鸡枞菌追巢。总之，各地在灭蚁过程中摸索出各种探找主巢的方法，有待进一步完善。

4. 堤坝土栖白蚁灭杀方法

找到土栖白蚁的蚁道及蚁巢后，就要着手对白蚁进行灭治，较常用的有以下几种方法。

(1) 挖巢灭蚁。跟踪蚁道，挖掘主巢，是灭治堤坝白蚁的重要方法之一。在实践过程中，除了需要掌握蚁道变化特点，随时判断蚁巢的方位外，还有一些具体问题要特别注意。

找出较大的蚁道后，插入细枝条或竹签，探测蚁道方向，在挖掘中要逐段探测跟挖。挖掘的泥土要堆置两侧，防止蚁道突变和拐弯。挖掘场地要与蚁道平行推进。切忌前低后高，避免土粒堵塞蚁道而迷失方向。挖掘过程中，如发现近巢特征或见到主巢，要迅速扩大挖面，将主巢周围深挖，切断蚁道，使主巢悬立其中。取巢时，动作要快，及时找到王室，捕获蚁王蚁后。一旦出现搬迁逃跑，则应追灭到底。如果蚁王蚁后逃跑，几年内又会卷土重来，因此堤坝历来就有"王后不灭，蚁患不息"的警句。

挖巢灭蚁较彻底，但工作量大，效率低。因此，实际工程中应采用挖巢与灌浆结合的方法。对巢大且深的堤坝，实施灌浆为主的办法。同时，对蚁巢小而浅的堤坝，则采取挖巢为主的办法进行处理，但汛期高水位不宜采取翻挖蚁巢方法。

(2) 灌浆灭杀。1985 年，广东省梅县采用广东省防治堤坝白蚁中心站研制的灭蚁灵毒饵灌浆或喷洒充填洞穴，效果良好。灭蚁药物甚多，比较普遍的是将质量分数为 80%的敌敌畏乳剂稀释 20000 倍，低压灌入坝体内堵塞蚁巢和蚁道，灭蚁效果良好，且不污染水质；也可用质量分数为 6%可湿性六六六粉，或用质量分数为 0.2%的五氯酚钠溶液拌泥浆灌入，均能取得较好的灭蚁效果。采用灌浆方法灭蚁时应注意选择浆孔位置和灌浆速度，浆孔位置一般要选在坝坡上部或坝顶，由于主巢一般靠上部多，灌浆行动要快，中间不能停顿，以防蚁道被堵住。

(3) 熏烟毒杀。把质量分数为 80%的敌敌畏乳剂 10g、621 烟雾剂 250g、质量分数为 6%的可湿性六六六粉等放在封闭容器中，一端用铁管通入蚁道，另一端接鼓风机把毒烟灌入蚁巢，经 7~8min 拔出铁管，用泥把洞口堵住，3~5d 可以全歼洞内的白蚁；或采用六六六烟雾剂，配方为 70%可湿性六六六粉(毒剂)，20%氯化钾(大燃烧剂)，7%香粉(助燃剂)和 3%氯化铵(降温剂)拌匀燃烧，将烟雾灌入蚁穴。

(4) 熏蒸剂灭蚁。硫酸氟与磷化铝是用于杀灭堤坝白蚁的主要熏蒸剂。①硫酸氟熏杀。工厂出售的硫酸氟经液化后装入钢瓶，有效成分含量为 98%~99%。使用方法相似于压烟，将输气管插入主蚁道封堵严实后，用闸阀控制时间，供给量等，有压力的毒气将自动压入蚁巢。每个巢群用药 0.7~1.5kg，两天以上可杀死全巢白蚁。②磷化铝熏杀。利用磷化铝在空气中吸水后放出极毒的磷化氢气体毒杀白蚁。操作方法是找到较粗的主道，将孔口稍加扩大，然后取一端有节的竹筒，筒内装磷化铝 6~10 片(每片 2g)，将开口一端压入蚁道，迅速用泥封住，以防产生的磷化氢毒气外逸。磷化铝在气温高于 24℃时 2~3d 可熏蒸完毕，在气温低于 15℃或相对湿度较低时，则需 5~6d 才能熏蒸完毕。由于磷化氢气体有剧毒，使用时必须戴好防毒面具，严格遵守操作规程，下雨或潮湿天气禁止使用。

(5) 药物诱杀。灭蚁灵是一种高效、低毒的慢性胃毒剂，专用于防治蚁害。根据白蚁相互舔吮及工蚁喂食等习性，以白蚁喜食的植物为诱饵引诱白蚁取食，然后将灭蚁灵均匀地喷洒在白蚁身上；或者将白蚁喜食的植物与灭蚁灵混合制成毒饵，投放到白蚁经常活动的泥被、泥线、分群孔或蚁道内，再用树皮、瓦片或厚纸等覆盖。白蚁取食后通过药物传递，10~15d 达到使全巢白蚁死亡的效果。灭蚁灵诱饵毒杀堤坝白蚁操作简单、用药量少(药剂量不超过 0.5g/巢)、自然环境不受污染、安全可靠、成本低、效果好，是目前毒杀剂中较理想的药物。

目前，常用的灭蚁方法是"找""挖""杀""灌"等，可达到一定的效果，每种方法各有优缺点，各地可根据实际情况选择。

白蚁是世界性的害虫之一，除用常规方法外，要有效灭治，还需要有新的方法。因此，许多学者正在探索灭蚁新方法和新途径。例如，利用保幼激毒破坏白蚁分工的协调关系，迫使群体白蚁不能正常生活；用追踪激素，能强有力引出白蚁并消灭；用微生物替代毒药来防治白蚁，因毒药灭蚁易造成人畜中毒及环境污染，多年前还有人提出用真菌及黄曲霉、白僵菌等使白蚁致病而死。上海昆虫研究所用保幼激毒处理的滤纸喂养工蚁群体，可使工蚁中的 45%分化为兵蚁，但这些都是在实验室中进行的，未曾进入实用阶段。因此，探索更先进的方法，迅速、准确并有效地寻找并消灭白蚁，仍是今后进一步研究的课题。

第3章　混凝土坝和浆砌石坝的维护与加固处理

混凝土坝和浆砌石坝是水利枢纽工程中常见的挡水建筑物，主要有重力坝、拱坝和大头坝等，当今利用混凝土或砌石材料发展起来的新坝型还有碾压混凝土坝和面板堆石坝等。混凝土坝和浆砌石坝具有以下共同优点：工程量较土石坝小；雨季也可施工，施工期允许坝顶过水，其抗冲刷、抗渗漏性能好；施工工艺已趋成熟。此外，混凝土坝可通过坝顶溢流，浆砌石坝能就地取材，节约水泥和钢材用量，节省施工模板和脚手架，只需少量施工机械，受温度影响较小，发热量低，施工期无须温控设备，施工技术简单。因此，混凝土坝和浆砌石坝在我国水利工程建设中被广泛采用。

混凝土坝和浆砌石坝易出现的病害主要为以下三个方面。

(1) 坝的抗滑稳定性不够。对于挡水建筑物大坝，必须同时满足强度和稳定性两方面的要求，一般的重力坝强度条件容易得到满足，而抗滑稳定性往往成为设计的控制条件。特别是当坝基存在软弱夹层，设计、施工阶段又没有充分考虑其对大坝稳定性的影响，大坝运行时很可能出现坝体失稳，这是大坝最危险的病害。

(2) 坝体裂缝及渗漏。混凝土坝和浆砌石坝在运行中，受到各种荷载作用和地基变形的影响，坝体中比较容易产生裂缝，如重力坝的不均匀沉陷裂缝，拱坝局部出现较大拉应力而产生的荷载裂缝，特别是浆砌石坝，由于其灰缝的抗拉强度较低，很容易产生裂缝。裂缝削弱了坝体的整体稳定性和强度，缩短了渗径甚至直接产生集中渗漏，不仅裂缝部位的扬压力增大，而且对大坝造成侵蚀，对大坝的安全和使用寿命造成危害。

(3) 坝基及两岸的绕坝渗漏。水库蓄水投入运行后，水流在上下游水位差作用下，均会在坝基和两岸山岩内发生绕坝渗流。当基础存在一定缺陷或施工处理不彻底时，将在运行期间产生严重的渗漏现象，使渗透性不能满足要求，若不及时处理将危及大坝安全。

3.1　混凝土坝和浆砌石坝的日常巡查与维护

对混凝土坝和浆砌石坝进行日常巡查与维护能保障其安全运行，延长使用寿命，因此应制定相应的日常巡查与维护制度。

　　日常巡查与维护工作应由大坝管理单位指定有专业经验的技术人员来完成，并做好日常检查与维护记录。巡查中若发现异常迹象或变化，应及时报告并处理。

　　其主要工作内容如下：

　　(1) 大坝外观巡查、维护。保持坝体表面清洁完整，无杂草、积水和杂物，检查坝面混凝土脱落情况，大坝伸缩缝是否有错动现象，伸缩缝填充物是否老化脱落，有无其他新产生的裂缝和渗漏情况，一旦发现，做好笔录并及时汇报处理。

　　(2) 大坝变形及渗流观测巡查。大坝变形观测和渗流观测能很好地监测大坝的稳定性和安全性，应定期对大坝进行变形观测和渗流观测，及时分析观测数据。如有自动观测设施，应该经常检查监测数据，发现异常情况应及时汇报处理。

　　(3) 大坝排水系统检查、维护。保持坝基排水系统和坝面排水系统完整、通畅，量水设施完好无损，集水井和集水廊道的淤积物应及时清除，发现新增的渗漏溢出点要注意观察排水系统排水量的变化情况并做好记录。

　　(4) 大坝泄水建筑物巡查、维护。对大坝泄水洞(孔)、溢流坝段等表面混凝土进行检查，保证表面混凝土光滑平整，无脱落剥蚀现象；保证进口闸门、启闭机无锈蚀和变形，启闭操作灵活到位；保证泄水建筑物进水口水流顺畅，及时清理漂浮物和障碍物，出口消能充分，水流流态稳定，对坝基和两岸无淘刷冲蚀发生。

　　(5) 大坝观测设施巡查、维护。经常检查大坝观测设施，确保其完好无损，工作正常；对大坝变形观测设施宜加封保护装置，对渗流和水位等自动化观测设备，应经常检查避雷装置和电源装置，确保工作状态稳定可靠；经常查看自动观测数据，分析是否出现过大数据变动或偏差，如有异常及时报告处理。

　　(6) 严禁坝体及上部结构超载运行。兼作公路的坝顶应设置路标和限荷标示牌，禁止超过设计标准的车辆通过坝顶及其交通桥。

　　(7) 严禁在大坝附近进行爆破、炸鱼、采石、取土、打井和毁林开荒等危害大坝安全和破坏水土保持的活动。

3.2　重力坝失稳原因分析及防护措施

3.2.1　重力坝失稳原因分析

　　重力坝建于岩基上，当坝底为水平面时，通常用摩擦公式或剪切摩擦公式校核其抗滑稳定性，即

$$K = \frac{F}{\sum P} = \frac{f\left(\sum W - U\right)}{\sum P} \tag{3.1}$$

$$K' = \frac{f'\left(\sum W - U\right) + c'A}{\sum P} \tag{3.2}$$

式中，K、K' 分别为抗滑和抗剪强度计算的抗滑稳定安全系数；F 为坝体沿地基接触面的摩擦力；$\sum W$ 为水库蓄水后作用在坝体(滑动面以上部分)上的铅直向下力(水重力、坝体重力等)之和；U 为垂直向上的坝基扬压力；$\sum P$ 为作用在坝体上的水平推力(包括水压力、泥沙压力及浪压力等)之和；f 为坝体与坝基之间的摩擦系数；f'、c' 分别为坝体(混凝土或浆砌石)与坝基接触面的抗剪断摩擦系数、抗剪断凝聚力；A 为坝体与坝基连接面面积。

不同工程等级及建筑物级别的大坝对 K 和 K' 有不同要求，可参照有关规范确定。在式(3.1)和式(3.2)中，有些参数是很难准确选定的，如 f 和 f'，实验室测值与现场测值有较大差别，而且现场测值只是局部的，就坝整体接触面而论，不同部位也各不相同，通常只能取平均值。

影响重力坝稳定的主要因素有：坝和地基或软弱夹层的 f、c' 和 f'，所有作用于坝体的垂直荷载及水平荷载 $\sum P$，其中地基的抗剪强度指标变化范围大，对重力坝的稳定起着关键作用。因此，造成重力坝抗滑稳定性不足或失稳的原因应从多方面分析，其中常见的原因有以下几方面。

(1) 坝基地质条件不良，在勘测中对坝基地质缺乏全面和系统的分析研究，特别是对具有缓倾角的泥化夹层，泡水后层间摩擦系数极小，软弱面的抗剪强度低、抗冲能力差。如在设计中采用过高的抗剪强度指标，水库蓄满后在强大的水平推力作用下，易造成坝体抗滑稳定性不足。例如，湖南省双牌电站坝后冲刷坑原设计深度比实际冲刷深度浅，地基又为倾向下游的缓倾角夹层，导致坝基出现临空面，使电站大坝出现险情，采取预应力钢索锚固措施才排除险情，耗资 800 余万元。

(2) 施工时坝基清理不彻底，开挖深度不够，使坝体置于强风化层上，水库蓄水时坝基渗流造成地基软化，导致坝与地基接触面之间的抗剪强度减小，扬压力增大，威胁坝体安全。

(3) 坝体设计过于单薄，自重不够，在水平推力作用下，上游坝趾处出现裂缝，从而增大底部渗透压力，减轻坝体有效重量，使坝体稳定性不足。

(4) 运用不当，管理不善，造成库水位超过设计水位，甚至形成洪水漫顶，加大坝体的水平推力；由于管理不善造成排水设备堵塞，帷幕断裂，使扬压力变大，坝体的抗滑稳定性降低。

大坝抗滑稳定性不足，往往是多种因素造成的，在研究处理措施时应针对造成坝体稳定性不足的主要原因，采用合理措施综合处理，才能有效地增加坝体抗滑稳定性。

3.2.2　增加重力坝稳定性的措施

从稳定性分析公式中看出，要增加 K，可采取多种措施，如增加坝体的铅直向下力$\left(\sum W\right)$，减小扬压力U，提高滑动面的抗剪强度指标，对具有软弱夹层的地基应设法增加尾岩抗体被动抗力。显然，依靠减小水平推力$\left(\sum P\right)$增加坝体稳定性比较困难。

3.2.2.1　增加坝体所受铅直向下力

目前，增加坝体所受铅直向下力$\left(\sum W\right)$的措施有加大坝体剖面和预应力锚索加固两种方法。

(1) 加大坝体剖面。可在上游面或下游面加大剖面以增加坝体自重。从上游面加大剖面可增加坝体重力及垂直水重力，并改善坝体防渗条件，但要降低库水位、修筑围堰才能进行施工作业。加大下游剖面施工比较简单，但只能利用加大部分坝体的重力，不能利用水重力，也不能改善防渗条件。通常采用加大坝体剖面增加坝体重力是不经济的。坝体的加大部分应通过抗滑稳定性计算确定，同时应考虑施工期对坝体上游坝踵处应力的影响，注意新旧坝体间的结合。

(2) 预应力锚索加固(预锚加固)。此方法是从坝顶钻孔到坝基，孔内放置钢索，其下部应锚入新鲜基岩中。在坝顶一端施加拉力，使钢索受拉，坝体受压，以增加坝体的稳定性(周仲孟，1990)。这种方法最早在1943年阿尔及利亚的谢尔法砌石重力坝(谢尔法坝)中被采用。该坝蓄水后，发现剖面尺寸不够，采用预应力锚索加固方法加固坝体，取得了较好的效果。这是早期的成功实例。谢尔法坝预锚加固如图3.1所示。

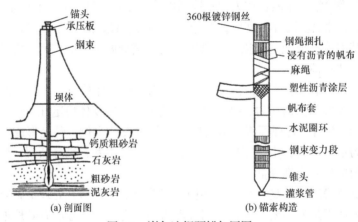

(a) 剖面图　　　　　(b) 锚索构造

图3.1　谢尔法坝预锚加固图

包括防锈层在内，钢束平均直径为20.3cm。钢丝下端7m不加涂层保护，只在中间捆扎一圈韧性钢绳，使捆扎圈的上下部分鼓出，与钻孔扩大部分对应以便锚固(李光平，2015)。在该段钢束上端设一水泥圈环，下端设一铁锥头。钢索自坝顶放入孔内,通过灌浆管先以压力水冲洗,再灌入 1∶1 的水泥砂浆,将下端设有 7m 防护层的一段锚入基岩内。在钢束顶端,先将钢丝分散编结在坝顶的混凝土锚头内,然后每根钢束用 3 台 4400kN 的千斤顶张拉,逐步拉 11000kN,相当于每米坝长重力增加 2689kN。加固后库水位比原库水位提高 3.05m,经多年观测,效果良好。坝内钢束的应力略有减小,个别钢束拉力降低了 3%,只要用千斤顶张拉就很容易恢复到原有拉力。

由于用预锚加固大坝取得了成功,全世界已有 60 余座大坝采用这一方法。1964 年,我国对梅山连拱坝坝肩采用预锚加固取得成功后,又相继在陈村、双牌等大坝使用,以加固坝肩和坝基。

预锚加固法特别适用于坝基夹层深且多的情况,当下伏坚硬完整岩石时,易取得很好的效果。国外较为典型的预锚加固工程有美国的拉卜利尔坝、密尔顿湖坝,这些大坝均运行 50 余年,沉陷基本趋于稳定。抗倾覆预锚加固通常在大坝上游锚固效果较好,锚固力产生很大的抗倾覆力矩,增加坝体稳定性,并改善坝体及坝基的应力状态。

我国湖南省零陵地区的双牌电站,装机容量约为 13.5 万 kW,灌溉面积约为 2.13 万 hm^2,是一个综合利用的大型水利枢纽,于 1958 年兴建,1961 年投入运行。1971 年 9 月在 6～7 号坝墩空腔渗压观测中,发现渗水中带黄色絮状物,孔内渗水水位高出下游水位 7.5m,涌水量达 55L/min,情况异常。同年 11 月,进行补充勘探试验,发现坝基存在 5 层破碎夹层,原帷幕已损坏,有轻度管涌,加之坝下游经多年冲刷,形成深 18m 的冲刷坑,使基岩下游出现临空面。经计算,在正常蓄水位时,坝基有沿夹层滑动的危险。因此,采取限制蓄水位措施进行加固处理。

双牌水库坝基地质主要为砂岩板岩交互层,构造简单,褶皱平缓,岩性新鲜,风化甚浅。岩层倾向下游,倾角平缓,一般为 8°～12°,顺水流的视倾角为 7°～9°,原设计中 f(混凝土与板岩间及板岩层间)分别采用 0.62 和 0.50,$c' = 0$。经查明,河床基岩破碎夹层的抗剪强度计算指标 f 仅能取 0.42～0.48,$c' = 0$,复核坝基破碎层的抗滑稳定安全系数 $K = 0.86$,因此急需加固。

坝基加固时采用预锚加固。将原挑流鼻坎下延 26.7m,远离坝脚,在延长段的底部用高强钢束锚固岩层,钢束穿过 5 层夹层深入基岩深部,锚孔倾向上游 70°,孔径 Φ 为 130mm。该施工方案对运行干扰小(汛期停工)。整个加固采用预锚孔 274 个,每孔平均增加重力 3185kN,使最危险的 6 号、7 号坝墩抗滑安全系数由 0.97 提高到 1.19,坝踵位移减少 1.14mm,处理工作于 1981 年完成。

双牌溢流坝基础加固剖面如图 3.2 所示。最大缺陷是对坝体抗倾覆无作用,据计算,加固后坝基正应力及坝踵局部主拉应力可能增大,故应设置第二道排水孔。

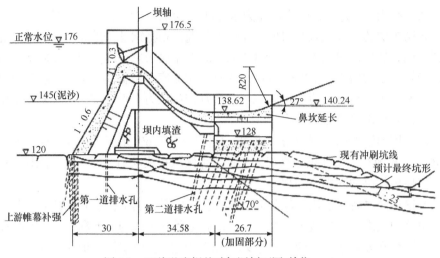

图 3.2　双牌溢流坝基础加固剖面图(单位：m)

3.2.2.2　减小扬压力

减小扬压力比依靠增加坝体重量提高坝体抗滑稳定性更有效，应首先考虑。减小扬压力的措施通常有补强帷幕灌浆、加强坝基排水及上游设置防渗阻滑板等。

(1) 补强帷幕灌浆。这种措施既能减小扬压力，又能减小坝基渗漏，保证软弱夹层的渗透稳定，一般大中型工程常采用此法。通常是在坝体中预留灌浆廊道，若无预留灌浆廊道，可在上游坝侧或深水钻孔。双牌水库大坝采用后者，在原帷幕线上重新布置两排水泥灌浆帷幕，前排为中孔中压副排帷幕，孔深 20~30m；后排为高压深孔主排帷幕，孔深穿过 5 层夹层至相对不透水层(透水系数 $w < 0.01 m/d$)以下 5m，孔深 30~40m，排距 1m，孔距 3m，交错布置。补强帷幕通常采用水泥砂浆作为浆材，如果坝基存在断裂、裂缝、漏水严重等情况，可用化学灌浆，但造价较高。

(2) 加强坝基排水。在帷幕下游加强坝基排水，是减小扬压力最经济、最有效的措施。根据国内几座大型水库工程实际观测结果，设帷幕和排水与未设帷幕和排水时的渗透压力折减系数分别为 0.45~0.46 和 0.20~0.40。从某种意义上看，排水对减小渗透压力的作用比设置帷幕更为明显。法国马尔巴塞坝失事后，排水几乎成为混凝土坝必须采用的结构措施。我国有些工程采用闭络式抽水减压系统以减小扬压力，效果显著，该方法为在帷幕后设纵横排水，将坝基渗水汇集于低于下游水位的集水井，井内设水泵抽水至下游，排水系统不与下游连通，自成系统。例如，新安江、刘家峡和葛洲坝二江泄水闸等工程均采用这种排水系统。

(3) 上游设置防渗阻滑板。沿上游河床表面设置混凝土防渗阻滑板，利用板上水重，可增加沿基岩表层的抗滑作用，对软弱夹层可增加其正应力，提高抗剪强度。

3.2.2.3　提高软弱夹层的抗剪强度指标

工程试验表明，软弱夹层抗剪强度极低，黏结力 $c' \approx 0$，f 在 $0.20 \sim 0.25$。因此，提高抗剪强度指标是增加坝体抗滑稳定性的重要措施。软弱夹层较浅时，通常可用换基法清除表层软弱夹层，换填混凝土；对于中浅层软弱夹层，可采取浅层明挖，较深部位灌浆的综合措施；对埋藏较深的软弱夹层，换基工作量太大，可以开挖几排孔洞，中间填塞混凝土，如巴西伊泰普水电站，坝高为 196m，为了提高坝基抗滑稳定性，纵横布置 8 排混凝土洞塞。此外，还可用坝踵深齿切断软弱夹层，使滑动面下移至完整的岩基中。

3.3　混凝土坝和浆砌石坝的裂缝处理

3.3.1　裂缝原因及分类

裂缝是混凝土坝和浆砌石坝中的常见病害，其产生的原因是坝体温度变化、地基不均匀沉陷及其他因素，裂缝引起的应力和变形超过了混凝土强度、砂浆与石料的胶结强度和坝体抵抗变形的能力。在混凝土坝和浆砌石坝中，按裂缝产生的具体原因，可将其分成以下四类。

1. 变形裂缝

坝体温度和湿度变化引起收缩和膨胀变形，基础和上部荷载不均匀引起不均匀沉降变形形成裂缝。变形要求得不到满足而产生应力，当这种应力超过坝体材料的极限允许应力时产生裂缝。变形裂缝产生后，往往因变形得到部分或全部满足产生应力松弛。尽管混凝土和浆砌石材料强度高，但其韧性差，不能很好地适应变形要求，因此易产生裂缝。混凝土坝和浆砌石坝中产生的裂缝，多属于变形裂缝。

变形裂缝可进一步分为以下四种。

(1) 温度变形裂缝。温度变形裂缝在混凝土坝中十分常见，施工时，混凝土在入仓温度及其水化热温升的作用下，其内部温度上升很快，坝体混凝土凝固后，混凝土内部的温度逐步降低，其体积将发生收缩变形。当混凝土因降温变形受到岩基或老混凝土垫层的约束时，将会在坝体内靠近约束处产生约束裂缝。这类裂缝常在混凝土浇筑后 2～3 个月或更长时间出现，裂缝较深，有时是贯穿性的，破坏了坝体的整体性。

(2) 干缩裂缝。混凝土坝浇筑后，随着表层水分散失，温度降低，表层产生体积收缩导致的裂缝，称为干缩裂缝。裂缝为表面性的，宽度较小，多在 0.05～

0.20mm，其走向纵横交错，呈龟裂状，没有规律。

(3) 塑性裂缝。混凝土坝浇筑后，硬化初期尚处于一定的塑性状态，骨料自重下沉导致塑性变形而产生的裂缝称为塑性裂缝。裂缝出现在结构表面，形状不规则且长短不一，互不连贯。

(4) 沉陷裂缝。沉陷裂缝由不均匀沉陷产生。混凝土坝和浆砌石坝中的沉陷裂缝，往往发生于存在断裂破碎带、软弱夹层、节理发育或风化不一的基础中，坝基受力后产生不均匀沉陷，坝体材料受剪切破坏产生裂缝。另外，当相邻坝段荷载悬殊，基础又未设必要加固处理时，也易产生沉陷裂缝。沉陷裂缝两侧坝体常有垂直方向和水平方向的错动，多数为上下游贯通，坝顶至坝基贯通，缝宽较大，随气温变化略有变化。水库蓄水后，沉陷裂缝还可能继续发展。因此，沉陷裂缝会严重影响大坝的安全和正常运用。

2. 施工裂缝

混凝土坝和浆砌石坝中的某些裂缝，是施工过程中的一些因素引起的，如混凝土振捣不实、分块浇筑新老混凝土接缝处理不良等，均会留下施工裂缝。裂缝一般为深层或贯穿性，走向与工作缝面一致。竖直施工缝开裂往往较大，一般大于0.5mm，水平施工缝开裂较小。

3. 荷载裂缝

荷载裂缝是坝体内主应力引起的，也称应力裂缝。大坝在施工和运行期间，在外荷载的作用下，坝体结构内应力超过一定的数值，沿垂直或大致垂直主应力方向产生裂缝。荷载裂缝常属于深层或贯穿性裂缝，缝宽沿长度方向和深度方向变化较大，受温度变化的影响较小。

4. 碱骨料反应裂缝

碱骨料反应裂缝是指在混凝土坝中，由于使用不适当的骨料，骨料中某些矿物质与混凝土微孔中的碱溶液发生化学反应引起体积膨胀形成的裂缝。裂缝无一定走向，大多呈龟裂状，缝宽较小。

3.3.2 裂缝处理原则

(1) 对于影响坝体强度的裂缝(如荷载裂缝)，修补方法与修补材料应主要考虑恢复坝体的强度，使其满足安全稳定的要求，裂缝修补应与整个大坝的加固补强措施综合考虑。

(2) 对于不影响坝体强度只影响坝体耐久性的渗漏性表层裂缝，处理时主要考虑防渗要求，做好表层防护与防渗处理。

(3) 坝基不均匀沉陷引起的裂缝，应先加固地基；拱坝坝肩岩体不稳引起的裂缝，则应在提高坝肩岩体的稳定性后，再进行裂缝处理。

(4) 受气温变化影响较大的裂缝(活缝)，应在低温季节开度较大的情况下进行处理。采取的处理措施应使裂缝在处理后仍有一定伸缩余地,故宜用弹性材料修补。

(5) 不受气温影响的稳定性裂缝(死缝),一般可用高强度的固性修补材料作永久性处理。

3.3.3　裂缝处理措施

混凝土坝和浆砌石坝中的裂缝处理,常采用表层处理、填充处理、灌浆处理和加厚补强坝体四种措施。

3.3.3.1　裂缝的表层处理

坝体表层出现的细微裂缝缝宽一般小于 0.3mm,且在坝面分布范围较大,只影响耐久性而不影响坝体安全性,对此可采用表层处理。处理方法主要有表面喷涂、表面贴补和表面喷浆(混凝土)等。

1. 表面喷涂

(1) 环氧树脂等有机材料喷刷。先用钢丝刷或风沙枪清除表面附着物或污垢,并凿毛、冲洗干净;凹处先涂刷一层树脂基液,再用树脂砂浆抹平;然后在整个施工面喷涂或涂刷 2~3 遍,第一次喷涂采用稀释涂料,涂膜总厚度应大于 1mm。喷涂材料主要有环氧树脂类、聚酯树脂类、聚氨酯类和改性沥青类等。该处理方法施工速度快、工作效率高,适合大面积表面微细裂缝处理或碳化防护处理。

(2) 普通水泥砂浆涂抹。先将裂缝附近混凝土凿毛并清洗干净,用标号不低于 425 的水泥和中细砂以 1∶1~1∶2 的灰砂比拌成砂浆涂抹。涂抹的总厚度一般为 1~2cm。在竖面或顶部,一次涂抹过厚往往会因自重而脱落,因此宜分次涂抹,最后压实抹面收光。3~4h 后即进行养护,防止收浆过程中发生干裂或受冻。

(3) 防水速凝灰浆(或砂浆)涂抹。对有渗漏的裂缝,普通水泥砂浆难以涂抹时,可采用防水速凝灰浆(或砂浆)涂抹,也可用防水速凝灰浆(或砂浆)封堵塞后,再用普通水泥砂浆涂抹。

防水速凝灰浆(或砂浆)是在灰浆(或砂浆)内加入防水剂(速凝剂),达到速凝和提高防水性能的目的。防水剂市场有售,也可自行配制,防水剂配合比见表 3.1(张新玉,2005)。

表 3.1　防水剂配合比

编号	材料名称	化学名称	分子式	配合比	材料颜色
1	胆矾	五水硫酸铜	$CuSO_4 \cdot 5H_2O$	1	水蓝色
2	红矾	重铬酸钾	$K_2Cr_2O_7$	1	橙红色
3	绿矾	七水硫酸亚铁	$FeSO_4 \cdot 7H_2O$	1	绿色
4	明矾	十二水合硫酸铝钾	$KAl(SO_4)_2 \cdot 12H_2O$	1	白色

续表

编号	材料名称	化学名称	分子式	配合比	材料颜色
5	紫矾	十二水合硫酸铬钾	$KCr(SO_4)_2 \cdot 12H_2O$	1	紫色
6	水玻璃	硅酸钠	Na_2SiO_3	400	无色
7	水	—	H_2O	40	—

配制时将水加热至 100℃,然后把表 3.1 中编号 1~5 的材料(或其中 2~4 种,但总质量应与取 5 种的质量相同,并使每种质量相等)加入水中,继续加热,不断搅拌,待全部溶解后,冷却至 30~40℃,再注入水玻璃内,并搅拌均匀,0.5h 后即可使用。不用时应在非金属容器内密封保存。

防水剂灰浆(或砂浆)的质量配比见表 3.2。

表 3.2 防水剂灰浆(或砂浆)的质量配比

名称	$m_{水泥}$ / kg	$m_{砂}$ / kg	$m_{防水剂}$ / kg	$m_{水}$ / kg	初凝时间/min
速凝灰浆	100	—	69	44~52	2
中凝灰浆	100	—	20~28	40~52	6
速凝砂浆	100	220	45~58	15~28	1
中凝砂浆	100	220	20~28	40~52	3

注:水泥一般为标号不低于 425 的硅酸盐水泥,砂为中细砂。

配制防水速凝灰浆(或砂浆)时,应先将防水剂(或水玻璃)按质量配比稀释,再注入水泥或水泥与砂的拌合物内并迅速拌匀。配制的灰浆(或砂浆)有速凝的特点,为便于操作,初凝时间不宜过短,表中初凝时间仅供参考;在涂抹前应进行试拌,以掌握凝固时间。一次拌量不宜过多,随拌随用,避免浪费。

(4) 环氧树脂砂浆等涂抹。当涂抹的坝体表面有抗冲刷或耐磨要求,或者需要提高修补强度及柔性时,宜用环氧树脂砂浆等涂抹。环氧树脂砂浆通常由普通砂浆中加环氧树脂、固化剂、增塑剂和稀释剂配制而成,其优点是强度比普通砂浆高,弹性模量低,极限拉伸大;其缺点是热膨胀系数大,当温度剧烈变化时能使环氧砂浆与老混凝土脱离。为了提高涂抹层的耐久性,环氧树脂砂浆宜用于温度变化小,日光不易照射的部位(武永新等,2004)。环氧树脂砂浆的一种配方配合比见表 3.3,涂抹工艺与普通水泥砂浆相同。

表 3.3　环氧树脂砂浆配方配合比

材料名称	质量/kg	备注	材料名称	质量/kg	备注
6101 号环氧树脂	100	主剂	石棉粉	10	填料
600 号聚酰胺树脂	15	固化剂	水泥	200	填料
邻苯二甲酸二丁酯	10	增塑剂	砂	400	细骨料
690 号环氧丙烷苯基醚	10	稀释剂	—	—	—

2. 表面贴补

表面贴补是在混凝土裂缝处用黏结剂贴补有一定强度和防渗性能的片材，一般在裂缝条数不多的情况下使用。贴补片材有橡皮、塑料带、紫铜片和玻璃丝布，并用环氧材料作黏结剂。裂缝的贴补可根据其干湿情况，采用不同固化剂配制的环氧黏结剂。对于渗水漏水的裂缝，应先用防水速凝灰浆等封堵材料处理后，再进行贴补处理。以下介绍橡皮和玻璃丝布的贴补方法。

(1) 橡皮贴补。将裂缝两侧表面凿成宽 14~16cm、深 1.5~2.0cm 的槽，要求槽面平整无油污和灰尘。橡皮按需要尺寸裁剪(若长度不够，可将橡皮搭接部位切成斜面，锉毛后用胶水接长)，厚度以 3~5mm 为宜，并将表面锉毛或放在工业用浓硫酸中浸 1~2min，取出后立即用清水冲洗干净，晾干待用。

在处理好的混凝土表面刷上一层环氧基液，再铺一层厚 5mm 的环氧砂浆，顺裂缝划开宽 5mm 的环氧砂浆，填以石棉线，然后将粘贴面刷有一层环氧基液的橡皮从裂缝的一端开始铺贴在刚涂抹好的环氧砂浆上。铺贴时要用力均匀压紧，直至环氧砂浆从橡皮边缘挤出为止(李健民等，2004)，橡皮贴补如图 3.3 所示。为使橡皮不致翘起，需用包有塑料薄膜的木板将橡皮压紧；为防止橡皮老化，应在橡皮表面刷一层环氧基液，再抹一层环氧砂浆保护(张妍，2014)。

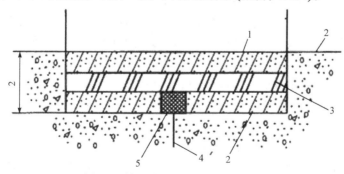

图 3.3　橡皮贴补示意图(单位：cm)
1-环氧砂浆；2-原混凝土面；3-橡皮；4-裂缝；5-石棉线

(2) 玻璃丝布贴补。玻璃丝布的品种较多，贴补常用的是中碱无捻玻璃丝布，其特点为强度高、耐水性好、气泡易排除和施工较方便。玻璃丝布的厚度以 0.2~

0.4mm 为宜，厚度越大对胶液的浸润力越差。玻璃丝布表面的油蜡在使用前必须除去，以提高黏结力。处理油蜡的一般方法是将其放入皂液(或用高温和化学等方法)煮沸 0.5～1h，然后取出用清水漂净，晒干待用。

　　粘贴前要将混凝土表面凿毛、整平并清洗干净，如表面不平整，可用环氧胶或环氧砂浆抹平。粘贴时先在粘贴面上均匀刷一层环氧基液，其厚度小于 1mm，并使粘贴表面均为基液所浸润，不能有气泡产生；再将事先裁剪好的玻璃丝布拉直，由一端向另一端铺设，刷平贴实，使环氧基液渗出玻璃丝布，不存留气泡；若玻璃丝布内有气泡，可用刀将丝布划破，排除气泡；然后用刷子刷平贴紧，最后在玻璃丝布上再刷一道环氧基液。按同样方法可贴第二层、第三层玻璃丝布。上层玻璃丝布应比下层稍宽 1～2cm，以便压边。玻璃丝布贴补如图 3.4 所示。玻璃丝布的层数视情况而定，一般粘贴 2～3 层即可(李梅华等，2004)。

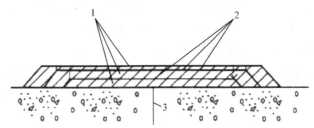

图 3.4　玻璃丝布贴补示意图(单位：cm)
1-环氧基液；2-玻璃丝布；3-裂缝

　　玻璃丝布又称玻璃钢，具有强度高、抗冲耐磨和抗气蚀性好的特点，适用于高速水流区及一般的裂缝修补。

　　3. 表面喷浆(混凝土)

　　如大坝表面裂缝分布范围大，为了保证施工质量，加快施工进度，常用表面喷浆(混凝土)方法。施工工艺是先将待修补坝面进行凿毛处理，用喷射机械将配好的砂浆喷射至坝面，形成一层保护层。当需要提高喷浆强度时，可采用钢丝网喷浆。砂浆采用 425～525 号硅酸盐水泥为宜，每立方米砂浆中水泥质量不低于 500kg，水灰的质量比控制在 0.40～0.50 为宜，砂料选用偏粗中砂，这样既节约水泥又减小收缩。喷射压力控制在 0.1～0.3MPa，施工自下向上分层喷射，每层喷射间隔时间为 20～30min，总厚度为 5～10cm。为了保证修补效果，最后应进行收浆抹面，并注意湿润养护 7d。详细施工工艺参见《水电水利工程锚喷支护施工规范》(DL/T 5181—2017)和《水利水电工程锚喷支护技术规范》(SL 377—2007)。

3.3.3.2　裂缝的填充处理

　　坝体表层出现明显、宽度大于 0.3mm 的裂缝，且裂缝条数不多，裂缝深度较大时,宜采用填充处理。具体做法是沿着裂缝凿成 U 形或 V 形槽,槽顶宽约 10cm,将槽清洗干净后填充密封材料,裂缝填充修补如图 3.5 所示。填充材料可用水泥砂浆、环氧砂浆、弹性环氧砂浆和聚合物水泥砂浆等。

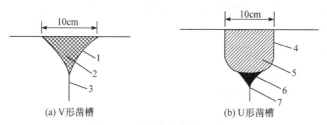

(a) V 形凿槽　　　　　(b) U 形凿槽

图 3.5　裂缝填充修补示意图

1-V 形凿槽;2-填充材料;3-裂缝;4-U 形凿槽;5-弹性填充材料;6-槽底塑料片材;7-裂缝

如果凿开后发现钢筋混凝土结构中顺缝钢筋已经锈蚀,则将混凝土凿除到能充分处理已锈的钢筋部分,再将钢筋除锈,然后在钢筋上涂防锈涂料,并在槽中填充嵌缝材料。

对坝体活缝进行填充处理时,宜凿成 U 形槽,槽底垫上一层与混凝土不粘的材料(一般用塑料片材),再填充弹性嵌缝材料,使其与槽两侧黏结。底槽因有塑料垫层,嵌缝材料与槽底混凝土不黏结,而其沿槽的整个宽度可以自由变形,裂缝发生张拉变形时,不会被拉开。此外,应注意使用普通水泥砂浆作填充材料时,应先湿润槽壁,而使用其他填充材料时宜保持槽内干燥。但无论采用何种嵌补材料,槽内均不能有渗水现象出现,否则必须先用速凝灰(砂)浆堵漏或者先进行导渗,使凿槽内无渗水现象,再进行填充处理(潘冬红,2009)。

3.3.3.3　裂缝的灌浆处理

坝体出现深层裂缝,对坝体的整体稳定性和防渗有影响时,应采用灌浆法进行修补处理。灌浆修补法属裂缝内部处理法,是用压力设备将浆液压入坝体裂缝及内部缺陷中,填充其空隙,当浆液凝结、硬化后起到补强加固、防渗堵漏和恢复坝体整体稳定性的作用。此外,灌浆处理还可以对大坝基础进行防渗加固处理。由于灌浆处理对深层裂缝和缺陷处理效果好,在水利工程维护管理中得到了广泛应用,下面仅就坝体裂缝灌浆处理技术进行介绍。

1. 浆材

裂缝灌浆处理的目的有两个,一是补强加固,二是防渗堵漏。补强加固要求浆材固化后有较高的强度,能恢复坝体的整体性,因此宜采用环氧树脂、甲基丙烯酸酯、聚酯树脂和聚氨酯等化学材料。防渗堵漏要求浆材的抗渗性能好,不一定要求较高的强度,因此一般选用可溶性聚氨酯、丙烯酰胺、水泥和水玻璃等。此外,选用浆材还应掌握两条原则,一是材料的可灌性,不管是补强加固还是防渗堵漏，所选材料必须能够灌入裂缝、充填饱满，而且灌入后能够凝结固化，达到补强加固和防渗堵漏的目的(任士伟等，2003)。二是浆材的耐久性，首先是要求所选材料在使用时性能稳定，不易发生化学变化，不易被侵蚀或溶蚀破坏，另外，所选材料与裂缝混凝土有足够的黏结强度，不易脱开，这条原则对活缝尤为重要(张耀中，2010)。

浆材品种繁多，常用的浆材有水泥类浆材、环氧类浆材、丙烯酰胺类浆材、甲基丙烯酸酯类和聚氨酯类浆材等。

(1) 水泥类浆材。水泥类浆材有普通水泥浆材、超细水泥浆材、硅粉水泥浆材和膨胀水泥浆材等。

水泥类浆材配方的水灰比为 0.5∶1～1∶1。普通水泥浆材宜采用 525 号硅酸盐水泥；超细水泥浆材用比表面积大于 8000cm²/g 的水泥；硅粉水泥浆材硅粉质量分数约为 7%～10%；膨胀水泥浆材可用膨胀水泥，也可用硅酸盐水泥掺膨胀剂配制成膨胀水泥浆材，U 型膨胀剂(U-type expansive agent，UEA)质量分数为 10%～12%。

(2) 环氧类浆材。环氧类浆材是由环氧树脂(主剂)、固化剂(间苯二胺、乙二胺)、稀释剂(丙酮、苯、甲苯、二甲苯、环氧丙烷苯基醚、环氧氯丙烷和环氧丙烷丁基醚等)和增塑剂(邻苯二甲酸二丁酯等)组成，环氧类浆材配方见表 3.4。

表 3.4　环氧类浆材配方

配方	$m_{环氧树脂}$ / kg	$m_{邻苯二甲酸二丁酯}$ / kg	$m_{二甲苯}$ / kg	$m_{环氧氯丙烷}$ / kg	$m_{乙二胺}$ / kg	$m_{间苯二胺}$ / kg
1	100	10	90	20	15	—
2	100	10	60	20	—	17
3	100	10	60	—	10	—

(3) 丙烯酰胺类浆材。丙烯酰胺类浆材是出现较早的一种化学浆材，在美国商品名称为 Am-9，我国称其为丙凝。丙凝浆材具有黏度低、可灌性好、凝结时间可调节、抗渗性好等特点，丙烯酰胺类浆材常用配方见表 3.5。表中所列质量分数仅仅是化学材料部分，只占全部浆材的 10%，其余 90% 的含水量未列入表中。丙烯酰胺类浆材在聚合前有一定毒性，操作人员应佩戴橡胶手套，切不可大意。

表 3.5　丙烯酰胺类浆材常用配方

类别	材料名称	作用	质量分数/%
甲液	丙烯酰胺	主剂	9.50
	N,N'-亚甲基双丙烯酰胺	交联剂	0.50
	β-二甲氨基丙腈	促进剂	0.10～0.40
	三乙醇胺	促进剂	0～0.40

续表

类别	材料名称	作用	质量分数/%
甲液	硫酸亚铁	促进剂	0～0.01
	铁氰化钾	阻聚剂	0～0.01
乙液	过硫酸铵	引发剂	0.50

(4) 甲基丙烯酸酯类浆材。甲基丙烯酸酯浆材简称甲凝,这类材料的主要特点是黏度低、可灌性好、力学强度高,多用于混凝土裂缝补强。甲凝浆材由主剂和引发剂、促进剂、除氧剂和阻聚剂等改性剂组成,甲基丙烯酸酯类浆材配方见表3.6。

表3.6 甲基丙烯酸酯类浆材配方

材料名称	作用	含量	材料名称	作用	含量
甲基丙烯酸甲酯	主剂	100.0L	对甲苯亚磺酸	除氧剂	0.5～1.0kg
过氧化苯甲酰	引发剂	1.0～1.5kg	焦性没食子酸	阻聚剂	0～0.1kg
二甲基苯胺	促进剂	0.5～1.5L	—	—	—

注:液体含量以体积计,单位为L;固体含量以质量计,单位为kg。

(5) 聚氨酯类浆材。聚氨酯类浆材是一种防渗堵漏效果较好、固结效能较高的分子化学浆材。我国有氰凝、改性(SK)聚氨酯浆材、高强度(HW)和低强度(LW)水溶性聚氨酯浆材等,国外有日本的塔斯(TACCS)和海索尔(HYSOL-OH)等。聚氨酯类浆材分油溶性和水溶性两类,其中水溶性聚氨酯又分LW和HW两种。

2. 灌浆施工工艺

大坝裂缝灌浆处理施工工序大致分为以下几项:

(1) 钻孔埋管。钻孔埋管是压力灌浆施工的第一步,其施工质量将影响整个工程的灌浆进程和处理质量。钻孔可使用机钻、风钻和电锤钻,孔位可定为骑缝孔或斜钻孔两种(王彩文,1999)。孔径可根据实际情况选定,但不宜太大,以免出浆过多。孔距则根据裂缝的宽窄而定,大致为50～150cm。钻孔埋管前一定要仔细清洗孔壁,同时压水(或压气)检查裂缝的走向、串通情况,然后埋管。遇到与裂缝不通的死孔,可以另行处理,不必埋管,以减少无效劳动。

(2) 嵌缝止浆。裂缝灌浆之前一般要做嵌缝止浆,防止加压灌浆时浆液流失,并保证裂缝中浆液充填饱满。嵌缝方法基本与前述的裂缝填充法相同。

(3) 压水或压气检查。压水或压气检查的目的:①在钻孔洗孔之后,检查钻孔是否与裂缝串通,通则有效,不通则需重新钻孔;②在埋管之后检查埋管是否与裂缝串通,出现问题及时处理;③表面嵌缝以后,通过压水(或压气)检查嵌缝的质量, 发现漏水(漏气)现象及时修补, 压水检查时的进水速度和进水量还可以作为灌浆控制的参考; ④在灌浆完成之后, 通过检查孔进行压水(或压气)检查, 以确定灌浆效果, 如检查孔仍能进水(或进气), 说明裂缝还未充填饱满, 可利用检查孔进行补充灌浆(雷声昂等, 2004)。

(4) 灌浆。灌浆是关键性的工序, 灌浆过程中应特别注意施工工艺。灌浆方式有双液法和单液法两种。凝胶时间短的浆材多使用双液法, 浆液在孔口混合后马上进入裂缝并迅速凝固; 凝胶时间长的浆材多用单液法, 一般使用注浆泵或压浆罐进行。灌浆压力一般为 0.2~0.6MPa, 可根据进浆速度、进浆量和边界条件选定, 压力不宜太高, 防止施工破坏。垂直裂缝注浆次序应由下而上, 水平裂缝应由一端向另一端灌注, 或由中间向两端灌注。应尽量排除裂缝中的水(气), 保证浆液充填密实饱满。浆液的稀稠度应根据裂缝的宽窄及时调整, 裂缝太宽需要浓浆时, 可在浆液中加入填料, 以节约浆材用量。裂缝灌浆一般选择冬季气温最低、裂缝开度大的时候进行。水泥灌浆施工可参照《水工建筑物水泥灌浆施工技术规范》(SL/T 62—2020)的规定执行。

3.3.3.4　加厚补强坝体

由于坝体单薄, 强度不足, 出现较多应力裂缝和沉陷裂缝时, 宜采用加厚坝体的方法进行处理, 既可封缝堵漏又可加强坝体的整体稳定性和改善坝体的应力状态。坝体一般在上游加厚, 其尺寸应由应力核算确定。对浆砌石坝, 在施工处理时, 应特别注意新老砌体的结合, 若在其间设置混凝土防渗墙则效果更好。

例如, 四川省威远县团结水库, 其挡水建筑物为坝高 22m 的浆砌条石拱坝。1966 年 10 月建成, 1967 年 5 月蓄水至 21m 高时, 发现在坝高 6.8m 和 10.4m(从坝基算起)处产生了水平裂缝, 缝长分别为 10m 和 5m, 缝口有压碎现象, 漏水较严重。同年 6 月 16 日放空水库进行检查, 又发现坝体中部有一竖直裂缝, 从坝顶向下, 缝长 7.6m, 缝宽 5mm, 而且在其右侧 8m 处还有另一竖直裂缝, 长 5m, 缝口稍窄。此外, 还有几条微小裂缝分布于坝顶, 团结水库浆砌石拱坝裂缝具体分布如图 3.6(a)所示。

经检查分析, 坝体水平裂缝产生的主要原因是坝体纵剖面处宽度突然缩窄, 造成应力集中; 石料质量差, 裂缝处条石标号仅为 100 号左右; 砂浆质量差, 裂缝部位曾使用不合格的水泥, 而且砂浆拌合时未严格控制质量。水平裂缝是坝体应力超过坝体的抗剪强度引起的应力裂缝, 而竖直裂缝是水库放空时, 因坝身回弹被拉裂。

对于坝体有严重应力裂缝的情况, 其处理方法不仅是单纯对裂缝进行修补, 还应从增强坝体整体强度和稳定性, 改善坝体应力条件方面入手。故该坝裂缝处理采用了加厚坝体和填塞封闭裂缝的处理方法, 如图 3.6(b)所示。在原坝上游面

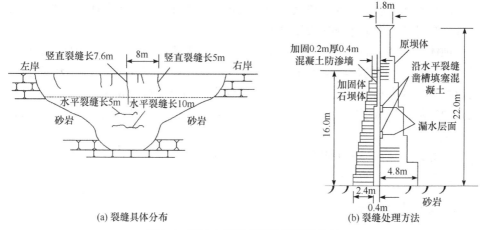

(a) 裂缝具体分布　　　　　　　　　(b) 裂缝处理方法

图 3.6　团结水库浆砌石拱坝裂缝处理

沿水平裂缝凿槽填塞混凝土,然后在上游面加筑混凝土防渗墙及浆砌石加厚坝体,竖直裂缝在凿槽后以高标号水泥砂浆填塞封闭。裂缝处理后, 1969 年重新蓄水, 1973 年蓄满,除坝身 3.2m 高处有少量浸水外,再未出现裂缝和漏水情况。

加厚坝体的处理费用较高,故选择加固方案时要考虑周全,非常必要时才采用这种方法。

3.4　混凝土坝和浆砌石坝的渗漏处理

3.4.1　渗漏的原因及危害

混凝土坝和浆砌石坝的渗漏,按其发生的部位可分为坝体渗漏、坝基渗漏(或接触渗漏)和绕坝渗漏,其产生的原因较多,大致可归纳如下。

(1) 坝体因地基出现不均匀沉陷或超标准荷载作用,产生贯通坝体裂缝,引起渗漏。

(2) 坝体砌体石料和混凝土抗渗标号较低,库水渗过坝体在下游面或廊道里形成浸湿面。

(3) 坝体在砌筑过程中,施工质量控制不好,振捣不实,产生局部缝隙;施工分缝不当或处理不良,留下施工缝;砌筑时砌缝中砂浆不够饱满,或施工时砂浆不够饱满,存在较多孔隙;施工时砂浆过稀,干缩后形成裂缝,造成坝体与坝基接触不良等。这些因施工质量差产生的缝隙均易导致渗漏。

(4) 勘探工作不仔细,地基中留有隐患未能发现和处理;坝基岩石裂缝处理不当或不彻底,以及帷幕灌浆质量不好等都会产生坝基渗漏。

(5) 大坝在运行过程中,由于物理和化学等因素引起的帷幕损坏、坝体接缝止水老化破坏、混凝土受环境水侵蚀造成抗渗性能降低，以及强烈地震造成的破坏等，都可产生渗漏(杨佳伟等，2006)。

坝体及坝基渗漏的主要危害：①产生较大的渗透压力，甚至影响坝体的稳定性；②坝基和绕坝的长期渗漏可能使地基产生渗透变形，严重时将危及大坝安全；③影响水库蓄水和水库效益发挥；④长期穿坝渗漏会逐渐造成混凝土溶蚀，严重的溶蚀破坏会降低坝体混凝土强度而危及大坝安全；⑤在严寒地区，渗漏溢出处易产生冻融破坏。

因此，必须加强大坝渗漏检测，严格控制，发现渗漏及时查明原因，分析危害性，并进行相应的处理。

3.4.2　渗漏处理的措施

渗漏处理的基本原则是"上截下排"，以截为主，以排为辅。处理措施要综合考虑渗漏产生的部位、原因、危害程度及处理条件等因素，一般先提出几种可能的处理方案，经技术经济比较后确定。

1. 坝体渗漏的处理

上游迎水面处理坝体渗漏效果较好，首先降低上游库水位，使渗漏入口露出水面，再根据渗漏的具体情况采用相应修补措施。对于裂缝引起的漏水，可以采用 3.3 节所述的裂缝修补方法加以处理；对于伸缩缝止水损坏引起的漏水，可以局部或全部更换止水。当迎水面封堵渗漏有困难，且渗漏在大坝背水面漏出比较集中，又不致影响大坝结构稳定性时，可以在大坝背水面进行封堵，减少或消除漏水，改善工作环境。采用背水面封堵处理时，对集中渗漏较大的孔洞，可先将沟口稍作处理并清洗干净，再楔入木楔、棉絮或麻丝等物，在减小射流势头的情况下，用速凝灰浆或速凝砂浆直接封堵，最后用普通砂浆或环氧树脂类砂浆抹平。对渗漏量较大的裂缝，可先沿缝凿槽，在漏水量较大的部位稍微扩大，埋入导水铁管，铁管内径和沿裂缝埋设的根数应视渗漏量和漏水缝长短而定，然后用棉絮沿缝填塞，将渗漏水从铁管引出，再用速凝灰浆或速凝砂浆封闭槽口，最后将铁管凿除，集中封堵漏洞。对于无明显渗漏通道的非集中坝体渗水问题，可以采用内部灌浆的方法处理，浆材宜采用防渗固结效果良好的化学浆材，参照《水工建筑物水泥灌浆施工技术规范》(SL/T 62—2020)。

2. 坝基渗漏(或接触渗漏)的处理

如果观测到大坝坝基扬压力升高或排水孔涌水量增大等情况，可能是原帷幕失效岩基断层裂隙增大、坝体与基岩接触不良、排水系统受堵等原因，应及时查明，确定处理方法。

对于原帷幕深度不够或孔距过大引起的渗漏，除加深原帷幕外，还可根据破碎带构造情况增设钻孔进行固结灌浆。坝体与基岩接触不良造成的渗漏，可采用灌浆处理。对于排水不畅或堵塞的情况，可设法疏通，必要时增设排水孔，改善排水条件。排水虽可降低扬压力，但会增加渗漏量，对有软弱夹层的地基容易引起渗透变形，要慎重处理。

有的低坝无帷幕设施，渗漏的处理也应查明地质和施工情况，采用补设帷幕或接触灌浆处理。坝基灌浆防渗处理工艺参照灌浆规范进行。在防渗灌浆处理期间，要通过坝基渗流仪器设施，密切关注大坝渗漏情况，以此检验防渗处理效果。

3. 绕坝渗漏处理

对于绕坝渗漏，可在上游面封堵，也可进行灌浆处理。如出现下游山坡湿软和渗漏现象，可能是绕坝渗漏或地下泉水引起，应根据库水涨落与渗水量的关系判别渗水来源(盛玉，2017)。对于地下泉水引起的渗漏，因入口难以找到，可根据地质地形的具体情况，采用铺设反滤层或打导洞等方法，将水导出。

第4章　泄水、输水建筑物的维护与修理

为了满足泄洪、灌溉、发电、供水和排沙等要求，水利工程中修建了各种泄水、输水建筑物，如溢洪道、泄水孔和泄水隧洞等称为泄水建筑物；输水隧洞、涵管(洞)、渡槽、倒虹吸和渠道等，称为输水建筑物。无论是数量还是工程投资，泄水、输水建筑物在水利工程中，特别是在灌区工程中占有相当大的比例，其中有些输水建筑物(如坝下涵管)的运行情况，还直接危及枢纽中主体建筑物(如大坝)的安全。因此，泄水、输水建筑物的维护十分重要，病害建筑物应及时妥善处理。

泄水、输水建筑物常见的共同病害有以下三种类型。

(1) 水流作用引起的破坏。泄水、输水建筑物在长期运行过程中，临水面直接接触水流，在水压力、流速、泥沙、冰凌、漂浮物及水中侵蚀介质等作用或影响下，建筑物常常会受到来自水流的破坏作用，主要破坏形式有冲蚀(冲磨、气蚀)、淘刷、淤塞和环境水侵蚀等。

(2) 基础变形或约束引起的破坏。泄水、输水建筑物多以地基、围岩、墩柱排架和其他建筑物为基础，由于其沿线布置往往较长，基础对建筑物的作用荷载、基础非均匀沉陷或变形引起的内力，温度荷载作用下地基的约束力等均会造成输水建筑物的破坏，主要破坏形式是建筑物失稳、裂缝和渗漏等。

(3) 进口控制设备的老化、锈蚀破坏。由于不同的泄水、输水建筑物的工作特点有差别，本章按照建筑物类型分别介绍维护与修理方法，其中泄水建筑物以溢洪道为代表。

4.1　输水隧洞的维护与修理

输水隧洞是以输水为目的，在岩、土体中开挖形成的隧洞，如渠系上的输水洞、枢纽中的发电输水隧洞及导流洞等。在节理发育和比较破碎的岩石或土基中开凿输水隧洞，通常要用混凝土、钢筋混凝土等材料进行衬砌，防止水流冲刷和坍塌。隧洞输水运行可靠，维修任务小，也比较安全。

输水隧洞按其正常运行时的受压状态，可分为无压隧洞和有压隧洞两类。隧洞输水时水流不充满全洞，在洞内形成自由表面，称无压隧洞；输水时水流充满全洞，且有一定压力水头的，称有压隧洞。

输水隧洞的组成可分为进口段、洞身段和出口段三部分。

(1) 进口段。输水隧洞的进口段通常布置拦污栅、检修闸门及工作闸门。深水进口还要在闸门槽处设置通气孔。有压隧洞的工作闸门一般布置在隧洞出口处。常用的输水隧洞进口段有竖井式、塔式和岸塔式三种，可根据隧洞的任务，进口的地质、地形及气候条件等选取。

(2) 洞身段。输水隧洞的洞身段断面形式，一般根据水力条件、衬砌结构受力条件、地质条件和施工条件等因素而定。一般情况下，有压隧洞大都采用圆形断面，也有马蹄形，这主要是为了改善衬砌的受力条件。无压隧洞的断面形式常用圆形、城门洞形和马蹄形等。

(3) 出口段。输水隧洞的出口段的功能和附近地质条件不同，布置也不一样。除发电隧洞外，出口段一般都布置消能设施，常用的有消力池和挑流鼻坎。一般消力池下游接灌溉渠道，而挑流鼻坎常布置在离大坝等主体建筑物较远且附近地质条件较好的隧洞出口处。

4.1.1 输水隧洞的日常检查与维护

输水隧洞的日常检查与维护可预防病害发生，延长其使用寿命，更重要的是能及时发现病害，及时处理，杜绝事故。输水隧洞日常检查与维护的工作内容和要求如下：

(1) 注意经常检查隧洞进出口处山体岩石的稳定性，对于易崩塌的危岩应及时清理，防止堵塞水流。

(2) 运行前，检查输水隧洞洞身有无裂缝、洞身衬砌有无脱落及止水是否破坏。

(3) 闸门启闭要缓慢进行，切忌流量猛增或突减，以免洞内产生超压、负压和水击现象。按无压流设计的隧洞，须控制输水流量，避免隧洞在有压流状态下工作。

(4) 运行期间应防止隧洞在明流、满流交替流态下工作。通常需注意倾听洞内是否有异常声响，如果听到"咕咕咚咚"的响声，说明洞内有明流、满流交替现象，应立即减小输水流量。

(5) 停水期间应全面检查隧洞，确认洞内是否出现裂缝、冲磨和空蚀等损坏，发现问题及时处理。

(6) 对启闭设备和闸门要经常进行检查和养护，保证其完整性和操作灵活性。

4.1.2 输水隧洞的常见病害

据有关资料分析统计，我国水利工程中输水隧洞的病害大致可分为六大类，即衬砌裂缝漏水、空蚀、冲磨、混凝土溶蚀破坏、隧洞排气与补气不足，以及闸门锈蚀变形与启闭设备老化。

1. 裂缝漏水

裂缝漏水为输水隧洞最常见的病害。造成这种病害的原因是多方面的，如伸缩缝、施工冷缝和分缝处理不良，止水失效；混凝土施工质量差，灌浆孔没有封堵；存在地质断层或软弱风化岩层没有处理或处理不当。由于裂缝形成原因不同，漏水方式也不同，有集中漏水、分散漏水和大面积渗水。产生的裂缝有环向裂缝、纵向裂缝和干缩裂缝。

20 世纪 90 年代，山东省对输水隧洞老化问题进行了调查，据不完全统计，全省有 35 座大中型水库输水隧洞洞身发生裂缝，占总数的 20%以上。裂缝绝大多数为环向裂缝，其中不少输水洞的裂缝仍在继续发展。例如，山东省昌里水库输水隧洞在 1987 年检查时，仅发现有 2 条裂缝，到 1991 年已发展至 6 条，有的缝宽由 0.2mm 发展到 6.0mm。另外，裂缝大多伴有漏水现象。根据分析，输水隧洞洞身裂缝漏水，多为基础不好、施工质量差、工程材料不合格、混凝土溶蚀、钢筋锈蚀和压力隧洞水锤作用产生谐振波破坏等因素所致。

2. 空蚀

输水隧洞中，当高速水流流过体型不佳或表面不平整处，水流会与边壁分离，造成局部压强降低。当流场中局部压强下降，低于水的汽化压强时，将发生空化，形成空泡气流(张乃艳，2009)。空泡进入高压区会突然溃灭，对边壁产生巨大的冲击力，这种连续不断的冲击力和吸力造成边壁材料疲劳损伤，从而引起的剥蚀破坏称为空蚀。

实际工程调查表明，不仅大型输水隧洞存在空蚀问题，中小型输水隧洞也有不同程度的空蚀现象发生。在工程实践中，一般认为明流中平均流速大于 15m/s，就有可能产生空化。压力隧洞进口上唇等断面处流速大、压力低易发生空蚀，见图 4.1(a)；闸门槽处不平整引起水流与边界分离形成漩涡，易造成空蚀，见图 4.1(b)；闸门局部开启门后易产生负压引起洞顶空蚀，见图 4.1(a)。此外在隧洞分叉处、消力墩周围、施工不平整部位和隧洞出口闸门单孔开启时的闸墩端部易空蚀，见图 4.1(c)～(f)。

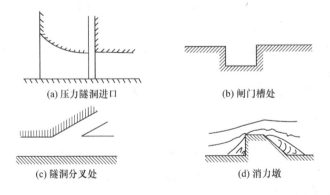

(a) 压力隧洞进口　　　　　　　　(b) 闸门槽处

(c) 隧洞分叉处　　　　　　　　(d) 消力墩

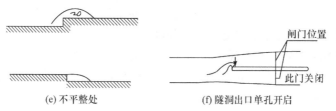

(e) 不平整处   (f) 隧洞出口单孔开启

图 4.1　容易产生空蚀的部位

湖北省黄梅县垅坪水库输水隧洞，为有压隧洞，兼发电和下游灌溉渠道输水。由于闸门启闭设施变形无法开启到位，只能局部开启运行，经停水检查发现，在闸门后约 1m 处隧洞顶部产生严重空蚀现象，深处蚀坑深度超过 20cm，衬砌钢筋外露，输水隧洞空蚀破坏如图 4.2 所示。

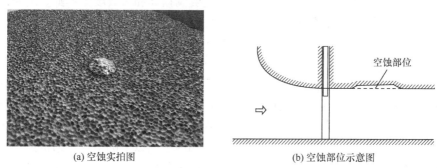

(a) 空蚀实拍图   (b) 空蚀部位示意图

图 4.2　垅坪水库输水隧洞空蚀破坏

3. 冲磨

含沙水流经过输水隧洞将对隧洞底部混凝土产生不同程度的冲磨破坏，其水流流速越大，泥沙(包括推移质和悬移质)含量越高，冲磨破坏越严重。此外冲磨破坏程度还与隧洞体形有一定关系，体形不佳处冲磨程度更为严重。根据山东省 20 世纪 90 年代的调查，全省大中型水库的输水隧洞发生冲磨破坏的有 11 座，其中米山水库的输水隧洞冲蚀面积达 90% 以上。湖北省黄梅县垅坪水库输水隧洞由于进口低且太靠近山坡，未能有效地防止山洪挟带泥沙入洞，造成隧洞陡坡段底部严重冲磨，钢筋保护层被冲磨，且多处外露的环向螺纹钢筋被磨得光亮。

4. 混凝土溶蚀破坏

由于隧洞长期受到水流的冲刷，山岩裂隙水沿洞壁裂缝向洞内渗漏，极易产生溶蚀破坏。实际工程中隧洞的溶蚀破坏大致可分为两种。

一种是输送的水流对隧洞洞壁混凝土的溶蚀，这种溶蚀主要表现在洞内壁表层混凝土中有效成分 $Ca(OH)_2$ 被溶蚀并带走，从而大大降低了表面强度。一般情况下，水流偏酸性，混凝土中易溶成分含量高，则很容易造成这种破坏。湖北省阳新县小青山水库输水隧洞由于洞壁混凝土选用的骨料是石灰石($CaCO_3$)，经过近 30 年的运行，裸露在表面的石子均遭到严重的溶蚀，形成许多 1～2cm 深的小坑，且使表层约 3mm 厚的混凝土失去强度。

另一种溶蚀破坏主要表现在内部混凝土易溶物质被穿壁渗流溶解并析出，在内壁表面析出白色的沉淀物($CaCO_3$)。这种溶蚀破坏对表面强度影响不大，但当溶解析出有效成分较多时，会严重降低隧洞整体强度，甚至导致钢筋锈蚀。湖北省红安县金沙河水库泄水洞，渗漏水从洞壁混凝土中带出碳酸钙($CaCO_3$)，沉淀物处处皆是。由于长时间未用此洞泄水，该洞如同一个小的溶洞，石钟和石笋随处可见，最大一处石笋重约 40kg。

5. 隧洞排气与补气不足

由于过去缺乏经验，对隧洞闸门后通气认识不足，设计时未设通气孔或设置的通气孔尺寸太小，实际工程中由此造成的隧洞损坏和事故屡见不鲜。例如，江西省柘林电站的坝下导流洞为抛物线顶拱的混凝土涵洞，宽 9m，高 12m，按明流设计，最大下泄流量为 400m³/s。1971 年，汛期发生暴雨洪水，导流洞超标准运行，最大流量达 1500m³/s。泄洪期间，每隔 5min 从洞内传出一次"轰隆隆"的响声。水位升高后，洞内又夹杂着"噼噼啪啪"的声音，站在坝顶上有明显的震感，水位继续升高，隧洞呈有压流，异常声音消失，振动减弱。事后进洞检查，发现闸门槽附近有严重的空蚀破坏。该工程实例的破坏现象在明流输水隧洞运行过程中比较常见，由于高速水流水面掺气将洞内水面以上的空气逐渐带走，造成洞内压力降低，直至因空气完全被带走形成洞顶负压，随着水流流动，又会有部分空气从进出口补充，洞顶压力又恢复到明流时的正常状态。这样周而复始，有压无压交替运行，洞内水流水面波动，造成周期性的振动和声响，不仅影响隧洞泄水，而且易引起隧洞衬砌的疲劳破坏，危及隧洞或其他水工建筑物的安全。

因此，设计隧洞时宜在进口闸门后设置通气孔，目的是不断地向泄水洞内补充空气，防止洞内压力降低，有利于防止空蚀的发生和保证正常泄水。如果通气孔孔径过小或被堵塞，通气孔布置位置不当或者根本未设通气孔，泄水时补气不足，将可能造成隧洞内压力不稳定或负压，导致隧洞内流态不稳和局部空蚀，严重的将引起整个隧洞结构振动，危及隧洞安全。在压力输水隧洞中，洞内排水需要关闭事故检修闸门时需要补气；在充水准备开门时需要排气。因此，通气孔在压力隧洞检修闸门启闭过程中起着排气和补气的作用，如补气不足，会影响洞内安全排水；如排气不足，则使洞内压力骤增，压力达到一定程度时会危及隧洞结构设备和周围人员的安全(吴秀英，2006)。

6. 闸门锈蚀变形与启闭设备老化

由于隧洞闸门工作环境恶劣，养护很不方便，因此隧洞闸门锈蚀现象十分普遍，特别是水库深式泄水隧洞闸门，由于启闭运行次数很少，锈蚀更为严重。20世纪 90 年代初，山东省对全省大中型水库输水隧洞闸门的调查统计结果显示，闸门锈蚀变形比较严重的有 67 座，占 40%，其中大型水库 17 座，中型水库 50 座。闸门启闭设备老化损坏也比较突出，主要表现在启闭机启门力和闭门力不足，启闭设备部件损坏、闸门螺杆弯曲或断裂等。

4.1.3　输水隧洞常见的病害治理

输水隧洞的病害多种多样，且每种病害产生的原因也不一定相同，在此仅就常见的一些病害提出治理措施。

4.1.3.1　裂缝漏水的治理

(1) 用水泥砂浆或环氧砂浆修补裂缝。隧洞的裂缝漏水，修补工作难度大，因此在进行砂浆封缝之前，应做好堵漏处理。一般先用速凝砂浆快速封堵，如果渗漏量较大，且渗漏不集中，宜先埋设排水管由一处集中排出漏水，待大面积修补完毕并有相当强度之后，再将集中排水孔封堵。砂浆修补裂缝的详细措施见第 3 章。

(2) 灌浆处理。施工质量较差的隧洞发生裂缝漏水和孔洞漏水的情况可以采用灌浆处理。对于内径较大的隧洞，钻孔机能在洞中作业，采用洞内灌浆更经济。一般在洞壁内按梅花形布设钻孔，灌浆时由疏到密，灌浆压力一般采用 0.1～0.2MPa。由于压浆机械多放在洞外，输浆管路较长，压力损耗大，灌浆压力应以孔口压力为控制标准。浆液的配合比可根据需要选定，如江西省跃进水库处理混凝土涵洞时，水泥浆的水灰比由 4∶10～10∶1，灌浆效果都很好。

4.1.3.2　空蚀的处理

输水隧洞的空蚀初期不被重视，认为剥蚀程度不影响隧洞安全。但是随着剥蚀程度加深，水流条件更加恶化，加速空蚀的发展进程，严重时造成整个空蚀区域衬砌的结构破坏，甚至发生坍塌事故。因此，应及时分析空蚀原因并处理。

(1) 修改隧洞不合理体型，改善水流边界条件。隧洞体型与流线不吻合产生空蚀的部位多在进口。渐变进口形状应避免直角，单圆弧曲线最好改成椭圆曲线，进口段椭圆曲线如图 4.3 所示。

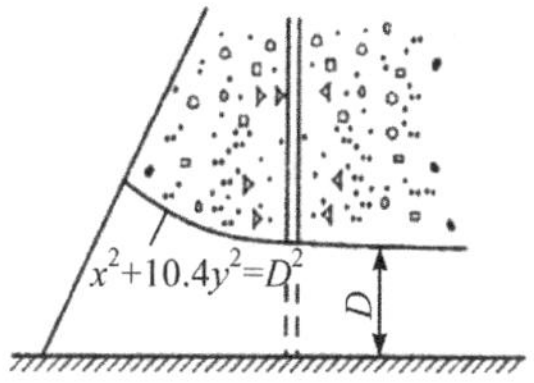

图 4.3　进口段椭圆曲线示意图

常用的矩形断面进口椭圆曲线方程为

$$\frac{x^2}{D^2}+\frac{y^2}{(0.31)^2}=1 \tag{4.1}$$

或

$$x^2 + 10.4y^2 = D^2 \tag{4.2}$$

式中，x、y 为水平、竖向坐标；D 为输水隧洞洞径。

闸门槽与洞身之间应设渐变段。经试验与工程实践证明，对大中型输水隧洞宜改用带错距和倒角的斜坡型门槽(标准门槽)，并将棱角削圆，以 1∶12 的斜坡与下游两侧边墙相连，使水流平顺从，可减轻或避免空蚀发生(牛运光，1995)。通常建议标准门槽适宜宽深比 W/H 为 1.5～2.0，较优错矩比为 0.05～0.08；低水头小型输水隧洞，可采用矩形门槽，其适宜宽深比为 1.6～1.8，门槽形式见图 4.4。

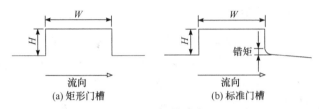

图 4.4　门槽形式

W-门槽宽；H-门槽深

(2) 控制闸门开度和设置通气孔。闸门的开度在很大程度上决定了门后水流条件，尽量避免闸门在易产生振动的开度下运行。对无压洞和闸门部分开启的有压洞，以及无通气孔或通气孔孔径不足的隧洞，应在可能产生负压区的位置增设通气孔。通气孔的通气量可用式(4.3)进行核算。

$$q = 0.04Q\left(\frac{v}{\sqrt{gh}} - 1\right)^{0.85} \tag{4.3}$$

式中，q 为通气量(m/s)；Q 为输水隧洞闸门开度为 80%时的流量(或允许最大流量)(m³/s)；v 为收缩断面的平均流速(m/s)；h 为收缩断面水深(m)；g 为重力加速度(m/s²)。

求得需要的通气量后，通常采用气流速度为 30～50m/s，即可根据公式估算出通气孔的面积或管径。如取通气孔中气流速度为 40m/s，则式(4.3)可改写成求通气孔面积 A 的式(4.4)。

$$A = 0.01Q\left(\frac{v}{\sqrt{gh}} - 1\right)^{0.85} \tag{4.4}$$

由于闸门开度在 80%时需要进气量最多，计算通气面积时要用开度为 80%时的水深和流量，对于有些高水头输水隧洞，不允许闸门开度达 80%时，可用允许的最大流量和相应的水深。

此外，在隧洞其他易产生负压造成空蚀破坏的部位，也可采取通气减蚀措施。

在国内外高水头泄水建筑物中常采用通气减蚀方法,效果明显也很经济。突扩式、底坎式、槽式和坎槽结合式等主要通气减蚀型式如图 4.5 所示。我国冯家山溢洪洞下通气槽为底坎式,坎高为 30cm,洞底宽度 $b=7.2m$,通气槽处流速为 30m/s,通气效果良好。

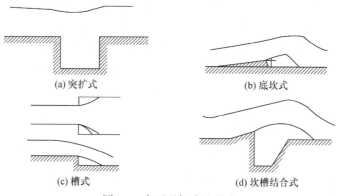

(a) 突扩式　　　　　　　　　　(b) 底坎式

(c) 槽式　　　　　　　　　　(d) 坎槽结合式

图 4.5　主要通气减蚀型式

(3) 空蚀部位的修复。对隧洞中已遭空蚀破坏的部位,除了上述针对气蚀原因进行体型修改和通气减蚀外,还应及时修补已空蚀部位。一般可用耐空蚀的高强度修补材料进行修补,如环氧砂浆,修补工艺见 3.3 节。

4.1.3.3　冲磨破坏处理

冲磨破坏的修补效果主要取决于修补材料的抗冲磨强度,抗冲磨强度高的材料比较多,选用时主要考虑造成冲磨破坏的水流挟沙以悬移质还是推移质为主。

1. 悬移质冲磨破坏修补材料

(1) 高强水泥砂浆、高强水泥石英砂浆。工程实践证明,高强水泥砂浆是一种较好的抗冲磨材料,特别是用硬度较大的石英砂代替普通砂后,砂浆的抗磨强度有一定提高(潘家铮等,2000)。水泥石英砂浆价格低、工艺简单且施工方便,是一种良好的抗泥沙冲磨材料。水泥石英砂浆水灰比为 0.35,灰砂比为 1∶1.5,水泥用量为 890kg/m³,28d 抗压强度可达 70MPa,其抗磨蚀强度约为 C30 混凝土的 5 倍,可经受最大流速为 35~50m/s 的水流冲击。当最大流速在 20m/s 左右,平均含砂量为 80~100kg/m³ 时,平均厚度为 10cm 的 28d 抗压强度为 60MPa 的高强水泥石英砂浆抗磨层,可经历 1 万~1.5 万 h 的泄水排砂。

(2) 铸石板。铸石板具有优异的抗磨、抗空蚀性能,其原材料和工艺方法不同,主要有辉绿岩、玄武岩、硅锰渣铸石和微晶铸石等。1968 年汛前,三门峡泄水排砂钢管出口鼻坎混凝土表面用环氧砂浆作为黏结层,铺砌了约 30m 铸石板,从 1968~1980 年累计 12600h 的运行情况看,铸石板表面轻微磨损。实践证明,铸石板是最佳的抗磨、抗空蚀材料之一，但其缺点是质脆、抗冲击强度低、施工工艺要求高，粘贴不牢时，高速水流易进入板底空隙，在动水压力作用下将板掀掉冲走。例如，在刘家峡溢洪道的底板和侧墙、碧口泄洪洞的出口等处进行的抗冲耐磨试验中铸石板均被水流冲走。因此，目前已很少采用铸石板，而是将铸石粉碎成粗细骨料，利用其高抗磨蚀的优点配制高抗冲磨混凝土。

(3) 环氧砂浆。环氧砂浆配方见 3.3 节，它具有固化收缩小、与混凝土黏结力强、机械强度高、抗冲磨及抗空蚀性能好等优点。其抗冲磨强度约为 28d 抗压强度为 60MPa 水泥石英砂浆的 5 倍，C30 混凝土的 20 倍，合金钢和普通钢的 20～25 倍(祝君，2005)。固化的环氧树脂本身抗冲磨强度并不高，但其黏结力极强，含沙水流要剥离环氧砂浆中的耐磨砂粒相当困难，因此用耐磨骨料配制的环氧砂浆抗冲磨性能相当优越。

(4) 高抗冲耐磨混凝土(砂浆)。高抗冲耐磨混凝土(砂浆)是选用耐磨蚀粗细骨料、高活性优质混合材、高效减水剂和水泥配制而成的，宜选用含量高的水泥(C_3S矿物质量分数不低于 45%)，细骨料宜选用细度模数为 2.5～3.0 的中砂。常用的磨蚀骨料有花岗岩、石英岩、刚玉、各种铸石和铁矿石等。高活性优质混合材有硅粉和粉煤灰。减水剂宜选用非引气高效减水剂，而水灰比宜控制在 0.30 左右。选择高抗冲耐磨混凝土(砂浆)配合比的原则是尽可能提高水泥石的抗冲磨强度和黏结强度，同时尽量减少水泥石在混凝土中的含量。实际工程中已经应用的高抗冲耐磨混凝土(砂浆)有硅粉抗磨蚀混凝土(砂浆)、高强耐磨粉煤混凝土(砂浆)、铸石混凝土(砂浆)和铁矿石骨料抗磨蚀混凝土(砂浆)等。

(5) 聚合物水泥砂浆。聚合物水泥砂浆是在水泥砂浆中掺加聚合物乳液改性制成的一类有机-无机复合材料。这类砂浆的硬化过程伴随着水泥水化产物形成刚性空间结构，由于水化和水分散失使得乳液脱水，胶粒凝聚堆积并借助毛细管力成膜，填充结晶相之间的空隙形成聚合物空间的网状结构。聚合物相的引入，既提高了水泥石的密实性、黏结性，又降低了水泥石的脆性，因此是一种比较理想的薄层修补材料(孙志恒等，2004)。聚合物水泥砂浆的耐磨蚀性能较掺聚合物乳液改性前的水泥砂浆有明显提高，因此可用于有中等抗冲磨空蚀要求的混凝土冲磨空蚀破坏修补。最常用的聚合物砂浆有丙烯酸酯共聚乳液(acrylate copolymer emulsion，PAE)(简称"丙乳")、砂浆和氯丁胶乳砂浆。

2. 推移质冲磨破坏修补材料

高速水流挟带的推移质除了对泄水建筑物过流表面混凝土有磨损作用外，还有冲击砸撞作用。这就要求修补材料除具有较高的抗磨蚀性能外，还应具有较高的冲击韧性(郭峰，2010)。以前在含推移质河流上修建泄水建筑物常用的抗冲磨衬护材料有钢板、铸铁板、条石、钢轨间嵌填条石或铸石板等，近十几年来研究开发的有高强抗冲磨混凝土、钢纤维硅粉混凝土和钢轨间嵌填抗冲磨混凝土等。

　　(1) 钢板。钢板具有很高的强度和抗冲击韧性，故抗推移质冲磨性能好。在石棉冲砂闸工程中使用了 14 年，在渔子溪一级冲砂闸工程中使用了 8 年，抗冲磨效果良好。钢板厚度一般选用 12~20mm，与插入混凝土中的锚筋焊接。钢板间接缝要焊牢，在沉陷缝位置焊接增强角钢。钢板衬护施工技术要求较严，由于锚固不牢或灌浆不密实而被砸变形、冲走的现象也曾发生。例如，映秀湾水电站拦河闸因钢板焊缝不牢、回填灌浆不密实，钢板在推移质撞击下，沿焊缝整块破裂，有 1/3 被冲走。

　　(2) 高抗冲耐磨混凝土。见本节"悬移质冲磨破坏修补材料"中介绍的高抗冲耐磨混凝土(砂浆)，应用时要加配钢筋网增强。

　　(3) 钢纤维硅粉混凝土。试验证明掺入钢纤维虽然对提高硅粉混凝土抗磨蚀性能的作用不明显，但却能改善硅粉混凝土的脆性，提高抗冲击韧性。当钢纤维掺量为 0.5%(体积比)时，钢纤维硅粉混凝土的抗空蚀强度约为硅粉混凝土的 10倍，受冲击断裂破坏时吸收的冲击能量约为硅粉混凝土的 1.75 倍，因此适合用于受推移质冲磨破坏的混凝土修补。该材料已被用于映秀湾水电站拦河闸底板和渔子溪二级水电站排砂洞等工程抗推移质冲磨破坏的修补。

　　(4) 钢轨间嵌填抗冲磨混凝土是由高强度和高抗冲击性的钢轨与抗冲磨混凝土构成的复合衬砌，专门用于抵抗挟带大粒径推移质高速水流对泄水建筑物的强烈冲砸磨损破坏。钢轨可沿水流方向水平设置，也可垂直过流面竖立设置。20 世纪 60 年代，对石棉二级电站冲砂闸推移质冲磨破坏的修补即使用 32kg/m 轻轨铸石砖组合材料，效果良好。渔子溪二级水电站排砂洞从 1986 年投入运行至1993 年共进行过 5 次汛后检查，经过多次的修补实践后认为钢轨是理想的抗冲蚀材料。

4.2　涵管(洞)的维护与修理

　　涵管(洞)是指埋设在堤、坝及路基下，用于输水或泄水的水工建筑物，其断面形式常有矩形、圆形和城门形。常用的涵管有现浇的，也有预制的，一般圆形小口径涵管大多为预制安装的。涵管(洞)外侧填筑土石料，底部直接置于土基、岩基或放置在基座上；主要作用荷载有自重、外侧土压力、内外水压力和温度应力。在我国，绝大多数土石坝中埋设有坝下涵管，各大河流的干支堤下埋设有大量的输水和泄水涵洞，因此涵管(洞)是一种应用较多的输水建筑物。

4.2.1　涵管(洞)的日常检查与维护

　　加强对涵管(洞)的日常检查与维护，对充分发挥其工程效益，延长使用寿命，杜绝事故发生有重要意义。特别是坝下涵管，一旦发生断裂漏水事故，将威胁大坝安全。据相关统计，大坝因坝下涵管失事造成的事故占 13%。

涵管(洞)的日常检查与维护工作主要有以下内容：

(1) 保证涵管(洞)进口无泥沙淤积，发现泥沙淤积应及时清理。

(2) 保证涵管(洞)出口无冲刷淘空等破坏，并注意进出口处其他连接建筑物是否发生不均匀沉陷、裂缝等(顾慰慈，1994)。

(3) 按明流设计的涵管(洞)严禁有压运行或明流、满流交替运行。闸门要缓慢启闭，以免管(洞)内产生负压、水击现象。

(4) 路基或坝下涵管(洞)顶部严禁堆放重物，禁止超载车辆通过或采取必要措施，防止涵管(洞)断裂。

(5) 能够进入的涵管(洞)要定期派人入内检查，查看有无混凝土剥蚀、裂缝漏水和伸缩缝脱节等病害发生，发现病害应及时分析原因并修补处理。

(6) 对坝下有压涵管，在运行期间要注意观察外坝坡出口附近有无管涌和溢出点抬高现象，若发现此现象应查明是否由涵管断裂引起，并尽快采取必要处理措施。

(7) 注意保养闸门、启闭机械设备，保证运用灵活。

4.2.2　涵管(洞)裂缝病害分析

实际工程中常将涵管(洞)的病害分为裂缝、空蚀、混凝土溶蚀、闸门及启闭设备锈蚀老化等，其中涵管(洞)的裂缝比隧洞中的裂缝更为常见，是涵管(洞)的突出病害。以下仅就涵管(洞)的裂缝或断裂产生的原因进行分析。

(1) 沿管(洞)身长度方向荷载作用不均匀或地基处理不良，易在沿管(洞)长度方向产生过大的不均匀沉陷差。在地基产生不均匀沉陷的过程中，底部或顶部会产生较大的拉应力，侧部产生较大的剪应力，特别是当拉应力超过涵管管身材料的极限抗拉强度时，将造成管身横向开裂。三湾水库涵管断裂如图 4.6 所示，由于涵洞洞身和闸门竖井交界处未设沉陷缝，在门井下游洞身引起环向断裂。此种裂缝产生的原因是裂缝附近荷载悬殊，或裂缝两边有一定的上下错位。

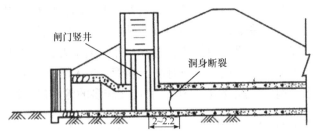

图 4.6　三湾水库涵管断裂示意图(单位：m)

(2) 由于混凝土涵管在温度发生变化时会产生伸缩变形，当涵管(洞)分缝距离过长，管壁收缩受到周围土体摩擦约束产生的拉应力超过管壁的抗拉强度时，管身易被环向拉裂。这种裂缝实质是温度变形裂缝，其特征是裂缝管壁四周贯穿，且大致在每节管的中部区域产生裂缝。

(3) 设计强度不够或施工质量差。实际工程中往往因设计考虑不周、没有严格按设计尺寸施工、超荷载运行及浇筑质量差等，造成涵管整体强度不足。该裂缝特点是数量多，且环向和纵向裂缝都有，同时伴随其他病害，如蜂窝麻面、孔洞和大面积渗漏发生。广西壮族自治区那板水库坝下涵洞，原设计为洞身上部填土高度 10m 的临时性导流洞，后改为填土高度为 48.8m 的永久性工程，对原来的涵洞未采取任何补强措施，造成洞身盖板出现 170m 长的纵向裂缝。江西省幸福水库涵管上下半圆分开浇筑，施工时接触面未凿毛清洗且插钎不够，运行后出现孔洞 119 处，漏水点 21 个，环向裂缝 11 条，蜂窝麻面 11 处，漏水严重。

4.2.3　涵管(洞)的修理

涵管(洞)的病害种类及产生的原因较多，在此仅就其裂缝的修理加以介绍。

(1) 由荷载不均匀及地基不均匀沉陷引起的裂缝，在处理前应先查明形成原因，并采取相应措施。当无法调整荷载时，常进行地基加固处理，以提高地基承载能力，防止地基的不均匀沉陷继续发生。进行基础灌浆处理的具体施工工艺见土石坝灌浆处理。在完成基础处理、消除产生裂缝的不利因素之后，再处理裂缝，具体处理措施见 3.3 节和 4.1 节。

(2) 涵管(洞)伸缩变形受到约束产生的环向变形裂缝是活缝，因裂缝随环境温度变化而变化，对其修补就不能用刚性材料，合理的做法是将已产生的伸缩变形裂缝作为伸缩缝处理。具体方法是：①在涵管(洞)内侧沿裂缝开凿槽顶宽 10cm 的 U 形或 V 形槽，深度达到受力钢筋层；②用压缩空气清扫槽内残渣或用高压水冲洗，若裂缝钢筋锈蚀，应除锈；③烘干槽壁；④涂刷胶黏剂或界面处理剂；⑤嵌入压抹弹性填充材料；⑥粘贴或涂抹表面保护材料。

(3) 涵管(洞)整体管壁强度不足，混凝土质量差的处理措施通常有以下几种：

① 内衬。内衬有预制水泥管、钢管和钢丝网混凝土预制管等。若涵管允许缩小过水断面，用预制水泥管较为经济；若不允许断面缩小过多，可用钢管内衬。无论采用何种内衬管料，都要使新老管壁接合面密实可靠，新管接头不漏水。例如，福建省梁山水库涵管原为浆砌石箱涵，施工质量差，漏水点有 130 多处，采用灌浆等修补无效。1985 年底，用长轴 1m，短轴 0.6m 的钢管内衬在 1.2m×0.7m 的箱涵下面放置 Φ3.81cm 钢管两排，既可用于排除漏水，又可用作内衬钢管施工时的轨道；钢管外与原涵之间每焊完一节就用砂浆及混凝土浇灌，最后用压力灌浆补强，箱涵内衬椭圆形套管如图 4.7 所示。

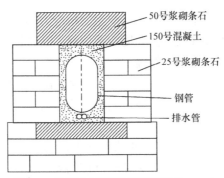

图 4.7　箱涵内衬椭圆形套管(单位：cm)

② 钢丝网喷浆、喷混凝土是一种简单易行的修补方法，不用支护模板，但需要用喷混凝土机械。钢丝网一般采用$\Phi3\sim4mm$ 的高强度冷拉钢丝，采用间距为 $6\sim12cm$ 的网格，钢丝牢固地绑扎在钢筋骨架上，保护层厚度不大于 2cm。若采用钢筋网，网格间距适当加大到 10cm×30cm。喷混凝土层厚度一般为 $8\sim10cm$，最小 5cm。一次喷射厚度一般不小于最大骨料粒径的 1.5 倍，若设计厚度超过一次喷厚，可进行二次抢喷，一般每层间隔时间为 $20\sim30min$。喷射混凝土采用 425号～525 号硅酸盐水泥为宜，每立方米砂浆中水泥用量不低于 500kg，水灰比控制在 $0.40\sim0.50$，砂料选用偏粗中砂，既节约水泥又减小收缩。喷射压力为 $0.1\sim0.3MPa$，喷射一般采用先底部，后侧墙，再顶拱，最后收浆抹面(武永新等，2004)。由于喷射层厚度较薄，应注意湿润养护 7d。例如，湖北省大观桥水库，涵管内径为 $1.2\sim1.8m$，马蹄形断面，全长 78.75m。由于管壁混凝土掺有生石灰，质量差，易发生环向裂缝，导致严重漏水。1987 年，采用钢筋网喷混凝土处理，钢筋直径为 6.5mm，钢筋网格 10cm×10cm，现场编织，骨架钢筋直径为 12mm，钢筋网与骨架焊牢；喷混凝土厚度控制在 $5\sim6cm$，混凝土质量配合比为水泥：砂(含石子)为 1：2.5(石子质量分数为 10%～12%)；处理后未见裂缝、漏水等异常现象(牛运光，1995)。

③ 重建新管。当涵管断裂损坏严重，涵管直径较小，无法进入处理时，可封堵旧管，重建新管。重建新管有开挖重建和顶管重建两种。开挖重建工程量较大，只适用于低坝；顶管重建的优点是换管不需要开挖坝体，从而大大节省了开挖回填土石方工程量，并缩短了工期。同时，顶管重建是在已建成的土石坝内进行的，坝体孔洞已具有一定的拱效应，故顶管承受的压力较小，涵管本身的材料用量也较省。顶管方法有两种，一种是导头前人工挖土法，即在涵管导头前先用人工挖进一小段，断面略大于涵管外径，弃土运出管外，然后用油压千斤顶将涵管顶进，每挖进一段顶进一次，不断循环挖土和顶管，直至完工。每段挖土长度视坝体土质而定，紧密的黏性土可达 6m 以上，土质差的则在 0.5m 左右。另一种是挤

压法，即在第一节预管前端装一刃口的钢导头，用油压千斤顶将预制管顶进，使钢导头切入坝体土内，然后用机械或人工将挤入管内的土切断运走，这样不断顶入和运土，直至顶完。

4.3　渡槽的维护与修理

渡槽一般由输水槽身、支承结构、基础、进口建筑物和出口建筑物组成。实际工程中，绝大部分是钢筋混凝土渡槽，有整体现浇的和预制装配的。常用的槽身断面形式有矩形和 U 形两种。支承结构常用梁式、拱式、桁架式、桁架梁及桁架拱式和斜拉式等。

4.3.1　渡槽的日常检查与维护

我国渡槽的建造与使用年代久远，现存的渡槽数量众多，但其中老化损坏的占比较大。对全国 136 个大型灌区 8863 处渡槽的调查统计结果表明，老化损坏的有 3900 处，占总数的 44%。除设计与施工方面遗留的缺陷外，运行期间正常的维修养护难以得到保证，是造成这些渡槽严重损坏的主要原因，因此加强对渡槽的日常检查和维护十分重要。渡槽的日常检查与维护工作包括以下内容：

(1)经常清理渡槽的进出口，清理槽身内的淤积及槽内的漂浮物，保证渡槽的正常输水能力。原设计未考虑交通的渡槽，应禁止人畜通行，防止意外事故发生。

(2) 经常检查支承结构是否产生过大的变形、裂缝，渡槽基础是否被水流冲刷淘空。对跨越多沙河流的渡槽，应防止河道淤积以免洪水位抬高危及渡槽的安全。

(3) 北方寒冷地区的渡槽，在冬季应注意检查支承结构基础是否有冻害发生，保证地表排水和地下排水正常工作。

(4) 发现槽身因裂缝或止水破坏造成漏水，应及时检修，防止冲刷基础或造成水量浪费。

4.3.2　渡槽的常见病害分析

渡槽的常见病害有冻害、混凝土碳化及钢筋锈蚀、支承结构发生不均匀沉陷和断裂，混凝土剥蚀、裂缝，止水老化破坏，进口泥沙淤积及出口产生冲刷等。此外，十余年来有些渡槽因设计原因出现涌波现象，造成槽身溢水(如西排子河淮河渡槽等)。以下仅就冻害、混凝土碳化及钢筋锈蚀作机理分析。

4.3.2.1　冻害机理分析

在黑龙江、吉林、辽宁和新疆等寒冷地区，渡槽工程常遭到冻害破坏。例如，

20 世纪 60～70 年代，黑龙江省五常县(现五常市)共修建渡槽 54 座，因冻害遭到不同程度破坏的有 40 座，占总数的 74%。渡槽工程的冻胀破坏主要表现在基础的冻胀破坏和进出口的冻融破坏。

(1) 冻胀破坏。寒冷地区的渡槽多采用图 4.8 中的基础形式。

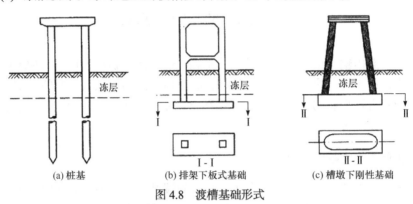

(a) 桩基　　　　　　　(b) 排架下板式基础　　　　　(c) 槽墩下刚性基础

图 4.8　渡槽基础形式

桩基及排架下板式基础的冻害破坏，见图 4.8(a)～(b)，外观上表现为不均匀上抬，纵向中间基础抬量大，越往两边抬量越小，呈罗锅形。例如，黑龙江省五常市的光明渡槽，基础采用水下沉桩，埋深 6m，建于 1965 年，中间桩每年上抬量为 10～20cm。为保证春季通水，每年需要在通水前将已冻拔的桩顶截掉。年年上拔和截桩，最终导致渡槽倒塌。吉林省榆树市玉皇庙灌区的周家店渡槽建于 1969 年，排架下板式基础设计埋深为 1.6m(当地冻深为 1.7m)，施工中又提高 50～60cm，结果使基础置于冻层之内。由于基础板底部受法向冻胀力作用，1969～1983 年，中间基础上抬量达 0.93m，使渡槽纵向呈罗锅形，严重影响正常通水。

在顺水流方向，由于渡槽桩基阳和背阳条件不同，柱阴面上抬量大，阳面上抬量小，加之渡槽两端斜坡边桩柱向沟内侧倾斜，常使渡槽在平面上产生弯曲。渡槽基础的不均匀上抬，主要是切向冻胀力作用的结果。当基础周围土中水分冻结成冰时，冰便将基础侧面与周围土颗粒胶结在一起形成冻结力(姜殿文等，1998)。

当基础周围土冻胀时，切向冻胀力对基础的作用如图 4.9 所示，靠近桩柱的土体冻胀变形受到约束，从而沿基础侧表面产生向上的切向冻胀力。由此可知，切向冻胀力的产生必须满足两个条件：①基础和地基土之间存在冻结力作用；②地基土在冻结过程中产生冻胀。

影响切向冻胀力大小的主要因素有地基土的粒度、成分、含水量、温度、基础材料性质和基础表面粗糙程度等，可参照表 4.1 选取。对于桩基，在切向冻胀力作用下的冻胀上抬通常有以下两种原因：其一是桩柱上部荷载、桩重力及桩柱与未冻土间的摩擦力不足以平衡总冻胀力而产生整体上抬(徐长华等，2011)，即

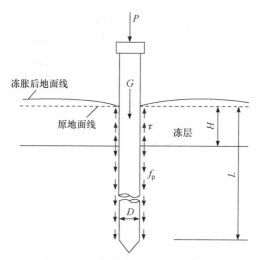

图 4.9　切向冻胀力对基础的作用

P -桩柱盖梁以上荷载；G -桩柱(包括盖梁)重力；D -桩柱直径；L -桩入土深度；H -冻层深度；

f_p -极限摩阻力；τ -单位切向冻胀力

$$P + G + \pi D(L - H)f_p < \pi D_\tau \tag{4.5}$$

表 4.1　标准切向冻胀力　　　　　　　　　(单位：N/cm)

土壤类型	参数	建筑物类型	$I_i \leqslant 0$	$0 < I_i \leqslant 1$	$I_i > 1$
黏性土	τ	非过水建筑物	0~3.0	3.0~8.0	8.0~15.0
		过水建筑物	0~5.0	5.0~15.0	15.0~25.0
	S_r	—	$S_r < 0.5$	$0.5 \leqslant S_r \leqslant 0.8$	$S_r > 0.8$
	或 W_0 /%	—	或 $W_0 \leqslant 12$	或 $12 < W_0 \leqslant 18$	或 $W_0 > 18$
砂类土	τ	非过水建筑物	0~2.0	2.0~5.0	5.0~10.0
		过水建筑物	0~4.0	4.0~8.0	8.0~16.0

注：①表中 I_i 为液性指数；S_r 为饱和度；W_0 为天然含水量。②粉黏粒含量大于等于15%的碎石土视其含水量按表中砂类土取值；粉黏粒含量小于15%视其含水量按表中 $S_r < 0.5$ 或 $0.5 \leqslant S_r \leqslant 0.8$ 取值。③粉质黏性土和粉黏粒含量大于15%的砂类土取表中较大值。

　　其二是冻胀力作用下桩柱截面尺寸或配筋不满足抗拉强度要求造成断桩。断桩位置多发生在冻土层底部或桩柱抗拉最薄弱的截面处。

　　(2) 冻融破坏。混凝土是由水泥砂浆和粗骨粒组成的毛细复合材料。混凝土在拌和过程中加入的拌和水通常多于水泥所需的水化水。这部分多余的水以游离水的形式滞留于混凝土中，形成占有一定体积的连通毛细孔。这些连通毛细孔就是导致混凝土遭受冻害的主要原因(曹武安等，2008)。由美国学者 Powerse 提出的膨胀压和渗透压理论证明，吸水饱和的混凝土在冻融过程中遭受的破坏应力主要有两方面：一是混凝土孔隙中充满水，当温度降低至冰点以下使孔隙水产生物态变化，即水变成冰，其体积将膨胀 9%，从而产生膨胀应力；二是混凝土在冻结过程中还可能出现过冷水在孔隙中的迁移和重分布，从而在混凝土的微观结构中产生渗透压(孙志恒等，2004)。这两种应力在混凝土冻融过程中反复出现，并相互促进，最终造成混凝土的疲劳破坏。目前，这一冻融破坏理论在世界上具有代表性和较高的公认度。如果混凝土的含水量小于饱和含水量的 91.7%，那么混凝土受冻时，毛细孔中的膨胀结冻水可被非含水孔体吸收，不会形成损伤。因此，饱水状态是混凝土发生冻融剥蚀破坏的必要条件之一。另一必要条件是外界气温的正负变化使混凝土孔隙中的水发生反复冻融循环。工程实践表明，冻融破坏是从混凝土表面开始的层层剥蚀破坏(王志福等，2007)。

4.3.2.2　混凝土碳化及钢筋锈蚀机理分析

钢筋混凝土结构中的钢筋，在强碱性环境中(pH 为 12.5～13.2)表面会生成一层致密的水化氧化物薄膜，呈钝化状态的薄膜保护钢筋免受腐蚀。通常混凝土对钢筋的这种碱性保护作用在很长时间内是有效的，然而一旦钝化膜遭到破坏，钢筋将处于活化状态，就有受到腐蚀的可能性(李继业等，2003)，使钢筋钝化膜破坏的主要因素如下：

(1) 碳化作用破坏了钢筋钝化膜。当无其他有害杂质时，由于混凝土的碳化效应，即混凝土中的碱性物质[主要是 $Ca(OH)_2$]与空气中的 CO_2 作用生成碳酸钙，化学反应式为 $CO_2 + Ca(OH)_2 \longrightarrow CaCO_3 + H_2O$ ，使水泥石孔结构发生变化，混凝土碱度下降并逐渐变为中性，pH 降低，钢筋失去保护作用而易于锈蚀。

(2) Cl^- 、SO_4^{2-} 和酸性介质的侵蚀作用破坏钢筋的钝化膜。混凝土中钢筋锈蚀的另一原因是氯化物的作用。氯化物是一种钢筋的活化剂，其浓度不高时，也能使处于碱性混凝土介质中的钢筋钝化膜遭到破坏(李明等，2010)。

(3) 当混凝土中掺加大量活性混合材料或采用低碱度水泥时，也可导致钢筋钝化膜的破坏或根本不生成钝化膜。钢筋表面的钝化膜遭到破坏后，只要钢筋能接触到水和氧气，就会发生电化学腐蚀，即通常所说的锈蚀。一旦处在保护层保护下的钢筋发生锈蚀，因体积膨大，很容易将保护层膨胀崩落，从而使钢筋暴露在自然环境中，加快锈蚀进程。实际上，对一般输水建筑物，上述混凝土碳化是钢筋锈蚀的主要因素，但又是难以避免的。混凝土的碳化速度与混凝土的材料性质、水灰比、振捣密实度、硬化过程中的养护情况及周围环境等因素有关。许多研究表明混凝土中的碳化速度服从菲克第一扩散定律。

$$D_t = \alpha \sqrt{t} \tag{4.6}$$

式中，D_t 为碳化深度；α 为碳化速度系数；t 为碳化龄期，以建筑物的实际使用年限计算。

　　混凝土是一种多相复合材料，建筑物及其各部位所处的环境不同，因此碳化速度系数很难用一个确定的数字表达式描述。实际工程中常根据建筑物实际检测结果，用式(4.7)来评价其碳化速度及估计其耐久年限。

$$t_1 = t_0 \left(\frac{D'^2}{D_0^2} - 1 \right) \tag{4.7}$$

式中，t_1 为结构或建筑物剩余使用寿命(a)；t_0 为结构或建筑物已使用年数(a)；D' 为钢筋保护层厚度(mm)；D_0 为实测碳化深度(mm)。

　　大量的实际工程检测表明，同一建筑物上部结构的碳化深度往往比下部结构大。渡槽中的结构构件多采用小体积钢筋混凝土轻型结构，钢筋保护层厚度有限，现浇渡槽结构的施工和养护难度较其他输水建筑物大，因此渡槽的碳化和钢筋锈蚀较其他建筑物更为突出。

4.3.3　渡槽的老化病害防治与修理

4.3.3.1　渡槽冻害的防治

1. 冻胀破坏的防治措施

　　为了防止渡槽基础的冻害，可采用消除、削减冻因或防治冻害的结构措施，也可将以上两种措施结合起来，采用综合处理方法(夏富洲，2000)。

　　(1) 消除、削减冻因。温度、土质和水分是产生冻胀的三个基本因素，如能消除或削弱其中某个因素，便可达到消除或削弱冻胀的目的。在实际工程中，常采用的措施有换填法、物理化学方法、隔水排水法和加热隔热法。其中换填法是指先将渡槽基础周围强冻胀性土挖除，然后用弱冻胀的砂、砾石、矿渣和炉灰渣等材料换填，

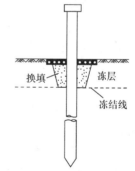

图 4.10　冻胀破坏的换填处理方法示意图

换填处理方法见图 4.10。换填厚度一般采用 30～80cm。采用换填法虽不能完全消除切向冻胀力，但可使切向冻胀力大为减小。采用砂砾石换填时，应控制粉黏粒的含量一般不超过 14%。为使换填料不被水冲刷，必须对换填料表面进行护砌。

　　(2) 防治冻害的结构措施。结构措施可归纳为回避和锚固两种基本方法。①回避法是在渡槽基础与周围土之间采用隔离措施，使基础侧表面与土之间不产生冻

结，进而消除切向冻胀力对基础的作用。实际工程中常用油包桩和柱外加套管两种方法。油包桩是在冻层内的桩表面涂上黄油和废机油等，然后外包油毡纸，在油毡纸外再涂油类，做成二毡二油或三油。套管法是在冻土层范围内，在桩外加一套管，套管通常采用铁或钢筋混凝土制作。套管内壁与桩间应当留有 2~5cm 间隙，并在其中填黄油、沥青、机油和工业凡士林等。②锚固法是采用深桩，利用桩周围摩擦力或在冻深以下将基础扩大，通过扩大部分的锚固作用防止冻拔。

2. 冻融剥蚀修补

(1) 修补材料。修补材料首先应该满足工程所要求的抗冻性指标，《水工混凝土结构设计规范》(SL 191—2008)规定，混凝土的抗冻等级在严寒地区不小于 F300，寒冷地区不小于 F200，温和地区不小于 F100。通常用的修补材料有高抗冻性混凝土、聚合物水泥砂浆(混凝土)和预缩水泥砂浆等。

高抗冻性混凝土。配制高抗冻性混凝土的主要途径是选择优质的混凝土原材料，掺加引气剂提高混凝土的含气量，掺用优质高效减水剂降低水灰比等。当然，良好的施工工艺和严格的施工质量控制也是非常重要的(张文渊等，1998)。一般情况下，当剥蚀深度大于 5cm，即可采用高抗冻性混凝土进行修补。根据工程具体情况，可以采用常规浇筑、滑模浇筑、真空模板浇筑、泵送浇筑、预填骨料压浆浇筑和喷射浇筑等多种工艺。预填骨料压浆浇筑的优点是可大幅度减少混凝土的收缩，施工模板简单。由于预填骨料已充满了整个修补空间，即使发生收缩也不至于使骨料移动。喷射混凝土近年来被广泛地应用于混凝土结构剥蚀破坏的修补加固。这是因为喷射混凝土修补施工具有特殊的优点：①由于高速喷射作用，喷射混凝土和老混凝土能良好黏结，黏结抗拉强度为 0.50~2.85MPa；②喷射混凝土施工作业不需要支设模板，不需要大型设备和开阔场地；③能向任意方向和部位施工作业，可灵活调整喷层厚度；④具有快凝、早强特点，能在短期内满足生产要求。

聚合物水泥砂浆(混凝土)。聚合物水泥砂浆(混凝土)是通过向水泥砂浆(混凝土)中掺加聚合物乳液改性而制成的一类有机-无机复合材料。聚合物的引入既提高了水泥砂浆(混凝土)的密实性、黏结性，又降低了水泥砂浆(混凝土)的脆性。近年来，我国应用比较广泛的改性聚合物乳液有丙烯酸酯共聚乳液、氯丁胶乳。聚合物乳液的掺加量约为水泥用量的 10%~15%，水灰比一般为 0.30 左右。为防止乳液和水泥等拌和时起泡，需加入适量的稳定剂和消泡剂。与普通水泥砂浆(混凝土)相比，改性后砂浆(混凝土)的抗压强度降低 0~20%，极限拉伸提高 1~2 倍，弹性模量降低 10%~50%，干缩变形减小 15%~40%。比老混凝土的黏结抗拉强度提高 1~3 倍，聚合物水泥砂浆(混凝土)抗裂性和抗渗性大幅度提高，抗冻等级能达到 F300 以上，因此是一种非常理想的薄层冻融剥蚀修补材料。例如，北京市西斋堂水库溢洪道底板冻融剥蚀 2~3cm，1986 年，采用 PAE 砂浆修补至今效果良好。

当冻融剥蚀厚度为 10~20mm，且面积比较大时，可选用聚合物水泥砂浆修补；当剥蚀厚度大于 3~4cm 时，则可考虑选用聚合物水泥混凝土修补。由于聚合物乳液比较贵，因此从经济角度出发，当剥蚀深度完全能采用高抗冻性混凝土修补(大于 5cm)时，应优先选用抗冻混凝土修补。

预缩水泥砂浆。干性预缩水泥砂浆是一种水灰比小，拌和后放置 30~90min 再使用的水泥砂浆，其配合比一般为水灰比 0.32~0.34，灰砂比 1∶2~1∶2.5，并掺有减水剂和引气剂。砂料的细度模数一般为 1.8~2.0。预缩水泥砂浆的性能特点是强度高、收缩小和抗冻抗渗性好，与老混凝土的黏结劈裂抗拉强度能达到 1.0~2.0MPa，施工方便且成本低，适合小面积的薄层剥蚀修补。铺填预缩水泥砂浆以每层 4cm 左右并捣实为宜。由于水灰比低，加水量少，故需要特别注意早期养护。

(2) 施工工艺。为了保证丙乳砂浆与基底黏结牢固，要求对混凝土表面进行人工凿毛处理，并用高压水冲洗干净，待表面呈潮湿状、无积水时再涂刷一层丙乳净浆，并立即摊铺拌匀的丙乳砂浆。铺设丙乳砂浆分两层进行，第一层为整平层，第二层为面层。为增加整平层和基底的黏结强度，在抹平过程中将砂浆捣实，抹光操作 30min 后砂浆表面成膜，立即用塑料布覆盖，24h 后洒水养护，7d 后自然干燥养护(邓发如，2011)。施工水泥宜用 525 号早强普硅水泥及部分 425 号普硅水泥。水灰比为 0.25~0.312，乳液、水泥用量比为 0.26~0.28。

4.3.3.2　混凝土碳化及钢筋锈蚀处理

一般情况下，不需要对混凝土的碳化进行大面积处理，因为施工质量较好的水工建筑物，在其设计使用年限内，平均碳化层深度基本不会超过平均保护层厚度。一旦建筑物的保护层全部被碳化，说明该建筑物的剩余使用寿命已不长，对其进行全面碳化处理投资较大，实际意义不大。如建筑物的使用年限不长，绝大部分碳化不严重，只是少数构件或小部分碳化严重，对其进行防碳化处理十分必要。当建筑物钢筋尚未锈蚀，宜对其作封闭防护处理。

(1) 采用高压水清洗机清洗结构物表面，清洗机的最大水压力可达 6MPa，可冲掉结构物表面的沉积物和疏松混凝土，清洗效果较好。

(2) 以乙烯-醋酸乙烯共聚物乳液作为防碳化涂料，其表干时间为 10~30min，黏结强度大于 0.2MPa，抗 25~85℃冷热温度循环大于 20 次，气密性好，颜色为浅灰色。

(3) 用无气高压喷涂机喷涂，涂料内不夹带空气，能有效地保证涂层的密封性和防护效果；分两次喷涂，两层总厚度达 150cm 即可。

钢筋锈蚀对钢筋混凝土结构危害性极大，其锈蚀发展到加速期和破坏期会明显降低结构的承载力，严重威胁结构的安全性，而且修复技术复杂，耗资大，修补效果不能完全保证。因此，一旦发现钢筋混凝土中钢筋有锈蚀迹象，应及早采取合适的防护或修补处理措施。通常的措施有以下三个方面：

(1) 恢复钢筋周围的碱性环境，使锈蚀钢筋重新钝化。将锈蚀钢筋周围已碳化或遭氯盐污染的混凝土剥除，并重新浇筑新混凝土(砂浆)或聚合物水泥混凝土(砂浆)。

(2) 限制混凝土中的水分含量，延缓或抑制混凝土中钢筋的锈蚀。一般采用涂刷防护涂层，限制或降低混凝土中氧气和水分含量，提高混凝土的电阻，减小锈蚀电流，延缓或抑制锈蚀的发展。国外的研究资料表明，涂刷有机硅质憎水涂料，能够明显降低混凝土中锈蚀钢筋的锈蚀速度，但不能完全制止钢筋继续锈蚀。因此，防水处理仅能当作临时的应对措施，延缓钢筋混凝土结构的老化速度，直到有可能采取更有效的修补处理措施。

(3) 采用外加电流的阴极保护技术。外加电流的阴极保护技术，就是向被保护的锈蚀钢筋通入微小直流电，使锈蚀钢筋作为阴极被保护起来免遭锈蚀，并另设耐腐蚀材料作为阳极。因此，阴极保护作用是靠长期不断地消耗电能，使被保护钢筋为阴极，外加耐蚀辅助电极作为阳极实现的(刘伟华，2011)。这种保护技术在海岸工程的重要结构中应用较多，在输水建筑物未见采用。

4.4　倒虹吸管的维护与修理

倒虹吸管是渠道穿越山谷、河流、洼地及通过道路或其他渠道时设置的压力输水管道，是一种交叉输水建筑物，是灌区配套工程中的重要建筑物之一。倒虹吸管一般由进口、管身段和出口三部分组成，常见管身断面有圆形和箱形两种。国内灌区工程中的倒虹吸管，绝大多数是钢筋混凝土管和预应力钢筋混凝土管，只有少量的钢管和素混凝土管。钢筋混凝土管和预应力钢筋混凝土管既有预制安装的也有现浇的。根据1991年水利部对全国136处大型灌区的实际调查结果，各大灌区共有倒虹吸管2463座，其中老化损坏的有1212座，占总数的49%，说明我国各大灌区的倒虹吸管老化损坏占比非常大。

4.4.1　倒虹吸管的日常检查与维护

倒虹吸管的日常检查与维护工作主要包括以下内容：

(1) 在放水之前应做好防淤堵的检查和准备工作，清除管内泥沙等淤积物，以防阻水或堵塞；多沙渠道上的倒虹吸管，应检查进口处的防沙设施，确保其在运用期发挥作用；注意检查进出口渠道边坡的稳定性，及时处理不稳定的边坡，防止其在运用期塌方。

(2) 停水后第一次放水时，应注意控制流量，防止开始时放水过急，管中挟气，水流回涌而冲坏进出口盖板等设施。

(3) 在运行期间应经常注意清除拦污栅前的杂物，防止压坏拦污栅或壅高渠水造成漫堤决口。

(4) 在过水运行期间，注意观察进出口水流是否平顺，管身是否有振动；注意检查管身段接头处有无裂缝、孔洞漏水，并做好记录，以便停水检修。

(5) 注意维护裸露斜管处镇墩基础及地面排水系统，防止雨水淘刷管、墩基础而威胁管身安全。

(6) 注意养护进口闸门、启闭设备、拦污栅、通气孔及阀门等设施和设备，保证其灵活运行。

4.4.2 倒虹吸管的主要病害及原因分析

我国灌区倒虹吸管工程大多是在 20 世纪 50～60 年代兴建的，由于设计、施工和维护方面不足，再加上运行年限久，大多出现了不同程度的老化病害。倒虹吸管可能发生的主要破坏形式和原因按部位大致归纳如下。

(1) 进口段易发生的破坏形式及其原因有：①挡土墙或挡水墙失稳，引起的原因主要是地基沉陷或超载；②墩、墙裂缝和漏水裂缝的产生主要是温度引起的温度裂缝和不均匀沉陷引起的应力裂缝(张劲松等，2000)，此外还有施工冷缝；③混凝土表面剥落，主要是冻融破坏(北方地区)和钢筋锈蚀等引起的；④沉沙拦污设施、闸门及启闭设备的破坏和失效，主要是由于运行管理不善，年久失修，设备老化。

(2) 管身段常见的破坏形式及其原因有：①处在斜坡段的裸露管镇墩失稳，管身脱节或断裂。主要是由于斜坡段镇墩基础沉陷、滑坡及雨水冲刷。②管身裂缝。裂缝有环向裂缝和纵向裂缝，环向裂缝主要是由于管节分段过长，纵向收缩变形受到基础或坐垫约束；纵向裂缝是倒虹吸管中最常见的病害，主要是管内外温差变化引起的温度变形裂缝，常出现在管顶部，一是现浇管顶施工质量难以保证，二是外露的管顶部受阳光直射，管内外温差较下部大。③节头止水破坏。其原因可归结为止水材料自身老化或接头脱节使止水拉裂。④钢筋锈蚀。引起钢筋锈蚀的因素很多，实际工程调查发现，倒虹吸管中的钢筋锈蚀多发生在裂缝或缺陷处。由于钢筋外露失去碱性环境保护，钢筋钝化膜被破坏而锈蚀。

4.4.3 倒虹吸管的裂缝处理措施

倒虹吸管的破坏形式很多，其中管身段裂缝，尤其是纵向裂缝，几乎是倒虹吸管的通病，故有十管九裂之说。本小节仅就倒虹吸管的裂缝修补进行介绍。

　　裂缝的直接危害是导致倒虹吸管漏水和钢筋锈蚀，必须采取有效的修补措施，以维持倒虹吸管的正常运行，延长其使用寿命。对倒虹吸管裂缝处理的基本原则有：①要力求消除或减少引起裂缝的不利因素。纵向裂缝主要是内外温差产生过大的温度应力造成的，应从减小内外温差入手；②对于有足够强度的倒虹吸管产生的裂缝，其修补目的是堵缝止漏，防止钢筋锈蚀；③对于强度不足、施工质量差的倒虹吸管产生的裂缝，在修补裂缝的同时考虑加固补强。

　　对于不同性质或特征的裂缝，其处理措施应有所不同，具体处理方案如下。

　　(1) 缝宽在 0.05mm 以下的裂缝可以不作任何处理照常使用，缝处钢筋一般不会在使用期内发生严重的锈蚀。

　　(2) 缝宽在 0.05～0.10mm 的裂缝仅作简单的防渗处理即可，一般只需在管内侧裂缝处喷涂一层涂料。涂料通常由数种原材料(黏结剂、稀释剂、溶剂和填料等)或其中一部分混合而成，其中的黏结剂是活性成分，它把各种原材料组分结合在一起形成黏聚性的防护薄膜。常用的黏结剂有双组分环氧树脂、双组分聚氨树脂、单组分聚氨酯和环氧聚氨乙烯酯等，其中聚氨酯类涂料对混凝土黏结力高(1.0MPa)，延伸率大(45%)，能适应混凝土微裂缝变形高温(80℃)不流动，低温(20℃)不脆裂，并且耐酸碱侵蚀。

　　(3) 缝宽在 0.10～0.20mm 的裂缝可以在内管壁裂缝处采用表面覆盖修补，覆盖材料宜采用弹性环氧砂浆。弹性环氧砂浆有两种：一种是采用柔性固化剂(室温下固化)，既保持环氧树脂的优良黏结力，又表现出类似橡胶的弹性行为，在修补过程中释放热量低而平缓，固化物弹性模量小，伸长率大。另一种是以聚硫橡胶作为改性剂，使弹性环氧砂浆的延伸率达到 25%～40%，但抗压强度大幅降低，28d 抗压强度仅 17～19MPa。弹性环氧砂浆的配方见表 4.2。

表 4.2　弹性环氧砂浆配方

组成材料	含量	备注	组成材料	含量	备注
618 环氧树脂	100L	主剂	CJ-915 固化剂	64L	柔性固化剂
聚硫橡胶	20L	增弹剂	石英粉	700kg	填料
固化剂	15L	潮湿水下环氧固化剂	砂	2100kg	细骨

注：液体含量以体积计，单位为 L，固体含量以质量计，单位为 kg。

　　施工时，首先用钢丝刷将混凝土表面打毛，清除表面附着物，用水冲洗干净并烘干，然后在基底涂抹一层环氧树脂，再抹配好的环氧砂浆。同时，在管外采取必要的隔温措施，比较经济实用的隔温措施是在露天倒虹吸管两侧砌砖墙，在管与砖墙之间填土，并保持管顶土厚 40cm 以上。

　　(4) 缝宽在 0.20～0.50mm 的裂缝，较好的防渗修补方法是在内侧用弹性环氧砂浆或环氧砂浆贴橡皮，并做好隔温处理。修补施工工艺为：

混凝土表面处理。为保证环氧砂浆修补层有足够厚度，增加与混凝土的黏结力，并保持管道过水断面原形，要将裂缝处理范围内的混凝土表面凿毛，其宽度为 40cm，深度为 1～2cm。凿毛面要平整、干燥，松动粉尘应用钢刷刷干净，再用丙酮(或甲苯)清洗干净。

橡皮板的选用与处理。为适应裂缝伸缩及承受内水压力的要求，宜选用 4～6mm 的普通橡皮板。橡皮板与环氧黏结面的脱膜必须去掉，处理方法是将橡皮板在浓度为 92%～98%的浓硫酸中浸泡 5～10min(若无法浸泡可在表面涂刷浓硫酸后静置 7～10min)，并用铲刀除掉脱膜及油污，再用清水冲洗干净，晾干备用。用浓硫酸清洗时应注意不使橡皮表面变脆和干裂。

施工顺序。在处理好的混凝土表面，刷一层环氧基液，等 0.5～1.5h 后抹第一层环氧砂浆，目的是抹平混凝土表面，因此砂浆的平均厚度不超过 0.5cm。待初凝后，再刷一层基液，同样等 0.5～1.5h 后抹第二层环氧砂浆(厚度 1.0cm)。同时也给橡皮板的黏结面上涂刷一层基液，随即贴到砂浆层上，依次压平挤出空气，然后立即用模板顶托橡皮板以木撑加楔充分顶紧。经过 24h 后拆除模板，并沿橡皮周边约 5cm 刷一层基液，再用环氧砂浆封边，保证边缘密封平整，黏结牢固。24h 后，在封边砂浆上涂一层基液收面，养护 7～14d，环氧砂浆贴橡皮施工如图 4.11 所示。

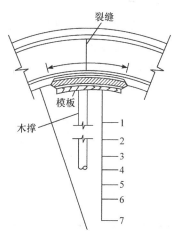

图 4.11　环氧砂浆贴橡皮施工

1-打毛、清洗和干燥；2-环氧基液打底；3-抹环氧砂浆 1.5～1.0cm；4-贴橡皮 0.4～0.6cm；5-模板支撑；
6-环氧砂浆封口；7-环氧砂浆收面

(5) 裂缝在 0.50mm 以上的，说明倒虹吸管的强度严重不足。如果裂缝处的钢筋锈蚀严重，再进行修补处理，则效果不佳，应考虑换管。如果锈蚀不严重，对此类裂缝进行处理时应考虑全面加固补强措施。全面加固补强措施通常有内衬钢板及内衬钢丝网喷浆层两种。

内衬钢板。内衬钢板是在混凝土管内衬砌一层厚 4～6mm 的钢板(厚度根据强度计算确定),钢板事先在工厂卷好,其外壁与钢筋混凝土内壁之间留 1cm 左右的间隙。钢板从进出口运入管内就位,撑开,再电焊成型,而后在钢筋混凝土管与钢管之间,进行灌浆回填。内衬钢板的优点是强度指标能达到规范要求,加固后安全可靠,能长期正常运用。例如,湖南省大圳灌区某倒虹吸管用此法处理后运用正常,效果良好。内衬钢板缺点是造价高,用钢材多,施工也比较困难,且必须加强维修,方能延长钢衬管的使用寿命。

内衬钢丝网喷浆层。钢丝网喷浆加固即可内衬,修补裂缝、蜂窝、麻面及漏水点等,又可对输水洞本身进行补强。由于钢丝网网络较密,混凝土变形受到钢丝网的控制,当洞壁出现局部应力集中时,可通过钢丝网将应力重新分配,使应力状态得到缓和。因此,钢丝网喷浆具有抗裂性能强、承载力高的优点。

4.5　渠道的维护与修理

在灌区工程中,渠道占灌区工程总投资的比例相当大。渠道设计、施工质量,以及在投入运行之后的维护管理状况,直接关系灌区工程的输水灌溉效益。然而,我国绝大部分灌区渠道工程老化病害严重。

1991 年,水利部组织了全国大型灌区老化损坏状况调查,涉及全国 23 个省(自治区、直辖市)的 196 处大型灌区,泄水能力在 $1m^3/s$ 以上的渠道总长 18.8 万 km,衬砌段长 2.02 万 km,占总渠长的 10.7%。196 处大型灌区干支渠道老化损坏状况调查结果见表 4.3。

表 4.3　196 处大型灌区干支渠道老化损坏状况调查结果统计表

统计项目	险工渠段	险工渠段内部分损坏			
		塌、滑或可能塌滑	冲淤严重	严重漏水	衬砌破坏
统计长/km	53862	7477	39614	36436	6564
比例/%	28.65	4.00	21.10	19.40	12.70

表 4.3 中的险工渠段指非一般维修能解决问题的严重损坏渠段。表中除衬砌破坏段比例为衬砌破坏段长度与砌段渠道的长度之比外,其余均为各相应险段长度与渠道总长度之比。

1999 年以来,党中央和国务院对灌区节水改造工作十分重视,各级水利部门也加大了工作力度。目前,全国渠系水的利用率只有 40%,也就是说渠系节水的潜力极大。因此，节水的重点应该放在减少渠道的输水损失上，要通过渠道防渗和管道输水等措施提高渠系水的利用率。灌区渠道的维护和管理工作要配合灌区节水改造工作进行，加大科学技术含量，维护和修补要有长远目标。

4.5.1　渠道的日常检查与维护

渠道的日常检查与维护工作有以下内容。

(1) 严禁在渠道上拦坝壅水，任意挖堤取水，或在渠堤上铲草取土、种植庄稼和放牧等，以保证渠道正常运行。在填方渠道附近，不准取土、挖坑、打井、植树和开荒种地，以免渠堤滑坡和溃决。

(2) 严禁超标准输水，以防漫溢。严禁在渠堤堆放杂物和违章修建建筑物。严禁超载车辆在渠堤上行驶，以防压坏渠堤。

(3) 防止渠道淤积，有坡水入渠要求的应在入口处修建防沙防冲设施。及时清除渠道中的杂草杂物，以免阻水。严禁向渠道内倾倒垃圾和排污。

(4) 在灌溉供水期应沿渠堤认真仔细检查，发现漏水渗水及渠道崩塌、裂缝等险情，应及时采取处理措施，防止险情进一步恶化。检查时发现隐患应做好记录，以便停水后彻底处理。

(5) 做好渠道其他辅助设施的维护与管理工作。这些辅助设施有量水设施、安全监控仪器设备、排水闸、跌水及两岸交通桥等。

4.5.2　渠道的常见病害及原因分析

渠道的病害形式多种多样，以下仅就严重影响渠道输水，或危及渠道安全的常见病害加以分析(杨金春，2003)。

(1) 渠道坍塌、滑坡破坏。渠道在输水或暴雨期间，渠堤或两边高挖方边坡易出现滑坡、坍塌事故。这主要因为边坡过陡，在雨水渗流和水流冲刷作用下边坡失稳。

(2) 渠道裂缝、孔洞漏水和渗水。渠堤裂缝主要是渠基发生沉陷、边坡抗滑失稳及施工中新旧土体接触处理不当所致。孔洞除筑渠时夹树根腐烂所致外，主要是蚁、鼠、蛇、兽等动物在渠堤中打洞造成的，当渠道未作硬化衬砌时，隐患穿堤会引起集中漏水。土渠修筑质量不良，防渗效果差，易引起散浸。

(3) 渠道淤积与冲刷。渠道淤积主要是由于坡水入渠挟带大量的泥沙，此外有些灌渠引水水源含沙量大，取水口防沙效果不好也会带来泥沙淤积。渠道冲刷主要发生在狭窄处、转弯段及陡坡段，这些渠段水流不平顺且流速较大。

(4) 渠基沉陷。高填方渠道修筑时夯筑不实，或基础处理不好，在运行过程中逐渐下沉，造成渠顶高程不够，渠底淤积严重。有衬砌的渠道在填方与挖方处产生不均匀沉陷，易引起裂缝。

(5) 渠道冻胀破坏。北方地区冬季寒冷，渠道衬砌在冻融作用下产生剥蚀、隆起、开裂或垮塌破坏。

4.5.3　渠道的修理

有的渠道病害处理相对较容易，有的则需要一定的技术。考虑到我国已加大节水灌溉的投入，渠道最终可实现全部防渗衬砌，故结合一些主要病害，介绍渠道的修理。

1. 高边坡渠段的修理

高边坡渠段易塌方崩岸。当塌方渠段为岩石边坡时，可以采用混凝土锚喷支护，并做好地表排水设施。若塌方渠段为土质边坡时，较为彻底的修理方法是在该渠段修建箱涵或管道，达到彻底防止高坡崩塌造成渠道淤堵的目的，且能满足渠道防渗要求。

2. 渠道转弯冲刷的修理

渠道转弯冲刷易顶冲淘空渠堤，造成渠堤崩塌。合理的处理措施是采用混凝土衬砌，加大衬砌的断面尺寸以实现挡土墙和防冲墙的作用。

3. 渠道的沉陷、裂缝和孔洞的修理

渠道的沉陷、裂缝和孔洞的修理一般分为翻修和灌浆两种，有时也可采用上部翻修下部灌浆的综合措施。

(1) 翻修。翻修是将病害处挖开，重新回填。这是处理病害比较彻底的方法，但对于埋藏较深的病害，由于开挖回填工作量大，且限于在停水季节进行，是否适宜采用翻修应根据具体条件分析比较后确定。翻修时的开挖回填，应注意以下几点：①根据查明的病害情况，决定开挖范围。开挖前向裂缝内灌入石灰水，便于掌握开挖边界。开挖中如发现新情况，必须跟踪开挖，直至全部挖尽，但不得掏挖。②开挖坑槽一般为梯形，其底部宽度至少为 0.5m。边坡应满足稳定及新旧填土接合要求，一般根据土质、夯压工具及开挖深度等具体条件确定。较深坑槽也可挖成阶梯形，以便出土和安全施工。③开挖后应保护坑口，避免日晒、雨淋或冰冻，并清除积水、树根、苇根及其他杂物等。④回填的土料应根据渠基土料和裂缝性质选用，沉陷裂缝应用塑性较大的土料，控制含水量大于最优含水量的 1%～2%；对滑坡、干缩和冰冻裂缝的回填土料，应控制含水量等于或低于最优含水量的 1%～2%。挖出的土料要经试验鉴定合格后才能使用。⑤回填土应分层夯实，填土层厚度以 10～15cm 为宜，压实密度应比渠基密度稍大。⑥新旧土接合处应刨毛压实，必要时应做接合槽，以保证紧密结合，并特别注意边角处的夯实质量。

(2) 灌浆。埋藏较深的病害处翻修工程量过大，可采用黏土浆或黏土水泥浆灌注处理。处理方式有重力灌浆法和压力灌浆法。重力灌浆法仅靠浆液自重灌入缝隙，不加压力。压力灌浆法除浆液自重外，再加机械压力，使浆液在较大压力作用下灌入缝隙。一般可结合钻探打孔进行灌浆，在预定压力下灌至不吸浆为止。关于灌浆方法及其具体要求，可参照有关规范执行。

(3) 翻修与灌浆结合。对病害的上部采用翻修法，下部采用灌浆法处理。先沿裂缝开挖至一定深度，并进行回填，在回填时预埋灌浆管，然后采用重力或压力灌浆，对下部病害进行灌浆处理。这种方法适用于中等深度的病害，以及不易全部采用翻修法处理的部位或开挖有困难的部位。

渠基处理好以后就可进行原防渗层的施工，并使新旧防渗层结合良好。

4. 防渗层破坏的修理

渠道的防渗技术和形式较多，且各有特点。对防渗层的修补处理，要根据防渗层的材料性能、工作特点和破坏形式选择修补方法。

1) 土料和水泥土防渗层的修理

土料防渗层出现的裂缝、破碎、脱落和孔洞等，应将病害部位凿除，清扫干净，用素土、灰土等材料分别回填夯实，修打平整。

水泥土防渗层的裂缝，可沿缝凿成倒三角形或倒梯形，并清洗干净，再用水泥土或砂浆填筑抹平，或者向缝内灌注黏土水泥浆。

破碎、脱落等病害，可将病害部位凿除，然后用水泥土或砂浆填筑抹平。

2) 砌石防渗层的修理

砌石防渗层出现的沉陷、脱缝和掉块等，应先将病害部位拆除，冲洗干净，不得有泥沙或其他污物黏裹，再选用质量及尺寸均适合的石料、砂浆砌筑。

个别未满浆的缝隙，再由缝口填浆并捣固，务必使砂浆饱满。对较大的三角缝隙，可用手锤楔入小碎石，缝口可用高一级的水泥砂浆勾缝。

一般平整的裂缝，可沿缝凿开，并冲洗干净，然后用高一级的水泥砂浆重新填筑、勾缝。如外观无明显损坏、裂缝细而多和渗漏较大的渠段，可在砌石层下进行灌浆处理(杨金春，2003)。

3) 膜料防渗渠道的修理

膜料防渗层在施工中发生损坏应及时修补，运行中一般难以发现损坏。如遇意外事故出现损坏，可用同种膜料粘补。膜料防渗层常见的病害是保护层的损坏，如保护层裂缝或滑坍等，可按相同材料防渗层的修补方法进行修理。

4) 沥青混凝土防渗层的修理

沥青混凝土防渗层常见的病害主要是裂缝、隆起和局部剥蚀等。对于 1mm 细小的非贯穿性裂缝，春暖时都能自行闭合，一般不必处理；2～4mm 的贯穿性裂缝，可用喷灯或红外线加热器加热缝面，再用铁锤沿缝面锤击，使裂缝闭合粘牢，并用沥青砂浆填实抹平。裂缝较宽时，往往易被泥沙充填，影响缝口闭合。应在缝口张开最大时(每年 1 月左右)，清除泥沙，洗净缝口，加热缝面，用沥青砂浆填实抹平。

对剥蚀破坏部位，经冲洗、风干后先刷一层热沥青，然后再用沥青砂浆或沥青混凝土填补。如防渗层鼓胀隆起，可将隆起部位凿开，整平土基后重新用沥青混凝土填筑。

5) 混凝土防渗层的修理方法

(1) 现筑混凝土防渗层的裂缝修补。当混凝土防渗层开裂后仍大致平整，无较大错位时，如缝宽小，可采用过氯乙烯胶液涂料粘贴玻璃丝布的方法进行修补；如缝宽较大，可采用填筑伸缩缝的方法修补。对缝宽较大的大型渠道，可用下列填塞与粘贴相结合的方法修补。

清除缝内、缝壁及缝口两边的泥土和杂物，使之干燥。沿缝壁涂刷冷底子油，然后将煤焦油沥青填料或焦油塑料胶泥填入缝内，填压密实，使表面平整光滑。填好缝 1~2d，沿缝口两边各 5cm 宽涂刷一层过氯乙烯涂料，随即沿缝口两边各 3~4cm 宽粘贴玻璃丝布一层，再涂刷一层涂料，贴第二层玻璃丝布，最后涂一层涂料即可。涂料要涂刷均匀，玻璃丝布要粘平贴紧，不能有气泡。伸缩缝填料和裂缝处理材料的配合比及制作方法见表 4.4。

表 4.4　伸缩缝填料和裂缝处理材料的配合比及制作方法

用途	材料名称	质量比	制作方法
填筑伸缩缝	沥青砂浆	沥青：水泥：砂=1：1：4	按配比将沥青在锅内加热至180℃，另取一锅将水泥与砂边搅边加热至160℃，然后将沥青缓慢加入含水泥与砂的锅内，边倒边搅拌，直至颜色均匀一致，即可使用
	焦油塑料胶泥(聚氯乙烯胶泥)	煤焦油：废聚氯乙烯薄膜：癸二酸二辛酯(或 T50)：粉煤灰=100：(15~20)：2(T50 为 4)：30	按配比将脱水煤焦油加热至110~120℃，加入废聚氯乙烯薄膜碎片、癸二酸二辛酯(或 T50)边加边搅约 30min，待材料全部熔化后，加粉煤灰继续加温搅拌，温度达到110℃时即可使用
处理裂缝	过氯乙烯胶液涂料	过氯乙烯：轻油=1：5	按配比将过氯乙烯加入轻油中，溶化 24h 即可使用
	煤焦油沥青填料	煤焦油：30 号沥青：石棉绒：滑石粉=3：1：0.5：0.5 或 3：0.5：0.8：0.8	按配比将沥青加入煤焦油中，加热至 120~130℃，待全部熔化后，加入石棉绒和滑石粉，搅拌均匀，即可使用

注：①煤焦油宜采用煤 3 或煤 5，优先采用煤 3。②制作焦油塑料胶泥所用的废聚氯乙烯膜，应洗净、晾干、撕碎后再用。制作聚氯乙烯胶泥，可用新鲜的聚氯乙烯粉代替废聚氯乙烯膜。前者价格低，宜优先选用。③制作中应防火，注意安全。

(2) 预制混凝土防渗层砌筑缝的修补。预制混凝土板的砌筑缝，多是水泥砂浆缝，容易出现开裂、掉块等病害，如不及时修补不仅加大渗漏损失，而且病害将逐渐加重，造成更大损失(宋树新等，2013)。修补方法是凿除缝内水泥砂浆块，将缝壁、缝口冲洗干净，用与混凝土板同标号的水泥砂浆填塞，捣实抹平，保温养护不得少于 14d。

(3) 混凝土防渗板表层损坏的修补。混凝土防渗板表层损坏，如剥蚀、孔洞等，可采用水泥砂浆或预缩砂浆修补，必要时还可采用喷浆修补。

(4) 水泥砂浆修补。首先必须全部清除已损坏的混凝土，并对修补部位进行凿毛处理，冲洗干净，然后在工作面保持湿润的情况下，将拌和好的砂浆用木抹子抹到修补部位，反复压平，用铁抹子压光，保温养护不少于 14d。当修补部位深度较大时，可在水泥砂浆中掺适量砾料，减少砂浆干缩和增强砂浆强度。

(5) 预缩砂浆修补。预缩砂浆是拌和好之后再归堆放置 30~90min 才使用的干硬性砂浆。当修补面积较小又无特殊要求时，应优先采用。拌制方法是先将按配比(灰砂比 1:2 或 1:2.5)称量好的砂、水泥混合拌匀，再掺入加气剂的水溶液翻拌 3~4 次(此时砂浆仍为松散体，不是塑性状态)，归堆放置 30~90min，使其预先收缩后即能使用。水灰比(一般为 0.32 或 0.34)应根据天气、气温和通风等因素适当调整(闫世平，2007)。现场鉴定砂浆含水量的方法是用手能将砂浆握成团状，手上有潮湿又无水析出为准。由于加水量少，要注意水分均匀分布，防止阳光照射，避免出现干斑而降低砂浆质量。

修补时，先将损坏部位的混凝土清除、凿毛、冲洗干净后再涂一层厚 1mm 的水泥浆(水灰比为 0.45~0.50)。然后填入预缩砂浆，并用木槌捣实，直至表面出现少量浆液为止，最后用铁抹子反复压平抹光，并盖湿草袋，洒水养护。

(6) 喷浆修补。喷浆修补是将水泥、砂和水的混合料，经高压喷头喷射至修补部位，施工工艺见 3.3 节。

混凝土防渗层的翻修。混凝土防渗层损坏严重，如破碎、错位和滑坍等，应拆除损坏部位，填筑好土基后重新砌筑。砌筑时要特别注意将新老混凝土的接合面处理好。接合面凿毛冲洗后，需要涂一层厚 1mm 的水泥砂浆，才能开始砌筑混凝土。要注意保温养护，翻修中拆除的混凝土要尽量利用。如现浇板能用的部分，可以不拆除；预制板能用的，尽量重新使用；破碎混凝土中能用的石子，也可作混凝土骨料等。

4.6　溢洪道的养护和修理

4.6.1　溢洪道的检查和养护

溢洪道是宣泄洪水、保证水库安全运行的建筑物。人们常称溢洪道是水库的太平门。溢洪道的功能是在汛期将水库拦蓄不了的多余洪水，从上游安全泄放到下游河床中的安全通道，它与原河道有较大的落差。

1. 溢洪道的组成

溢洪道有进口段、控制段、泄槽段、消能段和尾水渠。

(1) 进口段。溢洪道的进口段引导水流平顺地由水库进入控制段,其具体形式取决于地形条件和枢纽布置方案。进口段可以是一段较长的引水明渠,也可以是一个较短的喇叭形进水口。不论是明渠或是进水口,都必须使水流平顺地进入控制段,在平面上应做成平滑的曲线或渐变的折线,力求避免断面突然收缩和水流的急剧转变。

(2) 控制段。控制段控制着溢洪道的过流能力,是溢洪道的咽喉,通常筑成挡水堰型式。水流过堰,水面有明显的降落。堰的型式根据地形、地质、运行和经济条件确定,通常采用宽顶堰和实用堰型,有时也采用驼峰堰和带胸墙的溢流堰。宽顶堰的特点是结构简单、施工方便,但流量系数较低;实用堰的特点是流量系数较宽顶堰大,但溢流面施工较复杂。驼峰堰介于以上两种堰型之间。带胸墙的溢流孔口可以提高水库的汛期限制水位,但在高水位时,超泄能力不如开敞式溢洪道的泄水大。

(3) 泄槽段。溢洪道在控制段后都有一段陡坡(槽)与消能段相接,泄水段中水流速度较高,会产生冲击波、掺气和空蚀等问题。因此,泄槽段要求泄槽底面不允许有局部凹凸不平及突出部分,泄槽边墙要适当加高。此外,还要设置好泄槽的止水和排水设备,以防泄槽底板承受较大的扬压力。

(4) 消能段和尾水渠。溢洪道的出口消能方式一般采用挑流鼻坎和消力池消能型式。有时流经泄槽的急流经过消能段后,不能直接进入原河道,需布置一段尾水渠。尾水渠要短、平顺底坡尽量接近下游原河道的平均水力坡降,使出口水流能平稳、通畅地流入原河道。

2. 溢洪道的检查与养护

溢洪道的安全泄洪是确保水库安全最重要的因素。根据我国 17 个省(自治区、直辖市)1973 年垮坝的统计,由于溢洪道尺寸不足或其他原因使洪水漫坝造成垮坝失事约占垮坝总数的 40%,溃坝统计及原因见表 4.5。

表 4.5 溃坝统计及原因

地区	年份	垮坝原因					
		洪水漫坝	正施工工程	质量过差	管理及其他	梯级影响	原因不明
全国 17 个省(自治区、直辖市)	1950~1961	39.7%	17.6%	26.6%	10.3%	—	5.8%
	1973	38.0%	7.8%	37.0%	13.9%	3.3%	—

大多数水库的溢洪道泄水机会并不多,宣泄大流量的机会更少。但为了确保万

无一失，每年汛前都要做好宣泄最大洪水的各项准备。工程管理的重点要放在日常养护上，必须对溢洪道进行日常的检查和加固，保持溢洪道随时都能启动泄水。

(1) 要检查溢洪道的进水渠及两岸岩石是否有裂隙发育风化严重或崩坍现象，检查排水系统是否完整，如有损坏需及时处理，加强维护加固。

(2) 要检查溢洪道的闸墩、底板、胸墙和消力池等结构有无裂缝和渗水现象。

(3) 应注意观察风浪对闸门的影响，冬季结冰对闸门的影响。

(4) 泄水期间观察漂浮物对溢洪道胸墙、闸门和闸墩的影响。

(5) 观察泄洪期间溢洪道控制堰下游和消力池的水流形态及陡坡段水面线有无异常变化。

4.6.2　溢洪道泄水能力的扩大

4.6.2.1　溢洪道泄水能力复核

我国已建的几万座中小型水库，有一些水库的设计洪水资料不全，或水文资料系列不够长，造成溢洪道尺寸不足。从累积资料和复核断面尺寸入手，应在库区建立雨量站，坚持长期对雨量、库水位、下泄流量和渗流量等项目的观测，为设计溢洪道提供充分的水文资料，并及时掌握水情，做好水库调度工作。

必须全面掌握水库的集水面积(水库面积)、库容、地形、地质条件和来水来沙量等资料，才能正确判断库容是否够大、坝高是否满足、溢洪道是否够深够宽、水库是否安全可靠、工程效益是否得到发挥等。因此，必须复核以下资料：

(1) 水库上下游情况。上游的淹没情况，下游河道的泄水能力、下游有无重要城镇、厂矿和铁路等，它们是否有防洪要求。万一发生超标准特大洪水时，可能造成的淹没损失等。

(2) 水库集水面积。水库集水面积是指坝址以上分水岭界限内的面积，即该面积上的雨水都应流入该水库。水库集水面积和降雨量是计算上游来水的主要依据，它的准确性，会直接影响水库的安全程度。

(3) 库容。一般说水库库容是指校核洪水位以下的库容，它包括死库容、防洪库容。要做好水库管理工作，必须具备足够精确的水位-库容、水位-水库面积的关系曲线，如图 4.12 所示。水位-库容曲线也需要经常复核，因为有的水库库容资料设计时有错误，有的水库逐年淤积导致库容缩小。例如，湖北省响山水库原设计库容为 36 万 m^3，后经核实只有 15 万 m^3。

(4) 降雨量。降雨量是确定水库洪水的主要资料，1975 年 8 月河南省遭受特大洪水后，全国各地对本地区的可能最大降雨量都重新进行了核算，核算结果表明，许多原来被认定为安全的水库，由于可能最大降雨量的增加又被认定为不安

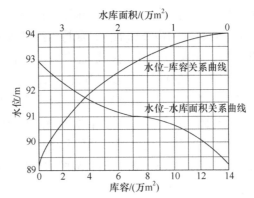

图 4.12 水位-库容、水位-水库面积关系曲线

全，需采取增加坝高或扩大溢洪道等措施才能达到新的防洪标准。

确定本地区可能最大降水量，应通过多种方法分析计算。我国历史悠久，积累的文献资料丰富，可以做好历史暴雨和历史洪水的调查考证工作，配合一定的分析计算，使可能最大降雨量合理可靠。

(5) 地形地质。从降雨量推算洪峰流量时，涉及集水面积内的地形、地质、土壤和植被等情况，它们直接影响产流条件和汇水时间，是决定洪峰、洪量、洪水过程线及其类型的重要因素。另外，如需要增建或扩大溢洪道，必须选择合适的地形和地质，使溢洪道建在比较坚实或经处理加固后的地基上。我国有一些水库的溢洪道修建在地质不好的地基上，泄洪时出现了事故。例如，福建山美水库溢洪道堰顶高程为 90m，宽 56m，堰顶上面用橡胶坝挡水，可使水位蓄至 95m 高程，最大设计流量为 3150m³/s。1974 年 7 月，首次泄洪时，堰上水深仅 1m，流量只有 50m³/s，仅 15h 就冲下土石方 7 万 m³；第二次过水时，堰上水深 1.5m，流量为 100m³/s，冲下土石方达 20 万 m³，溢洪道挑流鼻坎下又未做衬砌，结果风化岩被冲成 2～3 级跌水，形成 20m 深的大冲坑。这就是溢洪道附近地形地质条件较差且未采取相应措施的教训，因此必须重视溢洪道附近的地形地质资料。

4.6.2.2 溢洪道的泄水能力及其扩建

(1) 溢洪道泄水能力。溢洪道的泄水能力主要取决于控制段，控制段能通过设计流量，则溢洪道的泄水能力满足。根据控制堰的堰顶高程、溢流前缘(即所有闸孔、闸墩宽度相加)及溢流时的堰顶水头(水深)可用一般水力学的堰流或孔流公式进行验算校核。

(2) 溢洪道的扩建。溢洪道的泄水能力与堰顶水头、堰型和溢流宽度有关，扩建工作主要是加宽和加深溢洪道过水断面。如果地形条件允许，挖方量不大，应首先考虑加宽断面的方法。如果溢洪道与土石坝紧密连接，则加宽断面应在靠岸坡的一侧进行。如果岸坡较陡，挖方量大，可考虑加深过水断面的办法。加深过水断面需降低堰顶高程，在这种情况下，需增加闸门高度，在无闸门控制的溢洪道上，降低堰顶高程将使兴利水位降低，水库的兴利库容相应减小。因此，有些水库就考虑在加深后的溢洪道上建闸，以抬高兴利水位，既满足灌溉用水要求，又能保证通过最大溢洪流量。在溢洪道上建闸，必须有专人管理，汛期启闭闸门要灵活方便，提高管理水平。

在实践中，有时也可采用加宽和加深相结合的方法扩大溢洪道的过水断面。有些水库由于各种不同的原因，溢洪道达不到预期的泄水能力。例如，由于沉陷变形出现鞍形坝顶，汛期不能蓄至最高洪水位，即使溢洪道断面和高程都符合设计规定，实际泄水能力也因堰顶水深不足达不到应有的标准。还有一些水库，原来溢洪道具有足够的泄水能力，由于某种原因，未经仔细分析就予缩小。例如，四川狮子滩水库，建成后最初几年，来水较少，未经深入分析就封堵了一孔，将闸门拆下移作他用，当出现较大洪水时，过水断面不够，水库出现了险情，出口消能设备也受到冲刷，后来又不得不恢复原来的闸孔数目。还有的水库溢洪道多年不泄洪，便任意在溢洪道上筑挡水堰，多蓄水多灌田；有的则在溢洪道进口处随意堆放弃碴，形成阻水。这些情况都是溢洪道的不安全因素，是不能许可的，务必解决。

4.6.3　溢洪道的冲刷与处理

由于溢洪道泄洪期间陡坡及出口段的水流湍急，流速很大，往往在下游出口段形成冲刷；也有在陡坡弯段上，因离心力的作用，使水面倾斜、撞击并发生冲击波，这时须检查水面线有无异常变化。有不少溢洪道在弯道及出口处发生事故，必须引起注意。

4.6.3.1　陡坡弯道及出口部分水流情况复核

复核的内容是判断陡坡是否产生冲刷，两侧边墙是否够高，出口部分水流消能情况等。

(1) 陡坡上允许流速。根据一般水力计算方法计算陡坡的水面线，目的是确定陡坡各断面的实际水深和流速，以便确定边墙所需高度和恰当的衬砌。不同的地质条件和砌护材料有不同的允许流速。例如，大理岩、花岗岩、玄武岩等结晶岩体表面光滑，水深在 0.4m 以上允许流速为 25m/s，不受冲刷；板岩、页岩和白云砂岩等沉积岩允许流速为 2.1～8.0m/s，视水深及岩石表面光滑与否而定。单层铺石允许流速为 2.5～3.8m/s；水泥砂浆保护沉积岩块体允许流速为 5.8～8.7m/s；混凝土或钢筋混凝土铺砌允许流速为 5.0～11.0m/s。岩石、砌体和构筑物的允许流速可在一般工程手册上查到。溢洪道允许流速是指不发生冲刷的流速，因此复核溢洪道实际发生的流速都应小于允许流速，才不至于产生冲刷。如实际流速大，就要采取相应的砌护方式，保证陡坡段不受冲刷。

(2) 陡槽边墙高度。溢洪道陡坡段边墙的高度，是通过计算最大设计流量时实际水深再加一定的安全超高确定的。安全超高视衬砌材料不同而定，一般混凝土护面的陡坡超高采用 30cm，浆砌石护面的陡坡超高采用 50cm。如果陡坡上流速很高(超过 10m/s)，将发生掺气现象使水位增高，须按掺气增加的水深累加计算。

因陡坡上流速大，故陡坡段应尽量布置成直线、等宽且对称，使水流平顺。但有时为了减少挖方等，也会设成弯曲的陡槽。弯段上水流因惯性力和离心力的作用，形成冲击波，产生横向水力坡降。弯曲半径愈小、流速愈大，横向水力坡降也愈大。因此，陡槽边墙要有足够高度，一般外墙(凹岸)高，内墙低，墙高可通过模型试验等方法确定。

(3) 出口水流。经过陡坡的水流到下游出口视消能型式不同，水流进入河床方式也不同。如是挑流消能，高速水流通过空中旋滚的消能后落入河床，这时要校核冲坑的深度和冲坑离建筑物的距离是否足够；若是底流消能，水流通过水跃旋滚消能后的剩余能量太大，应校核消力池和海漫的长度是否足够、结构是否牢固。

4.6.3.2　冲刷破坏的处理

溢洪道的水流经过陡坡后，往往使陡坡的底板、消力池底板或冲坑附近受到冲刷，汛期过后必须对以上部位进行加固处理。

底板构造处理。溢洪道陡坡除有些直接建筑在坚实的岩基上，可以不加衬砌外，一般都需用砌护材料做成底板。溢洪道泄水时底板上承受有水压力、水流的拖曳力、脉动压力、动水压力、浮托力和地下水的渗透压力等，且要经受温度变化或冻融交替产生的伸缩应力，还要抵抗自然的风化和磨蚀作用，因此底板砌护材料要有足够的厚度和强度。

(1) 钢筋混凝土或混凝土底板：适用于大型水库或通过高速水流的中型水库溢洪道，土基上底板厚度为 30~40cm，并适当布置面筋；在岩基上厚度为 15~30cm，并适当布置面筋。非重要的工程上采用素混凝土材料制成，厚度为 20~40cm。

(2) 水泥浆砌条石或块石底板：适用于通过流速为 15m/s 以下的中小型水库溢洪道。厚度一般为 30~60cm。

(3) 石灰浆砌块石水泥砂浆勾缝底板：适用于通过流速为 10m/s 以下的中小型水库溢洪道，厚度为 30cm 左右。

许多管理单位总结了工程运用中的经验教训，把高速水流下保证底板结构安全的措施归结为四个方面，即"封""排""压""光"。"封"要求截断渗流，用防渗帷幕、齿墙、止水等防渗措施隔离渗流；"排"要做好排水系统，将未截住的渗水妥善排出；"压"利用底板自重压住浮托力和脉动压力，使其不致漂起；"光"要求底板表面光滑平整，彻底清除施工时残留的钢筋头等不平整因素。这四方面是相辅相成、互相配合的。

底板在外界温度变化时会产生伸缩变形，需要做好伸缩缝，通常缝的间距为10m 左右。土基上薄钢筋混凝土底板对温度变形敏感，缝间距应略小些；岩基上的底板因受地基约束不能自由变形，只需预留施工缝。

冲坑深度对建筑物基础的稳定性有直接影响。当冲坑继续扩大危及建筑物基础时，需及时加固处理。

4.6.3.3　陡坡及弯道破坏实例

(1) 底板不平整造成破坏。黄河刘家峡水电站溢洪道全长 870m，进口堰宽42m，分为三孔，最大下泄流量为 3900m³/s，泄水渠宽30m，流速为 25～35m/s。溢洪道位于岩基上，底板混凝土厚为 0.4～1.5m。溢洪道建成后，过水时渠内水流异常，不久底板即被冲坏，渠内流量只有设计下泄流量的 50%。经检查，在控制堰后陡坡段上出现三处大冲坑，冲坑之间的底板隆起裂缝。其中，第一冲坑最严重，面积达 15m×15m，厚 1m 多的混凝土底板有的被整个冲翻，有的被掀起后冲到下游，地基岩石被冲成深坑，最大深度达 10m，边墙地基也被淘刷架空。第二、第三冲坑相对较好。分析认为主要原因是施工时混凝土块体之间不平整，底板与边墙接缝错距较大，表面起伏不平，最大偏离设计位置 10cm。块体间的横向接缝中未设止水片，而且可能是后块高于前块，高速水流引起巨大的动水压力，再经过未设置止水的接缝窜入底板以下，且排水系统不良，引起极大的浮托力，使底板掀起。事故后的处理措施是将破坏段重浇新底板，纵横接缝间增设塑料止水片和键槽，底板下布置直径为 40cm 的排水管，加了锚筋，严格控制混凝土底板的平整度。

(2) 弯道水流条件不好造成破坏。安徽省屯仓水库，溢洪道位于大坝右岸，净宽20m，用四孔 5m×4.7m 的平板钢筋混凝土闸门控制，设计下泄流量为302m³/s，陡坡建于弯道上。水库于 1963 年建成蓄水，1975 年 8 月中旬遇特大暴雨，溢洪道下泄流量增至 670m³/s，槽内流态非常恶劣，在闸后 90～120m 陡坡接消力池处形成一个深约 15m 的大坑，内弯翼墙被冲走约 30m，外弯翼墙被冲走约 140m，底板自闸后 90m 至一级消力池段全部冲走。分析破坏原因主要是特大暴雨使溢洪道超过设计下泄流量一倍多；又因为陡坡建于弯道上，槽内水流横冲直撞，极为紊乱；底板分缝处因高速水流吸走底板下部颗粒，淘空底部引起失事。也有可能是闸左圆弧段漫溢过水，冲掉墙背填土，花岗岩基础风化较严重，抗冲能力差，墙基被淘空，又因槽内水流受离心力作用，主流偏向外弯侧，使外弯侧翼墙向外倾倒，随之引起底板断裂下塌冲成深坑。以上两种原因均有，后者可能性较大。

1976年，按新的水文资料推算出下泄水量，重新推算陡槽内水面线，然后根据水面线加高修复两侧翼墙。鉴于闸后90m以下的底板全部冲走，坑内露出新鲜岩石面，为了较好地与消力池连接，补一段连接段，不再浇筑底板。

4.6.4　溢洪道其他病害及处理

溢洪道除了保证过水宽度足够宽和防止闸下冲刷外，还要检查有无裂缝损坏并加强对非常溢洪道的管理。

1. 溢洪道产生的裂缝

溢洪道在运行过程中要检查闸墩、底板、边墙、消力池和溢流堰等结构是否有裂缝损坏。一般由混凝土或浆砌块石建成的结构易出现裂缝。裂缝产生主要是由于温差过大、地基沉陷不均及材料强度不够等。位于岩基上的结构物，裂缝多为温度应力引起；在土基上的结构物，裂缝多为沉陷不均导致。例如，岸墩、边墙等与土石坝或岸坡相接的结构物，往往由于施工时对质量重视不够，吃浆不饱，墙后填土过早，在砌筑材料强度很低的条件下承受外力作用，于是在施工期便产生早期裂缝；有的运行期间墙背土压力超过设计值，或因排水系统失效增大墙背侧压力产生后期裂缝。边墙的裂缝，尤其是高于正常水位的裂缝，也一样要重视并进行处理，以免遇到汛期高水位时出现裂缝，陷于被动。

细小而不再继续发展的裂缝，虽对安全影响不大，但也应及时处理，以防内部钢筋被锈蚀。底板上的裂缝会因过水时水流渗入缝内，引起底板下浮托力增加，将整块底板冲走。大的裂缝或者发展快的裂缝，常是发生险情的前兆，必须及时处理，更不应忽视。

2. 非常溢洪道的管理养护

为确保大坝安全，不少工程均以较大洪水或可能最大洪水作为非常运用的洪水标准。根据非常运用的洪水大小和水库的技术、经济等条件，因地制宜地确定保坝措施。保坝措施常有利用副坝做非常溢洪道或用天然垭口做非常溢洪道。

非常溢洪道只是在特大暴雨情况下考虑启用。因此，使用的机会要比主溢洪道少得多，但决不能因此忽视其管理养护。

如果利用副坝做非常溢洪道，让洪水漫顶自行冲开，应注意检查副坝和地基情况。保证在非常情况下能够自行冲开。又要做好万一自行冲不开时的人工爆破准备，汛前要准备好炸药和爆破器材。

如果在天然垭口上筑子堤或利用副坝做非常溢洪道。遇非常情况，进行人工爆破，一般要求做好药室，平时要注意保护，避免雨水进入和野兽破坏，保证药室干燥。对于垭口上的子堤，平时要注意养护，保持完整。在汛期要特别注意防护，防止风浪冲击破坏。不溢洪时，保证无决口垮堤，否则将会造成人为的灾害。

每年汛前都要准备好炸药和爆破器材，并认真落实。必要时对炸药和爆破设施进行检查试验，以防在非常情况下爆破失灵。

4.6.5　闸门及启闭设备的养护和修理

为了更好地控制运用大中型水库和一些重要的小型水库，充分发挥工程效益和并提高泄水能力，常采用闸门调节和控制水量。因此，要经常养护和修理闸门和启闭机，以保证启闭灵活方便。

1. 常用闸门和启闭机的工作条件

我国水库溢洪道上的闸门主要是平板闸门和弧形闸门，也有一些水库采用浮体闸和橡胶坝等新型闸门。对运行闸门的要求，最重要的是安全可靠、启闭灵活。如开启不灵，就会造成上游库水位急剧壅高，严重的会酿成大坝漫顶失事；如闸门关闭不严又会造成水量损失，影响蓄水，降低水库的使用效益。

1) 平板闸门

平板闸门是闸、涵、溢洪道上最常用的一种闸门。根据闸门门叶(活动部分)和门槽(固定部分)间的摩擦性质，还可分为滑动平板闸门和滚动平板闸门。

滑动平板闸门的门叶直接与门槽接触，启闭时要克服两者接触面上的滑动摩擦阻力。为了减少摩擦阻力，常用的摩擦面材料有金属、胶木滑道、釉面瓷砖、水磨石和磨光混凝土等。滑动平板闸门适用于 40m 以下的中、低水头，门跨一般在 10m 以内。门叶材料有钢、钢木、木与铸铁、钢筋混凝土和钢丝网水泥等几种。

在门叶和门槽之间设置一些滚轮，即形成滚动平板闸门。滚动平板闸门可在任何水头下正常运用。门叶多用钢或钢筋混凝土制成。适用于大中型水库溢洪道和承受较高水头的输水洞深孔进口闸门。

2) 弧形闸门

弧形闸门适用于各种水头和各种大小的孔口。溢洪道上多为露顶式(用钢丝绳启用)，输水洞及电站进水管上常为潜没式(用油压启闭机启闭)闸门。根据承压大小及孔口面积，门叶材料采用钢、钢木结构和钢筋混凝土等。

3) 浮体闸和橡胶坝

浮体闸是近 20 年来应用较多的一种闸门型式。它采用充水的办法，将上游门扉和下游门扉顶起挡水，形成人字形屋顶。泄水时只需将门内水体放掉，上游门扉将会褶叠下卧，下游门扉也随之倒下。有时也可视需要只倒下一部分，使水流沿下游门扉斜坡下泄。这种门适用于低水头(10m 以下)的溢洪道或拦河闸，多采用钢筋混凝土结构。橡胶坝在我国广东、四川等省均已采用。它是横放在溢洪道或拦河闸底部的一整块橡皮胶囊，在胶囊中充水使之胀起，即可阻断水流。泄水时只需放空一部分或全部放空即可。这种挡水设备适用于 5m 以下低水头且泥沙较少的河流。除以上闸门外，还有翻板门、升卧式闸门等。

4) 启闭机

启闭机是用于提升闸门的机械。在水利工程中常见的有螺杆式、卷扬式和液压式(油压)三种启闭机。选择启闭机型式应考虑闸门的型式、尺寸、启闭力、孔口数量和运行条件等因素。启闭机的起重量一般应等于或大于闸门的计算启闭力。

螺杆式启闭机构造简单，经久耐用，价格低廉，适用于小孔口、低水头的溢洪道或输水洞工程。螺杆式启闭机工作时承受拉力(提门时)和压力(落门时)，除螺杆本身应具有足够的强度和刚度外，较长的螺杆应设导向轴承缩短无支长度，以防扭曲变形。

卷扬式启闭机在孔口尺寸较大、门重及启闭力也较大时采用。钢丝绳牵引的卷扬式启闭机可通过改变滑轮组组数及绕绳方法以适应不同的门重和启闭力，应用极为广泛。启闭力为 $1\sim5000kN$，提升速度为 $0.01\sim2.5m/min$，可以电动也可人力驱动。最适用于提升露顶式弧形门、高水头的平板滑动门等。卷扬机的钢丝绳只能承受拉力，故不适用于要求施加闭门力才能落闸的深孔闸门。不少管理单位普遍感到钢丝绳水下部分很易锈蚀，水上部分又因油脂易吸灰尘。为了减轻养护修理工作量并延长使用寿命，有些单位建议采用分节拉杆代替一部分钢丝绳，并用护罩保护滑轮。

油压启闭机是近年来运用较多的启闭设备，它利用油泵产生的液压传动，以较小的动力获得很大的起重力。机体(油缸与活塞杆等)体积小，重量轻，可以节省启闭机总造价。液压传动具有平稳、安全、较易实现遥控和自动化等优点，主要问题是较长缸体内的圆镗磨加工受到加工条件的限制，影响油压启闭机的迅速推广。

2. 闸门与启闭机的养护与修理

衡量闸门及启闭机养护工作良好标准是：动力保证、传动良好、润滑正常、制动可靠、操作灵活、结构牢固、启闭自如、支承坚固、埋件耐久、封水不漏和清洁无锈。

(1) 闸门的养护。要经常清理闸门上附着的水生物和杂草污物等，避免钢材腐蚀，保持闸门清洁美观，运用灵活；防止门槽卡阻，门槽处极易被块石或杂物卡阻使闸门开度不足或关闭不严。因此，要经常用竹篙或木杆进行探摸，并及时处理；多泥沙河流上浮体闸和橡胶坝常会遇到泥沙淤积问题，影响闸门正常启闭，遇到这种情况需用高压水定期冲淤或用机械清除。

(2) 门叶是闸门的主体，要求门叶不锈不漏。防止门叶变形、杆件弯曲或断裂、焊缝开裂及气蚀等病害。还要做好闸门的防振、抗振工作，加固原来刚度小的闸门，改变结构的自振频率，使之不易发生振动。为防止闸门的气蚀现象，要修正边界形状，消除引水结构表面的不平整度。改变闸门底缘形式，使水流流线贴合边界，避免出现分离和负压现象，还需采用抗蚀性能高的材料，对已出现气蚀的部位，要用耐蚀材料修复或补强(孙东玺等，2008)。

(3) 支承行走机构是闸门升降时的主要活动和承力部件，避免滚轮锈死，并做好弧形闸门固定铰座的润滑工作。

(4) 要保证门叶和门槽之间的止水(水封)装置不漏水。及时清理缠绕在止水上的杂草、冰凌或其他障碍物，松动锈蚀的螺栓要更换。要使止水表面光滑平整，防止橡胶止水老化，做好木止水的防腐处理等。

(5) 门槽及预埋件的养护。对各种轮轨摩擦面采用涂油保护，预埋铁件要涂防锈漆，及时清理门槽的淤积堵塞，发现预埋件有松动、脱落、变形和锈蚀等现象，要进行加固处理。

3. 启闭机的养护

(1) 清扫电动机外壳的灰尘污物，轴承润滑油脂要足够并保持清洁，定子与转子之间的间隙要均匀，检查和测量电动机之间及各相对铁芯的绝缘电阻是否受潮，使其保持干燥。

(2) 电动机主要操作设备应保持清洁干净，接触良好。机械传动部件要灵活自如，接头要连接可靠，要经常检查调整限位开关，严禁用其他金属丝代替保险丝。

(3) 启闭机的润滑油料要有选择，高速滚动轴承用润滑脂润滑。钠基润滑脂由钠皂与润滑脂制成，熔点高，温度达 100℃时使用仍可保证安全；钙基润滑脂由钙皂与矿物性油混合制成，它适用于水下及低速传动装置的润滑部件，如启闭机的起重机构、齿轮、滑动轴承、起重螺杆、弧形门支铰、闸门滚轮和滑轮组等；变速器、齿轮联轴节等封闭或半封闭的部件常用润滑油进行润滑。

4. 金属结构的养护与防锈

闸门、启闭机、预埋件等金属结构长期日晒夜露、干湿交替，在高速水流冲刷等环境下，极易发生锈蚀。一旦金属结构锈蚀，必须进行防锈处理。目前，我国水工金属结构的防锈措施有两类。一类是在金属表面涂上覆盖层，将基体与电解质隔开，杜绝形成腐蚀电池的条件；另一类是设法供给一个适当的保护电流，使金属表面积聚足够的电子，使之整体作为阴极，从而得到保护，此法称为外加电流的阴极保护法。

覆盖层保护即涂料联合防腐，涂料常用油漆。油漆是一种流动性物质，能在被涂物体表面延展成连续的薄膜，这个薄膜能自行发生物理与化学变化，经过一定时间后牢固地附着于物体表面，对物体起一定的保护作用。过去油漆大都以植物油和天然漆为基本原料制成。随着工业的发展和科学的进步，现在的油漆已大部或全部被人工合成树脂和有机溶剂代替。

另一种覆盖保护法就是在钢材外表镀上一层防锈性能好的材料，如铝、锌、铬和镍等金属保护层。可用浸镀、喷镀和电镀三种方法。浸镀和电镀适用于闸门零件，喷镀适用于大尺寸的门叶或结构物。

牺牲阳极的阴极保护法与涂料联合防腐是利用两种不同金属处于同一介质中时，电子有由高电位金属向低电位金属移动的趋势。因此，若有意识地把一种电位较高的金属(如锌)放在被保护金属(如钢)附近，就可使锌被腐蚀，钢被保护。利用这一原理，在两块相同金属材料上，人为地制造不同电位也能获得相同的防腐效果，这就是牺牲阳极的阴极保护法。我国采用牺牲阳极的阴极保护法与涂料联合防腐，已取得了更好的经济效果。

5. 钢丝网水泥结构的养护与修理

钢丝网水泥是 70 年代以后我国采用的一种新型结构材料，它具有质量轻、造价低、便于预制、弹性好、强度大、抗渗和抗震性能好等优点。因此，在水利工程中应用广泛，常制作成闸门、渡槽和压力水管等结构。钢丝网水泥结构都比较薄，保护层小，常出现漏网、裂缝、脱落、孔洞、破碎及钢筋或钢丝网锈蚀等。处理方法有以下几种。

(1) 表面涂防腐材料保护，如涂环氧沥青、聚苯乙烯、环氧煤焦油、环氧水泥砂等材料，增强其抗渗性和耐久性。

(2) 裂缝的修补，视裂缝的大小凿槽进行砂浆修补。

(3) 露筋、钢筋锈蚀、断裂的修补都要凿毛、清洗，将锈蚀部分除去，焊上新网，然后浇上砂浆。

6. 木材的防腐防蛀

木材质地轻、柔软、易加工，并有一定强度，在中小型水利工程中常用来制作闸门、渡槽、涵管、叠梁门和底部止水等。木材常见病害是虫蛀和霉烂。防治的方法主要如下。

(1) 干燥处理。常用大气干燥，使腐朽、霉菌类无法生长。

(2) 防腐处理。毒杀微生物和菌类，采用涂刷、浸泡和热浸方法。水溶性防腐剂有氟化钠、氟硅酸盐(钠、铵、锌、镁)和二硝基碳酸钠等。防腐油剂有煤酚油、页岩油、泥炭酚油和煤焦油等。

(3) 油漆涂层保护。涂层保护的目的在于完全填实和彻底封闭木材空隙，隔绝木材与外界接触。常用涂料有油性调和漆、生桐油、沥青和水罗松等。

(4) 虫害防治。我国南方木材易受白蚁、蛀木水虱等虫害影响，可用亚砷酸(砒霜)、氟化钠、五氯化酸钠、苯基苯酚钠和硫酸铜等材料防治。

第5章 水利工程安全巡视检查

安全巡视检查是水利工程安全与管理的重要工作之一。水工建筑物各类安全监测设施一般布置在关键和重要的安全监测断面(纵、横剖面),监测数据只能反映这些监测断面附近的监测变量变化情况,难以全面反映水工建筑物的安全。水利工程安全巡视检查可以弥补安全监测的不足。经验表明,水工建筑物出现安全问题往往不是在仪器监测中被发现,相当一部分安全问题是巡视检查时发现的。

对混凝土坝的巡视检查还可发现大坝是否发生老化,进而判别其老化程度。对于地下洞室、库岸高边坡等开挖施工,巡视检查更为重要。开挖放炮后地质人员须前往现场巡视,并进行地质编录,确定哪些是松动块体,需要立即清除,哪些属于潜在的不稳定块体,必须进行加固、支护、打锚杆或用预应力锚索进行处理,以防发生塌方或冒顶给施工人员带来生命和财产损失。可见,巡视检查是保证工程安全非常重要的一项工作。

5.1 巡视检查的要求与分类

检查的程序一般是先审查了解大坝有关的技术资料,然后到现场进行实际的检查,最后对大坝安全管理和运行维护提出评价。每次检查都应有专人负责并详细记录,必要时应就地绘出草图加以说明。发现重要问题应及时上报,并抓紧分析研究,尽快处理(赵志仁,1983)。

每个大坝都要根据工程具体情况和特点,制定一套切实可行的现场检查制度,具体规定检查时间、部位、内容和要求,并确定现场巡回路线和检查观察顺序。在高水位、暴雨、大风、泄洪、结冰、地震及水位急变等不同运用情况和外界温度影响下,应对容易发生变化和遭受损坏的部位加强检查与观察。

所有检查记录都应妥善保存、建立档案,不得任意转移或损坏。对于检查中发现的问题、故障或缺陷的处理情况及有关的结论和建议等,应写入现场检查报告备查或上报。

水利工程安全巡视检查可分为日常巡视检查、年度巡视检查、特别巡视检查和安全定期检查等。

5.1.1 日常巡视检查

施工期宜每周进行两次巡视检查;水库第一次蓄水或提高水位期间,宜每天一次或两天一次巡视检查(依库水位上升速率而定)；正常运行期可逐步减少巡视检查次数，但每月不宜少于一次；汛期应增加巡视检查次数；水库水位达到设计洪水位前后，每天至少应巡视检查一次。

日常巡视检查之后，应提出巡视检查报告，报告内容应对应检查内容，包括：

(1) 大坝巡查情况。

(2) 坝基和坝肩巡查情况。

(3) 引水建筑物巡查情况。

(4) 泄水建筑物巡查情况。

(5) 近坝区库岸巡查情况。

(6) 闸门及其他金属结构巡查情况。

(7) 监测设施检查情况。

(8) 电站厂房、过坝建筑物及其他建筑物巡查情况，如临时船闸、升船机及通航建筑物等巡查情况。

5.1.2　年度巡视检查

年度巡视检查是每年汛前、汛后、枯水期及高水位低气温时，由水电厂组织专业人员对大坝进行的全面巡视检查，检查内容除日常巡视检查的项目外，还包括监测资料分析、监测仪器运行和维护记录资料等。然后根据这些全面检查和专项检查的资料，撰写大坝安全年度巡视检查报告，其内容包括以下几个方面。

(1) 检查日期。

(2) 本次检查的目的和任务。

(3) 检查组参加人员名单及职务。

(4) 对规定项目的检查结果(包括文字记录、略图、素描和照片)：①大坝运行检查及结果，如水库是否按审定的调度计划合理调度运用，水文测报及通信设施是否完备等；②大坝维护检查及结果，如所有大坝设施和设备是否处于良好工作状态，大坝溢流面、护坦冲刷磨损情况；③大坝监测设施、设备检查及结果，如大坝监测设施是否完备，监测频率等是否按规定执行，监测资料是否及时整编分析。

(5) 历次检查结果的对比、分析和判断。

(6) 不属于规定检查项目的异常情况发现、分析及判断。

(7) 必须加以说明的特殊问题。

(8) 检查结论(包括对某些检查结论的不同意见)。

(9) 检查组的建议。

(10) 检查组成员签名。

5.1.3　特别巡视检查

在坝区发生有感地震、大坝遭受大洪水、库水位骤降或骤升，以及发生其他影响大坝安全运行的特殊情况时，应及时进行特别巡视检查，检查报告内容包括：

(1) 检查日期。

(2) 特殊情况说明。

(3) 检查项目及结果(包括文字记录、略图、素描和照片)。

(4) 与日常检查结果的对比、分析和判断。

(5) 其他异常情况的发现、分析和判断。

(6) 检查结论及建议。

(7) 检查成员签名。

5.1.4　安全定期检查

大坝安全定期检查(定检)是定期对已投入运行的大坝结构和运行性态进行安全性检查。大坝定期检查应当组织专家组进行，一般五年一次，历时一年。专家组的组成应根据工程规模和大坝的具体情况确定，专家组成员应当具有较高的技术水平、丰富的工程经验和高级工程师以上职称。成员中至少要有 1 名参加过该大坝上一次定检的专家或熟悉本工程的专家。专家组通过现场检查运行性态、系统排查安全隐患、开展专题分析和研究，最终形成大坝定期检查报告，对大坝的安全等级做出综合评判。

大坝定期检查范围为与大坝安全有关的横跨河床和水库周围垭口所有永久性挡水建筑物、泄洪建筑物、输水和过船建筑物的挡水结构，以及这些建筑物与结构的地基、近坝库岸和边坡等附属设施。

1) 大坝定期检查后应完成相应的专题项目(报告)，内容包括：

(1) 大坝运行总结。

(2) 大坝现场检查报告。

(3) 监测资料分析。

(4) 监测系统综合评判与鉴定。

(5) 设计复核。

(6) 施工质量复查。

(7) 闸门、启闭机检测与复核。

(8) 水质及析出物分析。

(9) 库容复测、水下检查。

2) 大坝安全定期检查的作用

(1) 评定大坝安全运行性态，为政府监管和企业运行管理提供具有法律效力的依据。

(2) 及时发现大坝运行过程中的隐患和缺陷，推动大坝的隐患治理和补强加固，不断提高大坝的安全性。

(3) 推动大坝主管单位、运行单位大坝安全管理水平的不断提高。

5.2 巡视检查范围

巡视检查的范围比较广泛，包括观测项目较多的主体工程和较少的附属工程(赵志仁，1983)。具体可分以下几个方面。

1. 水库

(1) 检查库区附近的渗水坑、地槽、公路及建筑物的沉陷情况，以及矿物、煤、气、油和地下水的开采情况，通过与大坝在同一地质构造上其他建筑物的反映，也可以得到大坝工作情况的信息。

(2) 利用低水位时上游坝肩及库盆情况进行检查，也可对一些重点怀疑部位进行水下检查，要注意库盆表面有无缺陷、渗水坑和原地面有无剥蚀等现象。

(3) 要检查水库库盆上方有无严重淤积，由于库盆上方大量的淤积可能加重大坝的荷载负担，有时还能对溢洪道、泄水孔的进水情况产生不利影响。

2. 坝体

(1) 检查坝顶、坝面和廊道内有无裂缝。对一般性裂缝，要将其所在坝段、桩号、高程、走向、长度、宽度等详细记录，绘制平面图及形状图，必要时拍摄照片。对于较重要的裂缝，应埋设观测设备，定期观测裂缝长度和宽度的变化。

(2) 检查下游坝面、溢流面、廊道及坝后地基表面有无渗透现象，特别是高水位期间要加强观察。如发现渗水现象，应记录渗水部位、高程、桩号等，绘制渗水位置图或拍摄照片，必要时定期进行渗透流量观测。在下游坝面或廊道内发现渗水溢出点，经分析怀疑上游面有渗水孔洞时，应查明并处理。

(3) 检查坝面有无脱壳、剥落、松软、浸蚀等现象，记录位置、面积、深度并观察其前后的变化。对溢流坝面要注意观察有无冲蚀、磨损及钢筋裸露现象。

(4) 检查集水井、排水管排水情况是否正常，有无堵塞或恶化现象。严寒地区的混凝土坝，冬季结冰期间要注意观察库面冰盖对坝体的影响，以及渗透水的结冰情况。

(5) 检查相邻两坝段之间有无不均匀位移，伸缩缝有无严重的扩张或收缩，止水片和缝间填料是否完好及有无损坏流失等情况。

3. 坝肩与坝基

(1)如果水库蓄水，需有专门的水下检查设备才能对上游坝肩接头和上游坝基进行检查。因此，一般检查多局限于大坝的下游坝肩接头部分、坝体与岸边的交接处及大坝下游坝脚。此外，有些部位可以通过坝体廊道，特别是灌浆排水廊道检查，如地下水和渗透水的检查。

(2) 检查坝体和坝基的接岸部分岩质风化特性，可从公路的削坡或其他开挖地点加以鉴定。对基础岩质含水饱和的情况，可从库水位变动区的岩石露头上观察。

(3) 坝体的反常现象往往是基础变化的一种反映。例如，伸缩接缝发生的错距，可反映坝基的变化及缺陷；大坝附属设施的下沉或倾斜，表明基础部分有过度变形或压缩。

4. 滑坡

(1) 对库区已经发现和可能发生的每个滑坡区都应进行深入检查。库区滑坡有时会引起库水面的剧烈波动，甚至漫过坝顶，威胁附属建筑物的安全，造成库边严重冲刷。要记录滑坡的特征参数，包括规模、方位及与水库形状的相对关系，滑坡离大坝、附属设施和一些关键地段的距离，滑坡体的下滑速度、类别及下滑机理。

(2) 大多数情况下，大坝、附属工程及道路等施工开挖会破坏山体的天然坡度和自然排水，因此需要检查一些不稳定的情况。修建大坝会改变地下水的分布状态，可能影响山体坡面的稳定。此外，小的边坡剥落可能堵塞排水沟，导致雨水积滞和坡面浸水饱和。若岩石的喷锚加固不好，可能造成岩石松弛，进而导致边坡的滑塌。

(3) 对已有和可能出现的滑坡区，在大雨、地震、库水位下降、特高洪水位、波浪淘刷等情况下，应对可能出现的后果进行检查。对进水渠和尾水渠两侧的边坡进行鉴定，并检查溢洪道和泄水孔的泄水能力是否受边坡影响。还应检查公路和重要建筑物上方坡面是否稳定，这些地点出问题，会妨碍交通且影响运行操作。

5. 附属工程

(1) 应检查渠道地段有无渗水坑、冒泡和管涌现象。检查渠道进水和出水建筑物的水流有无漩涡危害。对于进水渠，特别是溢洪道的进水渠附近应设有安全栅，对于出水渠应检查有无严重冲刷。

(2) 检查溢洪道、泄水设施和发电隧洞等建筑物混凝土有无风化、过应力、碱活性骨料反应、冲刷、气蚀、磨损及人为作用等引起的破损和裂缝。所有伸缩缝均不应生长植物。通气槽内应无淤泥和渣屑。

检查过水建筑物的填方有无下陷现象，填方与建筑物的接触部分有无管涌现象，并检查附近挖方和填方的边坡是否稳定，以及下游冲刷坑的长度和深度情况。

(3) 检查大坝上的机械设备运行是否正常，电力供应是否有保证，辅助电源、通信和遥控是否稳妥可靠。

检查闸门变形情况及门槽和导轨止水有无损坏、开裂、磨损、气蚀和漏水现象。集水坑的水泵工作及水库水位观测装置的运行是否可靠，以及爬梯、便道和栏杆是否有损坏、折断或其他不安全情况。

(4) 检查所有观测设备、标点、基点等是否完好，对观测用的仪器量具要定期进行检查，防止损坏。

5.3 巡视检查方法

巡视检查方法主要包括目测检查、望远镜检查、平面摄影检查、光电测距仪检查和遥感技术检查。

1. 目测检查

目测检查主要靠人工进行，其检查工具主要有钢卷尺、花杆、量具、手水准、地质镐头、罗盘仪、取样器、温度计、照相机、手电筒、测船及记录本等。用于对大坝和水库周围的外部情况进行目视巡回检查或拍摄照片，并作详细记录，上游坝面可在测船上检查或观察。

对于混凝土表面的冲刷、气蚀、脱壳、渗水、流浆等应记录其面积和体积，对于裂缝则记录其条数和长度。

当检查出气蚀或磨损破坏时，一般先将破坏部位绘于 1/50 或 1/100 的图纸，在图纸上标明破坏的部位、范围，注明典型破坏坑、洞的深度等。还可用松香、石膏、橡皮泥等塑性材料，填平破坏坑洞，然后取出测定破坏的体积和质量。对于严重破坏的部位，以破坏部位附近的某边棱线为基线，在破坏范围内打成网格，进行定点破坏深度观测。网格疏密程度以能控制破坏范围和深度为准，以便绘制破坏等深线。如破坏部位为钢筋混凝土结构，则应在图上绘出断筋位置及数量。

对于大面积的破坏，可采用水准仪进行方格测量或断面测量的方法定量测量各部位的深度。检查测绘过程中，还可在整个破坏区内做出各种标记，然后用摄影、录像及拍摄电影等方法把破坏的全貌记录下来。

2. 望远镜检查

望远镜检查是借助望远镜来检查大坝混凝土表面特别是不易靠近部位的裂缝、蜂窝、渗水露头和湿润面积等。根据大坝各部位轮廓线的相对位置、形状和尺寸绘图，并按坝段计算出各种现象的总和。这种检查宜在晴天进行，如有阳光照射效果更佳。

3. 平面摄影检查

平面摄影检查使用摄影经纬仪或焦距在 50mm 以上的普通摄影机，按中心投影使物体成像于底片上，可按相似三角形的几何原理计算物体与物像的几何关系。

量取摄影机至检查表面的水平距离后，可按下面两种方法进行计算。

(1) 当检查表面为垂直面，各点到摄影机距离近似相等，一般为 50m 左右，可按式(5.1)计算：

$$X = \frac{y}{fK} x \; ; \quad Z = \frac{y}{fK} z \; ; \quad A = \left(\frac{y}{fK}\right)^z a \qquad (5.1)$$

式中，X 为物体沿水平方向的长度(m)；Z 为物体沿垂直方向的长度(m)；A 为物体沿摄影机方向投影的面积(m^2)；f 为摄影机物镜的焦距(mm)；y 为物体至摄影机的水平距离(m)；K 为像片相对底片的放大倍数(dB)；x 为 X 像的长度(m)；z 为 Z 像的长度(m)；a 为 A 像的面积(m^2)。

裂缝长度和检查对象的形心坐标可按式(5.1)的前两式计算，检查的面积可按式(5.1)的第三式进行计算。

(2) 当检查表面为倾斜面，如大坝的下游面常具有一定坡度，可按物体的形心至摄影机的水平距离进行计算，如式(5.2)所示：

$$X = \frac{y_0}{fK} x \; ; \quad z = \frac{y_0}{mf} K \; ; \quad A = \frac{a}{m} \left(\frac{y_0}{fK}\right)^2 \qquad (5.2)$$

式中，y_0 为检查物体或面积形心到摄影机的水平距离(m)；m 为检查面的坡度(%)。

此外，国外已开始在大坝上安置电视摄像机进行检查，该机可上、下、前、后移动，能遥控监视大坝的各种情况，便于发现异常并及时处理。

4. 光电测距仪检查

对于库区岸坡或距离比较远的部位，可采用长距离红外线光电测距仪进行检查，将仪器的反射镜置于测点上，测站上安置仪器，测量距离变化来检查测点移动。例如，瑞士 D120 型测距仪最大测距达 14km，在 $-20 \sim 50℃$ 精度标准差为 3mm/km±1mm/km，该仪器的优点是测距长、误差小、全部自动测量，只要对准反射镜按下测键，即由微机系统控制全部测量过程，测值及标准差用 8 位液晶显示，并设有温度校正装置，自动消除温度变化的影响。另有一种瑞士 ME-3000 型精密光电测距仪，其精度可达 0.200mm/km±0.001mm/km。光电测距仪不仅适用于高精度的现场检查和距离观测，而且特别适用于水库岸坡变形及滑坡位移的检查和观测。

5. 遥感技术检查

遥感技术检查是根据电磁波原理，通过传感器从高空或远距离进行检查的一种技术，可分为航天、航空和地面遥感三种。近年来，遥感技术已开始用于检查库区边坡稳定。例如，我国曾利用航空摄影检查潘家口库区及岸坡的变化情况；日本曾对奈川渡水库进行面积为 $4000km^2$ 的航空摄影，发现 20m 以上崩塌岩壁

419 处。

利用航空照片可检查边坡不稳定地段的大致范围，从照片上可分辨出大型滑坡或新发生的滑坡。借助双目立体镜观察航片，可更加直观地看到滑坡地形、地貌形态，确定滑坡的变形特性，如铜街子水电站利用航空照片发现了左岸大滑坡体的全貌。此外，在龙羊峡水电站右岸边坡稳定观测及二滩水电站上游金龙山滑坡体观测中，分别采用地面可见光摄影和地面多波段摄影的方法进行定期遥感观测，节省人力物力并提高了成果的质量。

对于交通困难部位的库岸滑坡，借助重复航测摄影，可及时判读变形边坡的发展趋势，特别是对变形较大的滑坡区，此法可同时得到测点的大致位移和位移方向。日本大阪府龟之濑滑坡区，在 16 个月内航测 11 次，测定位移精度为航高的 1/5000。在该区航摄时，航高 1500m，比例 1/10000，误差为 0.3m。因此，遥感技术仅适用于对位移较大测点的检查。

5.4 土石坝的巡视检查

5.4.1 目的及一般要求

为及时发现土石坝建筑物外露的一切不正常现象，并从中分析、判断建筑物内部可能发生的问题，应对所有土石坝建筑物进行观察，进一步采取相宜的观察、观测和养护修理措施，以消除工程缺陷或改善工程外观，保证工程的安全和完整(刘长江等，2008)。

表面观察可采取眼看、耳听、手摸等方法，并辅以简单工具。表面观察的内容、次数、时间、顺序等，应根据建筑物的具体情况，进行全面安排。原则上每月至少应进行 1~2 次表面观察。当建筑物有不正常现象或处于容易引起问题的条件下，应加强观察。必要时，对可能出现险情的部位应昼夜监视。对于屡经观察而无明显变化的部位，可适当减少观察次数。

每年汛前、汛后、用水期前后，都应配合工程检查，对土石坝工程建筑物进行一次全面的观察。在不同情况和外界因素影响下，加强对容易发生问题部位的观察。

(1) 高水位期间，应加强对土石坝背水坡、反滤坝址、两岸接头、下游坝脚和其他渗流溢出部位的观察。

(2) 大风浪期间，应加强对土石坝迎水面护坡的观察。

(3) 暴雨期间，应加强对土石坝表面和两岸山坡的冲刷、排水情况，以及可能发生滑坡坍塌部位的观察。

(4) 水位骤降期间，应加强对土石坝迎水坡可能发生滑坡部位的观察。

(5) 冰凌期间，应注意冰冻、冰凌对建筑物的影响，以及对防冻、防凌措施效果的观察。

(6) 冬季和温度骤降期间，应加强对混凝土建筑物缝形变化和渗水情况的观察。

(7) 遭受五级以上地震以后，应立即对土石坝建筑物进行全面的观察。特别要注意有无裂缝、塌陷、翻砂冒水及渗流量异常现象。

(8) 结合本工程具体情况，加强观察其他应注意部位。

为保持建筑物的完整，并不断改善外观条件，应观察建筑物各部位是否有杂草生长，尘土、垃圾、杂物积存，表面损坏、轮廓线起伏、歪斜及其他有碍观察的现象。建筑物表面的观察，应由专人负责。观察时应做好记录，必要时就地绘草图并加描述。对于观察中发现的重要问题，应及时上报并研究处理，若有必要进一步了解其发展情况，应继续观察或观测。

5.4.2 土工建筑物的观察

注意观察有无裂缝。发现裂缝后，应立即观察重要部分位置，并记录其情况，必要时按要求进行观测。对于平行于坝轴线的裂缝，应注意观察是否有滑坡迹象；对于垂直于坝轴线的裂缝，应注意能否形成贯穿上、下游的漏水通道。对于重要裂缝应妥加保护，防止雨水流入和人畜践踏(郭治等，2011)。

对土石坝背水坡，两岸接头和坝脚一带，必须注意观察有无散浸、漏水、管涌、流土或沼泽化等现象，泉眼、减压井、反滤排水沟等处渗水是否浑浊或有其他色泽，结合有关观测成果，分析判断其对建筑物的影响。必要时进一步进行探测检查，并加强观察和观测。

注意观察有无害虫、害兽的活动痕迹。在发现上述痕迹后，应进一步追查有无鼠穴、獾洞、白蚁窝等隐患。注意观察有无滑坡、塌陷、坍坑、表面冲蚀及坡脚凸起等现象。对块石护坡，应注意观察有无块石翻起、松动、塌陷、垫层流失、架空或风化变质等损坏现象。对表面排水系统，应注意观察有无裂缝或损坏，沟内有无障碍物、泥沙淤积或石缝中长草，以及降雨时的排水情况。

注意观察坝顶路面及防浪堤是否完好，有无塌陷、裂缝等情况。

对于堤防，还须注意观察下列各项：①护坡草皮和防浪林的生长情况；②护岸、护坡是否完好，有无冲刷和坍塌现象；③河道水流情况有无变化，是否有上提下错现象；④堤身有无挖坑、取土、挖缺口和耕种农作物等人为损坏现象。

5.4.3 混凝土建筑物的观察

应注意观察混凝土面板堆石坝的上游面板有无裂缝，发现裂缝后，重要的部分应按要求设点观测。

对混凝土面板堆石坝及其与地基、两岸接头部分，必须观察有无渗漏现象。

发现渗漏现象后，应观察其位置、面积和渗漏程度，并注意有无游离石灰及黄锈析出。渗漏程度可分湿斑点和漏流两类，漏流又可分为点滴流、细流、射流。如需测量渗漏水量，可用下列方法：

(1) 用脱脂棉花和纱布，先称好重量，然后铺贴于渗漏面上吸收渗漏水，经过一定时间，取下再称其重量，即可算得渗漏水量。

(2) 将渗漏水引入容器，直接测量渗漏水的容积或重量。

对混凝土表面应观察有无脱壳、松软、侵蚀等现象，可采用木槌敲击混凝土面，判断有无脱壳现象。可用手指、刀子、凿子试剥的方法，判断混凝土的松软程度及范围。对混凝土建筑物的伸缩缝，应观察缝内填充物有无流失，有无漏水现象。

第6章　水工建筑物无损检测

6.1　无损检测的定义与特点

1. 无损检测的定义

目前，水工建筑物的检测主要采用无损检测技术。所谓无损检测，是指在不影响水工建筑结构安全及正常运行的前提下，利用水工建筑物中结构异常或缺陷引起的对光、电、声、磁等反应的变化，得到缺陷的大小、位置、性质和数量等信息，评价水工建筑物中的异常、缺陷及其危害程度。伴随着现代传感器技术、电子技术、计算机科学和人工智能的迅速发展，越来越多的无损检测仪器被应用于水工建筑物的安全检测。无损检测结果已逐渐成为水工建筑物安全性态评价的重要依据之一。

2. 无损检测的特点

(1) 检测结果的可靠性。由于缺陷与表征缺陷的物理量之间并非一一对应的关系，采用单一检测方法完全检测出结构的异常部分非常困难。因此，需要根据不同情况选取不同的物理量，有时甚至同时采用两种或多种无损检测方法，才能对结构异常做出可靠的判断。

(2) 检测结果的合理性。无损检测结果必须与一定数量的破坏性检测结果比较才能得到合理的评价，而且这种评价只能作为材料或构件质量和寿命判定的依据之一。

(3) 无损检测实施时间。无损检测应该在对建筑物或工程质量有影响的每道工序之后进行。

6.2　无损检测的方法

水工建筑物安全检测过程中，常用的无损检测方法有探地雷达法、电磁与电测法、冲击反射法、超声波成像技术、回弹法、表面波检测法等，以下分别对各种检测方法进行介绍。

6.2.1　探地雷达法

探地雷达(ground penetrating radar，GPR)法是一种用于检测地下、物体内介质分布或进行界面定位的广谱电磁技术。与探空雷达类似，探地雷达是将高频电磁波以宽频带短脉冲形式通过发射天线送入地下，该雷达电磁波在介质中传播时，其路径、电磁场强度与波形都将随介质的电磁特性和几何形态等发生变化。遇到不同电磁特性介质的交界面时，部分雷达波的能量被反射到地面，由接收天线接收。因此，雷达探测的是来自地下或混凝土介质交界面的反射波，通过记录反射波到达的时间 t 和反射波的幅度研究地下介质的分布，分析推断地下介质或混凝土内部有无缺陷或缺陷的具体情况，探地雷达工作原理见图 6.1(曾昭发等，2006)。

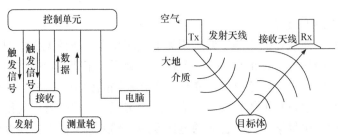

图 6.1 探地雷达工作原理示意图

在坝体渗漏探测中，渗透水流使渗漏部位或浸润线以下介质的相对介电常数增大，与未发生渗漏部位介质的相对介电常数有较大差异。在探地雷达剖面团上产生反射频率较低、反射振幅较大的特征影像，以此可推断发生渗漏的空间位置、范围和埋藏深度。如果大坝填料不均匀，存在较大孔穴或大块石料，探地雷达到面团上有明显的反向信号。探地雷达不适用于堆石体检测，因为在堆石体内电磁波反射面太多，检测深度太浅，即使使用频率低于 100MHz 的天线，检测深度也只能达到 2～3m。

某些水工建筑物，如输水隧洞、拦河闸、渠道工程、混凝土重力坝、混凝土面板坝等需检测的面积较大，常规的逐点检测方式已不能满足需要，雷达技术可以快速进行非接触检测，经处理后的接收信号还可以通过直观的图像显示在屏幕上(孙静，2005)。此外，雷达技术还可用于混凝土缺陷检测、定量分析桥梁腐蚀程度、管道无损检测及探测砌体结构完整性，也可用微波技术检测混凝土构件的含水量。

探地雷达检测图形以反射脉冲波的波形记录，以波形或灰度显示探地雷达检测结果剖面图。探地雷达检测资料的解读包括两部分内容，即数据处理和图像解读。由于地下介质相当于一个复杂的滤波器，介质对波不同程度的吸收及介质的不均匀性，使得脉冲到达接收天线时，波幅减小，波形变得与原始发射波形有较大的差异。另外，不同程度的各种随机噪声干扰，也影响检测波形(邓中俊等，2008)。因此，必须对接收信号进行适当的处理，以改善接收信号的信噪比，为进一步解读提供清晰可辨的图像，识别现场检测中的目标体引起的图像异常现象，以便与其他仪器检测图像结果进行对比解读。

由于探地雷达具有非破损性、抗干扰能力强、高效(特有的高分辨率)和方便等优点，在无损检测中得到了迅速的发展和广泛的应用。

6.2.2　电磁与电测法

根据不同的检测目的，电磁与电测法可分为核磁共振法、涡流法、剩磁法、超高频电磁法及交流阻抗法等。核磁共振法可用于检测混凝土成熟过程各阶段的特性，建材孔隙的含水量分布等问题；涡流法可测定混凝土盖板厚度及钢筋混凝土中的钢筋直径；剩磁法可测定预应力混凝土中张拉钢筋的断裂；超高频电磁法可诊断材料的涂层质量；交流阻抗法能检测混凝土中钢筋的锈蚀等(李喜孟等，2001)。

6.2.3　冲击反射法

冲击反射法(impact echo method，IEM)是国际上于20世纪80年代中期开始研究的一种无损检测方法。该法通过在构件表面施以微小冲击并产生应力波，当应力波在构件中传播遇到缺陷及底面时，将产生来回反射并引起构件表面微小的位移响应。通过接收这种响应并进行频谱分析可获得频谱图，频谱图上突出的峰就是应力波在构件表面与底面及缺陷间来回反射形成的。根据最高峰的频率可计算出构件厚度，根据其他频率峰可判断有无缺陷及其位置。所用设备为冲击器、接收器和采样分析系统。

冲击反射法系单面反射测试，其优点为：①测试方便，快速；②可获得明确的缺陷反射信号，比较直观；③无须丈量测距；④可以很方便地测量结构构件的厚度。冲击反射法可用于探测常规混凝土、喷射混凝土及沥青混凝土等结构内的疏松区，路面、底板的剥离层，预应力张拉管中灌浆的孔洞区，表层裂缝深度，甚至用于探测耐火砖砌体及混凝土中钢筋锈蚀产生的膨胀等。

6.2.4　超声波成像技术

超声波方法根据声速、频率、波幅三个参数对传统混凝土缺陷进行检测，至今已逐步发展到对混凝土构件进行超声波成像检测。超声波成像技术除了缺陷检测外，还有测定钢筋位置和钢筋直径、石膏、水泥和混凝土材料试验的超声频谱分析，砌体结构的超声试验，高衰减材料的超声检测，检测沥青混凝土某些特性的超声脉冲速度法，以及检测钢筋混凝土构件厚度的超声信号叠加技术等。

超声波成像技术具有以下特点：①超声波的方向性好。②超声波穿透能力强；对于大多数介质而言，超声波检测具有较强穿透能力。③超声波能量高。④遇到界面时，超声波将产生反射、折射和波形的转换。利用超声波在介质中传播时这些物理现象，经过巧妙的设计，使超声检测工作的灵活性、精确度得到大幅度提高。

6.2.5　回弹法

回弹法是应用历史最长、应用范围最广的无损检测方法。它根据表面硬度来推测混凝土的强度，因此其检测范围应限于内外均质的混凝土。回弹法检测推定的是构件测定区在相应龄期的抗压强度，以边长为 15cm 的混凝土立方体试件抗压强度表示(王国秉等，1998)。

目前，水利水电行业尚无回弹法检测规程，电力行业标准《水工混凝土试验规程》(DL/T 5150—2017)及建设部《回弹法检测混凝土抗压强度技术规程》(JGJ/T 23—2011)是最新标准，也是目前检测的主要依据。《水工混凝土试验规程》(DL/T 5150—2017)规定，采用回弹法检测混凝土抗压强度，适用于强度等级为 C10～C40 的混凝土。

测定回弹值的仪器，可以采用指针直读式混凝土回弹仪，也可以采用数显式混凝土回弹仪。指针直读式混凝土回弹仪按其标称动能可分为中型回弹仪，其标称动能为 2.2J；重型回弹仪，其标称动能为 29.4J。检测步骤如下：

(1) 在被测混凝土结构或构件上均匀布置测区，测区数不少于 10 个。中型回弹仪的测区面积为 400cm²；重型回弹仪的测区面积为 2500cm²。

(2) 根据混凝土结构、构件厚度或骨料最大粒径，选用回弹仪：①混凝土结构或构件厚度小于等于 60cm，或骨料最大粒径小于等于 40mm，宜选中型回弹仪。②混凝土结构或构件厚度大于 60cm，或骨料最大粒径大于 40mm，宜选重型回弹仪。

6.2.6　表面波检测法

1. 表面波检测法的基本理论

表面波(又称"瑞利波")是沿介质表层传播的一种弹性波，其基本理论涉及以下几方面。

(1) 在半无限弹性介质表面进行垂直激振，可在介质中产生表面波。表面波振动方向垂直于介质表面，沿表面平行传播，波阵面呈圆柱形。

(2) 在各向同性弹性介质半空间垂直激振产生的能量，表面波占 67%，横波占 26%，纵波占 7%。

(3) 表面波振幅随震源距离 r 的衰减比横波慢，表面波振幅与 $1/\sqrt{r}$ 成比例衰减，横波振幅与 $1/r$ 成比例衰减。因此，表面层对于表面波具有重要意义。

(4) 稳态振动产生频率为 f 的表面波在介质中传播的深度约等于一个波长 λ，但从能量分布考虑可认为其速度 V_R 表示 $\lambda/2$ 深度范围内介质的平均性质。因此，得到关系式：$V_R = 2fD$，$D = \lambda / 2$，随着频率的减小，表面波传播深度增加，改变频率，可得到反映不同深度材料的平均力学特性。

（5）表面波与横波具有相似的性质，由于材料中孔隙水不能传递剪力，与横波一样受材料中的含水量影响较小。

（6）表面波传播速度在理论上与材料的弹性模量、剪切模量之间具有数学关系，通过试验表明表面波速度与材料干密度、抗压强度等具有良好的相关性。因此，用它来检验结构混凝土材料的力学性能及存在的缺陷具有重要意义。

2. 表面波检测混凝土强度的原理

利用表面波传播速度与介质物理力学性质的相关性，可检测混凝土强度。研究表明，表面波传播速度 V_R 与材料的动态弹性模量 E_d、动态剪切模量 G_d、动态泊松比 ν_d、密度 ρ_d 有如下关系：

$$E_d = \frac{2(1+\nu_d)^3}{(0.87+1.12\nu_d)^2}\rho_d V_R^2 \tag{6.1}$$

$$G_d = \left(\frac{1+\nu_d}{(0.87+1.12\nu_d)^2}\right)^2 \rho_d V_R^2 \tag{6.2}$$

在实际工程中，一般不用 E_d 或 G_d 作为强度指标，通常采用抗压强度，抗压强度 R_c 与 V_R 具有幂函数关系，见式(6.3)：

$$R_c = a V_R^b \tag{6.3}$$

式中，R_c 为抗压强度换算值(MPa)；V_R 为表面波传播速度(km/s)；a、b 为关系系数。

因此，利用一定数量的 R_c 与 V_R，可以采用数理统计分析方法得出关系系数 a、b，建立回归方程式，换算出抗压强度。

6.3　典型结构的无损检测

6.3.1　裂缝无损检测

裂缝已成为水工混凝土建筑物最常见的病害之一。水工混凝土建筑物在长期运行过程中，受到维修养护不足及自然条件变化的影响，导致建筑物产生裂缝，这些裂缝对水工建筑物的危害程度不一，严重的裂缝不但会产生大量漏水，对水工建筑物的安全运行造成严重威胁，甚至会危害建筑物的安全性和稳定性。此外，裂缝往往会引起其他病害的发生与发展，如加速混凝土碳化、腐蚀、钢筋锈蚀和保护层脱落，降低结构稳定性等。这些病害与裂缝形成恶性循环，会对水工混凝土建筑物的耐久性产生较大危害。因此，在建筑物的定期检查和维修养护中，必须认真检查并注意观察渗漏情况，对出现裂缝的建筑物应加强观察及检测，必要情况下对裂缝进行修补处理(孙志恒等，2004)。

6.3.1.1　裂缝检测内容

裂缝检测应包括以下内容：

(1) 裂缝的部位、数量和分布状态。

(2) 裂缝的宽度、长度和深度。

(3) 表面裂缝还是贯穿裂缝。

(4) 裂缝的形状，如上宽下窄、下宽上窄、中间宽两头窄(枣核形)、对角线形、斜线形、八字形、网状形等。

(5) 裂缝的走向，纵向、横向、斜向、沿主筋向还是垂直于主筋向。

(6) 裂缝周围混凝土的颜色及其变化情况，有无析出物，有无保护层脱落、粉层。

(7) 裂缝的活动特性，是指裂缝宽度的发展情况及受某些因素(如时间、荷载、季节等)影响的变化情况，裂缝的宽度和长度是否已稳定、是否有周期性、是否有自愈闭合性。

6.3.1.2　裂缝检测方法

裂缝检测方法分为常规方法和超声脉冲法，两种方法的检测内容各不相同，下面对这两种方法进行介绍。

1. 常规方法

(1) 裂缝宽度。裂缝的宽度一般指裂缝最大宽度与最小宽度的平均值。此处的裂缝最大宽度和最小宽度分别指该裂缝长度的10%～15%较宽区段及较窄区段的平均宽度。裂缝宽度的测量，一般可用混凝土裂缝测定卡尺、刻度放大镜(20倍)、量隙尺(塞尺)等测定；也可贴跨缝应变片，根据应变测量值了解裂缝宽度在短时间内的微小变化及其活动性质。

(2) 裂缝长度。裂缝开度的增大，一般都伴随裂缝的延伸，是裂缝危害性增大的征兆。裂缝长度可用钢板尺、钢卷尺等测定，也可以在裂缝末端附近垂直裂缝尖端处粘贴应变片，根据应变测量值的变化即能获知裂缝是否延伸及延伸速度等情况。

(3) 裂缝深度。裂缝深度指表面裂缝口到裂缝闭合处的深度。裂缝深度可用不同直径的细钢丝或塞尺探测；也可用注射器向缝中注射有色液体，待干燥后沿缝凿开混凝土，由液体渗入深度判定；还可以用取芯法测定。

2. 超声脉冲法

(1) 测垂直裂缝深度。超声检测混凝土垂直裂缝深度的方法如图 6.2 所示，当混凝土裂缝中充满空气而无固体介质时，声波主要由 A 点绕缝端 C 点达到 B 点，由超声波在混凝土中传播的距离、速度，便可计算垂直裂缝的深度。首先应测定超声波在混凝土中的传播速度。将发射、接收换能器置于裂缝附近(无裂缝处)质量均匀的混凝土表面，两换能器边缘间距 l_{0i} 为 100mm、150mm、200mm、250mm 和 300mm。

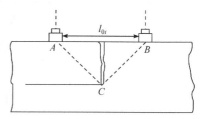

图 6.2　超声检测混凝土垂直裂缝深度

分别测量超声波穿过的时间 t_{0i}，由此求得超声波通过混凝土的速度 v(也可不求)，再将发射、接收换能器分别置于混凝土表面裂缝的两侧(图 6.2)，以裂缝为轴线对称，即换能器中心连线与裂缝走向垂直。改变换能器的间距(中心距) l_{0i} 为 100mm、150mm、200mm、250mm 和 300mm 等，读取相应的超声波传播时间 t_i，并由声速计算出声波传播的距离 L_i。通过几何关系可得垂直裂缝的深度 h_i(mm) 的计算式为

$$h_i = \frac{l_i}{2}\sqrt{\left(\frac{t_i}{t_{0i}}\right)^2 - 1} \tag{6.4}$$

式中，l_i 为换能器中心间的直线播距离(mm)；t_i 为过缝平测时的声时(μs)；t_{0i} 为无缝平测时的声时(μs)。

按式(6.4)可算出一组 h_i，若 h_i 大于相应的 l_i 时，应舍去，再取余下 h_i 的均值作为裂缝深度判定值。如余下的 h_i 少于 2 个，需增加测试次数。

混凝土中声波会受钢筋的干扰，当有钢筋穿过裂缝时，发射、接收换能器的布置应使换能器连线离开钢筋轴线，离开的最短距离约为计算裂缝深度的 1.5 倍。若钢筋太密，无法避开，则不能用超声脉冲法检测裂缝深度。本方法适用于深度在 600mm 以内的结构混凝土裂缝检测。

(2) 测斜裂缝深度。先在无缝处测定混凝土中的超声传播速度 v，然后按以下方法判断裂缝的倾斜方向。斜向裂缝检测法如图 6.3 所示，将发射、接收换能器分置于裂缝两侧的 A、B_1 (B_1 应靠近裂缝处)，测出传播时间。然后把 B_1 处的换能稍向外移动至 C_1 处，如传播时间减小，裂缝向换能器移动方向倾斜。再固定 C_1 点，移动 A 点，重复测试一次，以便确认缝倾斜方向。

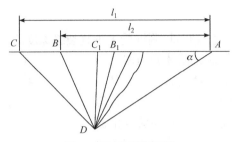

图 6.3　斜向裂缝检测

　　裂缝深度的检测步骤如下，将发射、接收换能器分别对称置于裂缝的两侧 A 、B 两点(图 6.3)，读得声时 t_1 ，然后移动 B 至 C ，读得声时 t_2 ，可得式(6.5)～式(6.8)如下：

$$\overline{AD} + \overline{DB} = vt_1 \tag{6.5}$$

$$\overline{AD} + \overline{DC} = vt_2 \tag{6.6}$$

$$\overline{BD}^2 = \overline{AD}^2 + l_1^2 - 2\overline{AD}l_1\cos\alpha \tag{6.7}$$

$$\overline{CD}^2 = \overline{AD}^2 + l_2^2 - 2\overline{AD}l_2\cos\alpha \tag{6.8}$$

式中，l_1 、l_2 为测点的直线距离。

　　联立求解上述方程可得 D 点至 A、B、C 各点的距离，即可得到斜裂缝的倾斜方向和深度。

　　(3) 测深裂缝深度。大体积混凝土中裂缝深度大于 600mm 时，可先在裂缝两侧对称地钻两个垂直于混凝土表面、连线垂直于裂缝走向的孔，孔径以能自由地放入换能器为宜。钻孔冲洗净后注满清水，再将发射、接收径向振动式换能器分别置入孔中，使两者同高，混凝土深裂缝检测观测见图 6.4(a)。上下移动换能器并进行测量，直至换能器达到某一深度、波幅达到最大值，再向下测量而波幅变化不大时，孔中换能器的深度即为裂缝深度。为便于判断，可绘制裂缝深度-波幅的曲线图如图 6.4(b)所示。

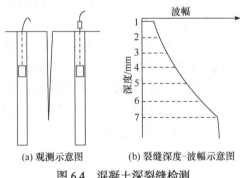

(a) 观测示意图　　　　(b) 裂缝深度-波幅示意图

图 6.4　混凝土深裂缝检测

若两换能器在两孔中非等高度进行交叉斜测，根据波幅发生突变的两次测试连线的交点，可判定倾斜深裂缝末端所在位置和深度。

(4) 注意事项。超声脉冲法测裂缝时应注意以下几点：①平测时换能器的间距 l 应与对测法进行对比试验确定，不一定等于探头中心间距或内边缘间距；②探头至裂缝的距离与裂缝深度的 2 倍相近($l \approx 2h$)为宜，太近或太远均会造成测量错误或精度下降；③为避免受平行两探头连线且穿过裂缝的钢筋影响，声径应避开钢筋，一般情况下，探头与钢筋轴线的距离应为裂缝深度的 1.5 倍左右；④裂缝中应无积水或其他能够传声的夹杂物；⑤深裂缝、大体积基础裂缝和桩基裂缝等宜采用钻孔对测法测定，探头采用增压式径向探头。

6.3.2　堤坝隐患无损检测

6.3.2.1　堤坝隐患分类

我国已修建的部分堤防存在修筑质量差、堤身高度不够，堤防经多年水力冲刷导致细粒土被带走，以及基础塌陷造成不均匀沉降等问题，导致堤防存在多种缺陷或隐患。有的隐患存在于堤身内，也有的存在于覆盖层和浅层基础内。当这些隐患发展严重时，遇高洪水位，堤防极有可能发生渗流或漫顶灾害。归纳起来，堤防的隐患通常有以下三类(房纯纲等，2010)。

(1) 洞：蚁穴、鼠洞、烂树根、塌陷产生的空洞及浅层基础内细粒土流失形成的孔洞(管涌隐患)等。

(2) 缝：纵缝、横缝、斜缝、隐蔽缝和开口缝等。

(3) 松：密实度低(孔隙率大)或填料含粗粒土过多等。

6.3.2.2　堤防隐患的检测方法

大多数情况下，进行堤坝隐患或渗漏检测时，不希望在坝体内进行钻孔试验，以免破坏坝体结构的完整性。因此，堤坝隐患或渗漏检测多采用无损检测仪器，这些仪器大多数属于物探仪器。

进行堤防渗漏隐患检测时，依据不同的工程情况和环境条件，将检测仪器分为两类：堤防隐患检测仪器和堤防渗漏险情检测仪器。前者主要用于枯水期堤防隐患检测，为堤防除险加固工程提供依据，部分此类仪器也可用于洪水期渗漏通道检测、定位；后者主要用于洪水期堤防渗漏定位检测和险情探查，这类仪器只有在堤防有水条件下才能发挥作用。枯水期堤防缺陷、隐患检测仪器或技术主要有瞬变电磁堤防渗漏检测仪(transient electro-magnetic sounding，TEM)、高密度电法、探地雷达等。洪水期渗漏险情检测仪器主要有便携式红外成像渗漏检测仪、水下地形仪等。

1. 瞬变电磁堤防渗漏检测仪

瞬变电磁法又称时间域电磁法。在一个测站，利用不同时间检测不同深度地层的电导率，当某处电导率出现异常，则认为该处存在缺陷。该系统由发射机、发射线圈、接收线圈、接收机和计算机组成，TEM 系统工作原理如图 6.5 所示。没有插入地下的部件，可由人工在堤坝顶迅速移动，也可安装在车上，进行普查。瞬变电磁法属于无损检测，具有高分辨率、高灵敏度、操作简便和检测速度快等优点。瞬变电磁堤防渗漏检测仪在一个测站工作时间小于 30s。沿堤轴的横向位置分辨率为 1～5m(可任意设置测站间距)，纵向分辨率为 0.5～1m。

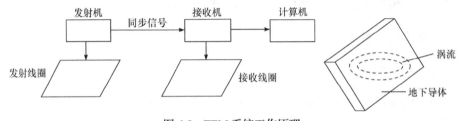

图 6.5　TEM 系统工作原理

2. 高密度电法

高密度电法(high-density electrical method)是近年来在传统电阻率法基础上发展起来的新技术，由于高密度电法采用计算机控制的分布式多电极系统和高达几百伏的供电电压，大大提高了仪器的分辨率、抗干扰能力、自动化数据采集与处理成像能力。因此，高密度电法已成为电法测试的主流，在国内外堤防和土石坝隐患探测方面得到较普遍应用。

3. 探地雷达

探地雷达又称地质雷达，是用频率为 10^6～10^9Hz 的无线电波反射原理，确定地下介质分布的一种方法。探地雷达工作原理见 6.2.1 小节。

4. 便携式红外成像渗漏检测仪

红外线成像技术是利用微波和可见光之间频段(3.0×10^{11}～4.3×10^{14}Hz)的电磁波对目标进行检测和成像的技术。红外成像技术初期多用于夜间军事活动，随着红外成像技术的发展及红外成像仪的不断改进，目前已经用于遥感技术及其他领域，如堤坝管涌和散浸检测。

5. 水下地形仪

探测洪水期顶冲崩岸水下地形、抛石护岸位置、护岸堆石形态和查找根石等情况时，使用水下地形仪之类水下检测仪器是一种有效的检测手段，目前，较为先进的仪器是多波束仪和侧扫声呐等。使用时将仪器放入水中，工作人员在船上进行操作，将探测方向定位在堤脚部位，测量船与堤防保持恒定距离行驶，就可以获得探测距离内的水下地形(underwater topography，UT)资料。

6.3.3 隧洞衬砌无损检测

1. 隧洞衬砌无损检测的目的

隧洞衬砌无损检测的主要目的有：

(1) 隧洞不规则岩面与一次支护之间、一次支护与二次衬砌之间是否存在脱空现象。

(2) 隧洞围岩缺陷(2m 范围内，包括衬砌厚度)。

(3) 衬砌的厚度是否符合设计要求。

(4) 钢拱架和钢筋的布置是否达到设计要求。

2. 隧洞衬砌无损检测的方法

隧洞衬砌无损检测主要采用探地雷达法。采用探地雷达检查隧洞衬砌施工质量是探地雷达的主要应用场合之一。由于隧洞衬砌施工质量和岩石质量检测的对象厚度较薄，探地雷达的检测深度较浅，在隧洞内进行衬砌施工质量检测时，必须采用高频屏蔽天线，以提高分辨率、屏蔽各种类型电磁干扰、提高信噪比。不同频率屏蔽天线的检测深度和水平分辨率见表 6.1。

表 6.1 不同频率屏蔽天线的检测深度和水平分辨率

屏蔽天线频率/MHz	检测深度/m	水平分辨率/cm
400	3.0	15
500	2.0	10
900	0.9	5
1000	0.8	4
1500	0.4	1

3. 隧洞衬砌质量判定标准

隧洞衬砌施工质量和岩石质量检测结果图形的主要判定特征如下。

(1) 密实：信号幅度较弱，甚至没有界面反射信号。

(2) 不密实：衬砌界面的强反射信号同相轴呈绕射弧形，并且不连续，错断。

(3) 空洞：衬砌界面反射信号强，其下部仍有强反射界面信号，两组信号时程差较大。

(4) 钢拱架：分散的月牙形强反射信号。

(5) 钢筋：连续的小双曲线形强反射信号。

6.3.4 防渗墙无损检测

6.3.4.1 防渗墙无损检测内容

防渗墙无损检测的主要内容包括墙体的完整性、连续性和均匀性，针对的主要质量问题包括墙体架空、蜂窝、离析、裂隙、墙体开叉、夹层、墙体深度不足、沉渣厚度超过要求等(冷元宝等，2014)。

6.3.4.2　防渗墙无损检测方法

防渗墙无损检测方法包括高密度电阻率法、探地雷达法、弹性波垂直反射法、单孔声波法、弹性波计算机断层扫描(computer tomography, CT)、钻孔电视、全孔壁数字成像、同位素示踪法等。

1. 高密度电阻率法

高密度电阻率法可用于塑性混凝土、固化灰浆混凝土、自凝灰浆混凝土等无钢筋防渗墙浅层部位的完整性、均匀性检测。采用高密度电阻率法检测防渗墙应满足下列条件：

(1) 接地条件良好。

(2) 墙体缺陷与正常墙体之间存在明显电阻率差异，并在所用装置的检测范围内。

(3) 测区没有较强的工业游散电流、大地电流或电磁干扰。

2. 探地雷达法

探地雷达法可用于塑性混凝土、固化灰浆混凝土、自凝灰浆混凝土等无钢筋防渗墙的浅层部位完整性、均匀性检测，也可用于含钢筋防渗墙内钢筋位置、间距和数量的检测。采用探地雷达法检测防渗墙，应满足下列条件：

(1) 墙体缺陷与正常墙体之间存在明显的介电常数差异，位置及尺寸在检测范围内。

(2) 墙体表层无低阻屏蔽层。

(3) 检测区内无大范围的金属体或无线电发射频源等较强的人工电磁波干扰。

3. 弹性波垂直反射法

弹性波垂直反射法可用于混凝土防渗墙的完整性、均匀性检测。采用弹性波垂直反射法检测防渗墙，应满足下列条件：

(1) 墙体缺陷与正常墙体之间存在明显的波阻抗差异且性质稳定。

(2) 缺陷埋深及规模应在垂直反射法检测深度范围内。

(3) 入射波能在缺陷界面产生有效的反射波。

4. 单孔声波法

声波测试可用于混凝土防渗墙的完整性、均匀性检测和墙体深度检测，跨孔声波测试还可用于缺陷深度定位。采用声波测试检测防渗墙应满足下列条件：

(1) 单孔测试时，测孔中应无金属套管。

(2) 采用跨孔声波时，应根据防渗墙墙体材料特点、仪器分辨率、激发能量确定孔距。

5. 弹性波 CT

弹性波 CT 可用于防渗墙的完整性、均匀性检测和缺陷定位、墙体深度检测。

采用弹性波 CT 检测防渗墙应满足下列条件：

(1) 正常墙体波速与周围介质及缺陷部位墙体波速有明显差异。

(2) 钻孔孔距宜小于防渗墙深度的 1/2。

(3) 测试孔中有井液耦合。

6. 钻孔电视

钻孔电视可用于检测防渗墙内部质量，观测钻孔孔壁的裂隙、夹泥、不密实区等。仪器设备应满足下列要求：

(1) 深度传动装置的相对误差小于 2‰。

(2) 有良好的照明光源。

(3) 有方位确定方法和深度计数方法。

(4) 能够测量倾向、倾角、距离参数。

(5) 具有图像存储、回放、编辑功能。

7. 全孔壁数字成像

钻孔全孔壁数字成像可用于观测防渗墙内部质量，检测钻孔孔壁的裂隙、夹泥、不密实区等。钻孔全孔壁数字成像设备性能应满足以下要求：

(1) 深度传动装置的相对误差小于 2‰。

(2) 有良好的照明光源。

(3) 有方位确定方法和深度计数方法。

(4) 能够测量倾向、倾角、距离参数。

8. 同位素示踪法

防渗墙质量检测的同位素示踪法宜采用单孔稀释法、单孔示踪法。单孔稀释法适用于测定水平流速和流向、测定垂向流速和流向等；单孔示踪法适用于测定垂向流速和流向。仪器设备应满足下列要求：

(1) 当垂向流速 $V_V > 0.1\text{m/d}$ 时，垂向流速测试相对误差应小于 3%；当水平流速 $V_f > 0.01\text{m/d}$ 时，水平流速测试相对误差应小于 5%。

(2) 水平流速测试范围为 0.05～100m/d。

(3) 垂向流速测试范围为 0.1～100m/d。

6.4　无损检测的仪器设备

随着科学技术的发展，无损检测技术也突破了原有的范畴，涌现出一批新的测试方法，包括微波吸收、红外热谱、脉冲回波、面波、化学分析等新测试技术，测试内容也由强度推定、内部缺陷探测等扩展到更广泛的范畴。同时，无损检测设备的功能更趋完善、操作更加简便，成果可以直接输入电脑，通过专用软件进行分析，其功能逐渐由事后质量检测发展为事前的质量反馈控制。

1. 数显式回弹仪

数显式回弹仪用于测试硬化混凝土的抗压强度，能自动计算回弹值和抗压强度，可数字显示和打印输出全部测试结果，能贮存测试数据并下载到电脑。SCHMIDT 2000 型数显式回弹仪如图 6.6 所示。

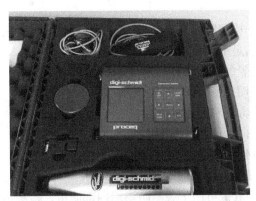

图 6.6　SCHMIDT 2000 型数显式回弹仪

2. 黏结强度测试仪

黏结强度测试仪用于测量锚固强度或两种材料层间的黏结强度。使用黏结强度测试仪时，先用环氧树脂胶黏剂将一块盘形钢片粘在被测材料的表面。再用取芯机在盘形钢片周围切割一个圆，切割深度要超过两种材料结合层面，通过对盘形钢片施加可控制的拉力，就可以测出两种材料层之间的黏结力。如果环氧树脂的黏结强度大于两层材料间的黏结强度，则可测出这两层材料间的黏结强度，反之则不能。美国 JAMES 公司生产的 007-JAMES 黏结强度测试仪如图 6.7 所示。

图 6.7　007-JAMES 黏结强度测试仪

3. 混凝土超声测定仪

混凝土超声测定仪是一种先进的超声波脉冲测定仪，被广泛用于混凝土建筑物的质量控制和评估。该仪器可测定材料的不均匀性，如混凝土内的空洞、裂缝、蜂窝和受冻害情况。V-METER MARK Ⅱ超声波仪器，配合手持终端以数字形式直接显示超声波通过混凝土的时间，可以将测试数据下载到电脑。超声波仪器如图 6.8 所示。若使用 S 波换能器，可计算出泊松比和弹性模量。

图 6.8　超声波仪器

4. 钢筋扫描仪

钢筋扫描仪是一种高技术的钢筋定位仪，拥有易于读数的液晶显示器，能定位埋深 300mm 以内的钢筋并测量保护层厚度，还能估算埋深 200mm 以内钢筋的直径。利用声音信号和安装在探头上的表头，可提高仪器扫描的速度。PROFOMETER 5 型钢筋扫描仪如图 6.9 所示。

图 6.9　PROFOMETER 5 型钢筋扫描仪

5. 钢筋锈蚀程度测定仪

GECOR8 钢筋锈蚀程度测定仪如图 6.10 所示，该仪器是目前世界上最先进的分析混凝土内钢筋锈蚀情况的仪器。该仪器具有下列优点：

(1) 快速描绘混凝土内钢筋锈蚀的速率。

(2) 精确分析钢筋锈蚀速率的调制限制技术。

(3) 可分析非常潮湿或浸在水中的建筑构件上钢筋的锈蚀率。

(4) 可以测量阴极保护法防锈效率。

快速成图技术有助于迅速对混凝土内钢筋锈蚀情况进行分类，借助仪器的内置程序，能快速分析混凝土内可疑区域的钢筋锈蚀情况，给出混凝土构筑物内钢筋锈蚀部位的图形。同时，先进的调制限制技术，能准确测量钢筋极化电阻的真实值。

6. 渗水性测试仪

渗水性测试仪可以用来测量混凝土表面的孔隙率和渗透性，还可以检测防水保护层的施工质量，渗水性测试仪如图 6.11 所示。

图 6.10　GECOR8 钢筋锈蚀程度测定仪

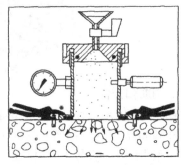
图 6.11　渗水性测试仪示意图

渗水性测试仪的基本原理是在混凝土表面施加压力，用水的渗透性评价混凝土的表面情况。用快凝的盐酸格拉司琼(granisetron hydrochloride, GRA)胶将内径为 60mm 的防水垫圈粘牢在混凝土表面，然后借助锚固在混凝土表面上的两个夹钳将压力腔与垫圈黏结在一起，或者使用吸板固定。打开阀门，充入煮沸的水，在达到设定压力($0\sim6\times10^5$Pa)之前关闭阀门和腔顶的盖子。用测微计保持活塞压入压力室中的压力，使水不断地向混凝土中渗入。测微计随时间得到的读数便可用来评价被检测混凝土表面的渗水特性。

7. 混凝土强度枪击探测仪

便携式混凝土强度枪击探测仪带有一个电子测定仪，有助于得到准确的测量结果，电子测定仪还有记录功能，可用于事后检查，也可以把记录的数据下载到个人电脑，混凝土强度枪击探测仪如图 6.12 所示。

与仪器配套的有两种贯入探头。一般探头(金探头)用于测量小比重、低密度，骨料颗粒内孔隙率较大的轻骨料混凝土。另一种探头(银探头)用于测量普通混凝土。这两种贯入探头可用于不同龄期混凝土抗压强度的测量。

图 6.12　混凝土强度枪击探测仪

第7章　水工建筑物及其基础变形监测

水工建筑物及其基础变形监测是利用各种传感器或监测设施，采用人工测读或自动化测读采集方式，对水工建筑物的变形、渗流、应力应变、温度等进行监测。安全监测项目主要包括变形监测(水平位移、垂直位移、挠度、倾斜、接缝监测等)、渗流监测(渗透压力、渗流量、水质监测等)、应力应变及温度监测、环境量监测(库水位、气温、降雨量、地震监测等)(杨杰等，2012)。

变形监测是工程安全监测的主要项目。变形监测资料比较直观也比较敏感，适用于建筑物及其基础在施工期、分期蓄水期和运行期全过程的安全监控和安全预报，一旦发现异常迹象，可以及时采取补救措施，确保水工建筑物及其基础的安全(王开明，2010)。根据变形监测资料，还能检验水工设计方案的正确性，检验施工质量是否符合要求，有利于在今后工程中优化设计和施工方案，加快施工进度，节省工程投资。因此，变形监测是安全监测系统的重要组成部分之一。

近年来，世界各国都加强了大坝安全监测工作，特别是变形监测，对防止大坝事故起重要作用。例如，我国佛子岭连拱坝曾通过长期变形监测，发现13号坝段的沉陷量为9.6mm，比其他坝段约大2mm。据此查明，该处基础有破碎带并有倾向下游的夹泥层，后将水库放空进行基础处理，才使大坝1969年能经受漫过坝顶高达2.8m，持续25h之久的特大洪水考验。

变形监测系统包含的项目有变形监测网、水平位移监测、垂直位移监测、挠度监测、倾斜(转动角)监测和特殊基础的变形监测。

7.1　变形监测网

为准确掌握各水工建筑物的变形规律，分析其相互变形关系，必须建立统一基准的变形监测系统。变形监测网为整个变形监测系统提供统一基准，它与各部位的监测设施共同组成一个有机整体。

变形监测网需在变形范围(工程意义上)以外设立平面与高程变形基准点(工作基点)，在恰当部位建立网点。以变形基准点为依据，通过变形监测网的施测，了解网点的稳定性，即测量工作基点的绝对变形量(赵全麟，1991a)。再以工作基点为依据，由各部位监测设施测量水工测建筑物及其基础的相对变形量；通过计算并估计工作基点的绝对变形量，即可获得各部位的绝对变形量。此外，高程监测网还担负了解坝址区周边地壳形变规律的职责，必要时与库区地壳形变监测网构成有机整体，为水库诱发地震的安全评估提供基础信息。

平面变形监测网，可采用大地测量法或全球定位系统(global positioning system, GPS)测量法建立。高程监测网采用精密水准法建立。当工程规模较大时，监测网要覆盖的范围将更大，若按常规建立控制网的方法设计，不仅工作量大，难以及时得到所需的监测数据，精度也难以满足要求。因此，必须研究变形监测网优化设计的基础理论并优化设计方法，以及优选监测仪器和监测方案，形成完整的监测系统。

7.2　水平位移监测

水平位移监测对于直线型大坝而言是监测水工建筑物及其基础顺水流方向的位置变化，即垂直于大坝轴线方向(横向)的变形；对于拱坝而言是测量其径向和切向的变形；对于船闸而言是测量其水工建筑物相对于闸室中心线的张合变形。水平位移监测设施由水平位移监测网、工作基点和测量方法(仪器)三部分组成。

水平位移监测网为全工程提供统一的监测基准和检测工作基点，目前，主要应用大地测量法建立边角网实施。这种方法的优点是精度高，成果可靠；缺点是基本处于人工操作阶段，工作量较大且速度较慢。水利部长江勘测技术研究所成功研发了大地测量监测自动化系统，使水平位移监测网的建立达到半自动化水平，大大减少了建网的工作量，提高了观测速度(赵全麟，1991b)。1998年，武汉大学在清江隔河岩水电站初步应用GPS测量法建立水平位移监测网，为我国水平位移监测网全自动化迈出了可喜的一步。

工作基点是测量水工建筑物及基础水平位移的依据，工作基点的形式可根据监测的部位和监测方法选定，目前，国内外多数工程采用倒垂形式，此外还有普通钢筋混凝土监测墩标和双层监测墩标等。

测量方法(仪器)有很多种，如引张线法、真空激光准直法、大地测量法、GPS测量法、倒垂组法和视准线法等，后续章节中将对变形监测网作详细的阐述，本节重点介绍水平位移工作基点和测量仪器与方法。

7.2.1　工作基点

工作基点包括基点和基点监测墩，常用的工作基点有倒垂和监测墩标。

7.2.1.1　倒垂

倒垂是建立水平位移监测工作基点的主要形式，包括倒垂装置和基点监测墩。整个倒垂装置由锚块、浮体和倒垂线(自由铅垂状态的不锈钢丝或铟钢丝)等主要构件构成,倒垂浮体组结构如图 7.1 所示。基点监测墩设立在倒垂装置附近,使用坐标尺监测倒垂线,以确定基点监测墩相对于倒垂点的位移。

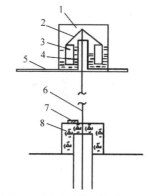

倒垂的锚块(即倒垂点)要埋设在变形量小到可忽略不计的基岩处,这是基本要求。通常确定倒垂孔深度 Z 应考虑以下三个要求:①倒垂孔的深度一般为所在部位高度的 1/4～1/2,但最小不宜小于 10m;②要大于所在部位帷幕灌浆的深度;③倒垂孔要终止在地质条件较好的岩层上。

图 7.1　倒垂浮体组结构示意图
1-油桶；2-连接支架；3-浮体；4-连接杆；5-搁架；
6-倒垂线；7-坐标仪器座；8-混凝土监测墩

近年来,设置倒垂的技术水平有很大提高,具体表现在造孔技术水平和垂线观测自动化程度两方面。众所周知,建成后的倒垂孔有效内径不得小于 85mm。故越深的倒垂孔,其造孔难度就越大。造孔技术水平的提高(在三峡工程中成功建成了一些深度大于 100m 的倒垂孔)为保证倒垂点的稳定提供了条件。

经过不断的努力,正倒垂线的自动化监测已取得较好的成果。目前,国内用于大坝中的垂线观测坐标仪有光电(CCD)式、电磁差动式、步进马达式和电容式等,这些仪器精度和可靠性都取得了较大进步,在三峡工程等项目中均取得较好的自动化监测成果。近年来,国产的垂线坐标仪在可靠性上进步很大,预计通过进一步的努力,将代替进口仪器,为大坝自动化监测做出贡献。

7.2.1.2　监测墩标

在地质条件较好的地区,边角网、GPS 测量网和视准线的工作基点可选用监测墩标。监测墩标是将工作基点和监测墩合二为一。监测墩又分为普通钢筋混凝土观测墩和双层监测墩。双层监测墩如图 7.2 所示,普通钢筋混凝土监测墩图如图 7.3 所示,顶部强制对中盘的中心即为工作基点。

7.2.2　测量仪器与方法

水平位移监测的测量方法较多,主要有引张线法、真空激光准直法、GPS 测量法和其他测量方法。

7.2.2.1　引张线法

直线型建筑物的两端设置倒垂点作为工作基点,在其附近建造引张线端点,两端点之间悬挂一条两端受力拉伸的不锈钢丝,称为引张线,以它作为标准直线。

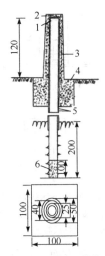
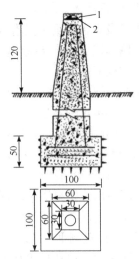

图 7.2　双层监测墩(单位：cm)　　　　　图 7.3　普通钢筋混凝土监测墩图(单位：cm)
1-仪器基础；2-标盖；3-混凝土围井；　　　　　　　　　1-标盖；2-仪器基础
4-围井垫座；5-钢管；6-水泥砂浆

在需要测量水平位的坝块上设置测点，测点处设置钢板尺，读取引张线在钢板尺上的位置读数，即为引张线观测值。第 i 次观测值与首次观测值的差值，即为该测点(所在坝块)的水平位移，这种方法叫作引张线法。

(1) 设备。引张线法的主要设施部件有端点设备、测点设备、测线和保护管等。①端点设备。在坝体上直接建造一个钢筋混凝土墩，其上有夹线装置、滑轮、线锤连接装置和重锤等，端点装置如图 7.4 所示。②测点设备。测点设备有钢板尺、浮托装置、保护管和保护箱等，测点装置如图 7.5 所示。③测线越长引张线两端所需的拉力越大，长度为 200～600m 的引张线，一般采用 40～80kg 的重锤张拉。

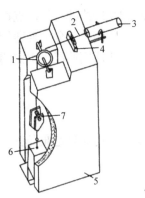
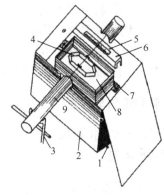

图 7.4　端点装置示意图　　　　　　　图 7.5　测点装置示意图
1-滑轮；2-测线；3-保护管；4-夹线装置；5-混凝土墩；　　1-钢筋；2-测点保护箱；3-保护管支架；4-浮船；5-读书
6-重锤；7-线锤连接装置　　　　　　　尺(标尺)；6-槽钢；7-角钢；8-水箱；9-测线保护管

钢板尺必须选择优质不锈钢钢板尺，分度值为 1mm。浮托装置包括支撑钢丝的浮盒和水盒。浮盒的排水量可按式(7.1)计算：

$$Q = \frac{1}{2}\left(S_左 + S_右\right)W_1 + W_2 \tag{7.1}$$

式中，Q 为排水量；$S_左$ 为本测点与左侧相邻测点之间的距离；$S_右$ 为本测点与右侧相邻测点之间的距离；W_1 为钢丝单位长度的重量；W_2 为浮盒自重。

为了提高引张线的灵敏度，应选用两头呈尖形的浮船船型，浮船体积一般为排水量的 1.2～1.5 倍，水盒的尺寸应满足浮船在其内有充分的活动余地。为防止意外损坏和防风，应设置保护装置，即在端点处设立监测室，测点处设立保护箱，测线全部置于保护管内。保护管直径的设计需要考虑测线的弧垂、管身弯曲、安装误差和坝体变形等因素。测线弧垂 D 的计算公式为

$$D = \frac{S^2 W}{8H} \tag{7.2}$$

式中，S 为测点间距；W 为钢丝单位长度重量；H 为水平拉力，近似等于锤重。若混凝土坝引张线测点间距约 24m，选用钢丝直径为 1mm，悬挂重锤的重量为 40kg，可算得测点间钢丝的弧垂为 10cm。保护管的直径应大于 100mm。

(2) 优点。引张线法测定坝块水平位移受测点处的引张线监测值和端点处的倒垂线监测值共同影响，根据大量实测资料统计，引张线法测定建筑物水平位移的误差为±(0.1～0.3)mm。

引张线法的优点是显而易见的，如设备简单、造价低，操作简便易行，不受外界气候条件影响，观测精度高。因此，引张线法能确保随时取得准确可靠的资料，对于直线型的大坝而言，是一种好的测量方法。

(3) 自动化的进展。随着大坝安全监测的自动化程度不断提高，引张线监测也由人工监测向自动化方向发展，迄今已取得不少成果。近年来，引张线遥测坐标仪研制有较大的进展，20 世纪 80 年代，意大利 ISMES 公司应用 CCD 做传感器，成功研制了引张线遥测坐标仪，在相关大坝水平位移监测应用中取得较好效果。我国是世界上应用引张线法测定大坝位移较多的国家，引张线遥测坐标仪的研制历来是我国监测仪器研究的重点。通过多年的努力，我国在引张线自动化方面也开发了一些新型仪器。新研制的 CCD 式、电磁差动式、步进式和电容式引张线坐标仪在自动化监测中都取得较好效果。为了更全面地了解国产仪器的精度和可靠性，在三峡工程现场对我国目前最常用的三种国产仪器，进行了历时两年的试验，试验从 2000 年 6 月 16 日开始，于 2002 年 5 月底结束。自动化仪器每小时监测一次，人工对比观测每星期监测一次，历经两个夏季潮湿环境及两个冬季干燥环境的考验，取得大量试验成果。通过试验数据的统计分析得到，试验仪器

的精度都较高，测量精度均在±0.1mm 以内，三套仪器的采集缺失率都在 5%以内（采集缺失率的数据包括由于引张线坐标仪和二次仪表 MCU 的故障，以及检修仪器而缺测的数据），表明我国自行研制的引张线遥测坐标仪已达到可以推广应用的水平，今后如能在可靠性方面进一步得到改进，必将对我国安全监测做出更大贡献。

实现引张线的自动化时，如未能对引张线水箱加水、浮船位置调整等方面实现自动化，就不能将引张线线体自动调整为准直线，无论引张线遥测仪精度多高，测值也不能反映坝体的实际变形。因此，在实现引张线的自动化时，不仅要实现测读数据自动化，还应有相应的引张线自动化配套设备。

引张线是利用测点水箱内的浮船支承，使引张线处于自由状态。为了做到这一点，必须调节浮船位置，使浮船不与水箱接触，处于自由状态。因此，必须对现有的引张线浮体设备进行改进，以满足引张线自动化的需要。对于电容式引张线仪，中间极是设在线体上的，由于钢丝的热胀冷缩，使中间极发生位移。必须研究中间极位移对引张线遥测仪精度的影响规律，以及减少中间极位移对引张线精度影响应采取的措施，以满足引张线自动化的需要。

引张线利用调节测点水箱液面高度来调整引张线的高度，由于监测方法不同，引张线的合理高度也有所不同。引张线人工监测时，为了减少引张线读数时的视差误差，通常应调节引张线的高度在钢板尺以上约 0.3mm 处。当液面高度太低时，引张线可能与测点读数尺接触，使引张线失去自由状态，由此得到的读数显然不正确。相反，若液面高度太高，由于视差影响，读数精度会大大降低。当引张线人工监测时，对水箱液面高度的调整精度要求很高。

引张线自动化监测时，由于不存在视差误差的影响，水箱液面高度应尽可能调高，避免引张线钢丝与钢板尺接触。引张线分别进行自动化监测和人工监测时，对水箱液面高度调整的要求不同，这就必须研究引张线测点配套设备，以满足既能自动化观测，又能较为方便地进行引张线人工监测的需要。因此，目前我国已研制出满足上述引张线自动化需要的引张线浮体、线体设备和引张线测点配套装置，以满足引张线自动化的需要。

(4) 无浮托引张线。在传统的引张线自动化观测系统中，为了保证观测精度，必须附加一套引张线浮托装置的自动化配套设备，才能保证引张线自动化观测系统的正常运行。这不仅增加整个引张线自动化设备的费用，而且增加了引张线设施的维护工作量。因此，20 世纪 80 年代以来，我国部分大坝开始试用无浮托引张线。由于取消了浮托装置，引张线的数据采集真正实现了自动化。但是无浮托引张线的弧垂与引张线长度平方成正比，无浮托引张线若应用不锈钢丝作线体，当引张线长度大于 200m 时，弧垂将达 688mm，安装十分困难。因此，当无浮托引张线应用不锈钢丝作线体时，引张线的长度一般不能大于 200m。随着线体材料制作技术的进步，出现了一些强度较高、密度较小的材料，将其用作无浮托引张线的线体，使无浮托引张线的弧垂大大减少。例如，某工程应用这种特种材料(抗拉强度为 3000～3300MPa，材料密度为 1500kg/m³)，287m 长的无浮托引张线，其最大弧垂仅为 98mm，且观测精度较好。

7.2.2.2　真空激光准直法

真空激光准直法是一种光学准直测量法，它以激光光束作为标准直线。真空激光准直系统由激光发射端设备、接收端设备、测点设备、真空管道和真空抽测设备等部分组成。发射端主要设备有激光点光源、平晶密封段等。接收端主要设备有平晶密封段、人工监测坐标仪、自动监测坐标仪、系统控制终端和系统集终端等。需要观测位移的坝段设置测点，测点保护箱内有波带板及其遥控定位设备。箱侧两端用金属波纹管实现与真空管道的软连接。真空抽测设备主要由真空管道、真空机组和真空检测设备组成。

影响激光准直精度的主要因素是折光差。光学准直法计算折光差的近似公式为

$$\Theta = 0.394u \times v(P/T^2)\delta_t \times 10^{-6} \tag{7.3}$$

式中，Θ 为测点偏离值中的折光差；u、v 为测点到两端点距离；P 为气体压强；T 为绝对温度；δ_t 为温度梯度。

由式(7.3)可知，准直线中间测点偏离值中的折光差最大，即 $u = v = L/2$ 时，式(7.3)可写成

$$\Theta_{中} = 0.985L^2(P/T^2)\delta_t \times 10^{-6} \tag{7.4}$$

式中，$\Theta_{中}$ 为准直线中间测点偏离值中的折光差；L 为准直线两端点之间距离。

从式(7.4)可以看出，测线中间点最大折光差与准直线两端点之间距离的平方成正比，与真空管内气体压强成正比，还和温度梯度成正比。为了保证激光准直的精度，真空管道内的气压一般控制在 20kPa 以下，但对于长距离激光准直测线，真空管道内的控制气压应由式(7.4)计算得到。

根据有关资料报道，真空激光准直的综合精度为±(0.14～0.30)mm，精度较高，自动化程度也很高，尤其是能同时获得水平和垂直位移的监测成果，优点很明显。真空激光准直法的缺点是工程建造和维护费用较高。由于是集中式监测，部分设备故障可能造成全线无法监测。若测线中间有一个测点的起落架发生故障，将阻断激光线，则全线测点都将无法取得监测值。

7.2.2.3　GPS 测量法

目前，变形监测网和大地测量监测点大多数是应用边角测量方案实现的。随着 GPS 技术的不断进步，应用 GPS 测量法进行变形监测已成为发展趋势之一，

其监测精度已逐渐能满足大坝安全监测的要求，使监测的自动化水平大大提高，因此 GPS 测量法在工程变形监测中有望得到广泛的应用。应用 GPS 测量法进行工程安全监测的优点主要有以下几个方面。

(1) 网形灵活，有利于图形优化。GPS 测量法不受通视条件的限制，选点较为灵活，有利于图形优化，提高网形设计精度。

(2) 自动化程度高。用 GPS 接收机进行测量，只要将天线准确地安置在测站上，主机就可安放在离测站不远处，也可放在室内，通过专用通信线与天线连接，接通电源，启动接收机，仪器就自动开始工作。结束测量时，仅需关闭电源，取下接收机，便完成了野外数据采集工作。如果在一个测站上需进行较长时间的连续监测，目前有的接收机可连续储存几天的监测数据，监测十分方便。如果对每一监测网点都建立监测房，就可以进一步实现全自动化监测。

(3) 监测速度快。应用 GPS 测量法，监测迅速，根据有关资料的统计，其比常规测量快 2～5 倍。

(4) 精度高。近年来随着 GPS 技术的进步，其测量精度大大提高，基本上已能满足变形监测的精度要求，而且由于该项技术发展很快，应用前景良好。

(5) 可全天候监测。GPS 观测不受气候等外界因素的影响，即使风雨交加也可进行监测，这是常规测量法无法实现的，这个优点对于实现汛期实时监测尤为重要。

(6) 有利于基准点的选定。应用 GPS 测量法建立工程变形监测网，布设范围可扩大至更加稳定的区域，有利于建立稳定可靠的变形监测基准点。

GPS 技术在工程测量和工程监测中已得到较为广泛的应用。例如，1984 年，美国在斯坦福粒子加速器的工程测量中，GPS 测量法平面精度已达 1～2mm，高程精度为 2～3mm。1996 年，美国加利福尼亚有一大坝用 GPS 测量法进行监测，共三个监测点，非实时连续监测，精度为毫米级(黄人堂等，2000)。我国 GPS 技术应用于工程监测已数十年，在技术上采取一定措施，GPS 定位精度也可达毫米级，因此在变形监测网、地形变化监测和滑坡监测中得以应用。为了研究将 GPS 技术用于大坝变形监测，武汉大学(原武汉测绘科技大学)和湖北清江水电开发有限责任公司于 1997 年合作建成"隔河岩大坝外观变形 GPS 自动化监测系统"，该系统由数据采集、传输和处理(包括分析和管理)三大部分组成。GPS 数据采集由 7 台 GPS 接收机完成，其中 2 台安置在基准点上，5 台安置在大坝变形监测点上，2 个基准点分别位于大坝下游两岸基岩上，与隔河岩工程变形监测网(边角网)联测，通过联测进行对比分析。2 个基准点还定期与武汉、北京 GPS 跟踪站联测，加强稳定性监测。大坝上的 5 个监测点利用原设计正、倒垂线位置，因此监测点与正倒垂线紧密相连。监测点都建造了强制对中和安全保护装置，无须人工值守。后期数据传输全部用光纤进行有线传输，与控制中心相连。数据处理由总控、数据处理、数据分析和数据管理等四个模块组成。1998 年 8 月 7～24 日进行了试运行，将 GPS 测量法获得的测点位移和由垂线法获得的同一点位移比较，得到 GPS 测量法测定径向中误差为±0.92mm，切向中误差为±0.50mm，垂直中误差为±1.02mm。

水库蓄水及蓄水量的变化，均可造成地壳局部介质受力状态和介质物理性质的变化，叠加在区域应力场上可能诱发地震。采用形变监测手段，监视坝区、库区地壳形变和活动断裂带的动态，掌握其演化特征与规律，对于保证工程安全十分重要。由于其种种优越性，GPS 技术在我国地壳形变监测领域得到广泛应用。例如，中国地壳运动 GPS 监测网络，由 25 个基准站组成基准网，实测精度相对于一公里边长的精度为 1.3mm。又如，三峡地区形变监测网络，由三个 GPS 基准站与三峡库首区 21 个流动 GPS 监测站组成。GPS 基准站可以长年连续观测，提高了监测精度。根据 2000～2001 年监测资料，GPS 基准站站间基线年变化率测定精度优于 1mm，GPS 流动站 90% 以上基线长测定精度优于 3mm。在巴东、兴山地区建立的 GPS 基准站，2000 年 7 月 1 日～2001 年 6 月 5 日进行试运行和考核运行，巴东基准站数据录入数据总站的成功率大于 99.4%，兴山基准站大于 98.5%，表明 GPS 基准站运行稳定，资料可靠。

为了保证工程施工和运行安全，需要对施工场地、库区的滑坡和高边坡进行监测。目前，将 GPS 测量法用于滑坡及高边坡监测已比较广泛。例如，宝塔滑坡体，位于云阳县东约 1km，长江左岸前缘高程约 70m，后缘高程约 520m，相对高差达 450m，面积近 4 km^2。1982 年 7 月，宝塔滑坡体的一部分鸡扒子滑坡体失稳冲入长江，造成长江航道淤堵数日。对滑坡的稳定性布置测点进行监测，每个监测点均设置水平位移和垂直位移监测，应用 GPS 测量法进行水平位移监测，应用二等精密水准进行垂直位移监测。1997 年 1 月和 11 月，对所有 GPS 监测点同时应用常规大地测量方法进行对比监测，两种观测方法所获成果证明，无论是坐标分量的中误差，还是坐标分量的较差均具有一致性，充分说明 GPS 测量法用于滑坡监测不仅速度快、易于实现自动化，而且测量精度也完全能满足技术要求。

综上所述，使用 GPS 测量法进行大坝变形监测，具有精度高、速度快、全天候、自动化程度高及不受通视条件影响等优点，已应用于实际工程监测。随着 GPS 技术的提高，其优越性将进一步显现，必将成为工程变形监测中的主要监测手段之一。

7.2.2.4　其他测量方法

1. 大地测量法

大地测量法是监测建筑物及其基础、滑坡体和高边坡等变形的一种重要方法，尤其是监测滑坡和高边坡变形的主要方法。20 世纪 60 年代前，大地测量法处于手工操作阶段，工作量较大，难以满足安全监测快速、高精度的要求。近年来，随着高精度电子经纬仪、测距仪和测量机器人等仪器的出现，大大地提高了大地测量仪器的自动化水平。在此基础上，水利部长江勘测技术研究所成功开发了大地测量监测自动化系统，实现了监测方案优化、监测、数据通信和成果处理分析的自动化，大大提高了监测精度和速度，较好地满足了安全监测快速、高精度的要求，在三峡水利枢纽工程的应用中取得了较好的效果。

2. 倒垂组法

在一个观测室内设置几条不同埋设深度的倒垂线，即构成一个倒垂组。通过它可以深入了解关键部位基础下不同深度岩体的变形规律。目前，这种方法越来越受到重视。例如，意大利的 Ridracoli 坝和我国的葛洲坝均采用倒垂组法对关键部位基础岩体进行监测。Ridracoli 坝还实现了联机实时监测，对大坝安全进行实时预报，取得了较好的效果。

3. 视准线法

视准线法是一种光学准直测量法，适用于任何地形条件，因此在安全监测中应用比较广泛，特别是在土石坝、滑坡监测中应用较多。近年来，随着测量机器人的开发，可将其用于视准线监测，有助于使视准线监测实现自动化。但视准线法受外界气候条件影响较大，根据大量实测资料统计分析，视准线总长度在 300m 左右时，测定水平位移的中误差约为±1mm；随着视准线长度增加，精度将很快下降，因此视准线法只能应用于视线长度不长或精度要求不太高的监测部位。

4. 倾斜仪

为了测定坝体或边坡岩体的水平位移及倾斜变化，特别是测量深部岩体结构面上下岩盘间的错动，可使用便携式或固定式倾斜仪，较为常用的是便携式倾斜仪。目前，国内外倾斜仪的性能(测量范围、灵敏度和精度)都相似，而国产倾斜仪比国外知名品牌倾斜仪在长期稳定性方面尚有一定差距。

我国钻孔倾斜仪所用套管有聚氯乙烯套管和铝合金套管两种，经测扭仪检测数据显示，聚氯乙烯套管较差，铝合金套管较好，实测扭角一般小于 3°/30m，小于国际通用扭角 5°/30m 的要求。

5. 多点位移计

测量建筑物及其基础某一特定方向的位移常用多点位移计，多点位移计有杆式和弦式两种。受材料徐变影响，弦线常随着时间延长产生松弛，不能真实地传递位移，特别是用于深孔时监测值的精度和可靠性较差。杆式仪器能较好地传递位移，监测值的可靠性与精度易于保证，因此选用杆式多点位移计较为普遍。

6. 测缝计

测定裂缝相对位移的测缝计有人工测量和自动化测量两种方法，人工测量裂缝是在裂缝两边埋入测头，定期使用游标卡尺测量裂缝的位移。人工可以测量较宽的表面裂缝，但应用部位受限制且不能实现自动化，难以广泛应用，因此最常应用的还是电测测缝计。

7. 伸缩仪

伸缩仪是精密测量两点水平距离相对变化的仪器，目前，国内常用的 SS-4型丝式伸缩仪同时具有人工测量和自动测量的功能，在伸缩仪测线上还能增加测点，以监测各点间的相对变化。配接数据采集器或测量控制单元，可与计算机联网。在三峡工程永久船闸排水洞廊道内，应用伸缩仪监测船闸高边坡不同深度岩体的水平位移取得较好效果。

8. 精密量距

精密量距是一种精密测量两点间水平距离的方法，除此之外，该方法还常用于检测伸缩仪、竖直传高仪内的钢丝(钢钢丝)等材料徐变。

9. 精密导线法

精密导线法是我国 20 世纪 80 年代初研发的监测拱坝水平位移的方法，导线边长及转折角复测采用固定的专用精密测量设备，导线边长及转折角测量设备如图 7.6 所示。它们由三槽式测角底盘、底盘中心处的微型双丝觇标、用于测量导线边长变化的钢钢丝、钢钢丝固定端的夹线卡座、活动端的衡拉力架及读数轴杆头等构成(宋厚双等，1994)。这些设备都安置于测墩顶部的一块 300mm×300mm的钢板上。应用这套专用精密测量设备，不仅方便量边、测角及设备保护，而且保证了导线边长变化与导线两测角中心点间距离变动一致。该方法已应用于丹江口混凝土坝左右岸转弯坝段的水平位移监测，并取得了较好效果。

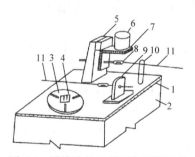

图 7.6 导线边长及转折角测量设备

1-监测墩连接板；2-监测墩；3-仪器底盘；4-微型觇标；5-拉力架；6-重锤；7-L 形连接板；8-固定卡头；9-夹线卡座；10-轴杆头；11-钢钢丝

7.3 垂直位移监测

建筑物及其基础在自重、上下游水压力和温度等因素的影响下，会产生垂直方向的位移变形，枢纽上下游一定范围的地壳也受其影响产生形变。为测量垂直位移的绝对量，要在地壳形变范围以外设置基准点。为了减少日常观测工作量和减少测量误差的累积，要在大坝附近设置垂直位移监测工作基点，作为测量建筑物及其基础相对垂直位移的依据(杜锋等，2012)。工作基点设置在地壳形变范围以内，其稳定性需定期通过高程监测网予以监测。此外，建设枢纽引起附近地壳发生形变，其范围和量值也需要进行监测。因此，垂直位移监测设施主要由高程监测网、工作基点和测量方法(仪器)三大部分组成。本节主要介绍垂直位移工作基点及测量方法。

垂直位移监测的基准点有基岩标和深埋标两种常用标型。

7.3.1　基岩标和深埋标

7.3.1.1　基岩标

该标型用于新鲜基岩已露出地表的地方，若用作基准点，只适用于建坝引起的地壳形变范围较小的坝型。

7.3.1.2　深埋标

众所周知，离大坝越远，建坝引起的地壳变形量越小；离地表越深，变形量也越小。基准点应设置在建坝引起的地壳变形量范围之外，若设置在离大坝较远的地方，则造成高程监测网的水准路线较长，这不仅使监测工作量增大，而且使监测精度大大降低，不是最佳方案。因此，近年来在大型水利工程中广泛采用深埋标作为高程监测网的基准点，常用深埋标型有平硐标、测温钢管标和双金属标。

(1) 平硐标。平硐标是在山下岩石出露处向山体深处方向开挖一个平硐，在平硐尽头处基岩上埋设一组基岩标作为高程监测网的基准点。它受建坝引起的地壳形变影响较小，且处于平硐深处较易保护。需要注意的是，平硐标若建在新开挖的平硐内，开挖平硐可能影响平硐周边岩石的平衡，因此平硐标在使用早期，监测数据可能受到平硐内岩石变形的影响，使用资料时应该注意。

(2) 测温钢管标。钢管标是利用底部埋设在深层基岩处的钢管，将深层基岩处的高程传递到地面的一种测量标志。以深层基岩处的高程减去钢管长度后的高程作为基准点高程。测温钢管标由保护管、心管、标心盘(盘上有标心和测温孔)和橡胶环等组成。测温钢管标结构如图 7.7 所示。

测温钢管标组成如下：①保护管用与钻孔直径基本一致的钢管。②心管应具有较好的稳定性并尽量减轻自重，一般选用管状心管。设计时，应按材料力学原理计算口径，保证心管具有可靠的抗弯稳定性，当标深为 30m 时，可用直径为 80mm、壁厚为 7mm 的心管。③标心盘嵌接在心管顶端，盘上有半球形的标心，在标心

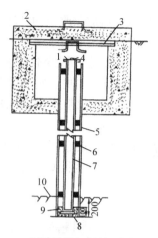

图 7.7　测温钢管标结构(单位：cm)

1-测温孔；2-钢筋混凝土标盖；3-钢板标盖；4-标心；5-钻孔保护管(钢管)；6-橡胶环；7-心管(钢管)；
8-心管底板和根络；9-水泥砂浆；10-新鲜基岩

旁留两个直径为 2cm 的测温孔，以便半导体温度计可由测温孔放入心管，测出不同深度处的温度。④心管外每隔 3～5m 套一个厚度为 5cm 的橡胶环，橡胶环与保护管之间留有 1～2mm 的空隙，使心管与保护管既分开又不会有大的晃动。

受温度变化的影响，心管长度将产生热胀冷缩，整编每次监测数据时，该标志的标心高程应加温度改正数。因此，每次进行水准测量时，要同时测定心管不同深度处的温度，才能计算标高的温度改正数。第 i 次观测时，标高的温度改正数 Δl_i 按式(7.5)计算：

$$\Delta l_i = \alpha \cdot L \cdot (t_0 - t_平) \tag{7.5}$$

式中，α 为心管的温度膨胀系数；L 为标深(m)；t_0 为归算时选择的标准温度，一般取当地的年平均温度，也可选用首次的温度；$t_平$ 为观测时钢管的平均温度，其计算方法为

$$t_平 = \frac{t_1 l_1 + t_2 l_2 + \cdots + t_n l_n}{l_1 + l_2 + \cdots + l_n} \tag{7.6}$$

$$t_1 = \frac{1}{2}(t_1 + t_2), t_2 = \frac{1}{2}(t_2 + t_3), \cdots, t_n = \frac{1}{2}(t_n + t_{n+1}) \tag{7.7}$$

式中，t_1 为心管口温度，即地表气温；t_2 为心管内第一个测温点的温度，一般选在标深为 0.5m 处测量，则 0.5m 处为 l_1，其余以此类推。

(3) 双金属标。当测温钢管标的心管埋设较深时，温度变化会使心管本身发生热胀冷缩变形，导致标志的高程发生变化，若不剔除这种变化，则会将这种变化误作垂直位移的一部分，从而影响垂直位移测量的准确性。测温钢管标是采取

测定温度后，计算出心管变形量，再加以改正的办法，使标志本身高程不受温度变化的影响。但是，临场测量的温度与心管本身真正的温度可能存在差别，据此计算的结果不能真正反映标志高程变化，依然不能达到使垂直位移尽量准确的目的(朱丽如，1991)。因此，人们又研制出更加精确的双金属标，双金属标是利用不同金属材料(如钢材和铝材)具有不同膨胀系数的原理建造，从而准确地反映受温度影响产生的长度变化，即高程的变化。

双金属标主要由保护管、钢心管、铝心管、橡胶环、标头和保护装置等组成。同一双金属标的钢心管、铝心管应分别为同炉产品，并应送计量部门测定线膨胀系数，双金属标的结构如图 7.8 所示。

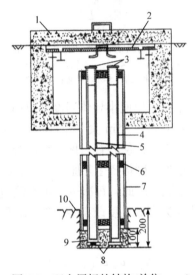

图 7.8　双金属标的结构(单位：cm)

1-钢筋混凝土标盖；2-钢板标盖；3-标心；4-钢心管；5-铝心管；6-橡胶环；7-钻孔保护管；8-心管底板和根；
9-水泥砂浆；10-新鲜基岩

钢心管、铝心管受温度影响长度会发生变化，长度变化的计算原理如下。第 i 次观测时，温度对钢心管、铝心管长度造成影响的变化 $\Delta L_{钢(i)}$、$\Delta L_{铝(i)}$ 为

$$\Delta L_{钢(i)} = L_{钢(1)}\alpha_{铝}(t_i - t_1) \tag{7.8}$$

$$\Delta L_{铝(i)} = L_{铝(1)}\alpha_{钢}(t_i - t_1) \tag{7.9}$$

式中，$L_{钢(1)}$ 为建造时测量的钢心管长度；$L_{铝(1)}$ 为建造时测量的铝心管长度；$\alpha_{钢}$ 为钢心管的线膨胀系数；$\alpha_{铝}$ 为铝心管的线膨胀系数；t_1 为第 1 次观测时双金属标孔内的平均温度；t_i 为第 i 次观测时双金属标孔内的平均温度。

两心管的长度受温度影响的差值为

$$\Delta_{(i)} = \Delta L_{钢(i)} - \Delta L_{铝(i)} = L_{钢(1)}\alpha_{钢}(t_i - t_1) - L_{铝(1)}\alpha_{铝}(t_i - t_1) \tag{7.10}$$

则

$$\frac{\Delta_{(i)}}{\Delta L_{钢(i)}} = 1 - \frac{L_{铝(1)}\alpha_{铝}}{L_{钢(1)}\alpha_{钢}} \quad , \quad \frac{\Delta_{(i)}}{\Delta L_{铝(i)}} = \frac{L_{钢(1)}\alpha_{钢}}{L_{铝(1)}\alpha_{铝}} - 1 \tag{7.11}$$

考虑到 $L_{钢(1)} \approx L_{铝(1)}$，整理可得

$$\Delta L_{钢(i)} = \Delta_{(i)} \frac{\alpha_{钢}}{\alpha_{钢} - \alpha_{铝}}, \quad \Delta L_{铝(i)} = \Delta_{(i)} \frac{\alpha_{铝}}{\alpha_{铝} - \alpha_{钢}} \tag{7.12}$$

钢心管、铝心管的线膨胀系数可以精确测定，且固定不变。因此，从式(7.12)中可以看出，在周期观测时，只要测定钢心管、铝心管的长度变化之差 $\Delta_{(i)}$，就可分别计算得到钢心管、铝心管受温度影响的长度相对起始观测值的变化量。实际工作中，常以钢心管的高程作为双金属标的标志高程。

设 $k = \alpha_{钢}/(\alpha_{钢} - \alpha_{铝})$，称为温差系数，则

$$\Delta L_{钢(i)} = k\Delta_{(i)} \tag{7.13}$$

综上所述，双金属标的钢心管高程表示该标点的高程，受温度变化的影响，其高程变化等于钢心管、铝心管长度变化之差与温度系数的乘积。

双金属标用作基点或测点标志时，标志高程的计算方法是不同的，这一点在实用中要特别注意。当双金属标用作基准点的标志，第 i 次观测时，双金属标的钢心管的标高 $H_{(i)}$，是水准路线的起算高程，应按式(7.14)和式(7.15)计算：

$$H_{(i)} = H_{(1)} + \Delta L_{钢(i)} \tag{7.14}$$

$$\Delta L_{钢(i)} = K(\Delta_{(i)} - \Delta_{(1)}) \tag{7.15}$$

式中，$H_{(i)}$ 为第 i 次观测时钢心管的标高；$H_{(1)}$ 为钢心管标高的初值；K 为该点的温差系数；$\Delta_{(i)}$ 为第 i 次观测时钢心管、铝心管标高之差。$\Delta_{(1)}$ 为钢心管、铝心管标高之差的初值，测法同上。

进行水准测量时，用同一根水准尺分别在钢心管、铝心管上竖立，用水准仪进行监测，读取各自的读数后计算其差值。

当双金属标用作重要的垂直位移观测点标志时，该点的垂直位移量 ϕ 为

$$\phi = H_{实(i)} - (H_{实(1)} + \Delta L_{钢(i)}) \tag{7.16}$$

$$\Delta L_{钢(i)} = K(\Delta_{(i)} - \Delta_{(1)}) \tag{7.17}$$

式中，ϕ 为第 i 次观测时该点的垂直位移；$H_{实(i)}$ 为第 i 次观测时钢心管的实测高程；$H_{实(1)}$ 为首次观测时钢心管的实测高程。

综上所述，应用深埋标作为点位标志，可以使高程监测网的水准路线长度大大缩短，这不仅减少了监测工作量，而且使监测精度大大提高，因此特别适用于大型水利枢纽的高程监测网和垂直位移监测。

水利枢纽垂直位移监测系统中的监测基准点和检核基准点是进行高程监测网设计时选定的，均设置在枢纽建造区以外，而工作基点需要在大坝附近甚至大坝内部设置。为减少测量误差的积累并加快测量速度，一般在距离大坝建筑物 0.3～1.0km 设置坝外工作基点，以坝外工作基点为依据和出发点，应用精密水准测量法将高程传入坝内，以测定坝体和坝基的垂直位移。坝外工作基点的标型通常都用深埋标，双金属标是较为理想的标型。

在坝内设置工作基点不仅可以提高监测精度和测量速度，更重要的是将它与静力水准设施相结合，以实现坝内垂直位移监测自动化。需注意的是在运行初期，坝内工作基点往往不够稳定，必须定期检测。随着运行时间增长，坝内工作基点将逐渐稳定，从监测资料的分析中得到证实后，即可作为工作基点使用。目前，常用作坝内工作基点的标型有测温钢管标和双金属标，尤其是双金属标已得到广泛应用。

(4) 三维倒垂。三维倒垂是一种新型坝内工作基点的标志。倒垂线作为水平位移的工作基点已被广泛应用，如果它还能作为高程基点，将大大提高整个监测系统的效能。因此，有必要研究利用倒垂作基点测定建筑物基础垂直位移的可能性。

三维倒垂作为高程基点，是在线体的上端固定一个标志，依靠倒垂线体本身长度将其固定端基岩深处的高程传递到线体上部的标志上。基岩深处的高程是稳定的，若倒垂线长度固定不变，以线体上端固定标志为代表的高程基点则是稳定的，关键在于倒垂线体长度能否固定不变。研究可知，影响它发生变化的主要因素有温度、拉力和材料徐变等。

三维倒垂一般设置在大坝基础廊道内，温度的变化将引起垂线长度的变化，因此用垂线传递高程时，需考虑加温度改正数。温度改正数可按式(7.18)计算：

$$\Delta L_t = \alpha \cdot L \cdot (t_{平} - t_0) \tag{7.18}$$

式中，α 为膨胀系数；t_0 为基础廊道内气温年平均值(或归算时选择的标准温度)；$t_{平}$ 为施测时的倒垂线平均温度。

不同部位的倒垂线温度变化并不相同，通常倒垂孔上层的温度变化较大，10m深度以下的部位温度变化较小。因此，为了提高测定倒垂线体平均温度的精度，温度计的布设间距在孔口附近密一点，下部疏一点，线体平均温度 $t_{平}$ 应为各测量点温度依间距的加权平均值。

倒垂处于大坝基础廊道内，一年中的温度变化不大，因此线体变化值 Δl 也不会很显著。关于线体温度及其膨胀系数，研究结果表明，若要确保温度误差对高程的影响小于 0.3mm，应用不锈钢丝作三维倒垂线，根据倒垂深度不同，测定温度的精度应为 0.5～1.0℃；应用铟钢丝作倒垂线体时，因为铟钢材料的温度膨胀系数极小，由测温误差带来的高程误差也极小，即使是深达 100m 的倒垂线，测温误差为 5℃，高程误差也不过 0.2mm。可见，铟钢丝是较理想的三维倒垂线材料。测定膨胀系数的误差较大，将严重影响三维倒垂传递高程的精度，为尽量缩小其影响，用于三维倒垂的不锈钢丝或铟钢丝必须送计量检定单位准确测定其膨胀系数(赵全麟等，1994)。

众所周知，倒垂线体在浮子的浮力拉伸作用下处于自由铅垂状态，浮力可使垂线拉长，长度变化可按胡克定律求得。理论上要求施测时的浮力与检定时相同，由此引起的浮力改正即为 0，但在实际作业时，倒垂的浮力可能发生变化，线体的长度将因此发生改变，引起相应的误差。研究表明，倒垂浮力发生变化时带来的传递误差很大，因此应采取措施保持浮力不变。根据多年的实践经验，造成倒垂浮力变化的因素及相应处理措施是：①当采用开口式浮子时，倒垂体液面高度的变化将造成浮力变化达 1～5N，若倒垂深度为 100m，传递高程的误差可达 0.55～2.77mm；采用密封的恒定浮力式浮体组，可以避免液面变化造成的浮力变化。②倒垂液体箱中液体的比重变化，当更换液体、水滴入液体使液体比重发生变化时，也会使浮力发生变化，带来传递高程误差。若所用液体的密度变化 1%，浮子的浮力为 $392 \times (40 \times 9.8)$N，浮力将变化 $3.92 \times (0.4 \times 9.8)$N，对不同倒垂深度，误差可达 1～2mm。因此，更换液体时，必须采用同一比重的液体，并在使用前严格测定比重，不得采用比重变化大于 0.05% 的液体，并应使液体箱箱盖密合，定时更换液体(一般为靛子油)。安装倒垂时，使浮子底与液体箱底的距离稍大。即使有水滴，只要箱底的积水不浸到浮子，浮力就不会变化。采取上述措施后，浮力改变带来的高程传递误差可控制在 ±0.1mm 以内。

倒垂线体所用的不锈钢丝(铟钢丝)受到浮力的持续作用时，会产生徐变现象，将带来高程传递的误差。国内外大量的试验工作(如法国电力公司和三峡工程徐变试验)研究结果表明，徐变现象在使用初期较明显，两年后基本停止，因此运行初期，必须定期检查三维倒垂的稳定性(特别是徐变影响)。但目前国内铟钢丝的质量极不稳定，因此使用前必须对有关参数(膨胀系数、抗拉强度及徐变性能)进行测试，以确定能否使用。

综上所述，在采取一系列相应措施后，三维倒垂传递高程的误差可以控制在 0.1～0.3mm，运行两年后可以将三维倒垂作为坝内水准工作基点。目前，这一研究成果已应用于三峡工程安全监测。

7.3.2　测量方法

垂直位移监测的测量方法较多，主要有精密水准法、液体静力水准遥测仪、垂直位移自动化监测系统、竖直传高仪法、真空激光准直测量法、三角高程测量法和测温钢管标等。

1. 精密水准法

应用精密水准法进行建筑物及其基础垂直位移监测，是目前国内外应用最为广泛的方法。从基准点出发，沿水准路线上施测各个垂直位移监测点(坝体上的监测点多采用地面标志、墙上标志等标型；坝外监测点多采用岩石标、钢管标等标型)。在垂直位移监测路线中应尽量设置固定监测站和固定转点，保持每测次都相同，将大大提高水准测量的精度和速度。

应用精密水准法进行建筑物及其基础垂直位移监测，不仅具有精度高、成果可靠的优点，而且是目前将坝外水准工作基点高程传入坝内的主要手段。但其缺点是监测工作量大，尚处于人工操作状态，尽管近年来采用了电子水准仪和电子记录，自动化程度有所提高，但仍只能达到半自动化的水平。

2. 液体静力水准遥测仪

大坝(包括建筑物与基础)的垂直位移是评价大坝安全度和验证水工设计参数的重要效应量。采用精密水准法施测，耗费很大，且在速度和精度方面都不尽如人意，在重要时刻(如汛期)难以及时提供垂直位移变化状态的信息。因此，通过近 20 年的研究开发，坝内垂直位移监测逐步应用液体静力水准遥测仪代替精密水准法，以实现自动化监测，为实时评价大坝安全度提供可靠数据。

由水利部长江勘测技术研究所和中国地震局地震预测研究所联合研制的液体静力水准遥测仪，是根据液体的连通管原理设计的，仪器主要由钵体、水管和浮子等组成。

在需要测量垂直位移的坝块上设置液体静力水准遥测仪，钵体之间以管道相连，内部充满液体，由于连通管原理，各钵体内的液面高程一致。在钵体的盖板上设置固定的检测头，在钵体内的液面上设置浮子。当钵体随着所在坝体发生位移时，浮子与检测头之间的相对位置将发生变化，测量出钵体(所在坝块)相对于液面的高程变化，即可测出相对垂直位移。电测法使浮子与检测头之间的相对位置变化转化为电信号输出，电信号输入测量控制单元(measurement control unit, MCU)，或数据采集单元(data acquisition unit, DAU)，并经 A/D 模块转换后存储于 MCU(DAU)，再由 MCU(DAU)输入位于中央控制室内的计算机中，实现自动采集监测数据的目标。但是电子元、器件难免损坏，为此液体静力水准遥测仪还配置了目测装置。不仅在检修元器件时可以用目测法采集监测数据，确保监测资料的连续性，而且定期使用目测法还可以检查电测法采集的数据是否可靠，是否存在电子"漂移"现象(赵全麟，1991b)。

目前，液体静力水准遥测仪已在国内多个大坝的垂直位移监测系统中广泛应用，是三峡工程中测定大坝垂直位移的主要方法，已取得了较好的实测效果。

3. 垂直位移自动化监测系统

应用液体静力水准仪遥测测得的垂直位移是相对垂直位移，还需组成垂直位移监测自动化系统，才能及时为预报大坝安全提供依据。通过多年努力，由水利部长江勘测技术研究所和中国地震局地震预测研究所联合研制成了 VAMS 型大坝垂直位移自动化监测系统。

VAMS 型大坝垂直位移自动化监测系统主要由液体静力水准遥测仪、水准工作基点、数据采集装置(MCU 或 DAU)和相应数据自动采集、管理及处理分析软件等组成。静力水准遥测仪只能测量各测点之间的相对垂直位移，因此必须建立垂直位移工作基点，与静力水准遥测仪联系在一起，获得各测点的绝对垂直位移。水准工作基点一般采用双金属标。根据研究，双金属标采用的钢心管、铝心管要分别取样并依据标深确定检测精度，检定其膨胀系数。心管必须具有合适的刚度，当标志深度确定后，需依据材料力学计算该标心管的直径，保证双金属标具有更准确、更可靠的性能。目前，双金属标遥测仪已研制成功，将它与液体静力水准遥测仪配合使用，可实现垂直位移监测系统的自动化。

液体静力水准遥测仪是三峡工程垂直位移监测的主要设施。通过三峡工程已建某建筑物基础廊道 10 个静力水准点，与其对应几何水准点的垂直位移监测资料对比分析可知：二者位移过程基本一致，静力水准点与几何水准点位移过程线图见图 7.9，静力水准高差与相应几何水准高差的差值中误差为 ±0.26mm。静力水准的目测和电测过程线非常吻合，静力水准目测、电测过程线图见图 7.10，其差值的中误差仅为 ±0.08mm。静力水准高差与相应几何水准高差的差值中误差主要

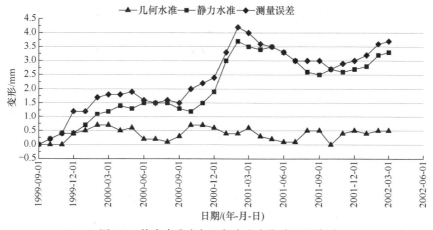

图 7.9　静力水准点与几何水准点位移过程线图

由几何水准测量误差产生。安装在已建三峡工程某建筑物基础廊道内的静力水准装置，其精度和可靠性都较好，能满足三峡工程安全监测的要求。

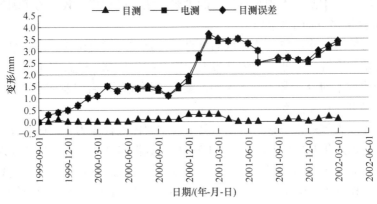

图 7.10　静力水准目测、电测过程线图

4. 竖直传高仪法

所有的水利枢纽都需要将高程从一个高程面传递到另一个高程面。例如，将高程从基础引测至大坝顶部，从某一廊道引测至另一廊道。因此，高程传递是大坝垂直位移监测系统中必不可少的组成部分，是联系坝顶和基础、表层和深层、局部和整体的纽带。目前，国内外实施的垂直位移自动化监测系统大都是相对独立的，得到的是相对位移。若是能实现高程传递自动化，就能把各部位的相对垂直位移自动化、系统地联系起来，使用统一基准，得到绝对位移，成为完整的垂直位移自动化系统。

实现高程传递较为常用的有钢带尺(或线尺)测量法、光电测距法和竖直传高仪法，其中竖直传高仪法优点较多。经过多年研究，已研制出双金属传递丝的自动竖直传高仪，其高程传递高差中误差不超过±0.2mm/25m，高差标定中误差不超过±0.15mm/25m，高差差分观测中误差不超过±0.2mm/25m，直接传递高度为5～100m，且连续传递高度无限制。自动竖直传高仪已在三峡等工程中使用，取得了较好效果。

5. 真空激光准直测量法

真空激光准直测量法不仅能监测水平位移，还能监测垂直位移，观测精度为0.1～0.3mm，一般与双金属标的工作基点构成一个系统，能同时测得相对垂直位移和绝对垂直位移。

6. 三角高程测量法

坝外垂直位移监测还常用三角高程测量法。三角高程测量法是测定两点间的边长和垂直角，通过计算求得两点间的高差，不同测次的高差差值即垂直位移。

这种方法不仅简单、快速，而且可以监测人员难以到达点位的垂直位移，特别适用于近坝区岩体、高边坡和滑坡体的垂直位移监测。近年来，随着测量机器人的推广应用，三角高程测量法在拱坝和土石坝的监测中得到了广泛应用，达到应用测量机器人同时实现水平位移和垂直位移自动化监测的目的。但是，该方法的精度受大气折光影响较大，限制了其使用范围，一般要求推算边长不应大于 600m，每条边的测边中误差不应大于 3mm，测量仪器高的中误差不得大于 0.1mm。还要采取多种技术措施减少垂直折光影响，以提高测定垂直位移的精度。

　7. 测温钢管标

　　为了监测重点部位深层岩体的垂直位移，常应用测温钢管标进行测定，若还需监测不良地质夹层的变形，可在不良地质夹层的上下盘各设置一座测温钢管标，能准确可靠地获得绝对和相对垂直位移，这种监测方法在葛洲坝工程软弱夹层监测中取得了较好效果。

7.4　挠 度 监 测

　　建筑物的挠度监测是测定建筑物某个垂直面内不同高程点相对底部基点的水平位移。对水工建筑物(尤其是拱坝及双曲拱坝)进行挠度监测，可以了解不同高度处坝体的水平位移状况，为分析坝体的变形、应力状态和安全状态等提供必要的资料。挠度监测分为建筑物挠度监测和基岩挠度监测两大类。

7.4.1　建筑物挠度监测

　　目前，建筑物挠度监测通常使用的设施是正垂线。正垂线法具有设备简单、施工方便、造价低和监测精度高等优点。利用正垂线监测坝体挠度有两种方法，分别为多点监测法和多点夹线法。它们各有优缺点，应根据被监测建筑物特点合理选用。

　　(1) 多点监测法。多点监测法是在每个监测点上设置监测墩，放置垂线坐标仪监测同一根自由铅垂的正垂线，以获得挠度监测数据，它较适用于自动化监测。但每个监测点都需要一台监测仪器，故设备费用较高。

　　(2) 多点夹线法。多点夹线法是把一台垂线坐标仪设置在高程最低处的监测墩上，在不同高程的各个监测点处埋设活动夹线装置。进行监测时，自上而下(或自下而上)依次用各测点处的活动夹线装置夹住正垂线，待正垂线静止后应用垂线坐标仪读取各点对应的垂线坐标，以获得挠度监测数据。

　　多点夹线法的优点是仅需一台坐标仪即可进行，设备费用较低，但缺点是需多次夹放正垂线，不仅容易使线体受损影响监测精度，而且较难实现自动化。因此，目前大型水利工程采用多点监测法较多，而中小型工程如果对自动化要求不高，也可采用多点夹线法。

7.4.2　基岩挠度监测

正垂线法只能测得坝体不同高程点相对坝基点的位移，不能测得坝基深层岩体的位移，然而坝基的变形情况对分析每一座大坝(尤其是薄拱坝)的安全十分重要，必须进行基岩的挠度监测。基岩挠度监测的主要方法及设备如下。

1. 钻孔倾斜仪

目前，钻孔倾斜仪是测定基岩挠度变形较常用的设备，用于测定两个层面的相对位移，其精度很高。但受零点漂移、温漂、探头和导管精度等影响，钻孔倾斜仪的系统精度不高。例如，美国 Sinco 公司生产的 100 型倾斜仪，其读数灵敏度为±0.02mm/500mm，但系统精度仅为±6mm/30m。因此，应用钻孔倾斜仪测定岩体内两个层面的相对位移效果较好，用于监测变形量较大的土石坝或高边坡的岩体变形效果也比较好，用于大坝基础岩体变形往往难以满足精度要求。

近年来，瑞士成功研制了三向测头，它设有一个倾斜仪和一个位移计，仪器的两端各有一个球形头。使用时使两端球形头分别紧密地卡在两个测座上，由于球面与圆锥的接触不仅紧密，而且即使稍有变动，两球球心之间的距离也不会改变，当与岩体(钻孔壁)黏接在一起，两测座之间发生沿轴线向位移和连线倾斜时，即可从仪器内的位移计和倾斜仪测量出对应位移和倾斜量。

因为三向测头在仪器结构上作了较周密的考虑，所以它的精度很高，其位移计的精度为 0.003mm/m，倾斜仪的精度为 0.025mm/m。中国科学院地质与地球物理研究所曾对这种仪器进行实测试验，在 20℃恒温下的标定试验结果是：当钻孔倾斜 5°，进行 83 次重复试验，得到测定垂直方向的精度为 0.0068mm/m，水平方向第一方位为 0.04mm/m，第二方位为 0.05mm/m，说明其精度很高。这种仪器的另一优点是便携，不仅可以随时对仪器进行检验，以减少零点漂移的影响，而且一个三向测头可以对多个测孔进行多点测定，使总的监测仪器费用降低。意大利的 Ridracoll 坝将三向测头与倒垂线配合使用，测定大坝不同深度基岩变形，取得了很好的效果。

2. 倒垂线法

倒垂线法指应用倒垂测定基岩不同深度的水平位移，也是目前较常用的方法，它又可分为两大类，即倒垂组法和多点倒垂法。

1) 倒垂组法

应用倒垂组法测定基岩变形，又分为倒垂组和多线倒垂两种。应用倒垂组测定基岩变形是在同一位置设置几个不同深度的倒垂，组成倒垂组测定不同深度处的基岩变形。这种方法的优点是不仅可测出相对位移和绝对位移，而且准确可靠，因此被广泛用于关键部位的监测。例如，在意大利的 Ridracoll 坝和我国的葛洲坝工程监测中都取得了很好效果。在大型工程中，常开凿一些大口径监测竖井，可在其中安装由水利部长江水利委员会成功研制的多线倒垂。

多线倒垂的结构是在竖井的中心设置一条倒垂线作为基点线(工作基点)，根据需要在不同高程处的竖井壁上埋角钢作为测点，测点处固定不锈钢丝(或铟钢丝)的一端，另一端牵到竖井口的监测架上，成为一条测点线。监测时，依次将测点线与浮体连接，使其垂直后用坐标仪进行读数。多线倒垂的优点是充分利用大口径监测竖井，达到监测基岩水平和垂直位移的目的。在新滩滑坡监测中使用，取得了较好的效果。

2) 多点倒垂法

多点倒垂法借助相关设备利用一条倒垂线测量不同深度基岩位移的方法，首次由苏联研制成功。它的大致结构与测量方法是在一个大口径的倒垂孔中心位置安装一根倒垂线，沿孔壁在不同深度的岩体上安装测点装置，在孔口处有专用定位装置，还有坐标仪观测装置。使用专用的定位装置，使倒垂线卡在观测点装置上，待倒垂线静止后应用坐标仪测定该测点的观测值，获得该点位移。苏联克拉斯诺亚尔斯克等大坝使用过这种多点倒垂法，证明成果可靠且精度很好。但是它要求倒垂孔直径至少为 60cm，设备及其安装非常复杂，观测也较烦琐。

7.5　倾　斜　监　测

为监测大坝混凝土自重、库水位和温度等因素引起的坝体及基础的倾斜(转动)性状，需要进行倾斜(转动角)监测。

坝体和坝基的倾斜监测，可应用精密水准法、静力水准法、倾角计、电水平尺和气泡倾斜仪等方法或设备进行。基础部位的测点宜设在横向廊道内，也可在下游排水廊道或基础廊道内设置。坝体测点与基础测点宜设在同一垂直面上，并应尽量设在有垂线装置的坝段内。倾斜(转动角)监测的测量方法具体如下：

(1) 精密水准法。精密水准法是测定坝体及其基础倾斜最经典的方法。应用精密水准法监测倾斜时，为了提高监测精度，基础附近两倾斜测点之间距离不宜小于 20m，坝顶不宜小于 6m。

倾斜监测要求精度较高，需采用一等水准监测，按一等水准测站高差中误差为 ± 0.08mm. 计算可得测定基础倾斜的中误差可小于 $\pm 0.8''$，测定坝顶倾斜的中误差可小于 $\pm 2.8''$，可见其精度很高。此法的主要缺点是目前尚处于人工监测状态，难以实现自动化。

(2) 静力水准法。应用静力水准法可监测坝体及其基础的倾斜，测定基础倾斜的中误差可小于 $\pm 0.4''$，测定坝顶倾斜的中误差可小于 $\pm 1.4''$，精度很高，同时具有人工读数和自动化监测的功能。目前，该方法已得到广泛的应用，三峡工程中静力水准法就是垂直位移和倾斜监测的主要手段。

(3) 倾角计与电水平尺。倾角计用于测量某点的倾角变化，目前国内外倾角计种类很多，仪器的分辨率为 0.2″～0.8″，测量范围为±10°或±53°，可以根据工程需要选择适用仪器。

倾角计的主要优点是测定倾斜两点间倾角没有距离要求，因此实际使用时比较方便，其不足之处是倾角计是点测量，受所在点温度等局部变化影响较大，如点位布置不当将影响其监测精度。因此，倾角计布置位置应尽可能在温度变化较小的地方。近年来，为了减少倾角计受局部温度影响，美国 Sinco 公司推出一种新产品——水平原位测斜仪，该仪器能测量 1m 以内一个方向相对两点的倾角变化，也可联结起来进行多点测量，还可进行遥测。

(4) 气泡倾斜仪。气泡倾斜仪内有一个精密的长水准器，其格值一般为 5″左右，其底座长度不小于 300mm。气泡倾斜仪也用于监测某监测点的倾斜情况。我国某些大坝曾用气泡倾斜仪观测坝基倾斜情况，得到较满意的结果。

7.6　特殊基础的变形监测

一个理想的变形监测系统测量各种变形的基准值应是原始状态(即没有受到荷载影响的状态)的初始值。但是有的变形受外界条件限制，无法测得初始值。例如，基础岩体地质条件非常复杂时需进行的基础回弹监测，其初始值应为覆盖层开挖前的观测值，开工前无法测得，只能以开挖到建基面后的首次实测值作为基准值。若没有收集到完整的监测数据，必将影响对建筑物及其基础安全评估分析的准确性。因此，在基础岩体地质条件复杂的特殊情况下应该采取一些特殊方法补救，以便得到较为完整的监测资料。为此需要进行特殊基础条件下的变形监测，尽可能多地获得基岩变形的全过程数据。目前，特殊基础条件下的变形监测主要有以下监测内容。

1. 基础变形监测

重力坝坝基和拱坝两岸拱座的基础变形情况是评价大坝工作安全性态的重要依据。基础变形一般采用 10m 或 15m 的基础变形计进行监测，或在基础附近的廊道内钻孔，布置 30m 或 45m 深的多点位移计监测基础变形。通过各测点基础变形监测可了解上游帷幕灌浆区域的帷幕是否拉裂，基础变形过程及坝基变形分布。同时，根据变形可计算应变和坝基变形模量等参数。基岩变形量与坝体自重、水压和基岩性质等因素有关，如三峡泄洪坝段基岩为花岗岩，坝高为 181m，坝踵为 15.0m，深基岩压缩变形量为-4.11～-3.82mm，坝趾压缩变形量为-2.02～-0.61mm。大坝第一次蓄水前后，坝踵垂直向基岩变形计受压较大，变形增量为-0.07～-0.02mm，坝趾压缩变形增量较坝踵大，为-0.32～-0.04mm。蓄水期间，坝踵 45.0m 深处多点位移计拉伸，变形增量为 0.02～0.07mm；坝趾受压，变形增量为-0.36～-0.24mm。上述资料说明，蓄水前后坝基变形较小，测值连续、合理，基岩工作性态正常。蓄水以后多点位移计反映，上游呈拉伸趋势，下游呈压缩趋势，但变形都很小，上下游变形分别为-0.09mm 和-0.53mm。

2. 基础岩体回弹变形监测

为了测得基础岩体回弹变形垂直位移的完整数据系列，在开挖前，应尽早利用地质勘探阶段的大口径(直径为 800～1000mm)钻孔，沿孔深在孔壁上预先设置几行测点(以水工建筑物设计基础面高程以下部位为重点)。随着覆盖层的开挖，定期采用精密水准测量结合竖直传递高程法测量孔壁上测点的高程变化，了解基础岩体回弹变形的全过程。根据这些实测的监测数据，为确定数学模型中的基础岩体变形性能模拟提供依据，以便选取合适的解释模型。采用反馈分析技术，对施工期特殊基础条件下基岩变形可能的极限值做出预报，达到既确保建筑物安全又节省工程费用的目的。这种测量基础岩体回弹变形的监测方法，在葛洲坝工程中得到应用，并取得了较好的效果。

3. 在地应力作用下的基础岩体错动变形监测

在地质条件非常复杂(如基岩存在软弱夹层)的特殊情况下，深挖基坑(或高边坡)边壁临空面很高大时，地应力可能沿其作用方向推动剪切带的上盘岩体，使之循其主滑面产生错动变形，是基坑(或高边坡)施工和未来建筑物的不安全因素(Ma et al., 2020b)。因此，必须在开挖前建立测量深挖基坑(或高边坡)边壁位移的测点，应用边角交会法或视准线法测定深挖基坑(或高边坡)边壁的水平位移；应用精密水准法测定深挖基坑(或高边坡)边壁的垂直位移(杨杰等，2019)。为了进一步深入了解地应力作用下的岩体错动变形，还应充分利用地质勘探平硐和大口径钻孔进行监测。例如，为了了解地应力作用下三峡永久船闸开挖过程中的岩体变形，在船闸开挖前，就在 8 号勘探平硐中安装了伸缩仪和多点位移计，监测船闸开挖过程中岩体向船闸中心线方向的位移，应用精密水准法测量深层岩体在施工全过程中的垂直位移，取得很好的效果。又如，在葛洲坝工程二江厂房深基坑开挖中，为了监测基岩剪切带的变形全过程，在基坑开挖前，就在勘探大口径钻孔中埋设了三向测缝计，测得在施工过程中基岩因地应力作用产生的形变。还在开挖过程中，派地质人员下孔观察孔壁原有节理扩张、层面张开、新爆破裂隙的生成等，取得了较好的效果。

7.7　变形监测仪器

一个完善的变形监测系统包含各种监测仪器、仪表和计算机软硬件,组成一个协调的整体,在统一的时间和空间基准上运行,要求迅速、准确地测量数据,及时做出定性和定量分析,为评估工程建筑物的安全状态提供依据。要达到此目的,选用恰当的监测仪器(仪表)、计算机软硬件是关键,本节着重阐述变形监测仪器方面的内容。

7.7.1　变形监测仪器选型的基本原则

(1) 准确性。监测系统的主要任务之一是能快速准确地采集反映建筑物真实状态的监测数据。如果采集的数据包含很大误差或较多错误信息,这样的监测数据就毫无价值,甚至会导致安全评判的错误,造成严重后果。通常监测仪器要求较高的监测精度,但并非精度越高越好,因为不同建筑物对监测准确度的要求不同。例如,土石坝的变形量比混凝土坝的变形量大得多,其要求的监测精度自然可适当降低。因此,在一个完善的监测系统中选择合适准确度的监测仪器也是十分重要的(徐国龙,2002)。

(2) 可靠性。应用监测仪器、仪表采集的数据应准确可靠,且能真实反映建筑物及其基础的性状变化情况,同时监测仪器、仪表能长期稳定工作。如果监测系统中所用监测仪器、仪表可靠性不高,经常发生故障,这样的监测系统将不能发挥应有的监测作用。因此,可靠性是对监测仪器、仪表最基本的要求。

(3) 使用简单。监测仪器要求操作简单,尽可能便于操作人员使用各种功能。例如,应用大地测量法进行监测,曾使用的经纬仪、水准仪操作比较复杂,如果观测人员没有经过专门训练往往难以得到优良观测成果,导致大地测量法在监测中的应用受到一定限制。近年来,随着电子及计算机技术的不断进步,出现了一批高精度、自动化(半自动化)大地测量仪器(如 GPS、测量机器人、高精度全站仪和电子水准仪)。这些仪器不仅精度高,而且使用简单,还可进行自动化观测,使大地测量法在监测中得到进一步推广应用并取得较好效果。

(4) 便于维护。目前的技术水平下,要求监测仪器无故障是不现实的,因此选用的仪器应便于维护,在监测仪器选型时应注意选用模块化仪器,便于维修;尽可能选用有自校措施的仪器,如 EMD 型电磁式垂线坐标仪、STC 型步进垂线坐标仪内部有自校措施,可方便地判断监测数据的可靠性,以便及时发现问题进行维修;选用能保证维修前后数据连续性的监测仪器,以保持测量基准值不变,近年来一些监测仪器的设计已实现这一点。例如,JSY-1 型静力水准仪具有自动化和人工监测的功能，应用仪器内的人工监测措施，不仅可定时校核自动监测数据的可靠性，还可将人工监测结果作为基准值，保证维修前后监测数据的连续性。

（5）先进性。保证可靠实用的前提下，应采用技术先进的监测仪器、仪表和数据采集、传输处理设备，要充分利用计算机技术发展提供的潜力，以及现代信息科学和信息技术提供的先进手段。

（6）经济性。监测系统监测仪器选型时，应做成本和功能比较，尽可能采用成熟的定型产品，使成本降到最低，力求功能强、成本低。

7.7.2　变形监测仪器选型

按目前惯例，变形监测较常用的仪器可分为外部变形监测仪器和内部变形监测仪器。外部变形监测仪器有大地测量仪器、垂线坐标仪、引张线仪、激光准直、静力水准仪、双金属标仪和伸缩仪等。内部变形监测仪器有多点位移计、钻孔倾斜仪、测缝计和电气泡倾斜仪等。

7.7.2.1　外部变形监测仪器

1. 大地测量仪器

为了测定大坝及其枢纽建筑物、近坝区岩体及边坡的整体变形、绝对变形，需要应用各种大地测量仪器，主要有经纬仪、电磁波测距仪、水准仪、全站仪、测量机器人和 GPS。

（1）经纬仪。经纬仪主要用于水平角和垂直角的测量，根据度盘刻度和读数方式的不同，经纬仪可分为光学经纬仪和电子经纬仪两种。变形监测精度要求较高，因此必须应用能满足测定 I 等三角测量精度要求的经纬仪，常用于变形监测的经纬仪如表 7.1 所示。

表 7.1　常用于变形监测的经纬仪

仪器型号	我国系列型号	操作方法	备注
瑞士威特 T_3	J_1 经纬仪	人工读数	光学经纬仪
瑞士徕卡 T2002	J_1 经纬仪	可自动读数	电子经纬仪
瑞士徕卡 T3000	J_1 经纬仪	可自动读数	T2002 改进型
日本索佳 DT2	J_1 经纬仪	可自动读数	电子经纬仪
日本拓普康 ETL-1	J_1 经纬仪	可自动读数	电子经纬仪

目前，较常用的是电子经纬仪，它不仅观测精度高，操作简单方便，而且除照准外其他都可实现自动化观测，是较为理想的高精度测量仪器。通过有关工程实践，瑞士徕卡 T2002 是较为适用的电子经纬仪。瑞士徕卡 T3000 是瑞士徕卡

T2002 电子经纬仪的改进型，仪器性能基本相同，但望远镜的设计有一些改进，价格也较瑞士徕卡 T2002 昂贵，可作为备选的仪器。

(2) 电磁波测距仪。电磁波测距仪是利用电磁波(光波或微波)运载测距信号测量地面两点间距离的仪器。目前，国内外测距仪的类型很多，在变形监测中较适合的是瑞士 KEEN ME5000 光电测距仪和瑞士徕卡 DI2002 光电测距仪，这两种测距仪的性能如表 7.2 所示。

表 7.2　两种测距仪性能对照表

仪器型号	标称精度	备注
KEEN ME5000	0.2mm±0.2mm	目前最高精度测距仪
瑞士徕卡 DI2002	1 mm±1mm	高精度测距仪

由于瑞士 KEEN ME5000 测距仪已停产，如有损坏将无法修理。通过三峡等工程使用证明，只要瑞士徕卡 DI2002 在使用中采取一定措施，实测精度可高于标称精度。因此，对高精度变形监测，可改用瑞士徕卡 DI2002 测距仪代替 KEEN ME5000 测距仪，进行高精度的变形监测和大型高精度变形监测网的测量工作。

(3) 水准仪。水准仪是以几何水准方法测量地面上两点高差的仪器。它利用仪器提供的水平视线测定两点间的高差。目前，国内外大坝垂直位移监测仍广泛应用精密水准法，特别是高程监测网的施测，精密水准法是行之有效的方法。国内外的水准仪类型较多，变形监测常用的水准仪如表 7.3 所示。根据多年来外业使用经验，德国和瑞士生产的水准仪精度较高，仪器的稳定性和可靠性也较好。

表 7.3　变形监测常用的水准仪

型号	厂家	我国系列型号	备注
Ni002	德国蔡司	S05 水准仪	自动安平水准仪
Ni007	德国蔡司	S05 水准仪	自动安平水准仪
NA2	瑞士徕卡	S05 水准仪	需加 GPM3 光学测微器，自动安平水准仪
N3	瑞士徕卡	S05 水准仪	非自动安平水准仪
B1	日本索佳	S05 水准仪	需加 0M1 光学测微器，自动安平水准仪
NA3003	瑞士徕卡	S05 水准仪	电子水准仪
DiNi10	德国蔡司	S05 水准仪	电子水准仪

(4) 全站仪。全站仪是用光电方法同时对水平角、高度角和距离进行测量及数据处理的测量仪器。它将电子经纬仪、电磁波测距仪和计算机的主要部件集成为整体，配合测量软件，可同时代替各种经纬仪、电磁波测距仪进行测量工作。

它不仅简化了测量程序，提高了测量精度，而且较易实现自动化测量，在三峡等工程的变形监测中取得了较好的效果。目前，用于变形监测常用的全站仪有瑞士徕卡 TC2003、TCA2003(测量机器人)和日本索佳 SET1010 全站仪。

(5) 测量机器人。测量机器人是在全站仪基础上发展起来的自动化全站仪，它利用仪器内置的伺服马达、CCD 影像传感器及相应的软件，具有自动找寻目标、自动精确照准目标和自动记录观测数据等功能。目前，常用的测量机器人主要有瑞士徕卡公司生产的测量机器人 TCA2003、美国 Trimble 公司生产的 5600 及德国 Zeiss 公司生产的 Eltas 系列的测量机器人。根据国内有关工程使用实践，认为瑞士徕卡生产的测量机器人 TCA2003 不但测量精度高，而且测量成果稳定可靠，能较好地满足高精度变形监测的需要。

瑞士徕卡公司生产的测量机器人 TCA2003，将高精度测距仪[标称精度为 $1mm+D\times10^{-4}(km)$, D 为被测距离]、绝对编码度盘的电子经纬仪($\pm0.5''$)和计算机控制软硬件融为一体。其主要优点是内置了精密伺服马达，可编程控制。接收系统采用 CCD 组件，能够自动识别和锁定目标，不受其他杂散光源干涉。用户可根据需要利用仪器自备的用户开发功能实现人工智能采集观测资料，并且可以按照现行的国家规范进行观测，获得原始、合格的观测值(黄腾等，2004)。

测量机器人 TCA2003 的数据记录可采用国际个人计算机标准存储卡作记录载体，也可记录在仪器内存或通过数据接口传输至 PC 端，并将观测资料进行后处理。由于测量机器人具有全自动、遥测、实时、精确和快速等优点，为大地测量监测自动化提供了条件，已在有关工程变形监测中得到应用。根据变形监测工程的不同情况，应用测量机器人建立的变形监测自动化系统可分为半自动化变形监测系统和自动化变形监测系统两种工作模式。

半自动化变形监测系统。测量机器人在半自动化变形监测系统中进行变形监测时，将测量机器人置于仪器墩上，整平仪器，仪器在机载软件的驱动下自动找寻目标、自动精确照准目标，并自动将边长、角度等数据记录存入 PC 卡。在完成现场测量工作后，再将 PC 卡上存储的边角数据传入计算机，利用分析、处理软件计算位移，以便进一步分析评估建筑物及其基础的安全运行状态。将测量机器人应用在半自动化变形监测系统中的优点是测量机器人是在工作时临时安置在测站上的，因此一套(1 台或几台)测量机器人可在不同工程中使用，提高了仪器使用效率，节省了工程费用。由于目前各工程中可能已购电子经纬仪或全站仪，为了充分利用原有设备，在半自动化变形监测系统中可将原有仪器配合测量机器人共同完成全部测量工作，降低工程仪器设备费用。综合以上优点，很多工程采用这种监测方式。但是在半自动化变形监测系统中还不能实现完全的自动化，常用于不需要完全自动化的工作，如变形监测网等。

自动化变形监测系统。自动化变形监测系统和半自动化变形监测系统的不同之处在于需要建立完善的自动化网络，整个网络可分为数据采集、数据传输和数据处理三大部分。数据采集部分由固定在测站上的测量机器人、为测量机器人供电的外部电源线及在线的不间断电源(uninterruptible power supply, UPS)等组成，整个数据采集过程实现自动化。数据传输部分可分为有线传输系统和无线传输系统两种。在自动化变形监测系统中，测量机器人的开机、关机及有关操作均由计算机控制。计算机向测量机器人发出指令，通过传输系统传输给测量机器人，测量机器人将按指令自动测量，并将所测数据由相同路线传到计算机。计算机利用数据处理软件对传回的测量数据进行处理，可立即得到监测结果。数据处理部分由控制网观测数据预处理与平差处理软件系统，以及监测数据分析等软件系统组成。利用上述数据处理软件可将测量机器人测量数据转化为监测数据，再通过监测数据分析软件对其进行分析预报。

综上所述，应用测量机器人的自动化变形监测系统，不需要操作人员现场操作，实现了真正意义上的大地测量监测自动化。

(6) GPS。利用 GPS 测量法进行大坝变形监测，具有自动化程度高、速度快、全天候及不受通视条件影响等优点。过去观测精度难以满足高精度监测的要求，因此 GPS 在大坝安全监测中应用较少，但近年来随着 GPS 技术的不断进步，其监测精度有较大提高，已能较好地满足高精度监测要求。随着 GPS 技术进一步提高，其优越性得到进一步显现，必将成为工程变形监测中的主要观测手段之一。

GPS 定位系统由三部分组成，即 GPS 卫星组成的空间部分、若干地面站组成的控制站部分和以接收机为主体的广大用户部分。三者有各自独立的功能和作用，但又是有机配合、缺一不可的整体系统。对一般用户而言，主要使用的是接收机。目前，用于高精度变形监测的 GPS 接收机很多，常用的 GPS 接收机技术参数如表 7.4 所示。根据多年来外业使用经验，美国生产的 GPS 接收机精度较高，仪器的稳定性和可靠性均较好。

表 7.4　几种主要 GPS 接收机技术参数

型号	精度(水平)	质量/kg	产地
Trimble 5700	5mm±0.5mm	1.4	美国
ThaiesZ-Max	5mm±0.5mm	—	美国
Rogue8000	3mm±0.1mm	3.6	美国
TopconHiper	3mm±1mm	1.6	日本

应用大地测量仪器测得的相对变形与绝对变形，是评价大坝和滑坡安全度最直观且可信的信息参数。由于过去大地测量仪器自动化水平较低，工作量较大，难以及时为大坝安全提供信息，限制了其在安全监测中的应用。但从上述大地测

量仪器介绍中可以看出，随着电子和计算机技术的进步，以测量机器人和 GPS 等为代表的新型大地测量自动化仪器不断呈现，为大地测量仪器自动化提供了条件，并已在三峡、二滩和隔河岩等工程的监测中得到应用。预计随着大地测量仪器自动化水平的进一步提高，大地测量法将在安全监测中得到进一步的推广应用。

2. 垂线坐标仪

垂线坐标仪分为光学垂线坐标仪和垂线遥测坐标仪两大类。光学垂线坐标仪是垂线观测中最常用的观测仪器，利用在垂线墩上预埋的归心装置进行观测。目前，国内最常用的光学垂线坐标仪为国家地震研究所制造的 CG-2 和 CG-3 型垂线坐标仪，两种光学垂线坐标仪技术指标如表 7.5 所示。

表 7.5　两种光学垂线坐标仪技术指标

型号	测量范围/mm	测量精度/mm	备注
CG-2	横向±25 纵向±25	±0.1	二位光学垂线坐标仪
CG-3	横向±25 纵向±25 铅锤向±4	±0.1	三位光学垂线坐标仪

近几十年来，国内外对垂线遥测坐标仪做了大量的研究工作。20 世纪 70 年代初，垂线遥测坐标仪多采用接触式，由于其精度与可靠性均较差，到了 20 世纪 70 年代中期，已逐渐被非接触式垂线遥测坐标仪代替。目前，国内外非接触式垂线遥测坐标仪有 CCD 式、电磁差动式、步进马达跟踪式和差动电容式等，常用的垂线遥测坐标仪如表 7.6 所示。

表 7.6　常用的垂线遥测坐标仪

型号	传感器类型	测量范围/mm	测量精度/mm	产地
EMD-S 型	电磁差动式	40×40	±0.1	中国
RZ 型	差动电容式	10～100	±0.1 或±0.2	中国
STC 型	步进马达跟踪式	X: 100 ; Y: 50; Z: 40	±0.1	中国
ELELOT VDD2E	CCD 式	150×60	±0.1	瑞士
WIPOT/22	CCD 式	50×50	±0.1	意大利
PI-30	电感式	30×30	±0.1	法国
RxTx	CCD 式	50×50×25	±0.05	加拿大

3. 引张线仪

引张线仪与引张线装置相结合，可测量坝体沿上下游水流方向的水平位移，以了解大坝(特别是直线型大坝)的工作状态，监测大坝运行安全。由于引张线法具有装置结构简单、适应性强、易于布设、成本低、测量不受气候影响、系统具有很高的观测精度和稳定性等优点，20 世纪 60 年代初开始在我国应用，并成为直线型大坝水平位移监测的主要监测手段。

引张线观测可分为人工观测和自动化观测两种，人工观测常用的仪器为读数显微镜、放大镜或两用仪等光学仪器。近年来，引张线遥测坐标仪的研制有较大进展，应用较为广泛的引张线遥测坐标仪如表 7.7 所示。

表 7.7　常用的引张线遥测坐标仪

型号	传感器类型	测量范围/mm	测量精度/mm	产地
RY 型	传感器类型	10～100	±0.1 或±0.2	中国
EMD-T 型	差动电容式	0～40	±0.1	中国
SWT 型	步进马达跟踪式	30～100	±0.1	中国
YZ 型	CCD 式	0～50	±0.1	中国
WIPOT-02 型	CCD 式	0～50	±0.1	意大利

从表 7.6 和表 7.7 中可以看出，对比国内外生产的垂线遥测坐标仪和引张线遥测坐标仪，测量精度相差并不大。但在仪器的可靠性和稳定性上，国内外产品尚存在一定的差距，国外著名厂家生产的垂线遥测坐标仪故障率一般较小，具有较好的实用性。近年来，随着电子技术的发展，通过国内研究人员的不断努力，我国生产的监测仪器可靠性有了较大提高，并在三峡等工程中取得较好的应用效果，如能进一步降低仪器采集缺失率，国产仪器将得到进一步推广应用。

4. 激光准直

应用激光准直系统进行大坝位移监测主要有两种方法：大气激光准直和真空激光准直。大气激光准直系统测量精度为±0.1mm，但激光准直距离较长时，受大气折光的影响，监测结果精度和可靠性都将受到影响。真空激光准直系统中激光在真空管道内运行，因此受大气折光影响较少，其测量精度可达±0.1 或±0.3mm。我国中水东北勘测设计研究有限责任公司、国网电力科学研究院有限公司等单位曾在国内有关大坝安装真空激光准直系统，并投入使用。

5. 静力水准仪

由于静力水准仪测定大坝垂直位移监测精度较高，且易于实现自动化，近年来，静力水准仪在坝体垂直位移测定中得到普遍推广应用，并取得了较好的效果。目前，水电工程中，应用较为广泛的静力水准仪如表 7.8 所示。

表 7.8　常用的静力水准仪

型号	传感器类型	测量范围/mm	测量精度/mm	产地
JSY-1 型	差动电感式	±20	±0.1	中国
LCM-3 型	电容式	±20	±0.1	意大利
RJ	电容式	20～40	±(0.1～0.2)	中国
BGK-4675	振弦式	150～600	±0.1%F.S	中国

6. 双金属标仪

根据混凝土坝安全监测技术规范要求，测定坝基垂直位移中误差应不大于 ±0.3mm。因此，较理想的监测方法是采用静力水准加双金属标的监测方法。为了实现垂直位移监测自动化，水利部长江勘测技术研究所和中国地震局地震预测研究所在成功研制静力水准仪的基础上，进一步研制了 JSY-DE 型双金属标仪。

JSY-DE 型双金属标仪具有人工观测和自动化观测的双重功能，利用自动化观测功能，将双金属标作为一个工作基点和静力水准仪系统相配合，实现大坝垂直位移监测自动化。利用人工观测功能，可将坝外水准基点高程传递给坝内双金属标，以监测坝内双金属标的稳定性。JSY-DE 型双金属标仪的测量误差小于±0.1mm，可以在相对湿度为 100%的环境中长期工作。该仪器在三峡、黄龙带等工程中使用并取得较好效果。

7. 伸缩仪

伸缩仪是一种测量多点间相对水平位移的仪器，可用于大坝、高边坡、断层和滑坡等变形监测，也可用于水平方向基准点的坐标传递，如倒垂线端点与引张线端点的坐标传递。目前，在水电工程中，应用较为广泛的伸缩仪如表 7.9 所示。

表 7.9　常用的伸缩仪

型号	传感器类型	基线长度/m	测量范围/mm	测量精度/mm	产地
SS-4 型	差动电感式	40	<20	±0.1	中国
ERI200 型	差动电感式	5～40	<200	±0.5	法国

SS-4 型伸缩仪除了可以进行自动观测外，还可目视读数装置，因此其观测方式比较灵活。仪器在结构工艺和材料上作了特别的设计，具有优良的防潮、防湿功能，能够在湿度为 100%的环境下长期工作。基线采用特种铟钢丝，受温度影响很小，保证了仪器的高精度与稳定性。已在三峡、丹江口等工程中应用并取得较好效果。以上两种伸缩仪，根据其性能特点，我国生产的 SS-4 型伸缩仪通常可用于大坝或高边坡排水洞内的相对位移监测。法国生产的 ERI200 型伸缩仪较适合土石坝的相对位移监测。

7.7.2.2　内部变形监测仪器

(1) 多点位移计。多点位移计是用于测量岩(土)体深层位移的仪器,由传感器、传递杆、保护管和锚头等组成。仪器经钻孔安装,在同一钻孔中,根据现场采集的地质条件,沿钻孔长度方向,设置不同深度的测点,通常是3～6个。当钻孔中各锚固点的岩(土)体发生位移时,经传递杆传到钻孔的孔口,各测点的位移由安装在孔口的传感器测得。通过三峡、白莲河等工程实践,进口多点位移计测量精度和稳定性均较好。常用的多点位移计性能指标如表7.10所示。

表 7.10　常用的多点位移计性能指标

型号	传感器类型	量程/mm	分辨率/ mm	测量精度	产地
A6、A3	振弦式	100～200	0.01	0.1%F.S	美国
SAM	振弦式	100～200	0.01	0.1%F.S	加拿大
DWG-40	差动变压器	100～200	0.01	0.1%F.S	中国

(2) 钻孔倾斜仪。钻孔倾斜仪是用于测量岩(土)体和建筑物深层水平位移的仪器,仪器通过埋设在被测对象内部的测斜管轴线与铅垂线之间的夹角变化来测量钻孔不同深度的水平位移。钻孔倾斜仪有滑动型和固定型两种,通常先由滑动型仪器测出位错面后,再安装固定型仪器进行跟踪监测。我国境内滑动型钻孔倾斜仪两导向轮之间的距离为 0.5m,仪器滑动测读时,移动的距离是 0.5m,通过移动传感器测头,可测得沿钻孔不同深度的水平位移。钻孔倾斜仪常用的是伺服加速度计式,通过三峡、清江隔河岩和水布垭等工程实践,中国和美国生产的钻孔测斜仪测量精度和稳定性较好,我国工程中常用的钻孔测斜仪性能指标如表 7.11所示。

表 7.11　我国工程中常用的钻孔测斜仪性能指标

型号	传感器类型	量程	分辨率	测量精度	产地
Sinco50302510	伺服加速度计	±53°	0.02m/500mm	6mm/25m	美国
CX-01	伺服加速度计	±53°	0.02m/500mm	6mm/25m	中国

第8章 水工建筑物渗流、应力应变、裂缝、环境量及其他监测

8.1 渗 流 监 测

在大坝上下游水位差(水头)的作用下，坝体、坝基和坝肩会出现渗流现象。渗流现象会对大坝造成危害，一方面会使一部分水从坝体和坝基渗向下游，造成一定的渗漏损失，这在缺水地区和喀斯特地貌地区尤为重要。另一方面渗流会给坝体、坝基结构稳定和渗透稳定造成不利影响，甚至有可能引起大坝的失事和损坏。以土石坝为例，由于渗流在坝体内形成一个逐渐降落的渗流浸润面，而浸润面的高低、变化与土石坝的稳定、结构安全密切相关，是坝坡稳定分析必需的参数。渗流现象易造成土石坝、基础渗流出口及不同土层(或地层)接触面产生渗透变形，如果处理不当，还可能发展成渗透破坏。这种渗透变形具有隐蔽性，发展成为渗透破坏后将直接威胁大坝安全，因此渗透稳定成为所有渗流问题中最关键的问题。对混凝土或砌石建筑物而言，由于材料本身的透水性很小，抗渗能力强，影响结构稳定性的主要因素是渗流在坝体与坝基接触面上产生的扬压力。同土石坝一样，其渗透稳定性仍是必须妥善解决的关键问题。

为了较好地解决渗流问题，在水工建筑物规划和设计阶段，科研设计人员一般都会针对性地进行渗流试验和计算分析工作，确定相应的渗漏量、浸润线位置、扬压力分布、渗流场分布及渗透稳定安全性。根据计算分析成果拟定渗流控制措施，将渗漏量控制在可接受的范围内，保证各种渗流状况下的结构安全和渗透安全。但受客观条件的影响，设计阶段对渗流问题的认识具有局限性，主要表现为：

(1) 现场勘探钻孔数量有限，根据钻孔情况确定的地质条件与现场实际情况总有一定的差距。

(2) 现有的各种确定坝体与坝基材料物理力学性能指标的试验方法并未完全成熟。例如，坝体和地基的渗透系数，无论是室内试验还是现场试验，都很难获得完全贴近实际的成果。

(3) 设计计算工作中经常采用一些简化的近似计算和平均指标，与实际情况有一定的出入。

(4) 实际施工情况与设计标准、参数之间往往存在一定差距。例如，在透水

地基上的均质土石坝，受施工填筑条件及坝体材料自重固结影响，建成数年后的情况可能远非当初设计的均质条件。不同断面、不同高程处的坝料渗透系数不完全相同，实际上可能存在各向异性，而且上部透水性大、下部透水性小。

综上所述，水工建筑物中的实际渗流状况常常与设计阶段进行的渗流计算结果有一定出入，尽管设计中采用的渗流参数有一定余度，但也有可能出现超出设计值的异常渗流现象。如不及时复核分析这种异常渗流现象，必要时采取应急抢护措施，则有可能进一步发展酿成险情，甚至造成溃坝等严重事故，必须予以高度重视。因此，大坝建设中及建成后，必须进行渗流安全监测，分析判断实际发生的渗流状况、发展趋势是否正常，保证水库大坝的安全运用。

渗流监测项目包括渗透压力、渗流量和水质分析三个方面。其中，渗透压力监测是水工建筑物必须开展的主要监测项目之一，根据监测的建筑物位置、地质条件及监测目的不同，分为坝基渗压力(包括扬压力)、坝体浸润线(土石坝)、分缝渗透压力(混凝土坝)、孔隙水压力和两岸绕坝渗流等监测内容。

8.1.1 渗透压力监测

不同的水工建筑物结构类型各异，其渗流形态也各有特点。例如，由于土石坝材料为土石散粒体，坝体中的渗流比混凝土坝明显得多，坝体渗透压力对坝体的稳定性有重要影响，对混凝土坝而言，坝基渗透压力对坝体稳定性的影响比坝体渗透压力大得多。

8.1.1.1 混凝土建筑物及基础渗透压力监测

混凝土建筑物一般坐落在比较完整的岩石基础上，混凝土闸坝建筑物的渗透压力监测主要是观测其建基面扬压力、水平施工缝上的渗透压力(渗压)、坝体两端的绕坝渗流及深层渗透压力。

(1) 建基面扬压力监测。混凝土建筑物建基面扬压力是指建筑物处于尾水水位以下部分所受的浮力，以及渗流在建筑物与基岩接触面上形成向上的渗透压力总和。向上的扬压力，会使闸坝的有效重量减少，对闸坝的抗滑稳定性不利。设计混凝土建筑物时，应根据建筑物的结构特点和防渗排水措施确定扬压力，进行建筑物稳定性计算。建筑物投入运行后，实际扬压力是否与设计相符，是人们十分关心的问题。因此，必须进行扬压力监测，以掌握扬压力的分布和变化，作为判断建筑物稳定性的基础。发现扬压力超过设计值，应及时采取补救措施。

一般采用埋设测压管或渗压计两种方式进行扬压力监测，也可在测压管内放置渗压计进行监测。根据建筑物的结构特点、地质条件及防渗和排水布置，在防渗帷幕、防渗墙、铺盖齿墙、板桩上下游及闸坝基等部位布置监测点，监测扬压力分布及其变化，了解防渗及排水效果，判断建筑物稳定性。

(2) 水平施工缝上的渗透压力监测。混凝土坝的分层浇筑会形成水平施工缝，特别是碾压混凝土坝，水平施工缝更易形成渗流通道。水平施工缝间产生渗透压力，对坝体结构的整体性构成威胁，因此应对水平施工缝上的渗压进行监测。水平施工缝渗压监测常在上游坝面至坝体排水管之间由密渐稀间隔布置一排渗压计，监测水平施工缝上的渗压分布及其变化。如果渗压过大，应考虑采取灌浆等措施处理。

(3) 绕坝渗流监测。一般情况下，蓄水后闸坝两端存在绕过两岸坝头从岸坡流出的绕坝渗流。但如果闸坝与岸坡连接不好，或岸坡中有强透水层，或两岸防渗帷幕起不到应有作用，则有可能产生过大渗流或集中渗流，影响坝肩稳定性甚至影响坝体安全。因此，需要进行绕坝渗流监测，以了解坝基、坝肩接触面及岸坡的渗流变化情况，分析判断这些部位的防渗和排水效果。坝基与坝肩接触面的渗流压力一般采用渗压计进行监测。岸坡绕坝渗流一般采用埋设测压管进行监测，采用自动化监测时，可在测压管内安装渗压计观测。

(4) 深层渗透压力监测。为了解坝基、岸坡深层软弱夹层和破碎带的渗流稳定情况，需开展深层渗透压力监测。渗透压力常利用观测其渗压水位(测点渗压力+测点所在的位置高程)表示，以便对比分析。

对坝基或坝肩的稳定性有重大影响的地质构造带，沿渗流方向通过构造带至少应布置一排渗压测点，监测地下水位状况，也可通过构造带的平硐或专门开挖平硐布置测点。深层渗透压力可用测压管或渗压计进行监测。对大坝安全有较大影响的滑坡体或高边坡，其渗流特性常表现为水力坡降大，同一铅垂线上不同高程的渗压水头相差较大。因此，应尽量利用地质勘探钻孔、勘探平硐或专设平硐分层监测地下水位，没有平硐时可采取一孔埋设多支测压管或分层埋设渗压计的方法监测渗压水头。

8.1.1.2　土石坝及基础渗透压力监测

土石坝一般由土石材料填筑而成，渗压监测的主要目的是了解坝体、坝基的渗透压力(孔隙水压力)分布和浸润线位置。其监测内容包括坝体渗流监测、坝基渗流监测和坝体绕坝渗流等。

(1) 坝体渗流监测。土石坝建成蓄水后，在库水压力作用下，坝体内必然产生渗流现象。渗水在坝体内从上游渗向下游，渗流水面逐渐降落，在截面上形成浸润线。监测掌握土石坝浸润线的位置及其变化，以及坝体渗压分布，对分析判断土石坝的渗流状况和坝坡稳定性有非常重要的意义,因为浸润线的高低和变化，与土石坝的稳定性有密切关系。如实际浸润线比设计计算采用的浸润线高，将降低坝坡的稳定性，甚至可能造成坝坡失稳。

土石坝浸润线和渗压监测点的布置，应根据大坝的规模、坝型、尺寸、坝基地质情况及防渗、排水结构等特征，如实地反映断面内浸润线的几何形状及坝体内的渗流变化，并充分描绘坝体各组成部分(防渗体、排水体和反滤层等)的渗流状况。例如，宽塑性心墙坝，常需在心墙内设置1～2条观测线，每条观测线上依具体情况设置1～3个渗流测点。在坝体的强透水土料区，每条铅直线上只可设1个测点，在弱透水土料区则应多设几个测点。坝后排水体内的渗压水位一般变化不大，附近可只设置1个渗流测点。坝体内透水性分层明显的土层，以及浸润线变幅较大处，应根据预计浸润线的最大变幅沿不同高程布设测点。

浸润线及坝体渗压监测是土石坝渗流监测的重要项目，应根据不同的监测目的、土体透水性、渗流场特征及埋设条件等，选用测压管或渗压计(或孔隙水压力计)进行监测。一般情况下，在上下游水头差较小(小于20m)、渗透系数大于或等于10^{-4} cm/s的土层中、渗压力变幅小的部位和监视防渗体裂缝等处，宜采用测压管；在上下游水头差较大、渗透系数较小的土层中、观测不稳定渗流过程、观测超静孔隙水压力消散过程及不适宜埋设测压管的部位(如铺盖、斜墙底部、接触面和堆石体等)，宜采用渗压计。

(2) 坝基渗流监测。为全面了解土石坝坝基透水层和相对不透水层中渗压沿程分布情况，分析大坝防渗和排水设施的作用，检验有无管涌、流土及接触冲刷等渗透破坏，需要进行坝基渗流压力监测，包括坝基天然岩土层、人工防渗和排水设施等关键部位渗流压力分布情况的监测。渗压测点的布置，应根据建筑物地下轮廓形状、坝基地质条件及防渗、排水形式等确定，监测的重点是坝基渗压分布、强透水层(带)渗压、防渗及排水设施上游渗压，以及坝趾处渗流溢出水力坡降等。坝基渗透压力的监测可以选用测压管和渗压计两种方式，但实际中采用测压管的情况较多，当选用测压管无法进行观测时则采用渗压计。选用测压管观测坝基渗透压力时，其透水段在回填反滤料中的长度应比较短，一般为0.5～2.0m。

(3) 坝体绕坝渗流。土石坝的绕坝渗流观测，包括两岸坝端、部分山体、土石坝与岸坡或混凝土建筑物接触面，以及防渗齿墙或灌浆帷幕与坝体或两岸接合部等关键部位。土石坝两端山体的绕坝渗流观测，宜沿渗流流线方向、渗流较集中的透水层(带)设置观测断面，若遇多点透水山体，还应分层观测。土石坝与刚性建筑物接合部的绕坝渗流观测，应在接触轮廓线的控制处设置观测断面。此外，对防渗齿墙或灌浆帷幕也应进行绕坝渗流观测。绕坝渗流一般采用钻孔埋设测压管进行监测，采用自动化监测时，可在测压管内安装渗压计观测。

8.1.2　渗流量监测

渗流量监测是重要的渗流监测项目之一。水库蓄水后，挡水建筑物必然会出现渗流现象。渗流量的变化，直接反映了大坝的渗流变化。通过渗流量监测，可以分析判断渗流是否稳定，确定防渗和排水设施是否正常(徐存东，2012)。正常情况下，渗流量将与水头保持稳定的相应变化，且因为坝前泥沙淤积，同一水位下渗流量会逐年缓降。渗流量在同一水位下显著增加和减少，意味着大坝渗流稳定的破坏，可能反映坝体或坝基产生管涌等渗透破坏或集中渗漏通道，又或者是排水体堵塞不畅。

渗流量监测应根据水工建筑物的形式和坝基地质条件、渗漏水的出流和汇集条件统筹安排。对坝体和坝基、绕渗及导渗(含减压井和减压沟)、河床和两岸的渗流量，应分区、分段进行测量(有条件的工程宜建截水墙或观测廊道)，所有集水和量水设施均应避免受水干扰。

各个廊道或平硐内的排水孔渗水一般目视观察，必要时可对所有排水孔的渗漏水进行全面测量，对渗漏量较大或者规律性明显的典型排水孔应安排单独测量。坝体混凝土缺陷、冷缝和裂缝的漏水，一般也目视观察，漏水量较大时，应设法集中测量。

渗流量一般采用量水堰观测，当渗流量较小时，宜采用容积法观测。当下游有渗漏水溢出时，一般在下游坝趾附近设导渗沟(可分区、分段设置)，在导渗沟出口或排水沟内设量水堰监测其流量。对设有检查廊道的心墙坝、斜墙坝和面板堆石坝等，可在廊道内分区、分段设置量水设施。对减压井的渗流，应尽量进行单井流量、井组流量和总汇流量观测。

对土石坝而言，坝基渗漏主要由河床地表溢出，可以用量水堰观测。但当坝基透水层较厚时，通过坝基渗向下游的渗流量较大，不能忽略，这部分渗流量一般采用间接的方法估算。例如，可在坝下游河床中顺水流方向设测压管，通过观测地下水水力坡降估算出渗流量。通过坝基渗透的渗流量一般变化不大，进行渗流分析时常视为常数处理。

8.1.3　水质监测

坝体和坝基材料在长期渗水作用下，会产生缓慢的物理化学变化。渗水水质的变化，表明坝体和坝基材料的物理化学变化，从而反映了材料力学性质的变化。水质监测的目的是通过提取水样将渗漏水的性质与库水的性质加以比较分析，发现坝体和坝基渗漏的蛛丝马迹，如坝基、坝肩岩石或化学胶黏土质材料的可能溶蚀、土壤微粒的逐渐冲蚀和新的渗流途径等，以便及时排除影响大坝安全的因素。

实际操作中应选择有代表性的排水孔或绕坝渗流监测孔，定期取样进行水质分析，对渗漏水水质分析的同时应进行库水水质分析。水质分析分简易分析和全分析两种，一般只需进行简易分析，若发现有析出物或有侵蚀性的水流出时，应进行全分析或专门研究。简易分析主要包括色度、水温、气味、浑浊度、pH、游离二氧化碳、矿化度、总碱度、硫酸根、碳酸氢根，以及钙、镁、钠、钾、氯等离子分析。全分析项目包括以下七个方面。

(1) 水的物理性质：水温、气味、浑浊度、色度。

(2) pH。

(3) 溶解气体：游离二氧化碳(CO_2)、侵蚀性二氧化碳(CO_2)、硫化氢(H_2S)和溶解氧(O_2)。

(4) 耗氧量。

(5) 生物原生质：亚硝酸根(NO_2^-)、硝酸根(NO_3^-)、磷离子(P^{3+})、铁离子[(铁离子(Fe^{3+})及亚铁离子(Fe^{2+})]、铵根离子(NH_4^+)和硅(Si)。

(6) 总碱度、总硬度及主要离子：碳酸根(CO_3^{2-})、碳酸氢根(HCO_3^-)、钙离子(Ca^{2+})、镁离子(Mg^{2+})、氯离子(Cl^-)、硫酸根(SO_4^{2-})、钾离子(K^+)和钠离子(Na^+)。

(7) 矿化度。

例如，三峡工程在泄洪坝段、左厂坝段、升船机和高边坡排水洞等部位选择排水孔或绕坝渗流观察孔，定期提取水样进行水质分析，发现有析出物或有侵蚀性的水流出时，即取样进行全分析。在渗漏水质分析的同时，进行库水和坝下水流的水质分析，并进行比较，以确定通过坝基或坝肩渗漏的水是否溶解某种材料，是否发生冲蚀，是否存在新的渗漏通道等情况。

8.1.4　渗流监测仪器及设施

渗流监测仪器及设施主要有测压管、渗压计和量水堰等。

8.1.4.1　测压管

测压管是进行渗透压力监测和地下水位监测的基本设施，在渗流监测中应用广泛。测压管的结构形式主要包括单管式、多管式和 U 形测压管。目前，国内工程基本不再采用 U 形测压管，本部分只介绍单管式和多管式两种测压管。

不管是单管式还是多管式测压管，其基本结构一般由透水段、导管和孔口装置组成，测压管结构见图 8.1。透水段要求保证地层与测压管内的水体流动畅通，但不允许固体材料通过。导管既不允许固体材料通过也不允许水体通过。孔口装置是为进行观测设置的。

(1) 单管式测压管。

单管式测压管分为预埋式和钻孔式两种。安装单管式测压管时，应尽量使导管段与进水管段处于同一铅垂线上。若需要埋设水平管段，水平管段应略倾斜，靠近进水管端应略低，坡度约为 5%，管口应引到不被淹没处。

预埋式测压管是先安装测压管底部结构，再随坝体或主体结构的上升逐渐接管上升。这种测压管结构节约了钻孔工程量，但增加了安装难度，正逐渐被钻孔式测压管代替。帷幕附近不宜采用这种预埋式测压管。

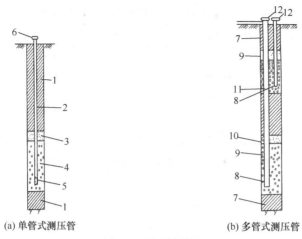

(a) 单管式测压管　　　　　　　　　(b) 多管式测压管

图 8.1　测压管结构

1-水泥沙浆或水泥膨润土浆；2-聚氯乙烯管；3-细沙；4-砾石反滤料；5-有孔管头；6-管盖；
7-水泥沙浆或水泥膨润土浆；8-有孔管头；9-砾石反滤料；10-细沙；11-聚氯乙烯管；12-管盖

目前，钻孔式测压管使用最多，它直接在观测位置钻孔至需要观测的地层，操作比较简便，施工质量也易于控制。采用钻孔式测压管时，应对混凝土与基岩接触段进行灌浆处理，也可下套管至建基面，套管与孔壁间的间隙应以砂浆填封。

完整的基岩中安装测压管时，不需要进水管和导管，仅安设管口装置。对于有可能塌孔的钻孔可以采用微孔塑料管即多孔聚氯乙烯料管，外包土工布予以保护。对于可能产生管涌的断层破碎带，可以采用组装式过滤体予以保护。

(2) 多管式测压管。

多管式测压管宜在地质条件较复杂的部位使用，一般通过钻孔埋设。进水管段应分别安装在不同的岩层内，再用导管分别引至管口。各岩层的进水管之间应以水泥浆或水泥膨润土的混合浆封闭隔离。其他处理措施与单管式测压管相同。

8.1.4.2　渗压计

渗压计用于混凝土坝可测量坝体和坝基的扬压力，用于土石坝和边坡可测量土体孔隙水压力和渗透压力，并监测埋设点的温度，也可用于水库水位或地下水位的测量。用于渗压监测的渗压计分类方法较多，目前无统一标准。

比较常用的渗压计可分为测压管式、双管式、电测式和液压平衡式四类。测压管式见图 8.1，电测式渗压计又分为差动电阻式、振弦式、电阻片式和差动变压器式。目前，普遍使用的是差动电阻式渗压计和振弦式渗压计。根据多年的使用经验，美国生产的振弦式渗压计精度较高，仪器的稳定性和可靠性也较好，国产的差动电阻式(差阻式)渗压计也能满足工程需要。国内工程中常用的差阻式渗压计和振弦式渗压计的主要技术指标分别见表 8.1 和表 8.2。

表 8.1　我国生产的差阻式渗压计主要技术指标

型号	量程/MPa	灵敏度/(MPa/0.01%)	分辨率	温度测量范围/℃	仪器长度/mm
SZ-2	0.2	0.0015	0.1%F.S	0~40	140
SZ-4	0.4	0.0030	0.1%F.S	0~40	140
SZ-4A	0.4	0.0015	0.1%F.S	0~40	150
SZ-8	0.8	0.0060	0.1%F.S	0~40	140
SZ-16	1.6	0.0120	0.1%F.S	0~40	140

表 8.2　美国生产的振弦式渗压计主要技术指标

型号	量程/MPa	灵敏度	精度	温度测量范围/℃	仪器长度/mm
4500S	0.35	0.025%F.S	0.1%F.S	−20~80	133
4500S	0.7	0.025%F.S	0.1%F.S	−20~80	133
4500S	1	0.025%F.S	0.1%F.S	−20~80	133
4500S	2	0.025%F.S	0.1%F.S	−20~80	133

8.1.4.3　量水堰

量水堰是监测大坝渗流量的主要设施,可采用三角堰、梯形堰和矩形堰。直角三角形量水堰见图 8.2。三角堰适合流量为 1~10L/s,堰上水头为 50~300mm,三角堰缺口为等腰三角形,底角为直角堰口下游边缘呈 45°。梯形堰适合流量为 10~300L/s,一般采用 1:0.25 的边坡,底(短)边宽度 b 小于 3 倍的堰上水头 H,b 一般在 0.5~1.5m。矩形堰适合流量大于 50L/s,堰口宽度 b 应为 2~3 倍的堰上水头 H,b 一般在 0.25~2m。矩形堰堰板应保持堰口水平,水舌下部两侧壁上应设补气孔。当渗流量小于 1L/s 时,应采用容积观测法。

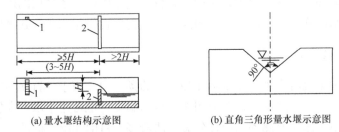

(a) 量水堰结构示意图　　　　　　(b) 直角三角形量水堰示意图

图 8.2　直角三角形量水堰示意图

1-水尺;2-堰板

量水堰的观测精度与其位置关系很大。量水堰应设在排水沟的直线段上,堰槽段应是矩形断面,其长度应大于堰上水头的 7 倍,且总长不得小于 2m。

(1) 三角堰

$$Q = 1.4H^{5/2} \tag{8.1}$$

式中，Q 为渗流量($\mathrm{m^3/s}$)；H 为堰上水头(m)。

(2) 梯形堰

$$Q = 1.86bH^{3/2} \tag{8.2}$$

式中，b 为堰口底宽(m)。

(3) 矩形堰

$$Q = mb\sqrt{2g}H^{3/2} \tag{8.3}$$

$$m = 0.402 + 0.054H/P \tag{8.4}$$

式中，P 为堰板至堰顶的距离(m)。

8.1.4.4 其他渗流监测仪器

(1) 电测水位计。电测水位计是测压管水位低于管口时的地下水位测量设备。电测水位计由测头、电缆、滚筒、手摇柄和指示器等组成。典型结构有提匣式和卷筒式，电测水位计结构如图 8.3。

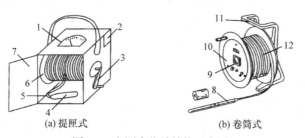

(a) 提匣式　　　　　　(b) 卷筒式

图 8.3　电测水位计结构示意图

1-指示器；2-电池盒；3-手摇柄；4-测头；5-电缆；6-滚筒；7-木门；8-测头；9-指示器；10-卷筒；11-支架；12-两芯刻度标尺

电测水位计测头为金属制成的短棒，两芯电缆在测头中与电极相接，形成电路闭合的开关。当测头接触水面使电极在水面接通电路，信号经电缆传到指示器触发蜂鸣器和指示灯，可从电缆或标尺上直接读出水位。有的电测水位计在测头中还装有测温元件，在测水位的同时可兼测水温。

(2) 流量监测仪器。为实现渗流量的自动化监测，可以采用两种方法。一种是将渗水引入管道，在管口接入流量计进行监测。流量计分为翻斗式、量标式、涡轮式和涡流式 4 种，其中涡流式流量计的精度高。美国生产的管口涡轮式流量计精度为 1%，适用于流量不小于 0.05L/min 的情况下使用。另一种是在量水堰旁安装渗流量仪，自动监测堰上水头。目前，国内采用的渗流量仪为电容式和振弦式，已出现精度更高的 CCD 式。

8.1.5 渗流热监测的理论和方法

土石坝及堤防的渗漏问题一直是工程管理部门关心的大事，如何使用监测手段及时发现并确定渗漏位置及渗漏量，是确定防治措施的关键，然而使用常规方法在个别点位埋设渗压计进行监测很难做到这一点。多年来，人们一直在探索解决这一问题的新途径。基于土石坝温度场与渗流场的耦合理论，采用分布式光纤传感器的渗流热监测方法比较成功地解决了这一问题(胡德秀等，2017)。其基本原理是渗漏发生后，坝体或堤身的原有温度场会因渗流场的作用发生变化，如果能取得温度场的实际测值，通过反分析就可获得此时渗流场的分布规律，进而可确定渗漏位置和渗漏量。理论上这是一个温度场与渗流场的耦合问题，对于土石体构成的土石坝或堤防又显得特别复杂。

事实上，土石坝土石体介质内非渗流区的温度场分布受单纯的热传导控制。当土石体内存在大量水流动时，土石体热传导强度将随之发生改变，土石体传导热传递将明显被流体运动引起的对流热传递超越。即使很少的水体流动也会导致土石体温度与渗漏水温度相适应，引起温度场的变化。将具有较高灵敏度的温度传感器埋设在土石坝坝体或内部的不同深度。当测量点或附近有渗流水通过时，就打破了该测量点附近温度分布的均匀性及温度分布的一致性，土体温度随渗水温度变化而变化。研究测量点正常地温及参考水温后，就可独立地确定其温度异常是否为渗漏水活动引起，这一变化可作为渗漏探测的指标，实现对土体内集中渗漏点的定位和监测。

近年来，各种类型分布式光纤传感器系统有了迅速发展，现有的光纤温度测量系统能够沿长达 40km 的光纤实时连续采样并对测量点定位，测温精度和空间分辨率也都有很大的提高(李端有等，2005)。存在渗漏水流时，光缆加热过程中可以看到渗漏区出现明显的温度分布异常。显然，使用这一方法对土石坝渗流场进行监测，具有直观、准确和成本相对较低的优点。

土石坝的热力学特性比较复杂，包括诸如热传导、对流热传输和热辐射等基本热过程。其中，来自太阳辐射和大气逆辐射的影响仅局限在大坝表面，主要是昼夜间短时间脉冲。因此，一般情况假定坝内部温度与坝表面的辐射无关。地热的基流向上运动，空气温度变化引起的年温度脉冲向下运动，因此假定热传导主要发生在垂直方向。地热流动通常比较小，约 $0.1\text{W}/\text{m}^2$，大多数情况下可忽略不计。坝体内非渗流区的温度是由热传导控制的，可以定性地认为，当温度上升时，有效应力减小，孔隙水压力增大，即渗透压力增大，当温度下降时相反。根据现有研究证明，由温度差形成的温度势梯度也会影响水的流动。由于温度势本身就是较为复杂的问题，因此温度对水流运动的影响只能用一种温度梯度的经验表达

式。例如，对一维情况，有

$$q_{Tx} = -D_T \frac{\partial T}{\partial x} \tag{8.5}$$

式中，q_{Tx} 为温度变化引起的水流通量；D_T 为温度作用下的水流扩散率，包含水体和土体的热胀冷缩系数，物理化学变化系数的影响；$\frac{\partial T}{\partial x}$ 为温度沿坐标轴 x 方向的梯度，基于达西定律，渗流场的各分量为

$$q_x = -K(T)\frac{\partial H}{\partial x} - D_T\frac{\partial T}{\partial x} \tag{8.6}$$

$$q_y = -K(T)\frac{\partial H}{\partial y} - D_T\frac{\partial T}{\partial y} \tag{8.7}$$

$$q_z = -K(T)\frac{\partial H}{\partial z} - D_T\frac{\partial T}{\partial z} \tag{8.8}$$

由此可以推断出温度场下的渗流场方程为

$$\nabla^2(K\nabla H) + \nabla(D_T\nabla T) = S_S\frac{\partial H}{\partial t} \tag{8.9}$$

式中，S_S 为贮水系数；H 为渗流场水头；∇ 为梯度算子。

另外，水体从坝体中流过，当两种介质存在温度差时，必然产生热量交换。坝体或坝基内部存在渗流时，其热量交换应包括两部分，一部分为本身的热传导作用，另一部分为渗流夹带的热量。单向导热的情况下，当土石坝内部存在渗流时，热流量包括两部分，一部分是土体本身的热传导作用，等于 $-(\lambda\partial T)/(\partial x)$，另一部分是由渗流夹带的热量，等于 $c_w\rho_w vT$，因此热流量为

$$q_x = c_w\rho_w vT - \lambda\frac{\partial T}{\partial x} \tag{8.10}$$

式中，q_x 为沿一维坐标轴 x 方向的热流量；c_w 为水的比热容；ρ_w 为水的密度；λ 为土的导热系数；v 为渗流速度场分布函数 $v(x,y,z,)$。

因此，在单位时间内流入单位体积的净热量为

$$-\frac{\partial q_x}{\partial x} = -c_w\rho_w\frac{\partial(vT)}{\partial x} + \frac{\partial}{\partial x}\lambda\left(\frac{\partial T}{\partial x}\right) \tag{8.11}$$

此热量必须等于单位时间内坝体温度升高吸收的热量，故

$$c\rho\frac{\partial T}{\partial t} = -c_w\rho_w\frac{\partial(vT)}{\partial x} + \frac{\partial}{\partial x}\lambda\left(\frac{\partial T}{\partial x}\right) \tag{8.12}$$

式中，c 为土体的比热容；ρ 为广土体的密度。将该式推广到三向导热的情况下，

得到考虑渗流影响时温度场的三维导热方程为

$$\nabla\left[\partial\nabla T\right] - c_{\mathrm{w}}\rho_{\mathrm{w}}\left[\frac{\partial(v_x T)}{\partial x} + \frac{\partial(v_y T)}{\partial y} + \frac{\partial(v_z T)}{\partial z}\right] = c\rho\frac{\partial T}{\partial t} \qquad (8.13)$$

　　分析渗流场对温度场的影响机理可知，渗流速度直接影响温度场的变化。理论上，能同时满足两组数学模型的渗流场水头分布 $H(x,y,z,t)$ 与温度场分布 $T(x,y,z,t)$，即土石坝渗流场与温度场耦合分析的精确解，因此需要联合求解两式。在大多数情况下，数学上要单独求解每式的解析解是不可能的，联合求解更是难上加难。因此，有必要讨论一下双场在一维状态下的解析解，从而得出结论。

　　假定一维渗流场和温度场的边界条件为

$$\begin{cases} H(0) = l, H(l) = 0 \\ T(0) = T_1, T(l) = T_2 \end{cases}, \quad x \in [0, l] \qquad (8.14)$$

　　求解可得近似解析解，渗流场影响下的温度场分布和温度场影响下的渗流场分布分别为

$$T_1(x) = T_1 + (T_2 - T_1)\frac{x}{l} + (T_1 - T_2)\left[-\frac{l-x}{l} + \frac{(e^{ax} - e^{la})}{1 - e^{la}}\right] = T_0(x) + T_H(x) \qquad (8.15)$$

$$H_1(x) = l - x + \frac{-(T_1 - T_2)be^{ax}}{1 - e^{la}} + \left[\frac{-b(T_1 - T_2)}{l}\right] + \frac{(T_1 - T_2)b}{1 - e^{la}} = H_0(x) + H_T(x) \qquad (8.16)$$

　　通过实例分析得知，耦合解析解[即 $T_1(x)$ 与 $H_1(x)$]与非耦合解析解[即 $T_0(x)$ 与 $H_0(x)$]有很大的不同，渗流场对温度场的影响更为明显。随着渗透系数的增大，渗流场对温度场的影响更加明显，而温度场对渗流场的影响减弱；渗流由高温向低温流动时，温度场温度普遍升高。当渗透系数小于 $10^{-9}\,\mathrm{m/s}$ 时，渗流对于温度的影响非常小，基本上可以认为渗流对于温度没有影响，即此时温度场和渗流场的耦合解析解与非耦合解析解几乎相同，温度不由渗流水控制，而是由热传导控制。当渗透系数大于 $10^{-6}\,\mathrm{m/s}$ 时，温度基本上由渗流水控制，此时渗流对于温度的影响非常大，即此时温度场和渗流场的耦合解析解与非耦合解析解差别很大，热对流引起温度的变化远远超过了热传导。当渗透系数大于 $10^{-5}\,\mathrm{m/s}$ 时，温度完全由渗流水控制，即此时的温度几乎就是水体的温度。这一结论的重要意义在于它提供了通过使用分布式光纤监测土石坝或堤防温度场的变化，确定了渗漏位置和渗流量这一方法的理论依据。

　　取得比较准确的温度测值，即可利用这些温度场测值通过反分析计算渗流场的渗透系数 K，进而得到坝体发生渗漏后的渗流场分布，确定渗漏位置和渗流量。

　　考虑二维情况下渗流场与温度场的耦合问题，假定渗流场为稳定场，不考虑

温度场对渗流水头的改变，边界条件已知，渗流场方程为

$$\frac{\mathrm{d}^2 H}{\mathrm{d}^2 x} + \frac{\mathrm{d}^2 H}{\mathrm{d}^2 y} = 0 \tag{8.17}$$

令 $a = Kc_{\mathrm{w}} \rho_{\mathrm{w}} / \lambda$，渗流场影响下的土体二维温度场数学模型为

$$\left(\frac{\mathrm{d}^2 H}{\mathrm{d}x^2} + \frac{\mathrm{d}^2 H}{\mathrm{d}y^2} \right) - a \left(\frac{\mathrm{d}^2 H}{\mathrm{d}x^2} T + \frac{\partial H}{\partial x} \frac{\partial T}{\partial x} + \frac{\mathrm{d}^2 H}{\mathrm{d}y^2} T + \frac{\partial H}{\partial Y} \frac{\partial T}{\partial Y} \right) = \frac{c\rho}{\lambda} \frac{\partial T}{\partial t} \tag{8.18}$$

进一步推广到三维情况下，假定渗流场为稳定场，忽略温度场对渗流水头的改变，在渗流和温度边界条件已知的情况下，控制方程为

$$\begin{cases} \nabla^2 T - a \left[\frac{\partial (v_x T)}{\partial x} + \frac{\partial (v_y T)}{\partial y} + \frac{\partial (v_z T)}{\partial z} \right] = \frac{c\rho}{\lambda} \frac{\partial T}{\partial t} \\ \dfrac{\mathrm{d}^2 H}{\mathrm{d}x^2} + \dfrac{\mathrm{d}^2 H}{\mathrm{d}y^2} + \dfrac{\mathrm{d}^2 H}{\mathrm{d}z^2} = 0 \end{cases} \tag{8.19}$$

与实测相结合的渗流场反分析方法，可以利用正问题的解是适定的这一重要性质，把反分析问题化为解一系列正问题，由渗流区域内土石坝温度场监测值与正问题求解的温度计算值之间的误差，不断修正待求参数，从而实现地下渗流模型待求参数的识别。因此，渗流场反分析的主要问题是建立目标函数，正问题求解和寻找最优参数。

总之，如果能较为准确地得到土石坝内部温度场的空间分布，定量得出渗流场和温度场两者的关系，借助有限元数值计算的方法，可以定量地得出渗流场的渗透系数，通过监测土石坝坝体温度实现对土石坝渗流状态的监控。这一方法在清江水布垭面板堆石坝、湖北白莲河抽水蓄能电站面板堆石坝周边缝的渗漏监测中进行了实际应用研究。

8.2　应力应变、坝体温度与裂缝等监测

应力应变、坝体温度及裂缝监测是安全监测的重要项目之一。如果说变形监测主要是对大坝及基础岩体进行宏观监控，那么应力应变监测就是对其进行细观监控。变形监测的一些监测设施要待大坝建成后才能安装观测，而应力应变及温度监测仪器随混凝土浇筑埋入坝内，随建筑物的建设进程同步观测。设计规范对大坝的一些重要部位，如坝踵、坝趾、上游坝面和孔口等处的结构应力都有限制，避免超过材料强度使建筑物遭受损坏，因此这种监控是必需的。事实上大坝内部的一些细微变化，通过埋设在坝内的监测仪器就能反映出来，因此应力应变监测是非常重要的监测项目。监测内容包括混凝土坝的应力应变、接缝、裂缝、坝体

温度、钢筋应力和预应力锚索应力；围堰防渗墙应力应变；土石坝沥青混凝土心墙应力应变、土压力等。这些监测项目对反映大坝工作性态，评价其安全性态是必不可少的。

8.2.1　应力应变监测

应力应变监测通常采用应变计、无应力计及压应力计。混凝土重力坝的坝踵、坝趾及大坝内部常布置应变计组和无应力计，监测坝踵和坝趾及坝体的应力分布。通过应力测值可了解坝体整体性能及坝踵或坝体是否产生裂缝。对于拱坝，应对其拱冠和拱座进行应力应变监测，特别是蓄水期间，拱冠梁和拱座的应力变化对大坝安全控制很重要。

根据坝体应力测值还可预测未来的应力变化，如三峡水库是分期蓄水，大坝纵缝灌浆后可能有张开现象，设计单位通过计算得到蓄水到高程为175.0m时，在坝踵1.0m范围内有3.3MPa拉应力。实际情况是当水库第一次蓄水，水位由77.0m上升至高程135.0m，即水位上升58.0m时，实测坝踵压应力由-5.86MPa降为-5.49MPa，应力减少0.37MPa。目前，坝踵实测压应力为-5.62MPa，由此可以认为三峡大坝蓄水到高程175.0m，水位再上升40.0m，坝踵压应力虽然还会减少，但不会出现拉应力，有较大的应力储备。由于大坝存在纵缝，混凝土浇筑是块状浇筑，纵缝两侧应力相差较大，通过坝体应力观测，了解到坝体应力分布不连续，x 向应力 σ_x 最大相差3.54MPa，y 向应力 σ_y、z 向应力 σ_z 在纵缝两侧也相差1.00～2.00MPa。浇筑块中心应力比浇筑块两侧应力小，有时还出现拉应力。可见通过应力监测了解坝体应力分布和应力状态，是评估大坝安全性态的重要内容。

8.2.2　坝体温度监测

了解坝体温度变化过程是控制坝体温度变化、防止产生裂缝的重要措施。为防止大体积混凝土浇筑过程中温升过高，可根据温度的变化情况，将混凝土温度控制在设计允许范围内。对于接缝灌浆，若坝块温度未达到灌浆所需温度时，可进行通水冷却，直至达到所需的灌浆温度。大坝的监测资料反馈计算分析，也需要各时期的温度场分布。因此，对于大坝混凝土的温度进行监测是必需的。温度监测简单易行，一般埋设电阻温度计或光纤传感器，对临时性监测可埋设测温管，通水冷却时可采用闷管测量混凝土的温度。闷管可将冷却水管两端堵塞一段时间，测得混凝土的温度。坝体温度变化也是分析评价大坝工作性态的重要方面之一。

8.2.3　接缝监测

接缝监测有两种，一种是对混凝土与基岩胶结的缝面监测，另一种是对混凝土与混凝土块之间的缝面监测。前一种多为边坡、岸坡或坝踵处混凝土与基岩胶结缝面，通过埋设测缝计监测混凝土与边坡和基岩胶结情况；后一种多为混凝土坝纵缝、横缝缝面的监测。接缝监测的目的是检验接缝灌浆效果和接缝缝面是否张开，是了解灌浆效果和评价大坝工作性态必不可少的监测项目。

(1) 混凝土建筑物与边坡接缝监测。一般混凝土与边坡岩体之间需要进行接触灌浆，若接触面测缝计反映缝面张开，表明灌浆未能起到应有的作用，对结构稳定不利，需要重新灌浆。若混凝土与边坡基岩胶结良好，测缝计反映处于受压状态，就不需要灌浆。例如，葛洲坝 2 号船闸闸墙与黄草坝边坡连接处，为在该部位增加岩体抗力，设计布置钻孔灌浆，但仪器反映该接触面处于受压状态，施工单位钻孔进行灌浆试验，也确实难以进行，从而取消了钻孔灌浆计划，节省了钻孔和灌浆费用。

(2) 坝踵及坝趾处混凝土与基岩面间接缝监测。在接缝面上埋设垂直向测缝计，即仪器一端埋入基岩内，另一端埋设在混凝土内。监测目的主要是了解蓄水后，在水压作用下，坝踵处混凝土与基岩胶结面是否产生裂缝及裂缝深度。三峡大坝蓄水后缝面胶结良好，一直处于受压状态，有–0.2～–0.1mm 的压缩变形。但有些工程坝踵处混凝土与基岩胶结面有脱开现象。例如，丹江口水利枢纽右岸转弯坝段处，曾出现过脱开现象，每年夏天 7～8 月份气温较高，转弯坝段两侧受直线坝段膨胀挤压作用，使坝踵上抬，监测仪器反映基岩变形计受拉，测压管水位突然上升。到冬天，测压管水位下降，基岩变形计转为受压，根据这一结果，丹江口枢纽管理局和设计部门对该部位进行了处理。

(3) 纵缝及横缝接缝监测。混凝土块之间的接缝监测目的是了解灌浆效果。大坝一般尺寸较大，为防止混凝土裂缝产生，常将大坝分设纵缝和横缝，进行分层、分块浇筑，浇筑后对纵横缝进行灌浆，使大坝形成整体。纵横缝灌浆后，若缝面开合度不随温度产生变化，是灌浆良好的表现。如果灌浆后缝面仍随温度变化，说明灌浆不良，未达到设计要求。若缝张开 0.3mm 以上，就需要补充灌浆。这一现象一般是因为灌浆时混凝土温度未达到灌浆温度要求，灌浆后混凝土温度继续下降造成的。

8.2.4　裂缝监测

大坝混凝土产生裂缝比较常见，到目前为止，绝大多数混凝土大坝产生过裂缝。一般多为表面裂缝，少数为贯穿性裂缝，表面裂缝若不加处理，也有可能发展成贯穿性裂缝，贯穿性裂缝对坝体整体性有很大影响，因此进行裂缝监测是必要的。监测目的之一是确定已产生的裂缝是否继续发展，二是确定一些应力集中部位或其他可能产生裂缝的部位是否产生了裂缝。对于已产生的裂缝，如大坝上游面裂缝或仓面产生的裂缝，常在裂缝处理时将测缝计跨缝埋设，监测裂缝是否发展。若仓面裂缝宽度较小，未进行凿槽回填处理，仅在上面铺设一层防裂钢筋，可在裂缝上面埋设裂缝计。在防裂钢筋上布设钢筋计可监测裂缝是否向上发展。对于可能产生裂缝的部位，如坝基开挖呈台阶状，在台阶角缘处易产生应力集中，浇筑混凝土后可能产生裂缝，就需埋设裂缝计探测混凝土是否产生了裂缝。例如，三峡三期工程碾压混凝土(roller compacted concrete, RCC)围堰 10 号堰块高程 32.5m 上游就产生过裂缝，为监测裂缝是否向上发展，在裂缝处埋设裂缝计 3 支，钢筋计 2 支。2005 年 7 月 20 日监测到钢筋计受压–20.41～–14.12MPa，裂缝计受压–0.34～–0.04mm，说明裂缝未向上发展。

8.2.5　钢筋应力监测

水工建筑物中有很多部位是钢筋混凝土结构，如大坝的闸墩、廊道、输水孔洞、底板和溢流面，以及厂房的尾水底板、蜗壳等部位。为了解钢筋混凝土的受力情况，通常布置钢筋应力计监测钢筋应力。通过钢筋受力大小，可判断混凝土是否产生裂缝，也可为动态设计、优化设计提供依据。

边坡加固时，如果发现钢筋应力过大或不断增大，可根据监测资料增设锚杆或锚索，防止应力继续增大，保证块体稳定。例如，三峡地下厂房开挖过程中发现 4 号机尾水洞张拉锚杆应力持续增大，达到 270.0MPa，该部位处于 5 号块体，根据这一情况，增设 24 支加固锚杆，并补埋 1 支锚杆应力计，拉应力发展迅速减缓，并逐渐趋于稳定，应力稳定在 277.0MPa 左右。又如在三峡左导墙坝体并缝廊道，其底板处于纵缝的顶端，底板的钢筋受拉，而并缝廊道顶部的钢筋也受拉。钢筋应力与温度一般呈负相关，升温压应力增加或拉应力减小，降温拉应力增大。并缝处应力变化规律与一般情况不同，仪器处温度变化不大，应力测值反映 9 月份拉应力最大，2 月份拉应力最小，廊道底板最大拉应力为 102.0MPa，廊道顶最大拉应力为 68.0MPa。说明此处的应力水平已超过混凝土允许拉应力，会引起混凝土裂缝。钢筋有限裂作用，微小裂缝不会对结构产生影响，按限裂设计允许出现裂缝，因此未作处理。此后拉应力有所减小，2005 年 10 月 20 日，廊道底板钢筋应力为 67.4MPa，廊道顶部钢筋拉应力为 51.9MPa。以上说明，钢筋应力监测对判断混凝土是否产生裂缝及是否需要加固处理非常重要。

8.2.6　土压力监测

土压力监测用于土石坝基座应力、土石坝内的土压力、大坝上游面泥沙淤积压力和土石围堰防渗心墙两侧的土压力等监测。土压力有时被当作一种外力，有时又被认为是一种内力。例如，混凝土坝前的泥沙压力对坝体是一种外荷载，而土石坝内部的土压力则是一种内力。土压力采用土压力计进行监测，对了解水工建筑物的工作性态很重要。例如，三峡茅坪溪沥青混凝土心墙土石坝，在心墙基座面上埋设土压力计，测得防渗墙两侧过渡料的土压力为–3.60～–1.24MPa。在二期土石围堰防渗墙两侧埋设有土压力计，测得最大土压力为-0.96MPa。目前，国内外土压力计监测结果都不令人满意，主要是因为仪器刚度与埋设材料刚度不匹配及埋设方法影响，但土压力变化过程分析对评价大坝性态仍有重要意义。

8.2.7　应力应变与温度同步监测

应力应变及温度同步监测仪器一般埋设在岩(土)体或混凝土内部，功能是对建筑物的应力、应变、温度、接缝开度和裂缝开度等效应量进行监测，了解被测对象的应力状态和实际分布，发现最大应力的部位、大小和方向，为安全评估提供依据。常用的监测仪器包括应变计、测缝计、裂缝计、钢筋计、钢板计、基岩变形计、锚杆应力计和锚索测力计等。我国 20 世纪 80 年代以后建成和目前在建的水利工程中，使用的应力应变及温度同步监测仪器有差动电阻式和振弦式两类，差动电阻式全部是国产仪器，振弦式以进口为主。

差动电阻式传感器是美国加利福尼亚大学卡尔逊教授于 1932 年研制成功的，因此，习惯上称为卡尔逊式传感器。1933 年，差动电阻式传感器首次用于阿乌赫(Owyhee)拱坝和莫瑞斯(Morris)重力坝，经改进后得到广泛应用。这种仪器利用其内部张紧两根金属导线的变形，设计成能差动变化的结构作为传感器的敏感元件。目前，国内大中型水利工程中大多使用差动电阻式仪器，取得了长达数十年长期观测的运行数据。据葛洲坝水电厂观测人员 2004 年的统计，葛洲坝一期工程(1976 年)基础部分的差动电阻式仪器已埋设 30 年之久，仍有 71%可以使用，可见差动电阻式仪器的长期稳定性和可靠性较高。

振弦式传感器以被拉紧的一根金属丝弦(钢弦)作为敏感元件，金属丝的固有频率与其所受的张力大小有关，制成钢弦的材料和钢弦的长度确定后，钢弦振动频率的变化量即可表示张力的大小。振弦式传感器的张力与频率成二次函数，与振动频率的平方差为线性关系，按照所测物理量的不同，仪器有不同的结构形式，其张力 F 可分别变换为位移、压力、压强、应力和应变等各种物理量。振弦式传感器结构简单、安装和调试方便，较容易实现自动化测量，在国内水电工程中也得到了广泛应用。

8.2.7.1　应力应变及温度同步监测仪器选型的基本原则

应力应变及温度同步监测仪器埋设在岩(土)体或建筑物内部，其运行使用环境比较恶劣，而且一旦仪器埋设之后，再无法修理或更换，仪器必须在被测对象内部正常工作几十年。因此，对仪器的选型有较高的要求，选型的基本原则如下。

(1) 传感器的量程、精度、灵敏度、直线性、重复性和频率响应等技术指标必须符合国标及仪器系列型谱的要求，其量程和精度满足被测对象的监测要求。

(2) 传感器、电缆和电缆接头应满足各埋设部位的防水性能、温度等特殊要求。例如，三峡工程大坝上游要承受 140～180m 的水压，有些部位的仪器和电缆(包括电缆接头)的防水性能要求能承受 2.0MPa 的水压作用，仪器绝缘度应大于 50MΩ，这些仪器有：①大坝上游面的库水温度计；②帷幕前后基岩面上埋设的测缝计、钢筋计、压应力计、基岩变形计、基岩温度计和渗压计等；③大坝高程 80.0m 以下靠近上游面水平施工缝上埋设的孔隙压力计。

(3) 其他部位仪器要求在 0.5MPa 水压作用下，其绝缘度应大于 50MΩ。差阻式仪器用 100V 兆欧表检查，振弦式仪器的绝缘度要求比差阻式仪器稍低，但传感器的密封性能要求同差阻式仪器。

(4) 仪器结构简单、牢固可靠，率定、埋设测读、操作、维修和更换方便。

(5) 长期稳定性好，仪器能在潮湿和恶劣环境下长期可靠地工作，其正常工作年限应在 20 年以上。

(6) 仪器应具有实现自动化要求的功能，能与自动化监测装置连接。数据自动采集装置应具备人工测读接口。在满足相同要求的条件下，应选择价格和维修费用低的传感器和仪器设备。

(7) 应根据不同结构类型和施工特点选用不同类型的传感器。例如，碾压混凝土和防渗墙塑性混凝土中使用的仪器，其刚度、弹性模量应与被测对象匹配。

(8) 在保证仪器稳定性、可靠性等基本要求的前提下，应选用经过一两个工程实际考验过的先进仪器；当采用新型仪器时，应先进行现场试验，检验合格后再在实际工程中使用。更换新型仪器时，考虑与原有仪表的兼容和配套。

(9) 在保证满足各项技术指标的前提下，仪器设备的品种应尽量少或单一，并优先考虑国产仪器。

(10) 仪器选型时，应从技术先进、可靠实用、经济合理及与自动化系统相适应等方面进行综合分析，然后确定。

8.2.7.2　应力应变及温度同步监测仪器选型

差阻式仪器与振弦式仪器比较，其优点是能兼测温度，振弦式仪器需增加一支温度传感器。早期的差阻式仪器也有其缺点，一是仪器本身易受电缆芯线电阻的干扰，不能实现远距离测量，当电缆长度超过 25m 时，就会引起电阻比测值误差；二是差阻式仪器难以实现自动化。后来国内采用了五芯测量方法，消除了芯线电阻的影响，仪器电缆长度可达 2000m 以上，满足工程需要。20 世纪 80 年代，我国采用恒流源电路和高阻抗电压表等测量技术，实现了差阻式仪器的高精度远距离测量和测量自动化。国产差阻式仪器和进口振弦式仪器技术指标均能满足水利工程安全监测要求，但国产差阻式仪器价格仅为进口振弦式仪器的 1/5～1/3，且国产差阻式仪器拥有耐高压、高灵敏度和大量程的系列品种，可满足各类工程需要。随着电子元器件的发展，测量和自动化技术的精度和可靠性不断提高，成本却在降低，在工程无特殊要求的情况下，应优先选用国产差阻式仪器。下面以我国的差阻式仪器和美国的振弦式仪器为代表介绍常用的应力应变监测仪器。

(1) 应变计。应变计埋设在水工建筑物及其他混凝土建筑物内，或安装在钢结构及其他建筑物表面，也可用于钢管、蜗壳和钢板衬砌的应力应变测量，并能监测测点的温度。应变计可安装成多向应变计组并和无应力计配套埋设在混凝土内部，定期进行测量。国内工程中常用的应变计主要技术指标见表 8.3 和表 8.4。

表 8.3　我国生产的差阻式应变计主要技术指标

型号	量程 /με	灵敏度 /(με / 0.01%)	分辨率	温度测量范围/℃	耐水压力/MPa	仪器长度 /mm
DI-10	2500	6.0	0.1%F.S	−25～60	0.5	104
DI-10A	2500	6.0	0.1%F.S	−25～60	0.5	104
DI-15	2400	4.5	0.1%F.S	−25～60	0.5	154
DI-15A	2400	4.5	0.1%F.S	−25～60	0.5	154
DI-15G	2400	4.5	0.1%F.S	−25～60	3.0	154
DI-25	1600	4.0	0.1%F.S	−25～60	0.5	255
DI-25A	2200	4.0	0.1%F.S	−25～60	0.5	255
DI-25B	2200	4.0	0.1%F.S	−25～60	0.5	255
DI-25C	1600	4.0	0.1%F.S	−25～60	0.5	255
DI-25G	i600	4.0	0.1%F.S	−25～60	3.0	255

表 8.4　美国生产的振弦式应变计主要技术指标

型号	量程 /με	灵敏度 /με	精度	温度测量范围/℃	耐水压力 /MPa	仪器长度 /mm
4200	3000	0.5～1.0	0.1%F.S	−20～80	定制	153
4210	3000	0.4	0.1%F.S	−20～80	定制	250
4202	3000	0.4	0.1%F.S	−20～80	定制	51

(2) 测缝计。测缝计长期埋设在水工建筑物或其他混凝土建筑物内或表面，测量结构物伸缩缝或周边缝的开合度(变形)，并可同步测量埋设点的温度(刘国卫等，2015)。加装配套附件可组成基岩变位计、表面裂缝计和多点变位计等测量变形的仪器。测缝计用于测量混凝土、岩石、土体和结构物伸缩缝的开合度，振弦式测缝计内置的温度传感器可同时监测安装部位的温度，内部万向接头允许一定程度的剪切位移。工程实践证明，差动电阻式和进口振弦式传感器均能满足工程需要。国内工程中常用的测缝计主要技术指标见表 8.5 和表 8.6。

表 8.5　我国生产的差阻式测缝计主要技术指标

型号	量程/mm	灵敏度/(mm/0.01%)	分辨率	温度测量范围/℃	耐水压力/MPa	仪器长度/mm
CF-5	5	0.012	0.1%F.S	−25～60	0.5	265
CF-12	12	0.025	0.1%F.S	−25～60	0.5	265
CF-40	40	0.07	0.1%F.S	−25～60	0.5	295
CF-5G	5	0.012	0.1%F.S	−25～60	3.0	365
CF-12G	12	0.025	0.1%F.S	−25～60	3.0	380
CF-40G	40	0.070	0.1%F.S	−25～60	3.0	380

表 8.6　美国生产的振弦式测缝计主要技术指标

型号	量程/mm	分辨率	精度	温度测量范围/℃	耐水压力/MPa	仪器长度/mm
4400	25	0.02%F.S	0.1%F.S	−20～80	定制	406
4400	50	0.02%F.S	0.1%F.S	−20～80	定制	406
4400	100	0.02%F.S	0.1%F.S	−20～80	定制	406

(3) 钢筋计(锚杆应力计)。钢筋计用来监测混凝土或其他结构中的钢筋或锚杆应力。工程实践证明，国产差动电阻式钢筋计的长期稳定性和可靠性较好，且价格相对较低。国内工程中常用的钢筋计主要技术指标见表 8.7 和表 8.8。

表 8.7　我国生产的差阻式钢筋计主要技术指标

型号	量程/MPa	灵敏度/(MPa/0.01%)	分辨率	温度测量范围/℃	耐水压力/MPa	仪器长度/mm
KL-××	300	1	0.1%F.S	−25～60	0.5	780
KL-×× G	300	1	0.1%F.S	−25～60	3.0	780
KL-×× A	400	1.3	0.1%F.S	−25～60	0.5	740
KL-×× AG	400	1.3	0.1%F.S	−25～60	3.0	740
KL-×× T	500	1.3	0.1%F.S	−25～60	0.5	740
KL-×× TG	500	1.3	0.1%F.S	−25～60	3.0	740

表 8.8　美国生产的振弦式钢筋计主要技术指标

型号	量程/MPa	灵敏度	精度	温度测量范围/℃	耐水压力/MPa	仪器长度/mm
4911-210	210	0.16%F.S	0.25%F.S	−20～80	定制	800
4911-300	300	0.16%F.S	0.25%F.S	−20～80	定制	800
4911-300	400	0.16%F.S	0.25%F.S	−20～80	定制	406

(4) 土压力计。土压力计又称总压力计或总应力计，用于测量土体应力或土结构压力。土压力计不仅反映土体的压力，同时也反映地下水的压力或毛细管的压力，仪器能监测埋设温度。国内工程中常用的土压力计主要技术指标见表 8.9 和表 8.10。

表 8.9　我国生产的差阻式土压力计主要技术指标

型号	量程/MPa	灵敏度/(MPa/0.01%)	分辨率	温度测量范围/℃	仪器高度/mm
YUB-2	0.2	0.0015	0.1%F.S	−25～40	140
YUB-4	0.4	0.003	0.1%F.S	−25～40	140
YUB-8	0.8	0.006	0.1%F.S	−25～40	140
YUB-16	1.6	0.012	0.1%F.S	−25～40	140

表 8.10　美国生产的振弦式土压力计主要技术指标

型号	量程/MPa	灵敏度	精度	温度测量范围/℃	仪器高度/mm
4800		0.025%F.S	0.1%F.S	−20～80	6
4810	0.35、0.7、1.7、3.5、5	0.025%F.S	0.1%F.S	−20～80	12
4820		0.025%F.S	0.1%F.S	−20～80	12

(5) 锚索测力计。锚索测力计用于长期监测预应力锚索对岩体或建筑物施加压力的大小，可监测埋设点的温度。国内工程中常用的锚索测力计主要技术指标见表 8.11 和表 8.12。

表 8.11　我国生产的差阻式锚索测力计主要技术指标

型号	量程/kN	最小读数/(kN/0.01%)	分辨率	温度测量范围/℃	仪器高度/mm
MS-50	500	2	0.3%F.S	−25～60	230
MS-100	1000	4	0.3%F.S	−25～60	230
MS-200	2000	8	0.3%F.S	−25～60	230
MS-300	3000	12	0.3%F.S	−25～60	230
MS-500	5000	20	0.3%F.S	−25～60	280
MS-1000	10000	40	0.3%F.S	−25～60	280

表 8.12　美国生产的振弦式锚索测力计主要技术指标

型号	量程/kN	灵敏度	精度	温度测量范围/℃	弦数
BGK-4900	250～999	0.025%F.S	0.5%F.S	−40～65	1～3
BGK-4900	1000～2999	0.025%F.S	0.5%F.S	−40～65	3～4
BGK-4900	3000 以上	0.025%F.S	0.5%F.S	−40～65	4～6

8.2.7.3　应力应变及温度同步监测仪器的验收和检验

安全监测的传感器检验可称为率定，也称为标定，《大坝监测仪器　应变计——第2部分：振弦式应变计》(GB/T 3408.2—2008)中称为检验，《混凝土坝安全监测技术规范》(DL/T 5178—2003)中也称为检验。仪器的检验是对仪器各项参数的标定和检查，以便考察仪器的性能是否合格可用。

安全监测仪器的特性参数，必须用试验的方法逐一测定。仪器出厂时，厂家对每支仪器都进行了测定和检验。在使用之前，还需要对仪器进行检验。由于在建筑物内部安装的仪器，一般都需要进行几十年以上的长期观测，仪器一旦埋进混凝土或岩体内部就无法重新进行检验。因此，对仪器进行检验，避免差错和损失十分重要。仪器检验的目的体现在以下三个方面：①检验仪器生产厂家出厂参数的可靠性，防止出现差错。②检验仪器的稳定性，保证仪器的长期观测精度。③检查仪器是否损坏，防止将运输或保管过程中损坏的仪器安装到建筑物中。

监测仪器经过运输和长期存放，其性能可能因振动、碰撞、氧化或其他原因发生某些变化，应该用重新试验方法测定仪器的参数。仪器到货后开箱验收仅是初验，最终检验需按有关规定进行。

(1) 仪器的验收。仪器设备到货后，首先进行外观检查，仪器必须有铭牌，铭牌上应清晰标注生产厂家名称、产品型号、出厂编号和出厂日期等，仪器外观应完好、结构完整，附件及随同技术文件(装箱清单、产品合格证、出厂检验卡和厂家仪器标定资料及使用说明书)齐全。二次仪表各调节旋钮、按键、开关均能正常工作不松动，指示灯能正常指示，电源线、信号线和电缆等插头与插座之间紧密结合。其次是读数仪通电检查，检查时读数仪面板外露动作部件应能正常反应，各显示部位应有相应的显示。再次是用读数仪初步测试传感器的电阻比、电阻、绝缘度、频率或线性读数等参数，测试目的主要是检查仪器在运输途中是否造成损坏。若仪器内部断线、绝缘度不合要求，应与厂家联系更换，传感器的读数应与厂家提供的出厂数据相差不大，仪器设备的最终验收工作以标定检验达到要求为准。

(2) 传感器的检验。差动电阻式传感器检验主要有三个方面：①力学性能检验，即进行仪器灵敏度厂值的检验，从检验时记录的测试数据可计算仪器端基线性度误差 α_1，非直线度误差 α_2 和不重复性误差 α_3，以判断仪器的准确度。②温度性能检验，即检验仪器在 0℃时的电阻 R 和温度常数 Q。③防水性能检验，即在温度为 0℃的冰水中施加 0.5MPa 的水压检验仪器的绝缘电阻。振弦式仪器的力学性能检验、防水性能检验可参照差动电阻式仪器进行。由于温度对振弦式仪器的影响较小，若无条件可免做现场温度性能检验。具体方法参见《混凝土坝安全监测技术规范》(DL/T 5178—2003)。

8.2.7.4　特殊监测对象的仪器埋设

应力、应变及温度监测仪器埋设方法在安全监测技术规范、专业书籍和相关文献中均有介绍。但对于结构特别的水工建筑物，埋设应力、应变及温度监测仪器则少有介绍。本部分以三峡二期工程上游围堰为例，介绍高难度应力应变监测仪器埋设的成功经验。

三峡二期工程围堰是三峡工程建设中最具挑战性的重大关键技术难题之一，具有工程规模大、施工涉水深(60m)和基础地质条件复杂等特点，安全监测仪器安装埋设要求高、难度大，国内外无类似工程实例可以借鉴。

1. 防渗墙内部测斜兼沉降管的埋设

三峡二期工程上游围堰深槽段防渗墙厚度为 0.8m、最大深度为 74m，在防渗墙体内采用传统的钻孔法安装埋设测斜兼沉降管难度太高，施工稍有偏差，可能会危及防渗墙的安全。经反复研究，采用拔管成孔法安装仪器，即在浇筑防渗墙时预埋钢管，当混凝土达到初凝时，将钢管拔出成孔，在孔内埋设测斜兼沉降管。该方法的成功运用为三峡二期工程上游围堰防渗墙的变形提供了可靠的实测数据。

2. 防渗墙内应力应变及温度同步监测仪器的埋设

三峡二期工程围堰防渗墙内的应力应变及温度同步监测仪器为我国特制。一般采用沉重块法在防渗墙内埋设应变计，即采用 80cm×100cm×100cm 的钢块，在钢块中钻数个直径为 520mm 的孔，然后用钢丝绳吊入槽内，应变计按高程固定在钢丝绳上。三峡二期工程围堰防渗墙施工的 12 号槽段内安装有 4 根灌浆管排架，3 根混凝土浇筑导管，塑性混凝土通过导管连续浇筑一次成墙，槽孔通过验收到混凝土浇筑时间不超过 6h。因此，面临槽孔深度大、浇筑方法复杂、施工时间短和空间小等复杂条件，仪器埋设成功与否是防渗墙应力应变监测是否成功的关键。受施工空间的限制，传统的沉重块法已不能使用，施工中必须安装灌浆管，同步埋设仪器，这种方法在国内外均无先例。要保证仪器埋设完好，又能真实反映防渗墙的受力变形状态，仪器的量程还应满足后期上部填筑土石材料及上游水压对心墙产生大变形时的测量要求。为了达到这一目的，监测人员对几种方案进行了反复比较、论证，最后选择了如下埋设方法。

(1) 在灌浆管排架定位框架的内侧桩号位置，从下到上焊接钢丝绳和尼龙绳的固定支架和支座。

(2) 根据灌浆管排架每段的尺寸丈量尼龙绳和钢丝绳的长度，每段预留相应的长度，并固定在排架上，且应有利于排架之间钢丝绳和尼龙绳的连接。在尼龙绳和钢丝绳的埋设位置设明显标记。

(3) 下吊过程中按仪器的特殊要求固定仪器，电缆沿钢丝绳向上牵引，穿过灌浆管定位架时不能让电缆绞住。

(4) 仪器绑扎时考虑混凝土的浇筑及其在槽内流动的方式，改变了传统铁丝固定的方式，直接采用白布带绑在尼龙绳上固定，仪器一端绑牢，一端松动，电缆头朝下，以保护仪器并避免施工对电缆的干扰。

(5) SH 型应变计具有液压平衡的性能，仪器绑扎好后，必须用针管向平衡波纹管内预先补偿注水，以更好地起到平衡作用。

(6) 当仪器达到无应力计埋设位置时，用四根短钢丝绳使其呈 X 形，将无应力计固定于钢丝绳网，并使无应力计的位置处于心墙上下游中间。

(7) 压应力计的成型块用焊好的钢筋笼装好，用钢丝绳和铁丝固定在排架的最底部，保证压应力计能与槽孔底部水平接触。

采用上述方法在深水围堰中埋设应力应变仪器为我国首次，12 号槽孔整个灌浆管与仪器吊装进度为 1997 年 8 月 13～14 日，从 13 日 21:00 开始，至 14 日凌晨 2:00 全部吊装完毕，扣除中途故障 75min，整个吊装历时 225min，满足了设计对时间的要求。应变计安装前后电阻比的变化最大为 20 个电阻比，最小仅 6 个电阻比；混凝土浇筑前后最大变化为 177 个电阻比，最小仅 5 个电阻比，电阻比变化大的情况下也远小于该仪器的量程(450 个电阻比变化)。因此，仪器能满足心墙运行期的大变形要求。该仪器为液压平衡式 SH-25 型应变计，量程为拉 700 $\mu\varepsilon$，压–1800 $\mu\varepsilon$，灵敏度小于 4 $\mu\varepsilon$，弹性模量小于 400MPa。

三峡二期工程围堰监测仪器的埋设是成功的，1998 年，长江特大洪峰和围堰基坑抽水等极其不利的条件下，其监测成果特别是上游围堰防渗墙变形、两墙间水位及墙体应力应变监测成果，为二期围堰防汛和指导二期基坑抽水提供了十分宝贵的科学依据，为确保基坑开挖和混凝土提前浇筑赢得了时间，取得了显著的社会效益和经济效益(王德厚，2003)。

8.3　环境量监测

一般情况下，水下建筑物的性状变化除了受自重荷载影响外，主要受其环境因素的影响。因此，环境量是影响大坝变形、渗流、应力应变、温度的主要原因量。这些原因量包括坝上下游水位、坝址地区的气温、降雨量、坝前淤积、水质变化和地震等因素。只有取得准确可靠的环境量数据，才能客观地分析效应量的成因和变化规律，发现运行中的异常效应量。现对原因量监测项目及其意义分述如下。

1. 水位监测

大坝上下游水位产生的水压力是作用于大坝的外部荷载，是影响大坝抗滑稳定性的重要因素。水压力一方面作用于坝的上下游面，同时也产生作用于坝体、坝肩、基岩和建基面的浮托力和渗透压力，影响大坝抗滑稳定性，关系大坝的稳定与安全。因此，对上下游水位进行监测十分必要。

大坝水位是资料分析和安全评判不可缺少的基本资料。例如，分析大坝位移，上游的日平均水位、旬平均水位、月平均水位、测值前两个月的月平均水位、60d 的日平均水位、90d 的日平均水位等均是位移分析的影响因子，水位因子的一次方、二次方、三次方也可作为位移分析的影响因子。通过分析发现，旬平均水位对位移的影响比平均气温影响大。以三峡工程为例，当水库蓄水到高程为 139.0m 时，泄 2 号坝段水压引起的水平位移分量达 7.5mm，沉降垂直位移为 8.5mm，分别占其总位移的 54.67%和 43.45%；右厂房坝段蓄水水位上升较快，水压引起的坝顶位移为 8.85mm。上下游水位也是坝基扬压力和渗流量分析的重要资料。上下游水位决定大坝浮托力和渗透压力的大小，是渗流量的重要影响因子，因此上下游水位是水利工程必须监测的项目。

为监测大坝上下游水位，三峡工程在泄洪坝段、左右厂房坝段、双线五级船闸上下游引航道及闸室、大坝附近上下游主河道，以及一期、二期、三期围堰布设了 40 多个遥测水位站和水位观测站。

2. 环境温度监测

环境温度是影响大坝变形、渗流、应力应变的原因量之一，任何物体都具有热胀冷缩的特性，大坝也不例外。大坝每年 7～8 月膨胀变形最大，即坝顶垂直位移表现为上升，每年 2～3 月气温较低，表现为收缩沉降。据实测资料，三峡泄洪坝段坝顶 2005 年 2 月沉降变形为 4.10～6.38mm，8 月份沉降变形为–4.74～–0.96mm，温度年变幅为 7.06～8.61mm。水平位移受温度影响更大，据统计回归分析，泄 2 号关键坝段坝顶水平位移、温度位移分量为–5.89～5.81mm，每年温度最高与最低时位移变幅为 11.7mm。选温度分量中日平均气温、旬平均气温、月平均气温、前两个月的月平均气温作为影响因子，发现测值中前两个月的月平均气温影响较大，位移为–2.87～1.47mm；测值前一个月月平均气温次之，位移为–2.15～2.64mm；旬平均气温影响较小，位移为–1.14～1.96mm；说明温度对坝体位移影响较大。温度对坝体应力也有较大影响，通常升温压应力增加，降温压应力减小或拉应力增大。根据经验，温度变化 1℃，混凝土应力变化–0.1MPa，应力与温度呈负相关。温度变化是坝体混凝土产生裂缝的重要原因，因此混凝土施工的温度控制很重要。为防止产生裂缝，需要控制混凝土浇筑时的最高温度，特别是冬季，外界气温低，容易形成较大的内外温差，使混凝土产生裂缝，从这一角度出发也需及时取得温度的实测资料。原因量温度一般指气温，其次为水温。气温资料需要在坝区建立气象站获取。气象站的主要监测项目有云(包括云状、云量、云高)、水平能见度、气压、气温、湿度、地温、降雨量、风速、风向等。水库水温一般用埋设在上游坝面的温度计测定，也可在坝前用活动式温度计进行测量。

初期大坝温度受水泥水化热温升影响，水化热散发完后，主要受气温和水温影响。有时为满足灌浆要求，对坝体进行人工通水冷却。混凝土内部温度一般会自然冷却，但温度下降缓慢。例如，三峡三期工程 RCC 围堰混凝土最高温度曾达 35.7℃，自然冷却近三年时间，中心温度才下降了 4.7℃。气温和水温是影响大坝温度变化的主要外界因素。因此，环境温度是不可缺少的监测项目之一。

3. 降雨量监测

降雨对水利工程的运行和农作物生长是必需的，但降雨量过大会造成农田淹没、山洪暴发、河水泛滥、边坡失稳、产生泥石流、破坏公路和房屋等灾害。因此，对降雨量进行监测和预报很重要。三峡船闸高边坡的稳定性与地下水位直接有关，地下水位是影响高边坡稳定性的重要因素之一(马春辉等，2017)。地下水位变化与降雨量有关，有的测压管水位也与降雨量有关。每年汛期(7～9 月)地下水位较高，枯水期(1～2 月)地下水位较低，这是降雨量影响的结果。降雨量还影响坝基渗流量，如三峡船闸高边坡排水洞和船闸基础排水廊道渗流量与降雨量有密切关系，降雨时渗流水通过岩体裂隙或地表水流入排水廊道导致渗流量增大；又如茅坪溪大坝下游基坑，不降雨时，渗流量为 600L/min 左右，降雨时一些地表水流入基坑，使渗流量增至 900L/min，可见降雨量监测的重要性。

4. 水质监测

水质分析不但是渗流监测的重要内容，还是水环境监测的一个项目。通过对库水和坝下游水流取样分析，可以对库区水环境的变化做出评价。例如，三峡工程因施工期长，施工废渣堆积及工业废水向支流排放对坝区水域环境带来影响。水库建成后，水域环境也会发生变化。因此，在施工初期曾开展一次水质情况调查，选择陈家坝、茅坪溪、官庄坪、九里坪、高家溪、乐天溪、边沱溪及坝址干流上下游等 9 个断面进行水质监测，以便控制坝区水质变化情况。

5. 地震监测

大地震常常给人们带来灾难性的后果。例如，1976 年我国发生的唐山大地震，造成了巨大的人员伤亡和财产损失。大型水利工程规模大、大坝高、库容大，蓄水后易产生水库诱发地震，是人们非常关心的问题。因此，在水库区域建立一个适用的测震系统是必要的。

目前，已在全国范围内建成一个技术比较先进的基本测震台网，可对重点地区进行区域性加密布台，形成台距较密的区域测震台网。例如，三峡地区地震台网就是区域性测震台网之一，也是三峡工程建设中安全监测系统的一个组成部分。三峡地区地震台网布设主要是对区域性(构造)地震、水库诱发地震和施工期坝址区地震进行监测，其次是验证抗震设防裕度，并进行风险性评价，主要包括基本烈度和工程抗震参数等。

第9章 安全监测数据处理与分析

针对安全监测取得的各类监测数据，可在误差分析、数据整编和特征值统计基础上，定性分析各类监测变量的变化情况和影响因素。随后，建立安全监测变量和影响因子之间的因果关系，并建立拟合与预测模型(统计模型、确定性模型和混合模型等)，定量分析各监测变量受各类因素影响的程度。在阐述安全监测数据处理方法的基础上，本章着重对常见的安全监测数据分析模型进行介绍。

9.1 概　　述

1. 分析内容

大坝、各水工建筑物、地下洞室、边坡等各类监测资料整理的方法和内容，通常包括监测资料的收集、整理、分析、安全预报和反馈、综合评判和决策五个方面。

(1) 收集。监测数据的采集及其相关资料的收集、记录、存储、传输和表示等。

(2) 整理。原始观测数据的检验、物理量计算、填表制图、异常值的识别剔除、初步分析和整编等。

(3) 分析。通常采用比较法、作图法、特征值统计法和各种数学物理模型法，分析各监测物理量大小、变化规律、发展趋势、各种原因量与效应量的相关关系和相关程度分析，以及对水利工程的安全状态和应采取的技术措施进行评估决策。其中，数学物理模型法有统计学模型、确定性模型、混合性模型，还有最近发展起来的模糊数学模型、灰色系统理论模型、神经网络模型等。在确定性模型和混合性模型中，通常要采用反分析方法进行物理力学模式的识别和有关参数的反演(马春辉等，2019)。

(4) 安全预报和反馈。应用监测资料整理和正、反分析的成果(杨杰等，2006)，选用适宜的分析理论、模型和方法，分析解决水利工程面临的实际问题。重点是安全评估和预报，补充加固措施和对设计、施工及运行方案的优化，实现对水利工程系统的反馈控制。

(5) 综合评判和决策。应用系统工程理论方法，综合利用收集的各种信息资料，在各单项监测成果的整理、分析和反馈基础上，采用有关决策理论和方法(如风险性决策等),对各项资料和成果进行综合比较和推理分析,评判水工建筑物和水利工程的安全状态,制定防范措施和处理方案。综合评判和决策是反馈分析工作的深入和扩展(陈鹏,2011)。

2. 分析方法

对于不同类别的水利工程及安全监测的不同时段,监测资料整理分析的目的、要求和实施条件不同,依据的原理和原则也不完全一致,因此整理分析的方法和内容存在相当大差别。

(1) 工作范围不同。例如,除大坝和坝基在蓄水等关键时段外,多数工程的评判决策是由技术决策人员根据监测资料整理分析的成果直接得到的,一般不需引进专门的决策理论和方法。另外,对地下工程施工期施工设计的反馈分析作用很大,但对其他水利工程施工期情况则有显著不同,故在一些情况下反馈分析也可不同程度地从简。

(2) 基本内容的差异。在测资料分析中,水工建筑物地基和地下洞室在施工期如无特殊需要,可不进行数学和物理力学模型的模拟分析,或只需采用较简化的模型。大坝和坝基的运行期资料,一般只需采用统计学模型分析,不必引用确定性模型或混合性模型。施工期大坝和坝基的变形、渗流量和渗透压力等重要项目资料,必要时才采用确定性模型和混合性模型进行分析。

(3) 整理分析反馈方法的区别。由于依据的规则和原理不同,在不同类别的水利工程中,有时需引进专用的方法进行监测资料整理分析和反馈,如边坡安全预报中的斋藤法等。这些专用方法针对边坡的安全预报是其他通用方法无法替代的,但在其他工程中没有任何意义。例如,地下工程常常采用的反分析方法,在向其他水利工程推广过程中,需进行较大改进,并非完全通用,不可简单照搬。

水利工程监测资料整理分析反馈中,必须充分考虑不同类别水利工程和不同监测时段的具体特点,因地制宜,灵活掌握。应遵照工程有关规程规范的具体要求,在规程规范难以满足工程需求的特定条件下,可以参照相近其他类别工程规程规范或操作方法,但不宜机械照搬。

9.2　监测数据的误差分析

9.2.1　观测数据误差

观测数据误差有下列三种。

(1) 过失误差。它是一种错误数据,一般是观测人员过失引起的。例如:①读数和记录的错误;②将数据输入计算机时输入有误等引起的错误;③将仪器编号弄错引起的错误。这种误差往往在数据上反映出很大的异常,甚至与物理意义明显相悖。在资料整理时(相应的过程线和其他图表)比较容易发现。遇到这种误差时，可直接将其剔除，再根据历史和相邻资料进行补差(刘学祥等，2007)。

(2) 偶然误差(又称"随机误差")。它是人为不易控制的互相独立的偶然因素引起的。例如：①观测电缆头不清洁；②电桥指针未归零；③观测接线时接头松紧不一致。这种误差是随机性的，客观上难以避免，在整体上服从正态分布规律，可采用常规误差分析理论进行分析处理。

(3) 系统误差。它与偶然误差相反，是观测母体的变化引起的误差。所谓母体变化就是观测条件的变化，受仪器结构和环境影响。这种误差通常为常数或按一定规则变化，也有不规则变化的量。系统误差明显的特点是使得测值总向一个方向偏离，如总是偏大或偏小，一般可以通过校正仪器消除。校正时，应该在校正前后各观测一次数据，记录校正前后测值大小的差值，并利用这个差值修改校正以前的数据。

系统误差检测的数学方法比较复杂，有剩余误差观察法、剩余误差校核法、计算数据比较法和 μ 检验法等。系统误差的产生来自人员、仪器、环境、观测方法等多方面。例如：①电缆增长和剪短及施工时砸断重新连接；②观测读数仪表调换引起的误差；③仪器质量引起的观测误差，如仪器内部绕线瓷框的松动，使测值突变；有时电阻比变化(300~400)×0.01%，仪器虽能观测，但仪器测值可信度不高；仪器进水，绝缘度降低引起测值变化；仪器质量引起误差，应根据具体情况分析处理。

9.2.2　粗差的判识和处理

粗差是指粗大误差，通常为过失误差或偶然误差。粗差处理的关键在于粗差的识别，粗差的识别和剔除可以采用人工判断法和统计分析法两种方法。

1. 人工判断法

人工判断法通过与历史或相邻的观测数据比较，或通过所测数据的物理意义判断数据的合理性。为了能够在观测现场完成人工判断的工作，应该把以前的观测数据(至少是部分数据)带到现场，实现观测现场随时校核、计算观测数据。利用计算机处理时，计算机管理软件应提供所有观测仪器上次观测数据的一览表，以便进行观测资料的人工采集时参照。也可在观测原始记录表中列出上次观测的时间和数据，其内容可以由计算机自动输出。

人工判断法的另一主要方法是作图法，即通过绘制观测数据过程线或监控模型拟合曲线，以确定哪些是可能粗差点。人工判别后，再引入包络线法或 3σ 法判识。包络线法是将监测物理量 f 分解为各原因量(水压、温度、时效等)分效应 $f(h)$、$f(T)$、$f(t)$ 等之和，用实测或预估方法确定各原因量分效应的极大值、极小值，即可得监控物理量 f 的包络线：

$$\begin{cases} \max(f) = \max\{f(h)\} + \max\{f(T)\} + \max\{f(t)\} + \cdots \\ \min(f) = \min\{f(h)\} + \min\{f(T)\} + \min\{f(t)\} + \cdots \end{cases} \quad (9.1)$$

2. 统计分析法

1) 3σ 法

设进行了 n 次观测，得到的第 i 个测值为 $U_i(i=1,2,3,\cdots,n)$，连续三次观测的测值分别为 $U_{i-1},U_i,U_{i+1}(i=1,2,3,\cdots,n-1)$，第 i 次观测的跳动特征定义为

$$d_i = |2 \times U_i - (U_{i-1} + U_{i+1})| \quad (9.2)$$

跳动特征的算术平均值为

$$\bar{d} = \left(\sum_{i=2}^{n-1} d_i\right) \Big/ (n-2) \quad (9.3)$$

跳动特征的均方差为

$$\sigma = \sqrt{\left(\sum_{i=2}^{n-1}(d_i - \bar{d})^2\right) \Big/ (n-3)} \quad (9.4)$$

相对差值为

$$q_i = |d_i - \bar{d}| \big/ \sigma \quad (9.5)$$

如果 $q_i > 3$ 则认为它是异常值，可以舍去。可以用插值方法得到它的替代值。

2) 统计回归法

将以往的观测数据利用合理的回归方程进行统计回归计算，如果某一个测值离差为 2~3 倍标准差，则认为该测值误差过大，可以舍弃，并利用回归计算结果代替这个测值。

其他比较复杂的处理方法可参考《数学手册》(《数学手册》编写组，2010)中第十七章"误差理论与实验数据处理"。

9.3 监测数据的定性分析

定性分析主要对监测数据进行特征值分析和有关对照比较，考察监测值的变化过程和分布情况，从而定性认识其变化规律及相应的影响因素，并对其是否异常有初步判断。对大坝等水工建筑物监测数据进行定性分析，是确保整个工程安全运行和发挥综合效应的重要前提和保障，也是工程运行期间不可缺少的关键环节(赵志明，2016)。对水工建筑物安全性态进行定性分析一般分为基于监测数据的作图法、比较法和特征值统计法三种。通过以上三种方法分析监测数据的变化规律和趋势，查找可能存在的安全隐患，进而预测大坝的安全稳定状态，为可能

采取的工程决策提供技术支持。

9.3.1　作图法

将影响大坝变形的各种因素，如上游水位、时效、温度等与大坝监测数据之间的关系明确地绘制在一张图中，根据分析需要，这些图形一般包括过程线、分布线和相关图。

(1) 过程线。表征监测数据随时间变化的情况，通常以时间为横坐标、以监测的数据(竖向位移、水平位移)为纵坐标。为了了解更全面的信息，在方便观察和更易对比差异的情况下，将多种类型的监测数据放到同一个坐标系中对比，有时也将影响监测数据的其他物理量用相同的时间尺度绘在该图的上方或下方，同时也可以在相同的坐标系中绘制位移、应变等具有代表性的过程线。图 9.1 为某大坝垂直位移两个测点(编号分别为 DS-1 和 DS-5)的监测过程线。

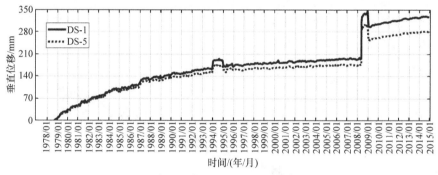

图 9.1　某大坝垂直位移两个测点的监测过程线

(2) 分布线。表征监测数据在空间的分布情况，常见分布图是某一监测数据，如竖向位移或水平位移等沿某一方向的分布线。分布线中一条曲线只能表示某一时间各测点的监测数据，通常会选择几个代表性的时刻，如库水位骤降、汛期等典型时刻，将这些时刻的监测数据绘制到同一个图中，以便清晰地分析分布线的形状随时间或其他因素的变化情况。当然，为了更贴近实际监测数据在某一断面上的分布情况，可以用三维立体图(如等值线图)等表示，常见的分布线有应力、应变、位移在某个断面上的等值线，位移向量和主应力的向量图等。图 9.2 为某土石坝在典型高、低水位期坝顶竖向位移沿坝轴线的分布线。

(3) 相关图。表征各监测数据之间的相互关系，分为散点相关图和相关线两种。一般以两个相关的监测数据为横纵坐标，不同的相关关系可以用等距或者不等距的横纵坐标将两个相关的监测数据绘制在同一坐标中，为表示明确，尽量选择自变量波动幅度较小的区间绘制。同时，将表征两个监测数据的回归曲线放到同一坐标系中进行对比，结论更清晰明了。

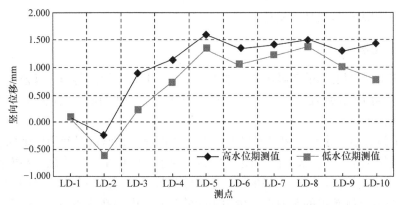

图 9.2　某土石坝典型高、低水位期坝顶竖向位移沿坝轴线的分布线

通过作图法可以直观地看出影响监测数据的各因素及其对监测数据的影响程度，并且可以大致分析监测数据的变化量和变化规律。作图法的优点是具有直观性和简便性，缺点是不能精确地得出各个变量间的关系。图 9.3 为某大坝坝体测压管水位与上游水位相关关系图。

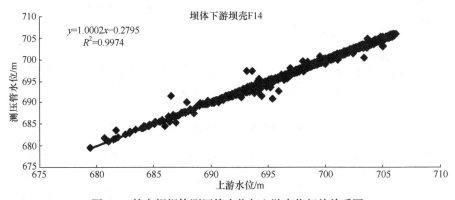

图 9.3　某大坝坝体测压管水位与上游水位相关关系图

9.3.2　比较法

通过对比分析的方法判断监测数据的大小、变化规律的合理性，或者建筑物是否处于稳定状态的方法称为比较法。常见的比较法有以下三种类型：

(1) 监测物理量的相互对比。将同一部位(或同一条件)的监测数据进行对比，确定其变化量、变化规律和趋势是否一致、合理。经过对比，可以有效地核实数据差异较大的原因并采取积极有效的措施，从而避免更大的损失。

(2) 警戒界限法。技术警戒值即工程建筑物在一定条件下的变形量、渗漏量及扬压力等设计值，或有足够监测资料时经分析求得的允许值(允许范围)。在工程运行过程中可用设计值作为技术警戒值，利用原位移监测资料和试验资料综合分析，确定一种或多种临界值作为警戒值，用于判断监测值是否存在异常现象，达到安全监测预报的目的。

（3）监测成果与理论或试验的成果对照。将监测成果，如某一部位的竖向位移与其理论值或者试验值进行对比，比较其规律是否具有一致性和合理性。对不具备合理性的部位进行检查，查明原因后采取有效补救措施，该方法为大坝安全监测提供了可靠依据。

比较法能够通过原数据的对比直接判断数据合理性，但该方法容易忽略符合一定变化规律但实际并不合理的数据，不具备精确性。

9.3.3　特征值统计法

用于揭示监测数据变化规律特点的数值称为特征值，通过特征值判断监测数据的变化规律是否具有合理性，并得出结论的方法称为特征值统计法。

特征值包含的信息极为丰富，每一个特征值都是已知和未知的多元综合因素组合得出的结果。根据国家的相关规定，在 Excel 中制作特征值统计报表，并在总的分析报告中着重解释和描述监测数据中的特征值。例如，混凝土坝监测统计中常用的特征值一般是最大和最小年变幅值，库水位的最大值和最小值，以及出现最大值和最小值的时间等。其中，最大值和最小值反映的是监测数据的两个重要特征，其在一段时间内的概率较小，但它们的出现就表示下一个极端数据也有可能出现，因此最大值和最小值对判断大坝的安全性具有提前警戒和提示作用。

特征值统计法在运用常用办公软件的基础上，能够比较准确地挑选出代表大坝运行期间的一系列一般值和个别特征值，进而判断监测数据是否具有合理性，但挑选的过程较为繁琐，由于数据量大，手动复制粘贴的过程中容易遗漏个别点，因此对操作人员要求较高。

9.4　统计回归分析方法

9.4.1　统计学方法概述

水工建筑物的观测物理量大致可以归纳为两大类：第一类为荷载集，如水压力、泥沙压力、温度(包括气温、水温、坝体混凝土温度和坝基温度)和地震荷载等；第二类为荷载效应集，如变形、裂缝开度、应力、应变、扬压力或孔隙水压力、渗流量和水质等。通常将荷载集称为自变量或预报因子(用 $x_1, x_2, x_3, \cdots, x_k$ 表示),荷载效应集称为因变量或预报量(用 y 表示)。

在坝工实际问题中,影响一个事物的因素往往是复杂的。例如,大坝位移除了受库水压力(水位)影响外,还受到温度、渗流、施工、地基、周围环境及时效等因素的影响。扬压力或孔隙水压力受库水压力、岩体节理裂隙的闭合、坝体应力场、防渗工程措施及时效等影响。因此,在研究预报量与预报因子之间的关系式时,不可避免地涉及许多因素,找出各个因素对某一预报量的影响,建立它们之间的数学表达式,即回归模型。借此推算某一组荷载集时的预报量,对建筑物进行监测,并与其实测值比较,以判别建筑物的工作状况。同时,分离方程中的各个分量,并用其变化规律分析和估计建筑物的结构性态(吴中如等,2005)。

9.4.2 多元回归分析方法

9.4.2.1 回归方程

回归分析的中心问题是由变量组 $(x_1, x_2, \cdots, x_k; y)$ 得到母体资料,即 N 组观测数据 $x_{1t}, x_{2t}, \cdots, x_{kt}; y_t (t = 1, 2, \cdots, N; N \gg k)$。

$$y = B_0 + B_1 x_1 + B_2 x_2 + \cdots + \varepsilon = B_0 + \sum_{i=1}^{k} B_i x_i + \varepsilon \tag{9.6}$$

式中,ε 为误差。

对线性回归方程进行最佳拟合,求出 B_0, B_i,建立预报量 y 和自变量 $x_1, x_2, \cdots, x_k$ 之间的数学表达式,即理论回归方程或实际回归方程。然而,在实际工程问题中是不可能求得的。数理统计理论讨论的一切问题都是抽样估计问题,也就是在母体资料中随机地抽取部分子样

$$x_{1t}, x_{2t}, \cdots, x_{kt}; y_t (t = 1, 2, \cdots, n; n < N) \tag{9.7}$$

根据上述子样资料对母体的数量特征和规律性进行估计,即用 $b_0, b_1, b_2, \cdots, b_k$ 作为 $B_0, B_1, B_2, \cdots, B_k$ 的估计值,则所得的回归方程称为经验回归方程:

$$\hat{y} = b_0 + \sum_{i=1}^{k} b_i x_i \tag{9.8}$$

在回归分析时,有三个基本假定。

(1) 误差 ε 没有系统性,它的数学期望全为 0,即 $E(\varepsilon_t) = 0 \; (t = 1, 2, \cdots, n)$。

(2) 各次观测互相独立,并有相同的精度,即 ε_t 之间的协方差可表示为

$$\text{COV}(\varepsilon_i, \varepsilon_j) = \begin{cases} 0, & (i \neq j) \\ \sigma^2, & (i = j) \end{cases} \tag{9.9}$$

(3) 观测误差呈正态分布，即 $\varepsilon_t \sim N(0, \sigma^2)$。

下面介绍估计 b_0、b_i 的计算方法及有效性和精度等问题。

9.4.2.2 法方程式

k 元线性回归涉及 k 个自变量，则自变量与因变量有 n 组观测资料系列

$$\begin{cases} x_{11}, x_{21}, \cdots, x_{k1}; y_1 \\ x_{12}, x_{22}, \cdots, x_{k2}; y_2 \\ \quad \vdots \quad \vdots \qquad \vdots \quad \vdots \\ x_{1i}, x_{2i}, \cdots, x_{ki}; y_i \\ \quad \vdots \quad \vdots \qquad \vdots \quad \vdots \\ x_{1n}, x_{2n}, \cdots, x_{kn}; y_n \end{cases} \tag{9.10}$$

那么，确定 k 元线性经验回归方程式[式(9.8)]可归结为根据上述观测资料(子样)确定 $b_0, b_1, b_2, \cdots, b_k$ 的问题。

设因变量 y_t 的估计值为

$$y_t^* = b_0 + \sum_{i=1}^{k} b_i x_{it} \tag{9.11}$$

y_t^* 与实测值 y_t 的剩余平方和 Q 为

$$Q = \sum_{t=1}^{n} \left[y_t^* - y_t \right]^2 = \sum_{t=1}^{n} \left[\left(b_0 + \sum_{i=1}^{k} b_i x_{it} \right) - y_t \right]^2 \tag{9.12}$$

根据最小二乘法原理得

$$\frac{\partial Q}{\partial b_0} = 0, \frac{\partial Q}{\partial b_1} = 0, \cdots, \frac{\partial Q}{\partial b_k} = 0 \tag{9.13}$$

得到求解 $b_i (i = 1, 2, \cdots, k)$ 的法方程式为

$$\begin{bmatrix} S_{11} & S_{12} & \cdots & S_{1k} \\ S_{21} & S_{22} & \cdots & S_{2k} \\ \vdots & \vdots & & \vdots \\ S_{k1} & S_{k2} & \cdots & S_{kk} \end{bmatrix} \begin{bmatrix} b_1 \\ b_2 \\ \vdots \\ b_k \end{bmatrix} = \begin{bmatrix} S_{1y} \\ S_{2y} \\ \vdots \\ S_{ky} \end{bmatrix} \tag{9.14}$$

$$\begin{cases} S_{ij} = S_{ji} = \sum_{t=1}^{n}(x_{it} - \overline{x}_i)(x_{jt} - \overline{x}_j) \\ \quad = \sum_{t=1}^{n} x_{it} x_{jt} - \frac{1}{n}\left(\sum_{t=1}^{n} x_{it}\right)\left(\sum_{t=1}^{n} x_{jt}\right), (i \neq j) \\ S_{ii} = \sum_{t=1}^{n}(x_{it} - \overline{x}_i)^2 = \sum_{t=1}^{n} x_i^2 - \frac{1}{n}\left(\sum_{t=1}^{n} x_{it}\right)^2 \\ S_{iy} = \sum_{t=1}^{n}(x_{it} - \overline{x}_i)(y_t - \overline{y}) = \sum_{t=1}^{n} x_{it} y_t - \frac{1}{n}\left(\sum_{t=1}^{n} x_{it}\right)\left(\sum_{t=1}^{n} y_t\right) \\ \overline{y} = \sum_{t=1}^{n} y_t \bigg/ n, \overline{x} = \sum_{t=1}^{n} x_{it} / n, \quad (i, j = 1, 2, \cdots, k) \end{cases} \tag{9.15}$$

式中，$\overline{x}_i$ 为第 i 行 x 的平均值；$\overline{x}_j$ 为第 j 列 x 的平均值；$S_{ij} = S_{ji}$。因此方程中的系数矩阵可简写为

$$[S_{ij}] = \begin{bmatrix} S_{11} & S_{12} & \cdots & S_{1k} \\ S_{21} & S_{22} & \cdots & S_{2k} \\ \vdots & \vdots & & \vdots \\ S_{k1} & S_{k2} & \cdots & S_{kk} \end{bmatrix} \tag{9.16}$$

b_i 与 S_{iy} 的列阵简写为

$$[b_i] = \begin{bmatrix} b_1 \\ b_2 \\ \vdots \\ b_k \end{bmatrix}, \quad [S_{iy}] = \begin{bmatrix} S_{1y} \\ S_{2y} \\ \vdots \\ S_{ky} \end{bmatrix} \tag{9.17}$$

则式(9.14)可简写为

$$[S_{ij}][b_i] = [S_{iy}][S_{ij}] \tag{9.18}$$

如果 $[S_{ij}]$ 可逆，式(9.18)有唯一解

$$[b_i] = [S_{ij}]^{-1}[S_{iy}] \tag{9.19}$$

则

$$b_0 = \overline{y} - \sum_{i=1}^{k} b_i \overline{x}_i \tag{9.20}$$

根据观测资料，$x_{1t}, x_{2t}, \cdots, x_{kt}; y_t, t = 1, 2, \cdots, n, n > k$。由式(9.15)可求出 S_{ij}，S_{ii}，S_{iy}。那么由式(9.14)或式(9.18)可求出 b_i，用式(9.20)求出 b_0。因此，求得回归

方程：

$$\hat{y} = b_0 + \sum_{i=1}^{k} b_i x_i \qquad (9.21)$$

9.4.2.3 回归方程的有效性和精度

式(9.21)所示的回归方程，只有其计算值与实测值的拟合及预报值在一定精度的条件下才有效。衡量有效性和精度的主要指标有复相关系数和标准差，下面讨论其计算公式。

(1) 离差平方和、剩余平方和及回归平方和。在观测数据中，因变量 y 是变化的，其波动现象称为变差。对每次观测值 y_t，变差的大小用 y_t 与平均值 $\overline{y}$ 的差来表示，则($y_t - \overline{y}$)称为离差。n 次观测值的总变差可由这些离差的平方和求得

$$S_{yy} = \sum_{t=1}^{n} (y_t - \overline{y})^2 \qquad (9.22)$$

分解式(9.22)得

$$S_{yy} = \sum_{t=1}^{n} (y_t - \overline{y})^2 = \sum_{t=1}^{n} (y_t - \hat{y})^2 + \sum_{t=1}^{n} (\hat{y} - \overline{y})^2 \qquad (9.23)$$

记

$$Q = \sum_{t=1}^{n} (y_t - \hat{y})^2 = S_{yy} - \sum_{i=1}^{k} b_i S_{iy}$$

$$U = \sum_{t=1}^{n} (\hat{y} - \overline{y})^2 = \sum_{i=1}^{k} b_i S_{iy} \qquad (9.24)$$

式中，Q 为剩余平方和，表示实测值 y_t 对回归值 $\hat{y}$ 的离差平方和；U 为回归平方和，反映回归值 $\hat{y}$ 对 $\overline{y}$ 的离差平方和；b_i 为回归系数。

从式(9.23)看出，对一定的子样，S_{yy} 是定值，则 Q 越小，U 越大，说明回归值与实测值的拟合精度越好；反之，拟合精度越差。

(2) 复相关系数(R)。为了表示 y 对 $x_1, x_2, \cdots, x_k$ 呈线性相关的密切程度，用复(全)相关系数(R)表示如下：

$$R = \sqrt{U / S_{yy}} \qquad (9.25)$$

从式(9.25)看出，R 表示回归平方和占总离差平方和的大小。R 越大，U 越大，Q 越小，表示线性回归的效果越好。因此，R 在一定程度上是衡量预报取值

精度的指标。计算 R 时，根据式(9.24)和式(9.25)得

$$R = \sqrt{\frac{\sum_{i=1}^{k} b_i S_{iy}}{S_{yy}}} \tag{9.26}$$

因为 U 总是 S_{yy} 的一部分，所以

$$1 \geqslant R \geqslant 0 \tag{9.27}$$

注意，R 只有一个，故 R 取正值。

(3) 剩余标准差 S。衡量回归精度的另一个指标是剩余标准差，其计算公式为

$$S = \sqrt{\frac{Q}{f_Q}} \tag{9.28}$$

式中，f_Q 为剩余平方和的自由度，$f_Q = n - k - 1$。

将式(9.24)代入式(9.28)，得

$$S = \sqrt{\frac{S_{yy} - \sum_{i=1}^{k} b_i S_{iy}}{n - k - 1}} \tag{9.29}$$

(4) 复相关系数的检验。建立上述回归方程，并计算其复相关系数(R)后，还需进行统计检验。R 是衡量 U 占 S_{yy} 的比重，R 越大，说明回归效果越好，反之越差。为了了解回归方程有效时 R 的取值范围。采用 F 检验，对 R 用下列统计量：

$$F_{k,n-k-1} = \frac{R^2/k}{(1-R^2)/(n-k-1)} \tag{9.30}$$

根据显著水平 α 及其自由度($f_1 = k, f_2 = n-k-1$)，得到 F 的临界值 F_{f_1,f_2}^{α}。当 $F_{k,n-k-1} \geqslant F_{f_1,f_2}^{\alpha}$ 时，说明线性回归在 α 水平上显著，回归方程有效；当 $F_{k,n-k-1} < F_{f_1,f_2}^{\alpha}$ 说明回归方程无效；α 一般取 1%～5%。

9.4.2.4 预报因子的重要性考察

建立多元线性回归方程后，还要考虑 k 个因素(自变量)对因变量的作用，即明确主要因素和次要因素。考虑到逐步回归分析法的应用，本部分介绍两种比较方法。

1. 标准回归系数比较法

回归方程中的回归系数 b_i 表示在其他因素不变的条件下，x_i 变化一个单位引起的 y 平均变化的大小，因此其绝对值越大，该因素就越重要。然而，回归系数是有单位的，各因子的回归系数单位不同，其数值的大小不能反映该因子对因变量单位的影响，故采用标准回归系数和标准化的法方程式。

1) 标准回归系数

设多元回归方程为

$$\hat{y} = b_0 + b_1 x_1 + b_2 x_2 + \cdots + b_k x_k \tag{9.31}$$

将 x_i 变换为

$$x_i' = \sqrt{\frac{S_{yy}}{S_{ii}}} x_i, \quad (i = 1, 2, \cdots, k) \tag{9.32}$$

则式(9.21)可变换为

$$\hat{y} = b_0 + b_1' \sqrt{\frac{S_{yy}}{S_{11}}} x_1 + b_2' \sqrt{\frac{S_{yy}}{S_{22}}} x_2 + \cdots + b_k' \sqrt{\frac{S_{yy}}{S_{kk}}} x_k \tag{9.33}$$

比较式(9.31)与式(9.33)得

$$b_i = b_i' \sqrt{\frac{S_{ii}}{S_{yy}}}, \quad (i = 1, 2, \cdots, k) \tag{9.34}$$

从式(9.34)看出 b_i 与 y、x_i 的单位无关，它的绝对值越大，相应的因素对 y 的影响也越大。因此，b_i 称为 y 对 x_i 的标准回归系数。

2) 标准化的法方程式

将 $b_i = b_i' \sqrt{\dfrac{S_{ii}}{S_{yy}}}$，$(i = 1, 2, \cdots, k)$ 代入式(9.14)，并在等号两边除以 $\sqrt{S_{ii} \cdot S_{yy}}$，则

$$\begin{bmatrix} \dfrac{S_{11}}{\sqrt{S_{11}}\sqrt{S_{11}}} & \dfrac{S_{12}}{\sqrt{S_{11}}\sqrt{S_{22}}} & \cdots & \dfrac{S_{1k}}{\sqrt{S_{11}}\sqrt{S_{kk}}} \\ \dfrac{S_{21}}{\sqrt{S_{22}}\sqrt{S_{11}}} & \dfrac{S_{22}}{\sqrt{S_{22}}\sqrt{S_{22}}} & \cdots & \dfrac{S_{2k}}{\sqrt{S_{22}}\sqrt{S_{kk}}} \\ \vdots & \vdots & & \vdots \\ \dfrac{S_{k1}}{\sqrt{S_{kk}}\sqrt{S_{11}}} & \dfrac{S_{k2}}{\sqrt{S_{kk}}\sqrt{S_{22}}} & \cdots & \dfrac{S_{kk}}{\sqrt{S_{kk}}\sqrt{S_{kk}}} \end{bmatrix} \begin{bmatrix} b_1' \\ b_2' \\ \vdots \\ b_k' \end{bmatrix} = \begin{bmatrix} \dfrac{S_{1y}}{\sqrt{S_{11}}\sqrt{S_{yy}}} \\ \dfrac{S_{2y}}{\sqrt{S_{22}}\sqrt{S_{yy}}} \\ \vdots \\ \dfrac{S_{ky}}{\sqrt{S_{kk}}\sqrt{S_{yy}}} \end{bmatrix} \tag{9.35}$$

定义 $r_{ij} = \dfrac{S_{ij}}{\sqrt{S_{ii}}\sqrt{S_{jj}}}$ $(i = 1, 2, \cdots, k;\ j = 1, 2, \cdots, k)$ 称为简单相关系数。S_{ij} 的计算见式(9.15)。则式(9.35)变换为

$$\begin{bmatrix} r_{11} & r_{12} & \cdots & r_{1k} \\ r_{21} & r_{22} & \cdots & r_{2k} \\ \vdots & \vdots & & \vdots \\ r_{k1} & r_{k2} & \cdots & r_{kk} \end{bmatrix} \begin{bmatrix} b_1' \\ b_2' \\ \vdots \\ b_k' \end{bmatrix} = \begin{bmatrix} r_{1y} \\ r_{2y} \\ \vdots \\ r_{ky} \end{bmatrix} \tag{9.36}$$

求出 b_i' $(i=1,2,\cdots,k)$ 后，当 $r_{ij}(i \neq j) \approx 0$ 时，可用 b_i' 估计 x_i 对 y 的作用。

2. 偏回归平方和比较法

1) 偏回归平方和

$$U = \sum_{i=1}^{k} b_i S_{iy} \tag{9.37}$$

U 为回归平方和,是所有自变量对 y 变差的总贡献,自变量越多,回归平方和就越大。增加自变量增加的回归平方和同该自变量与 y 的作用有关,增加对 y 作用较大的自变量,将使回归平方和增加量越大,反之就越小。如果回归方程中去掉一个因子,回归平方和将减少;减少的分量越大,说明该因子对 y 越重要。因此,将取消一个自变量后回归平方和的减少量,称为这个因子的偏回归平方和,利用偏回归平方和衡量该因子对 y 的作用大小,称为偏回归平方和比较法。

2) 偏回归平方和的计算

在 k 元回归方程中,去掉一个自变量 x_i 后,余下的 $(k-1)$ 元方程为

$$\hat{y} = b_0^* + b_1^* x_1 + b_2^* x_2 + \cdots + b_{i-1}^* x_{i-1} + b_{i+1}^* x_{i+1} + \cdots + b_k^* x_k \tag{9.38}$$

$b_j^* = \left(j = 1,2,3,\cdots,i-1,i+1,\cdots,k\right)$ 同 b_j 的关系为

$$b_j^* = b_j - \frac{C_{ij}}{C_{bi}} b_i, \quad (i \neq j) \tag{9.39}$$

式(9.39)中的 C_{ij} 、 C_{bi} 是 k 元回归方程中的系数矩阵式(9.16)的逆矩阵 C 中的元素

$$C = \begin{bmatrix} C_{11} & C_{12} & \cdots & C_{1k} \\ C_{21} & C_{22} & \cdots & C_{2k} \\ \vdots & \vdots & & \vdots \\ C_{k1} & C_{k2} & \cdots & C_{kk} \end{bmatrix} = \frac{\text{adj}\, S}{\det S} \tag{9.40}$$

元素 C_{ij} 是在 C 的第 i 行第 j 列,当 $i=j$ 时 C_{ij} 在 C 的对角线上。求出 b_j^* 后,则

$$b_0^* = \overline{y} - b_1^* \overline{x}_1 - b_2^* \overline{x}_2 - \cdots - b_{i-1}^* \overline{x}_{i-1} - b_{i+1}^* \overline{x}_{i+1} - \cdots - b_k^* \overline{x}_k \tag{9.41}$$

因此,从 k 元回归方程中去掉自变量 x_i 后, $(k-1)$ 元回归方程从原方程中可直接推出。去掉自变量 x_i 后,总回归平方和的减少量 P_i ,可从回归系数和 C 矩阵的元素直接推出:

$$P_i = \frac{b_i^2}{C_{ii}} \tag{9.42}$$

式中, P_i 称为偏回归平方和。

3) 各个因子的重要性考察

偏回归平方和大的因子对 y 一定有重要影响，至于偏回归平方和大到什么程度才显著，则要对其检验，为此先要计算统计量 F_i：

$$F_i = \frac{P_i}{S^2} = \frac{b_i^2}{C_{ii}S^2} \tag{9.43}$$

F_i 临界值 F_{f_1,f_2}^{α} 可查 F 的分布表。查表时，F_i 的第一自由度 $f_1 = 1$，第二自由度 $f_2 = n-k-1$，给定显著性水平 α。当 $F_i \geqslant F_{f_1,f_2}^{\alpha}$ 时，x_i 在 α 水平上对 y 有显著作用，当 $F_i < F_{f_1,f_2}^{\alpha}$ 时，x_i 在 α 水平上对 y 的作用不显著。

9.4.2.5 相关性分析

(1) 因子相关时，对标准回归系数的影响由式(9.36)得出：b_i' 与各因子的简单相关系数有关。证明如下，根据克莱姆法则求解式(9.36)的 b_i' 为

$$b_i' = \begin{vmatrix} r_{11} & r_{12} & \cdots & r_{1(i-1)} & r_{1y} & r_{1(i+1)} & \cdots & r_{1k} \\ r_{21} & r_{22} & \cdots & r_{2(i-1)} & r_{2y} & r_{2(i+1)} & \cdots & r_{2k} \\ \vdots & \vdots & & \vdots & \vdots & \vdots & & \vdots \\ r_{i1} & r_{i2} & \cdots & r_{i(i-1)} & r_{iy} & r_{i(i+1)} & \cdots & r_{ik} \\ \vdots & \vdots & & \vdots & \vdots & \vdots & & \vdots \\ r_{k1} & r_{k2} & \cdots & r_{k(i-1)} & r_{ky} & r_{k(i+1)} & \cdots & r_{kk} \end{vmatrix} \frac{1}{\det R} \tag{9.44}$$

式中，

$$R = \begin{bmatrix} r_{11} & r_{12} & \cdots & r_{1k} \\ r_{21} & r_{22} & \cdots & r_{2k} \\ \vdots & \vdots & & \vdots \\ r_{i1} & r_{i2} & \cdots & r_{ik} \\ \vdots & \vdots & & \vdots \\ r_{k1} & r_{k2} & \cdots & r_{kk} \end{bmatrix} \tag{9.45}$$

从式(9.44)看出，b_i' 取决于 r_{ij}，当 $r_{ij} \to 0$ 时，因 $r_{ii} = 1$，则

$$b_i' = \begin{vmatrix} 1 & 0 & \cdots & 0 & r_{1y} & 0 & \cdots & 0 \\ 0 & 1 & \cdots & 0 & r_{2y} & 0 & \cdots & 0 \\ \vdots & \vdots & & \vdots & \vdots & \vdots & & \vdots \\ 0 & 0 & \cdots & 0 & r_{iy} & 0 & \cdots & 0 \\ \vdots & \vdots & & \vdots & \vdots & \vdots & & \vdots \\ 0 & 0 & \cdots & 0 & r_{ky} & 0 & \cdots & 1 \end{vmatrix} \frac{1}{\det 1} = r_{iy} \tag{9.46}$$

此时，b_i' 仅取决于 r_{iy}，与 r_{ij} 无关。如果 $r_{ij} \neq 0$，则 b_i' 不仅与 r_{iy} 有关，还受 $r_{ij}(j=1,2,\cdots,i-1,i+1,\cdots,k)$ 的影响。因此，这时的 b_i' 不完全表征 x_i 对 y 的贡献。

(2)当各因子相关时，各因子的偏回归平方和的总和并不等于回归平方和，即满足：

$$U = \sum_{i=1}^{k} b_i S_{iy} \neq \sum_{i=1}^{k} P_i \tag{9.47}$$

当 x_i、x_j 之间不相关时，$r_{ij} \to 0$，这时正规方程的系数矩阵式(9.16)变为

$$[S] = \begin{bmatrix} S_{11} & & & 0 \\ & S_{22} & & \\ & & \ddots & \\ 0 & & & S_{kk} \end{bmatrix} \tag{9.48}$$

$$[C] = \frac{\text{adj}\, S}{\det S} \tag{9.49}$$

其逆矩阵为

$$\text{adj}\, S = \begin{bmatrix} S_{22}S_{33}\cdots S_{kk} & & & 0 \\ & S_{11}S_{33}\cdots S_{kk} & & \\ & & \ddots & \\ 0 & & & S_{11}S_{22}\cdots S_{(k-1)(k-1)} \end{bmatrix} \tag{9.50}$$

$$\det S = S_{11} \cdot S_{22} \cdot S_{33} \cdots\cdots S_{kk} \tag{9.51}$$

那么偏回归平方和的总和为

$$C = \begin{bmatrix} \dfrac{1}{S_{11}} & & & 0 \\ & \dfrac{1}{S_{22}} & & \\ & & \ddots & \\ 0 & & & \dfrac{1}{S_{kk}} \end{bmatrix} \tag{9.52}$$

$$\sum_{i=1}^{k} P_i = \sum_{i=1}^{k} \frac{b_i^2}{C_{ii}} = \sum_{i=1}^{k} b_i^2 S_{ii} = U \tag{9.53}$$

因此，当 x_i 和 x_j 不相关时，$U = \sum_{i=1}^{k} P_{ii}$。如果因子相同，由 C 中的 $C_{ii} \neq 1/S_{ii}$，得到 $U \neq \sum_{i=1}^{k} P_i$。

9.4.3 逐步回归分析法

在回归分析的实际应用中,总是选取一组与 y 有一定关系的变量 $(x_1, x_2, \cdots, x_k)$ 作为可能的预报因子。例如,变形选水位、温度(气温、水温和混凝土温度等)、时间等因子,常达十多个甚至几十个因子。理论分析和实际经验证明,把全部预报因子放入回归方程,往往使法方程式[式(9.14)]的系数矩阵 $[S_{ij}]$ 蜕化,从而无法求解,或解得的回归方程精度不高,实际中无法应用。因此,必须根据因子对 y 的贡献大小选入回归方程。使建立的回归方程只包含显著的因子,不包含不显著的因子,同时,方程的 Q (或 S^2)较小,即为最佳回归方程。

逐步回归分析法是从一个预报因子开始,按其对因变量作用的显著程度,从大到小地依次引入回归方程。另外,当先引入的因子由于后面因子的引入变得不显著时,就将它剔除。因此,逐步回归时有的步骤引入因子,有的步骤剔除因子,每一步都要进行统计检验(F 检验),以保证每次引入新的显著因子以前,回归方程中只包含显著因子,直到显著因子都包含在回归方程内为止(孙明利,2010)。本小节主要介绍逐步回归分析法的基本原理、基本步骤、运算的主要公式及相关问题。

9.4.3.1 基本原理

将法方程式[式(9.14)]改写为

$$\begin{bmatrix} a_{11} & a_{12} & \cdots & a_{1k} \\ a_{21} & a_{22} & \cdots & a_{2k} \\ \vdots & \vdots & & \vdots \\ a_{k1} & a_{k2} & \cdots & a_{kk} \end{bmatrix} \begin{bmatrix} b_1 \\ b_2 \\ \vdots \\ b_k \end{bmatrix} = \begin{bmatrix} C_{11} & C_{12} & \cdots & C_{1k} \\ C_{21} & C_{22} & \cdots & C_{2k} \\ \vdots & \vdots & & \vdots \\ C_{k1} & C_{k2} & \cdots & C_{kk} \end{bmatrix} \begin{bmatrix} S_{1y} \\ S_{2y} \\ \vdots \\ S_{ky} \end{bmatrix} \tag{9.54}$$

或简写为

$$[a_{ij}][b_j] = [c_{ij}][S_{jy}] \tag{9.55}$$

开始计算时取 $[a_{ij}] = [S_{ij}]$,这时 $[c_{ij}] = [\delta_{ij}]$ 是一个 k 阶的单位矩阵。用逐步回归分析法求解式(9.55)的过程,就是通过 b_j 的一步步消元变换,将 $[a_{ij}]$ 变为 $[\delta_{ij}]$ 、 $[c_{ij}]$ 变为 $[S_{ij}]^{-1}$ 的过程。因此,建立一系列过渡性回归方程为

$$y^{(1)} = b_0^{(1)} + b_1^{(1)} x_{k1}, \quad y^{(2)} = b_0^{(2)} + b_1^{(2)} x_{k1} + b_2^{(2)} x_{k2}, \cdots, \quad y^{(m)} = b_0^{(m)} + \sum_{i=1}^{m} b_i^{(m)} x_{ki} \tag{9.56}$$

在第 m 步$(1 \leqslant m \leqslant k)$消元过程中，相当于在式(9.55)的两边乘以一个变换矩阵

$$
D_k = \begin{bmatrix}
1 & & & -\dfrac{a_{1m}}{a_{mm}} & & & \\
& \ddots & & \vdots & & & \\
& & 1 & -\dfrac{a_{m-1,m}}{a_{mm}} & & & \\
& & & \dfrac{1}{a_{mm}} & & & \\
& & & -\dfrac{a_{m+1,m}}{a_{mm}} & 1 & & \\
& & & \vdots & & \ddots & \\
& & & -\dfrac{a_{km}}{a_{mm}} & & & 1
\end{bmatrix}
\tag{9.57}
$$

即

$$
D_k[a_{ij}][b_j] = D_k[c_{ij}][S_{jy}]
\tag{9.58}
$$

由此可见，消去一个未知量 b_m，把预报因子 x_m 引入回归方程，就是用单位矩阵$[\delta_{ij}]$ 的第 m 个列向量，置换 $[a_{ij}]$ 中的相应列向量，$[a_{ij}]$ 中的其他元素也进行相应变换。这时，$[c_{ij}]$ 中的第 m 个单位列向量用新列向量代替，其他元素也作相应变换。新列向量为

$$
\left[-\dfrac{a_{1m}}{a_{mm}} \quad \cdots \quad -\dfrac{a_{m-1,m}}{a_{mm}} \quad \dfrac{1}{a_{mm}} \quad -\dfrac{a_{m+1,m}}{a_{mm}} \quad \cdots \quad -\dfrac{a_{km}}{a_{mm}} \right]^{\mathrm{T}}
\tag{9.59}
$$

经过若干步计算以后，回归方程中选入一些预报因子 x_m。此时，在$[a_{ij}]$ 中，对应已选因子 x_m 的各列用相应的单位列向量置换，而$[c_{ij}]$ 中相应各列引入新的向量。因此，$[a_{ij}]$ 中的单位列向量对应已选的预报因子；$[a_{ij}]$ 中保留的单位列向量，对应待选的预报因子，总数 k 不变。

每步计算在式(9.59)中形成单位列向量处存放新形成的列向量。$[a_{ij}]$、$[c_{ij}]$ 中的非单位列向量合并后的矩阵，仍用 $[a_{ij}]$ 表示。用 a_{ij}' 表示消元变换后形成新矩阵的元素。根据式(9.57)和式(9.58)，对两类消元变换过程有着同样的消元算法，即

$$[a_{ij}] = \begin{cases} a_{ij} - \dfrac{a_{im}a_{mj}}{a_{mm}}, & (i \neq m, j \neq m) \\[3mm] \dfrac{a_{mj}}{a_{mm}}, & (i = m, j \neq m) \\[3mm] -\dfrac{a_{im}}{a_{mm}}, & (i \neq m, j = m) \\[3mm] \dfrac{1}{a_{mm}}, & (i = m, j = m) \end{cases} \tag{9.60}$$

9.4.3.2　逐步回归分析法的基本步骤

综合筛选预报因子的统计检验式[式(9.43)]和矩阵的基本运算式[式(9.60)]，可将逐步回归计算的全过程分为下列基本步骤。

1) 计算相关矩阵

为了提高计算结果的精度，用二次均值算法代替一次均值算法，用标准化的相关矩阵$[r_{ij}]$代替$[S_{ij}]$，扩展成$(k+1)$阶矩阵，y 用 n 表示，即

$$\begin{bmatrix} S_{11} & S_{12} & \cdots & S_{1k} & S_{1n} \\ S_{21} & S_{22} & \cdots & S_{2k} & S_{2n} \\ \vdots & \vdots & & \vdots & \vdots \\ S_{k1} & S_{k2} & \cdots & S_{kk} & S_{kn} \\ S_{n1} & S_{n2} & \cdots & S_{nk} & S_{nn} \end{bmatrix} \rightarrow \begin{bmatrix} r_{11} & r_{12} & \cdots & r_{1k} & r_{1n} \\ r_{21} & r_{22} & \cdots & r_{2k} & r_{2n} \\ \vdots & \vdots & & \vdots & \vdots \\ r_{k1} & r_{k2} & \cdots & r_{kk} & r_{kn} \\ r_{n1} & r_{n2} & \cdots & r_{nk} & r_{nn} \end{bmatrix} \tag{9.61}$$

式中，S_{ij} 的计算公式见式(9.15)，$r_{ij} = S_{ij} / (\sqrt{S_{ii} \cdot S_{jj}})$。

标准化的法方程式如下：

$$\begin{bmatrix} r_{11} & r_{12} & \cdots & r_{1k} \\ r_{21} & r_{22} & \cdots & r_{2k} \\ \vdots & \vdots & & \vdots \\ r_{k1} & r_{k2} & \cdots & r_{kk} \end{bmatrix} \begin{bmatrix} b_1' \\ b_2' \\ \cdots \\ b' \end{bmatrix} = \begin{bmatrix} r_{1y} \\ r_{2y} \\ \cdots \\ r_{ky} \end{bmatrix} \tag{9.62}$$

式中，$b_i' = \sqrt{\dfrac{S_{ii}}{S_{yy}}} b_i, i = 1, 2, \cdots, k$。

2) 因子筛选和消元变换

逐步回归分析：

第 1~2 步引入因子分别在因子集合 $\bar{G}^{(0)}$ 与 $\bar{G}^{(1)}$ 中，选择对 y 作用最显著的因子引入回归方程。注意 $G^{(0)}$、$G^{(1)}$ 分别表示第 0 步和第 1 步逐步回归方程中所

有因子的集合；$\bar{G}^{(0)}$、$\bar{G}^{(1)}$ 分别表示第 0 步和第 1 步不在回归方程中的所有因子集合。

从第 3 步开始，先剔后引，即首先剔除原回归方程中的不显著因子，然后引入回归方程以外对 y 作用显著的因子，引入和剔除因子都要进行 F 检验，并求出各步回归方程的回归系数、复相关系数和剩余标准差。根据其基本原理，引剔因子的主要工作是将式(9.62)中的 $[r_{ij}]$ 进行变换，即将 $[r_{ij}^{(m-1)}]$ 变换为 $[r_{ij}^{(m)}]$。

$$R^{(m-1)} = \begin{bmatrix} r_{11}^{(m-1)} & r_{12}^{(m-1)} & \cdots & r_{1k}^{(m-1)} & \cdots & r_{1n}^{(m-1)} \\ r_{21}^{(m-1)} & r_{22}^{(m-1)} & \cdots & r_{2k}^{(m-1)} & \cdots & r_{2n}^{(m-1)} \\ \vdots & \vdots & & \vdots & & \vdots \\ r_{k1}^{(m-1)} & r_{k2}^{(m-1)} & \cdots & r_{kk}^{(m-1)} & \cdots & r_{kn}^{(m-1)} \\ \vdots & \vdots & & \vdots & & \vdots \\ r_{n1}^{(m-1)} & r_{n2}^{(m-1)} & \cdots & r_{nk}^{(m-1)} & \cdots & r_{nn}^{(m-1)} \end{bmatrix} \xrightarrow{D_m}$$

$$R^{(m)} = \begin{bmatrix} r_{11}^{(m)} & r_{12}^{(m)} & \cdots & r_{1k}^{(m)} & \cdots & r_{1n}^{(m)} \\ r_{21}^{(m)} & r_{22}^{(m)} & \cdots & r_{2k}^{(m)} & \cdots & r_{2n}^{(m)} \\ \vdots & \vdots & & \vdots & & \vdots \\ r_{k1}^{(m)} & r_{k2}^{(m)} & \cdots & r_{kk}^{(m)} & \cdots & r_{kn}^{(m)} \\ \vdots & \vdots & & \vdots & & \vdots \\ r_{n1}^{(m)} & r_{n2}^{(m)} & \cdots & r_{nk}^{(m)} & \cdots & r_{nn}^{(m)} \end{bmatrix} \tag{9.63}$$

D_m 变换式的形式基本同式(9.60)，用 r 表示时，D_m 的表达式为

$$D_m = \begin{cases} r_{kj}^{(m)} = r_{kj}^{(m-1)} - r_{kk_m}^{(m-1)} \cdot r_{k_m j}^{(m-1)} / r_{k_m k_m}^{(m-1)}, & (k \neq k_m, j \neq k_m) \\ r_{kk_m}^{(m)} = -r_{kk_m}^{(m-1)} / r_{k_m k_m}^{(m-1)}, & (k \neq k_m) \\ r_{k_m j}^{(m)} = r_{k_m j}^{(m-1)} / r_{k_m k_m}^{(m-1)}, & (j \neq k_m) \\ r_{k_m k_m}^{(m)} = 1 / r_{k_m k_m}^{(m-1)}, & (k = k_m, j = k_m) \end{cases} \tag{9.64}$$

经过上述变换后，引剔因子所用特性值的计算公式如下：

(1) 偏回归平方和 $Q_j^{(m)}$ 为

$$Q_j^{(m)} = \begin{cases} -V_j^{(m)} \sigma_n^2, & (j \in G^{(m)}) \\ V_j^{(m)} \sigma_n^2, & (j \in \bar{G}^{(m)}) \end{cases} \tag{9.65}$$

式中，$Q_j^{(m)}$ 为第 m 步时，x_j 的偏回归平方和；$V_j^{(m)} = V_{nj}^{(m)} r_{jn}^{(m)} / r_{jj}^{(m)}$，$(j \in G^{(m)}, j \in \bar{G}^{(m)})$；$r_{nj}^{(m)}$、$r_{jn}^{(m)}$、$r_{jj}^{(m)}$ 为第 m 步时，$R^{(m)}$ 中的元素。

(2) 第 m 步回归方程的剩余平方和 $Q^{(m)}$ 为

$$Q^{(m)} = \sigma_n^2 r_{nn}^{(m)} \tag{9.66}$$

(3) 剔除因子 x'_{k_m} 的检验。

包含在第 m 步回归方程的因子中，选择偏回归平方和最小的因子 x'_{k_m} 作为剔除对象，即

$$\left| V_{k'_m}^{(m)} \right| = \min_{j \in G^{(m)}} \left| V_j^{(m)} \right| \tag{9.67}$$

则 x'_{k_m} 的 F 统计量为

$$F_{2,k'_m} = \frac{Q_{k'_m}^{(m)}(N-m-1)}{Q^{(m)}} \tag{9.68}$$

$$F_{2,k'_m} = \left| V_{k_m}^{(m)} \right| (N-m-1) \Big/ r_{nn}^{(m)} \tag{9.69}$$

或者，当 $F_{2,k'_m} < F_2$ 时，x'_{k_m} 从回归方程中剔除；$F_{2,k'_m} \geq F_2$ 时，x'_{k_m} 不剔除。

3) 引入因子 $x_{k_{m+1}}$ 的检验

在第 m 步回归方程以外的因子中，选择对 y 作用最显著的因子，即其偏回归平方和最大的因子为

$$V_{k_{m+1}}^{(m)} = \max_{j \in \bar{G}^{(m)}} V_j^{(m)} \tag{9.70}$$

则 $x_{k_{m+1}}^{(m)}$ 的 F 统计量为

$$F_{1,k_{m+1}} = V_{k_{m+1}}^{(m)} (N-m-1) \Big/ (r_{nn}^{(m)} - V_{k_{m+1}}^{(m)}) \tag{9.71}$$

当 $F_{1,k_{m+1}} > F_1$，接纳 $x_{k_{m+1}}$ 因子；否则不接纳。

4) 第 m 步的回归系数、复相关系数和剩余标准差

第 m 步的回归方程为

$$\hat{x}_n(\hat{y}) = b_0^{(m)} + b_{k_1}^{(m)} x_{k_1} + \cdots + b_{k_m}^{(m)} x_{k_m} \tag{9.72}$$

$$\begin{cases} b_{kj}^{(m)} = r_{k_j n}^{(m)} S_{nn} \Big/ S_{k_j}, \quad (j=1,2,\cdots,m) \\ b_0^{(m)} = \bar{x}_n - \sum_{j=1}^{m} b_{k_j}^{(m)} x_{k_j}^{(m)} \end{cases} \tag{9.73}$$

复相关系数为

$$R_y^{(m)} = \sqrt{1 - r_{nn}^{(m)}} \tag{9.74}$$

剩余标准差为

$$S_y^{(m)} = S_{nn} \sqrt{r_{nn}^{(m)} \Big/ (N-m-1)} \tag{9.75}$$

9.4.3.3　逐步回归计算中的几个问题

在逐步回归分析时，经常见到下列实际问题。

1) 计算参数的选取

在逐步回归计算中，为了避免系数矩阵式(9.63)蜕化，要求 $r_{ii}^m \geqslant T_0$，T_0 为 0.0001~0.0010。当 $F_1 = F_2 = 0$ 时，相当于多元回归法，这时 T_0 选取更小一些。

在剔除、引入因子时，因子贡献显著性检验中的临界值 F_1 和 F_2，是显著性水平 α 和 Q 自由度($N-m-1$) 的函数。在逐步回归计算中，对给定的 α、F_1 和 F_2 随 m 而变化，应取不同的值。为方便计，并考虑 $N \gg m$，常将 F_1 和 F_2 取为常数，且 $F_1 > F_2$，一般为 2~4，最小可取 1 左右，最大可取 10 以上。如果希望多选预报因子进入回归方程，则 F_1 和 F_2 可取小一些，反之，F_1 和 F_2 可取大一些。

2) 回归效果的检验

得到回归方程后，要进行预报的可靠性和稳定性检验。因此，可把观测数据分为两部分，主要部分用来建立回归方程，要求观测数据的组数 n 为预报因子的 8~10 倍。少量部分不参加回归方程的计算，用作检验回归效果。当数据 n 太小时，可不用上述方法，而采用蒙特卡洛(Monte Carlo)方法进行模拟检验，以确定回归效果。

9.4.4　其他回归分析方法

1. 差值回归法

差值回归法的基本思想是尽量使各类自变量因子始终保持在相对独立的前提下进行回归计算，以避免自变量因子的相关性产生各个分量的偏差。为了达到这一目的，差值回归法采用下列步骤进行回归计算：①建立等水位时的差值回归模型。②建立剩余位移与水位相关的回归模型。采用上述方法计算工作量很大，现在常采用史赖伯法则简化差值回归计算。史赖伯法则保持了原差值回归的优点，克服了原差值回归法的最小二乘性在理论上不能证明的缺陷。

2. 加权回归法

加权回归法常用于下列情况：①观测系列的资料精度不同，将精度较高的资料赋予较大权重。②为了使某些因子保留在回归方程内，必须赋予这些因子较大权重。

3. 正交多项式回归法

当多项式的项数很多，阶数较大时，将多项式回归化为线性回归，使回归方程的因子数增大。可能出现下列两个问题：①为了改进拟合，需改变多项的形式，要重算回归系数 b_i，增加计算工作量。②化为法方程组后的系数矩阵条件数将变为原来的平方，即病态程度将大大增加，使原来非病态的问题化为法方程后变得相当病态。对第二个问题，有必要采用具有更高数值稳定性的计算方法来解决。目前，常采用正交法和镜像映射法。

9.5　监测数据统计模型的因子选择

变形和应力观测物理量是监测水工建筑物运行工况的重要参数，其中变形观测直观可靠，国内外普遍作为最主要的监测量。本节介绍混凝土坝、土石坝和地下工程等水工建筑物的变形统计模型、混凝土坝裂缝的开合度及应力的统计模型。重点放在介绍模型中因子选择的基本理论和计算公式，并用实例加以说明。

众所周知，在水压力、扬压力、泥沙压力和温度等荷载作用下，大坝任一点产生一个位移矢量 δ，可分解为水平位移 δ_x、侧向位移 δ_y 和铅直位移 δ_z，位移矢量及其分量如图 9.4 所示。

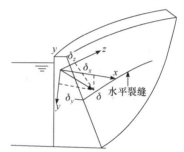

图 9.4　位移矢量及其分量示意图

按其成因，位移可分为水压分量(δ_H)、温度分量(δ_T)和时效分量(δ_θ)三个部分，即

$$\delta(\delta_x 或 \delta_y 或 \delta_z) = \delta_H + \delta_T + \delta_\theta \tag{9.76}$$

某些大坝在下游面产生较大范围的水平裂缝(图 9.4)，其对位移也有一定的影响，考虑裂缝的影响，需要附加裂缝位移分量(δ_J)，那么式(9.76)变换为

$$\delta(\delta_x 或 \delta_y 或 \delta_z) = \delta_H + \delta_T + \delta_\theta + \delta_J \tag{9.77}$$

本节介绍上述各个分量中因子选择的基本理论和公式，并根据观测设备埋设情况，提出因子选择的原则。从式(9.76)或式(9.77)看出，任一位移矢量的各个分量 δ_x、δ_y、δ_z 具有相同的因子，因此重点研究 δ_z(以下简称"δ")的因子选择。

9.5.1　统计模型的水压分量因子选择

在水压作用下，大坝任一观测点产生水平位移(δ_H)，它由 δ_{1H}、δ_{2H}、δ_{3H} 三部分组成(图 9.5)。

静水压力作用在坝体上产生的内力使坝体变形引起位移 δ_{1H}；在地基面上产生的内力使地基变形引起位移 δ_{2H}；以及库水重作用使地基面转动引起位移 δ_{3H}，即

$$\delta_H = \delta_{1H} + \delta_{2H} + \delta_{3H} \tag{9.78}$$

下面按不同坝型，分别讨论 δ_{1H}、δ_{2H}、δ_{3H} 的计算。

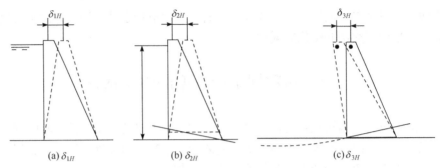

(a) δ_{1H} (b) δ_{2H} (c) δ_{3H}

图 9.5 δ_H 的三个分量 δ_{1H}、δ_{2H}、δ_{3H}

9.5.1.1 重力坝

静水压力依靠悬臂梁传给地基。因此，作用在梁上的荷载 $P = \gamma H$（即 P 与 H 呈线性分布），δ_{1H}、δ_{2H}、δ_{3H} 的计算简图见图 9.6。

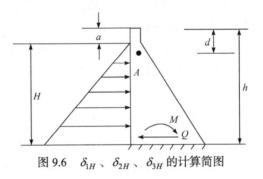

图 9.6 δ_{1H}、δ_{2H}、δ_{3H} 的计算简图

1. δ_{1H}、δ_{2H} 的计算公式

为简化计算，将坝剖面简化为上游铅直的三角形楔形体。在静水压力作用下，坝体和地基面上分别产生内力（M、Q），引起大坝和地基变形，使观测点 A 产生位移。由工程力学推得

$$
\begin{aligned}
\delta_{1H} = \frac{\gamma_0}{E_c m^3} &\left[(h-d)^2 + 6(h-H)\left(d\ln\frac{h}{d} + d - h \right) \right.\\
&\left. + 6(h-H)^2 \left(\frac{d}{h} - 1 + \ln\frac{h}{d} \right) - \frac{(h-H)^3}{h^2 d}(h-d)^2 \right] \\
&+ \frac{\gamma_0}{G_c m}\left[\frac{h^2 - d^2}{4} - (h-H)(h-d) + \frac{(h-H)^2}{2}\ln\frac{h}{d} \right]
\end{aligned}
\tag{9.79}
$$

$$
\delta_{2H} = \left[\frac{3(1-\mu_r^2)\gamma_0}{\pi E_r m^2 h^2}H^3 + \frac{(1+\mu_r)(1-2\mu_r)\gamma_0}{2E_r m h}H^2 \right](h-d)
\tag{9.80}
$$

式中，h 为坝高；$h-H$ 为坝顶超高，记作 a；m 为下游坝坡坡度；d 为观测点离坝顶的距离；E_c、G_c 为坝体混凝土的弹性模量和剪切模量；E_r、μ_r 为地基的变形模量和泊松比；γ_0 为水的容重。

在式(9.79)、式(9.80)中，对于长期运行的水库，可找出 $a(a=h-H)$ 的均值（或 h/a 的均值）。因此，将 $\ln(h/a)$（或 $\dfrac{h}{h-H}$）视为常数；同时，对特定的观测点，$h-d$ 也为常数。因此，δ_{1H} 与 H、H^2、H^3 呈线性关系，δ_{2H} 与 H^2、H^3 呈线性关系。

2. δ_{3H} 的计算公式

上游库水重引起库区变形，使任一观测点产生水平位移 δ_{3H} [图 9.5(c)]。严格地讲，推导库水重引起的位移 δ_{3H} 十分复杂，由于库区的实际地形、地质都十分复杂。为简化起见，基本满足分析要求作下列假设：库底水平，水库等宽(图 9.7)。库盘变形引起的位移主要受靠近大坝处地基变形的影响，这部分的水库可近似视为库底水平和水库等宽。

在上述假设下，可按无限弹性体表面作用均匀荷载 $q=\gamma_0 H$，求得坝踵处坝基面的转角 α，如图 9.7(a)所示：

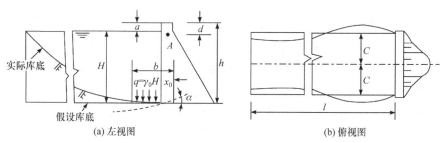

(a) 左视图　　　　　　　　　　　　(b) 俯视图

图 9.7　δ_{3H} 的计算简图

$$\alpha' = \frac{2(1-\mu_r^2)q}{\pi E_r}\left[\ln\frac{C_0+\sqrt{C_0^2+1}}{C_l+\sqrt{C_l^2+1}} + \frac{C_l}{C_b-C_l}\ln\frac{C_b+\sqrt{C_b^2+1}}{C_l+\sqrt{C_l^2+1}}\right.$$
$$\left. +C_b\left(\ln\frac{1+\sqrt{C_b^2+1}}{1+\sqrt{C_l^2+1}}-\ln\frac{C_b}{C_l}\right)\right] \tag{9.81}$$

式中，l 为水库长度；C 为 1/2 水库宽度；$C_b=C/b$；$C_l=C/l$；$C_0=C/x_0$；$q=\gamma_0 H$；b 为库底平坡与变坡转折点的坐标；x_0 为大坝形心 O 至上游坝面距离。

当水库长度(l)很长，则 $C_l\to 0$，因此式(9.81)可化为

$$\alpha' = \frac{2(1-\mu_r^2)q}{\pi E_r}\ln(C_0+\sqrt{C_0^2+1}) \tag{9.82}$$

若考虑库区基岩渗流水的作用，则存在渗流体力。因此，转角的修正系数为

$$\alpha'' = \frac{1+\mu_r}{2(1-\mu^2)} = \frac{1}{2(1-\mu_r)} \tag{9.83}$$

坝踵处的转角为

$$\alpha = \alpha' \cdot \alpha'' = \frac{(1+\mu_r)q}{\pi E_r} \ln(C_0 + \sqrt{C_0^2 + 1}) \tag{9.84}$$

则库基变形产生转角使坝体任一点的水平位移为

$$\delta_{3H} = \alpha(h-d) = \frac{\gamma_0(1+\mu_r)H}{\pi E_r} \ln(C_0 + \sqrt{C_0^2 + 1})(h-d) \tag{9.85}$$

从式(9.85)看出，δ_{3H} 及 α 与 H 成正比。

3. 水压分量 δ_H 的表达式

通过上面分析，重力坝上任一观测点，由静水压力作用产生的水平位移 δ_H $(\delta_H = \delta_{1H} + \delta_{2H} + \delta_{3H})$ 与水深 H、H^2 和 H^3 呈线性关系，即

$$\delta_H = \sum_{i=1}^{3} \alpha_i H_i \tag{9.86}$$

4. 扬压力和泥沙压力对位移的影响

扬压力为上浮力，使坝体产生弯矩并减轻自重，从而使坝体产生变形；泥沙压力则加大坝体的压力和库底压重，也使坝体产生变形。两者对位移的影响如下。

(1) 扬压力的影响。坝基渗透压力可简化为上游 $0.5\Delta H$ ($\Delta H = H_1 - H_2$)，下游为 0；浮托力在坝基面上均匀作用 H_2。坝体扬压力在上游为水深$(y-a)$，在排水管处为 0。δ_{fH}、δ_{bH} 的计算简图见图 9.8。

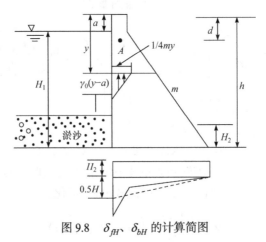

图 9.8　δ_{fH}、δ_{bH} 的计算简图

用工程力学法可推得坝基扬压力引起观测点 A 的水平位移 δ_{fH} 为

$$\delta_{fH} = \frac{6h\Delta H_2}{E_c m}\int_0^{h-d}\frac{1}{y^3}(h-y)(y-d)\mathrm{d}y + \frac{h\Delta H}{2mE_c}\int_0^{h-d}(2h-3y)(y-d)\mathrm{d}y$$

$$= \frac{6h\Delta H_2}{E_c m}f_1(h,d) + \frac{h\Delta H}{2mE_c}f_2(h,d) \tag{9.87}$$

同理，推得坝身扬压力引起观测点 A 的水平位移 δ_{bH} 为

$$\delta_{bH} = \frac{5\Delta H^2}{16E_c m}f_3(h,d) \tag{9.88}$$

从式(9.87)看出，坝基扬压力引起观测点 A 的水平位移与上下游水位差 ΔH、下游水深 H_2 呈线性关系。同时，考虑上游水位是动态的，扬压力要滞后于库水位。因此，有些工程(如某重力拱坝)，采用位移观测时的库水位与观测前 j 天的平均库水位之差($\Delta\overline{H}_j$)作为因子：

$$\delta_H = a\Delta\overline{H}_j \tag{9.89}$$

从式(9.88)看出，坝身扬压力引起观测点 A 的水平位移与上下游水位差平方 ΔH^2 呈线性关系。同时，考虑上游水位的动态变化，扬压力要滞后于库水位，有些工程采用位移观测时的库水位与观测前 j 天的平均库水位之差($\Delta\overline{H}_j$)的平方作为因子：

$$\delta_H = a\left(\Delta\overline{H}_j\right)^2 \tag{9.90}$$

(2) 泥沙压力的影响。在多沙河流中修建水库，坝前逐年淤积，加大坝体的压力和库底压重。在未稳定前，一方面逐年淤高；另一方面因淤沙固结，使内摩擦角加大，减小侧压系数。因此，泥沙压力对 δ 的影响十分复杂。在缺乏泥沙淤积资料和泥沙容重时，此项无法用确定性函数法选择因子。为简化计算，可由时效因子体现泥沙对位移的影响，不另选因子。

9.5.1.2　拱坝和连拱坝

1. 梁或支墩的分配荷载

由于拱坝中水平拱和悬臂梁的两向作用，水压力分配在梁上的荷载(P_c)呈非线性变化。同样，由于连拱坝拱筒的两向作用，有少部分荷载通过拱筒的梁向作用传给地基，大部分由拱筒传给支墩，该部分荷载(P_c)呈非线性变化。拱坝和支墩的分配荷载如图 9.9 所示。因此，P_c 通常用 H 的 2 次或 3 次式表达：

$$P_c = \sum_{i=1}^{2}a_i'H^i \text{或} P_c = \sum_{i=1}^{3}a_i'H^i \tag{9.91}$$

2. 水压分量的表达式

P_c 与 H 呈二次或三次曲线关系，因此与分析重力坝的原理相同，推得 δ_{1H} 分

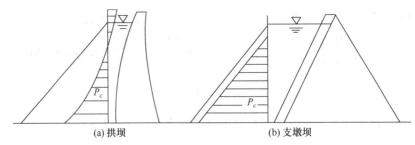

(a) 拱坝　　　　　　　　　　　　　(b) 支墩坝

图 9.9　拱坝和支墩的分配荷载方式

别与 H、H^2、H^3、H^4(或 H^5)，δ_{2H} 分别与 H^2、H^3、H^4(或 H^5)呈线性关系，δ_{3H} 与 H 呈线性关系，通式为

$$\delta_H = \sum_{i=1}^{4} a_i H^i \text{ 或 } \delta_H = \sum_{i=1}^{5} a_i H^i \tag{9.92}$$

3. 其他因素的影响

(1) 扬压力：拱坝和连拱坝的扬压力对位移影响较小，一般不考虑。若需考虑，其计算公式同重力坝。

(2) 泥沙压力：泥沙压力的分析和处理同重力坝泥沙压力处理方法。

(3) 坝体变形重调整的影响：拱坝在持续荷载作用下，坝体应力重分布产生可恢复的调整变形。根据石门拱坝的分析成果，选择测值前的月平均水深(H_1)作为因子，即

$$\delta_{4H} = \sum_{i=1}^{3} a_i H_1^i \tag{9.93}$$

综上所述，δ_H 的数字表达式可归纳为表 9.1。

表 9.1　δ_H 的数字表达式

坝型	静水压力	坝基扬压力	坝身扬压力
重力坝	$\sum_{i=1}^{3} a_{2i} H^i$	$a_f \Delta \overline{H_j}$	$a_b (\Delta \overline{H_j})^2$
拱坝	$\sum_{i=1}^{4} a_{1i} H^i + \sum_{i=1}^{3} a_{2i} H^i$ 或 $\sum_{i=1}^{5} a_{1i} H^i + \sum_{i=1}^{3} a_{2i} H^i$	$a_f \Delta \overline{H_j}$	$a_b (\Delta \overline{H_j})^2$

9.5.2　统计模型的其他因子选择

1. 温度位移分量的因子选择

温度位移分量(δ_T)是坝体混凝土和基岩温度变化引起的位移。因此，从力学观点分析，δ_T 应选择坝体混凝土和基岩的温度计测值作为因子。温度计的布设一

般有下列两种情况：①坝体和基岩布设足够数量的内部温度计，其测值可以反映温度场；②坝体和基岩没有布设温度计或极少量的温度计，有气温和水温等边界温度计。

2. 时效分量的因子选择

大坝产生时效分量的原因复杂，它综合反映坝体混凝土和基岩的徐变、塑性变形及基岩地质构造的压缩变形，同时包括坝体裂缝引起的不可逆位移及自身体积变形。一般正常运行的大坝，时效位移的变化规律为初期急剧变化，后期逐渐趋于稳定。

3. 坝体裂缝因子的选择

不少大坝运行多年后，出现较多的裂缝。这些裂缝在一定程度上改变了大坝的结构形态，其中一部分产生时效位移(包含在时效位移中)。另外，有些裂缝(如纵缝和水平缝)的开合度随外荷(水压和温度)有规律的变化，这些变化直接影响大坝的位移。为反映裂缝张开或闭合对位移的影响，可选用测缝计的开合度测值作为因子，即

$$\delta = \sum_{i=1}^{m_4} d_i j_i \tag{9.94}$$

式中，d_i 为系数；j_i 为各测缝计的开合度；其中水平位移(δ_x)、侧向位移(δ_y)和铅直位移(δ_z)分别用 x、y、z 向的开合度测值。

9.6　监测数据的其他分析模型

9.5 节的统计模型属于经验模型，存在下列问题：①当观测资料不包括荷载(如水位、温度等)发生的极值或观测资料系列较短，这些资料建立的数学模型将难以用于监测。②模型主要依靠数学处理，没有较好地联系大坝和地基的结构性态。因此，对大坝的工作性态不能从力学概念上进行本质解释。③受随机因素影响，模型的外延预报时间较短，精度较低(吴中如，2003)。针对上述问题，发展了确定性模型和混合模型，以及模糊数学模型、灰色系统理论模型、时间序列模型、神经网络模型等新型智能算法模型。

确定性是结合大坝和地基的实际工作性态，先采用有限元方法计算水压、变温等荷载作用下大坝和地基的效应量(如位移、应力或渗流)，然后与实测值进行优化拟合，求得调整参数，解决由于大坝、坝基等材料物理力学参数、渗流参数及边界条件等不确定性带来的差距。在此基础上，建立确定性模型，实现对未经

历荷载下大坝效应量的预测预报。混合模型的特征是水压分量采用有限元计算，其他分量仍用统计模式，然后与实测值进行优化拟合建立的模型。因此，建立确定性模型和混合模型的核心是采用有限元法计算荷载作用下的效应量，并研究计算效应量与实测值的拟合问题(吴中如等，2016)。

1982 年，华中理工大学邓聚龙教授首先提出了灰色系统的概念，并建立了灰色系统理论。之后，灰色系统理论得到较深入的研究，并在许多方面获得了成功应用。灰色系统理论是以系统分析、建模、预测、决策、控制、评估为纲的技术体系，其中 GM(1,1)模型是灰色系统预测中较常用、较成熟的一种模型。GM(1,1)模型的主要算法如下。

若有变量 $x^{(0)} = \left\{ x^{(0)}(1), x^{(0)}(2), \cdots, x^{(0)}(n) \right\}$ ，则其相应的微分模型为

$$\frac{\mathrm{d}x^{(1)}}{\mathrm{d}t} + ax^{(1)} = u \tag{9.95}$$

模型中只包括一个变量，具有独立性，因此式(9.95)中 u 是内生变量，是待辨识参数，有待辨识参数 $\vec{a}$ 为

$$\vec{a} = \begin{bmatrix} a \\ u \end{bmatrix} \tag{9.96}$$

将 u 作为内生变量后，上述一阶微分方程仅是 $\dfrac{\mathrm{d}x}{\mathrm{d}t}$ 与背景量 τ 的线性组合，即

$$a^{(1)} \left[x^{(1)}(k+1) \right] a\tau^{(1)}(k+1) = u \tag{9.97}$$

令

$$a^{(1)} \left[x^{(1)}(k+1) \right] = x^{(0)}(k+1) \tag{9.98}$$

$$a\tau^{(1)}(k+1) = \frac{1}{2} \left[x^{(1)}(k) + x^{(1)}(k+1) \right] \tag{9.99}$$

$$y_N = \begin{bmatrix} x^{(0)}(2) \\ x^{(0)}(3) \\ \vdots \\ x^{(0)}(n) \end{bmatrix}, \quad \tau = \begin{bmatrix} -\frac{1}{2} \left[x^{(1)}(1) + x^{(2)}(2) \right] \\ -\frac{1}{2} \left[x^{(1)}(2) + x^{(2)}(3) \right] \\ \vdots \\ -\frac{1}{2} \left[x^{(1)}(n-1) + x^{(2)}(n) \right] \end{bmatrix}, \quad E = \begin{bmatrix} 1 \\ 1 \\ \vdots \\ 1 \end{bmatrix} \tag{9.100}$$

$$\begin{cases} k=1, x^{(0)}(2) = a\left\{-\dfrac{1}{2}\Big[x^{(1)}(1)+x^{(2)}(2)\Big]\right\}+u \\[3mm] k=2, x^{(0)}(3) = a\left\{-\dfrac{1}{2}\Big[x^{(1)}(2)+x^{(1)}(3)\Big]\right\}+u \\[2mm] \qquad\qquad\vdots \\[2mm] k=n-1, x^{(0)}(n) = a\left\{-\dfrac{1}{2}\Big[x^{(1)}(n-1)+x^{(1)}(n)\Big]\right\}+u \end{cases} \qquad (9.101)$$

$$y_N = a\tau + uE = \big[\tau : \mathrm{E}\big]\begin{bmatrix} a \\ u \end{bmatrix} = \big[\tau : \mathrm{E}\big]\vec{a} \qquad (9.102)$$

根据最小二乘法，有

$$\vec{a} = \big(B^{\mathrm{T}}B\big)^{-1}B^{\mathrm{T}}y_N \qquad (9.103)$$

监测数据分析模型是定量分析监测数据变化、成因的数学方法，随着人工智能等基础数学理论的不断发展与进步，其基础理论、分析方法、计算结果将得到进一步提升。作为后续拟定大坝安全监控指标、实现大坝安全监测预警预报的基础性工作，安全监测数据定量分析模型对大坝安全监测工作至关重要。

第 10 章 安全监控指标拟定与预警预报

科学合理地拟定安全监控指标是综合分析和评价大坝等水工建筑物安全性态的重要手段之一，对准确识别险情、保障大坝安全具有重要意义。安全监控指标拟定的主要任务是根据大坝等水工建筑物已经抵御和经历荷载的能力，评估与预测抵御可能发生荷载的能力，从而确定某种荷载组合工况下监测效应量的安全界限。安全监控指标拟定是一个相当复杂的问题，需要根据大坝等水工建筑物的结构特性及监测数据特征，同时结合各座水库大坝的具体特点，采用各种方法深入分析论证，拟定变形、渗流、应力应变等项目的安全监控指标，实现对大坝等水工建筑物的安全监控与预警预报(Ma et al., 2020a)。

常见的监控指标有变形、渗流、应力应变、扬压力。根据国内外大坝安全监测领域几十年来的实践经验，变形和渗流监测是大坝长期安全监测的重要监测项目，而应力应变一般只作为控制性部位施工期和蓄水期的短期监测项目。同时，应力、扬压力及渗流可采用设计规范或设计单位的拟定值。本章以混凝土坝变形监控指标拟定为例，介绍数理统计法、极限状态法和结构计算分析法及其他安全监控指标拟定方法的应用成果(雷鹏，2008)。

10.1 混凝土坝的变形过程及转异特征

在多因素协同作用下，混凝土坝结构性态是受材料与结构交互影响的非线性动态演化过程，变形作为真实、直观、准确反映混凝土坝安全性态的典型物理量之一，可以作为结构性态发生趋势性变化甚至发生转异的重要指标。因此，开展混凝土坝变形转异特征研究，既是深度探析混凝土坝变形演化作用机理的基础，也是进行混凝土坝变形安全监控指标拟定的重要依据(Yang et al.,2019)。

1. 重力坝变形过程分析

大量的实测与试验资料成果表明，重力坝的变形过程及转异特征见图 10.1，主要分为线弹性工作阶段、屈服变形阶段和破坏阶段三个阶段。在线弹性工作阶段(图 10.1 的 OA 段)作用在坝上的荷载由 0 增至 P_a，坝中任一部位的应力均未超过材料的比例极限强度，坝踵区处于受压状态。此时，大坝总体上处于弹性工作阶段，σ-δ 及 P-δ 基本呈线性，该阶段大坝处于一级监控。在屈服变形阶段(图 10.1 的 AB 段)，随着荷载 P 的增加，下游区压应力增加，坝体部分区域出现压剪屈服，压碎破坏等,结构的变形显著增加,荷载与位移呈非线性。根据重力坝的工作特点,上游不允许出现裂缝,大坝处于弹塑性工作状态,该阶段大坝处于二级监控。破坏阶段(图 10.1 的 BC 段),实际运行的大坝决不允许出现该状况,该阶段大坝变形急剧增加,大坝出现开裂,屈服区、压碎区也急剧扩展,发生大变形。处于 C 点时,大坝将丧失继续承载的能力。破坏阶段大坝处于三级监控。

2. 拱坝变形过程分析

由于拱坝是一个超静定结构,其变形过程及转异特征比重力坝更复杂,其过程可分线弹性工作阶段、准线弹性工作阶段、屈服变形阶段和破坏阶段四个阶段,见图 10.2。在线弹性工作阶段(图 10.2 的 OA 段),大坝内任意一点的应力均未超过材料的比例极限强度,坝体处于完全弹性工作阶段。在准线弹性工作阶段(图 10.2 的 AB 段),上游坝踵区部分开裂,应力重新调整,下游区压应力增加;当荷载达到 P_b 时,坝趾区压应力达到比例强度,P 与 δ 关系基本维持在线弹性范围内,该阶段称为准线弹性工作阶段。因此,将 OA、AB 段合称为一级监控。在屈服变形阶段(图 10.2 的 BC 段),随 P 的增加,裂缝区扩展,下游区压应力增加,进入屈服状态,结构的变形有较大的增加,P 与 δ 关系开始呈非线性,大坝为弹塑性状态,处于二级监控。破坏阶段(图 10.2 的 CD 段),实际工程中该阶段决不允许发生,该阶段随着 P 的增加,δ 急剧增长,开裂范围广泛扩展,屈服区、压毁区也急剧扩大,大坝呈大变形状态。达到 D 处时,大坝失去继续承载能力,完全破坏,整个破坏阶段属三级监控(吴中如等,2000)。

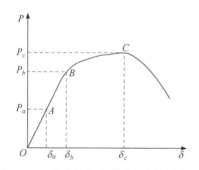

图 10.1　重力坝的变形过程及转异特征

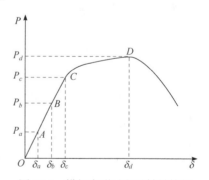

图 10.2　拱坝变形过程及转异特征

10.2　监控指标的拟定准则

监控指标对于大坝的安全监控至关重要,是安全监控中的一个难点。实际工程结构复杂、影响因子多,其监控指标很难确定,对不同的效应量、坝体部位和时间段均需要制定不同的监控指标,且监控指标还要受历史监测数据和预测精度的影响。因此，确定一个合适的监控指标十分困难，需要开展深入的研究。

根据大坝安全准则，大坝等水工建筑物结构的功能状态一般可用功能函数表示，即

$$Z = R - S \tag{10.1}$$

式中，R 为结构的抗力；S 为临界荷载组合的总效应。

若 R 为设计允许值(即有一定的安全度)或大坝运行规律允许变化范围的值，则满足式(10.1)的荷载组合产生的各监测效应量(如变形、渗流、应力应变、扬压力等)是警戒值。若 R 为极限值，则满足式(10.1)的荷载组合产生的各监测效应量是极值。

拟定安全监控指标时，应以原位观测资料为依据，用稳定、强度和抗裂作为控制条件的不同荷载组合估计，采用这些原理和方法可拟定大坝的监控指标及其运行控制水位。由上述分析可知，混凝土大坝的结构性质可分为线弹性、弹塑性和失稳破坏(在大坝运行中决不允许出现)三个阶段，因此其对应的监控指标也可分为一级、二级、三级。本节以建立坝体变形监控指标为例，分别介绍各级监控指标和拟定准则。

1. 一级监控指标

根据国内外大量工程实例分析，在拟定一级监控指标时，大坝及基岩一般呈黏弹性工作状态，此时大坝应满足设计工况下的强度和稳定条件，则变形一级监控指标为(吴相豪等，2004)

$$\delta_1 = F\left(\sigma_{ct} \leqslant [\sigma]_c, \sigma_{st} \leqslant [\sigma]_s, K = \frac{R}{S} \geqslant [K] \right) \tag{10.2}$$

式中，$[\sigma]_c$、$[\sigma]_s$ 分别为容许拉应力、压应力；σ_{ct}、σ_{st} 分别为实际的拉应力、压应力；K 为实际的稳定安全系数；$[K]$ 为容许的安全系数。式中的 σ_{ct}、σ_{st} 为强度条件，K 为稳定条件。

在计算抗滑力 R 时，凝聚力 c 和摩擦系数 f 取现场试验峰值的小值平均值，并由专家确定。计算滑动力 S 时，荷载组合采用设计荷载组合工况。

2. 二级监控指标

当坝体局部出现塑性状态时，大坝进入二级监控状态，拟定变形监控指标时大坝应满足：

强度条件为

$$\sigma_{ct} \leqslant \sigma_c, \quad \sigma_{st} \leqslant \sigma_s \tag{10.3}$$

稳定条件为

$$R \geqslant S \tag{10.4}$$

抗裂条件为

$$K_c \geqslant K_\sigma \tag{10.5}$$

根据以上约束条件，则二级变形监控指标为

$$\delta_2 = F(\sigma_{ct} \leqslant \sigma_c, \sigma_{st} \leqslant \sigma_s, R \geqslant S, K_c \geqslant K_\sigma) \tag{10.6}$$

式中，σ_c、σ_s 分别为拉应力、压应力屈服强度；K_σ 为应力强度因子；K_c 为断裂韧度。

在计算抗滑力 R 时，凝聚力 c 和摩擦系数 f 选用野外试验的屈服值，并由专家确定。计算滑动力 S 时，荷载组合采用大坝运行过程中的最不利荷载组合工况。

3. 三级监控指标

当坝体承受极限荷载、处于临界破坏状态时，大坝处于三级监控状态。在拟定变形三级监控指标时，大坝应满足下列条件：

强度条件为

$$\sigma_{ct} \leqslant \sigma_c', \quad \sigma_{st} \leqslant \sigma_s' \tag{10.7}$$

稳定条件为

$$R \geqslant S \tag{10.8}$$

根据以上约束条件，则三级变形监控指标为

$$\delta_3 = F(\sigma_{ct} \leqslant \sigma_c, \sigma_{st} \leqslant \sigma_s, R \geqslant S) \tag{10.9}$$

式中，σ_c'、σ_s' 分别为极限抗拉强度、抗压强度。

在计算抗滑力 R 时，凝聚力 c 和摩擦系数 f 选用野外试验的屈服值，并由专家确定。计算滑动力 S 时，荷载组合采用大坝运行过程中的最不利荷载组合工况。

10.3　监控指标拟定与预警预报方法

本节主要介绍目前常用的监控指标拟定与预警预报方法，包括置信区间法、典型监控效应量的小概率法、极限状态法、结构计算分析法等，并简要介绍了其他安全监控指标拟定方法的应用成果。

10.3.1　数理统计法

1. 置信区间法

置信区间法，又称置信区间估计法，是指运用统计方法或有限元方法，根据历年的观测资料，建立荷载与监测效应量之间的数学模型，计算不利荷载作用范围下的监控指标。置信区间法比较简单，是国内外普遍采用的一种数学方法(胡曌，

2019)。

该法的基本思路是根据以往的观测资料，用统计理论(如回归分析等)或有限元计算，建立监测效应量与荷载之间数学模型(统计模型、确定性模型或混合模型等)，用这些模型计算各种荷载作用下监测效应量 $\hat{y}$ 与其实测值 y 的差值 $(\hat{y}-y)$，该值有 $100(1-\alpha)\%$ (其中 α 为置信水平)的概率落在置信带($\Delta=\beta\sigma$，其中 σ 为监测效应量 $\hat{y}$ 与其实测值 y 的差值序列标准差)范围之内，而且测值过程无明显趋势性变化，则认为大坝运行正常，反之大坝运行异常。此时，相应的监测效应量的监控指标 δ_m 为

$$\delta_m = \hat{y} \pm \Delta \tag{10.10}$$

置信区间法操作简单，易于掌握。但存在如下缺点：①如果大坝没有遭遇最不利荷载组合，或资料系列很短，则以往监测效应量 y 的资料系列中，并不包含最不利荷载组合时的监测效应量，显然用这些资料建立的数学模型只能用于预测大坝遭遇荷载范围内的效应量，不一定是警戒值。同时，资料系列不同，分析计算结果的标准差 σ 也不相同；α 取值不同，β 也不相同，使置信区间 $\Delta=\beta\sigma$ 具有一定任意性。②没有联系大坝失事的原因和机理，物理概念不明确。③没有联系大坝的重要性(等级与级别)。④如果标准差较大，由该法定出的监控指标可能超过大坝监测效应量的真正极值。

2. 典型监测效应量的小概率法

典型监控效应量的小概率法是指根据大坝的坝型和大坝实际情况，选择变形监控模型中的各个荷载分量或不利荷载组合时的监测效应量。用统计数学中的 A-D 检验法或 K-S 检验法，估计样本空间的特征值，分布检验样本空间，得到其概率密度函数的分布函数。然后依靠经验确定失事概率，求得相应水平的监控指标。

在以往实测资料中，根据不同坝型和各座坝的具体情况，选不利荷载组合时的监测效应量 $\hat{y}_{mn}$ 或它们数学模型中的各个荷载分量(即典型监测效应量)。由此得到一组样本：

$$y = \{\hat{y}_{m1}, \hat{y}_{m2}, \cdots, \hat{y}_{mn}\} \tag{10.11}$$

一般 y 是一个小子样样本空间，用小子样统计检验方法对其进行分布检验，确定其概率密度函数 $f(y)$ 的分布函数 $F(y)$ (如正态分布、对数正态分布和极值 I 型分布等)。

$$\bar{y} = \frac{1}{n} \sum_{i=1}^{n} \hat{y}_{mi} \tag{10.12}$$

$$\sigma_E = \sqrt{\frac{1}{n-1} \left| \sum_{i=1}^{n} \hat{y}_{mi}^2 - n\bar{y}^2 \right|} \tag{10.13}$$

令 y_m 为监测效应量或某一荷载分布的极值。当 $y > y_m$ 时，大坝将失事，其概率为

$$P(y > y_m) = P_\alpha = \int_{y_m}^{+\infty} f(y)\mathrm{d}y \qquad (10.14)$$

求出 y_m 的分布函数后，估计 y_m 的主要问题是确定失事概率 P_α 可根据大坝重要性确定。确定 α 之后，由分布函数直接求出 y_m。如果 y_m 是监测效应量的各个分量，那么将各个分量叠加才是极值。

典型监控效应量的小概率法具有以下特点：①该法定性联系了对强度和稳定不利的荷载组合产生的效应量，并根据以往观测资料估计监控指标，显然比置信区间法有较大的改善。②当有长期观测资料，并真正遭遇较为不利荷载组合时，该法估计的 y_m 才接近极值。否则，只是现行荷载条件下的极值。③确定失事概率 α 还没有规范，α 的选择有一定的经验性。因此，估计的 y_m 不一定是真实的极值。④该法没有定量联系强度和稳定控制条件。

10.3.2　极限状态法

极限状态法是指考虑大坝的失事模式，在大坝强度、稳定等形式破坏下，用极限平衡条件下的安全系数法或阶矩极限状态法估计监控指标。由最不利荷载组合下的水压、温度分量，以及时效产生的影响来确定变形监控指标(雷鹏，2008)。

每一种失事模式对应于相应的荷载组合，失事主要归结为强度和稳定等形式的破坏，其极限方程为

$$R - S \geqslant 0 \qquad (10.15)$$

根据 S 和 R 计算方法的不同，用极限平衡条件估计监控指标的方法可归纳为安全系数法、一阶矩极限状态法和二阶矩极限状态法。

1. 安全系数法

在式(10.15)中，抗力 R 采用允许抗力(即允许应力、允许抗滑力和允许扬压力等)，计算抗力的物理力学参数用一阶矩确定(即均值)。荷载效应 S 用最不利荷载组合时各个荷载的一阶矩(均值)计算。因此，该方法的平衡条件为

$$\frac{\bar{R}}{K} - \bar{S} = 0 \Rightarrow [\bar{R}] \sim \bar{S} = 0 \qquad (10.16)$$

式中，$\bar{R}$、$[\bar{R}]$ 分别为抗力的均值和允许抗力，计算所用的物理力学参数由试验资料用一阶矩确定或由原型观测资料反演求得；K 为安全系数，可参考有关规范确定；$\bar{S}$ 为最不利荷载组合时的荷载效应均值，用监测效应量的数学模型(统计模型、混合模型和确定性模型)求出该监测效应量的监控指标。

2. 一阶矩极限状态法

抗力 R 和荷载效应量 S 的确定基本同于安全系数法，其不同之处为抗力不用允许抗力，其极限状态方程为

$$\bar{R} - \bar{S} = 0 \tag{10.17}$$

式中，$\bar{R}$ 为抗力均值，如极限抗拉强度、抗压强度和抗剪强度等；$\bar{S}$ 为荷载效应量均值。

由式(10.17)可求得满足该式的最不利荷载组合，代入监测效应量的数学模型，即可求得该监测效应量的监控指标。

3. 二阶矩极限状态法

如果抗力 R 和荷载效应 S 均为随机变量，根据原型观测资料或试验资料，可求得它们的概率密度函数 $f(R)$、$f(S)$ 及其特征值 $(\bar{R}, \bar{S})$、标准差 (σ_R, σ_S)。结合极限状态方程及失效概率 P_α，用可靠度理论，可求得最不利荷载组合时的各种荷载，然后应用监测效应量的数学模型，可求出监控指标。失效概率可根据大坝或被监测对象的重要性而定。

应用极限状态法拟定监控指标时，要对结构性态进行计算分析，一般采用有限元方法对大坝进行数值计算，并根据大坝处于弹性、弹塑性和极限荷载等不同状态，将大坝变形分成三个监控级别进行分析，确定相应的监控指标。

极限状态法的特点：①该法考虑了大坝的物理特性，可以模拟水压分量、温度分量及时效分量，是一种比较好的方法。②需要大坝和坝基各种力学参数的试验资料。③对大坝极限状态的选取较为困难。因此，这种方法在运用上还存在很大的困难。

10.3.3　结构计算分析法

结构计算分析法是利用有限元法对大坝进行数值分析，对大坝及坝基的真实受力状态进行模拟。模拟大坝受到荷载作用下，大坝及坝基由弹性到弹塑性直到弹黏塑性的应力变形状态，完成各个阶段的变形监控指标拟定。由于结构计算分析法物理意义明确，可以根据重力坝的转异特征采用相应的有限元模型，且能够评估和预测其抵御可能发生荷载的能力，因此得到广泛应用(李尚者等，2017)。

10.3.3.1　一级监控指标的拟定

当混凝土坝处于一级监控状态时，其变形处于黏弹性阶段，为了反映混凝土和岩基的黏性流变，有限元采用三维黏弹性的伯格斯模型，伯格斯模型见图 10.3。该模型由开尔文模型和麦克斯韦模型串联而成。

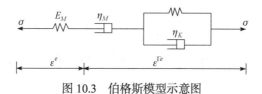

图 10.3　伯格斯模型示意图

从图 10.3 中可看出，总应变由弹性应变 ε^e 与黏性应变 $\varepsilon^{\Gamma e}$ 组成，前者反映了混凝土和岩基的瞬时弹性变形，后者反映了随时间变化的时效变形，其中弹性变形比较容易求得。这里主要研究时效变形，模型中的时效变形可分为两部分：开尔文模型的黏性应变和麦克斯韦模型的黏性应变(吴中如等，1997)。伯格斯模型在 t 时刻的黏性应变为

$$
\left\{\varepsilon^{\Gamma e}\right\}_t = \exp\left(-\frac{E_K}{\eta_K}\Delta t\right)\left\{\varepsilon_K^{\Gamma}\right\}_{t_0} + \frac{1}{E_K}[C]\{\sigma\}\left[1-\exp\left(-\frac{E_K}{\eta_K}\Delta t\right)\right]
$$
$$
+ \left\{\varepsilon_M^{\Gamma}\right\}_{t_0} + \frac{1}{\eta_M}[C]\{\sigma\}\Delta t \tag{10.18}
$$

$$
[C] = \begin{bmatrix}
1 & -\mu & -\mu & 0 & 0 & 0 \\
-\mu & 1 & -\mu & 0 & 0 & 0 \\
-\mu & -\mu & 1 & 0 & 0 & 0 \\
0 & 0 & 0 & 2(1+\mu) & 0 & 0 \\
0 & 0 & 0 & 0 & 2(1+\mu) & 0 \\
0 & 0 & 0 & 0 & 0 & 2(1+\mu)
\end{bmatrix} \tag{10.19}
$$

$\left\{\varepsilon_M^{\Gamma}\right\}_{t_0}$、$\left\{\varepsilon_K^{\Gamma}\right\}_{t_0}$ 分别为 t_0 时刻开尔文模型与麦克斯韦模型的黏性应变。因此，在 Δt 时间内，该模型的黏性应变增量为

$$
\left\{\varepsilon^{\Gamma}\right\}_t = \left[1-\exp\left(-\frac{E_K}{\eta_K}\Delta t\right)\right]\left(\frac{1}{E_K}[C]\{\sigma\} - \left\{\varepsilon_K^{\Gamma}\right\}_{t_0}\right) + \frac{\Delta t}{\eta_M}[C]\{\sigma\} \tag{10.20}
$$

式中，η_M 为对应开尔文模型的黏性系数；E_K、η_K 分别为对应麦克斯韦模型的材料弹性模量和黏性系数。

10.3.3.2　二级监控指标的拟定

当混凝土大坝局部出现塑性状态，大坝即进入二级监控。变形二级监控指标可应用三维黏弹塑性理论分析大坝在最不利荷载情况下的变形而获得。由塑性力学可知，材料从弹性状态进入塑性状态时应力分量之间必须满足的屈服条件，采用德鲁克-普拉格准则，即

$$F = \frac{\alpha}{3} I_1 + \sqrt{J_2} - K_c \tag{10.21}$$

式中，I_1 为第一应力不变量；J_2 为第二偏应力不变量；K_c 为材料参数。

$$\alpha = \frac{3\tan\varphi}{\sqrt{9 + 12\tan^2\varphi}} \tag{10.22}$$

$$K = \frac{3c}{\sqrt{9 + 12\tan^2\varphi}} \tag{10.23}$$

当 $F<0$ 时，材料处于弹性状态；$F=0$，d$F>0$ 时，表示加载；$F=0$，d$F<0$ 时，表示卸载；$F=0$，d$F=0$ 时，表示中性变载。

大量的原位观测资料分析表明，塑性变形与时间有关，采用反映混凝土和岩基的弹-黏弹-黏塑性等特征的 6 个参数模型，参数弹-黏弹-黏塑性模型见图 10.4。该黏弹塑性模型的总应变等于各部分之和，即

$$\{\varepsilon\}_t = \left\{\varepsilon^e\right\}_t + \left\{\varepsilon^{\Gamma e}\right\}_t + \left\{\varepsilon^{\Gamma p}\right\}_t \tag{10.24}$$

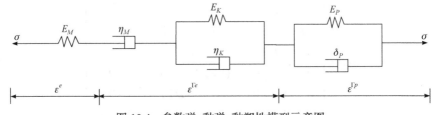

图 10.4　参数弹-黏弹-黏塑性模型示意图

其中，黏塑性应变增量为

$$\left\{\Delta\varepsilon^{\Gamma p}\right\}_t = \frac{1}{\eta_B} H \left|\frac{F}{F_0}\right| \frac{\partial Q}{\partial\{\sigma\}} \Delta t \tag{10.25}$$

式中，F 为屈服函数；F_0 为使系数无因次常数；Q 为塑性势函数；$H\left|\dfrac{F}{F_0}\right|$ 为开关函数，定义为

$$H\left(\frac{F}{F_0}\right) = \begin{cases} 0, & F < 0 \\ \left(\dfrac{F}{F_0}\right), & F \geqslant 0 \end{cases} \tag{10.26}$$

采用相关联流动法则，$Q=F$，由屈服函数式(10.21)得

$$\left\{\Delta\varepsilon^{\Gamma p}\right\}_t = \frac{1}{\eta_B} H\left(\frac{F}{F_0}\right) \frac{\alpha}{3} \frac{\partial I_1}{\partial\{\sigma\}} + \frac{1}{2\sqrt{J_2}} \frac{\partial I_2}{\partial\{\sigma\}} \Delta l \tag{10.27}$$

黏弹性应变增量可采用伯格斯模型的结果，则模型总应变为

$$\left\{\Delta\varepsilon^{\Gamma}\right\}_t = \begin{cases} \left\{\Delta\varepsilon^{\Gamma e}\right\}_t, F \leqslant 0, \mathrm{d}F < 0 \\ \left\{\Delta\varepsilon^{\Gamma e}\right\}_t + \left\{\Delta\varepsilon^{\Gamma p}\right\}_t, F = 0 \end{cases} \tag{10.28}$$

10.3.3.3　三级监控指标的拟定

1. 拟定的技术路线

当大坝承受极限荷载处于临界破坏状态时，处于三级监控，三级监控指标反映的是大坝的极限承载能力。当大坝处于临界破坏状态时，其变形已超过小变形范围。因此，用小变形情况下的力学模型将产生较大失真。采用位移非线性的大变形理论，在此基础上进行黏弹塑性分析模拟大坝失稳的过程，并求出其破坏前的最大变形。变形三级监控状况，在实际工程中绝不允许发生。但对有些高坝大库，一旦失事将对下游人民生命财产及国民经济产生巨大影响时，有必要拟定变形三级监控指标，评估大坝极限承载能力，使管理和运行单位了解大坝的最大承受能力，确保大坝安全。

2. 大变形理论

大变形情况下，应变位移关系中的高次项不能忽略，对应力的平衡方程也发生了变化，应力应变都必须重新定义。采用 Update Lagrange 增量叠加法描述，其运动方程为

$$x_t = x_t\left(X_j, i\right), \quad (i = 1, 2, 3; \ j = 1, 2, 3) \tag{10.29}$$

由于

$$\mathrm{d}x_t = x_t\left(X_j + \mathrm{d}X_j, t\right) - x_t(X_j, t) \tag{10.30}$$

对式(10.30)作泰勒级数展开，略去高阶小量，得

$$\mathrm{d}x_t = \frac{\partial x_t}{\partial X_j}\mathrm{d}X_j \tag{10.31}$$

式中，$\partial x_t / \partial X_j$ 为变形梯度张量，记为[F]。格林应变定义为

$$[E] = \frac{1}{2}\left([F]^{-1}[F] - [I]\right) \tag{10.32}$$

物质点 P 的位移为

$$u_i = x_t - X_t, \quad (i = 1, 2, 3) \tag{10.33}$$

将式(10.32)代入式(10.33)可得

$$E_{ij} = \frac{1}{2}\left(\frac{\partial u_i}{\partial X_j} + \frac{\partial u_j}{\partial X_i} + \frac{\partial u_i}{\partial X_j} + \frac{\partial u_j}{\partial X_i}\right) \tag{10.34}$$

速度梯度张量[L]、变形率张量[d]和旋转率张量[ω]可同样定义。柯西应力张量定义为在物体的现实构形 ω 中有一微面元 $\vec{n}\mathrm{d}a$，在面上作用力 $\mathrm{d}\vec{t}$，则有

$$\overrightarrow{t^{(n)}} = \lim_{\mathrm{d}a \to 0} \frac{\mathrm{d}\vec{t}}{\mathrm{d}a} = [\sigma]^{\Gamma} \vec{n} \tag{10.35}$$

基尔霍夫应力张量定义为在物体的初始构形 ω_0 中有一微面元 $\vec{N}\mathrm{d}A$，在面上有一作用力 $\mathrm{d}\vec{T}$，则

$$\overrightarrow{T_t^{(n)}} = \lim_{\mathrm{d}A \to 0} \frac{\mathrm{d}\vec{T}}{\mathrm{d}A} = [T]^{\mathrm{T}} \vec{N} \tag{10.36}$$

3. 大变形黏弹塑性本构方程

大变形黏弹塑性的屈服准则、破坏准则、加载卸载准则与小变形黏弹塑性在形式上相同，只要把其中的应力改用柯西应力即可。本构方程也与小变形黏弹塑性本构方程在形式上类似，只需把其中的应力和应变分别改用柯西应力的共旋导数和变形率，应力偏量和等效应力分别改用柯西应力偏量和等效的柯西应力即可。

4. 大变形黏弹塑性有限元

本构方程采用 Update Lagrange 法来描述，建立增量型的虚功方程：

$$[K]\{\Delta U\} = \{\Delta R\} + \{\Delta F_E\} \tag{10.37}$$

式中，[K] 为大变形下总体劲度矩阵，$[K] = \sum_{-i}^{n} [B]^{\mathrm{T}}[D][B]\mathrm{d}x\mathrm{d}y\mathrm{d}z$；[B] 为大变形下应变转换矩阵。

5. 拟定方法

变形三级监控指标的拟定首先须进行材料参数敏感性分析，选择最不利荷载组合(应考虑所有可能荷载)，材料参数在合理范围内取下限，并根据极限状态方程求得的位移即为三级监控指标。

10.3.4 其他安全监控指标拟定方法

混凝土坝变形监控指标比较复杂，受坝型、坝高、筑坝材料、地形地质、施工质量和运行时间等各种因素影响。例如，大坝在日常运行情况下可能还没有遭遇过最不利荷载组合；随着大坝运行时间推移，大坝材料本身物理力学性质发生变化，抵抗荷载的能力也随之改变；大坝蓄水初期安全监测资料匮乏等。因此，拟定真实可靠的安全监控指标是一项难度较大的科学问题，仍存在许多可持续研究和探讨的问题。

近年来，一些新的理论方法也陆续被引入大坝变形监控指标拟定中，取得丰硕的研究成果，包括对传统数理统计法的改进、极限状态法的完善、结构计算法

的深度耦合及非概率可靠性方法、机器学习方法、云模型等先进技术的引入。例如，罗倩钰等(2017)针对蓄水初期提出的基于自助法-核密度估计理论的大坝安全监控指标拟定方法，解决了混凝土坝运行初期安全监测数据有限、常规大坝安全监控指标拟定方法误差较大的问题；黄耀英等(2012)采用最大熵法拟定了西南地区某建设中的混凝土特高拱坝高温季节浇筑仓温度双控指标，取得了良好的工程应用效果；朱凯等(2013)针对传统大坝安全监控指标拟定方法的局限性，在分析原始监测数据的基础上，通过正向、逆向云发生器产生监测数据的期望、熵、超熵等数字特征，利用这些数字特征计算定量的转换值，实现数据—定性—定量的转换，进而确定安全监控指标；雷鹏等(2011)针对高混凝土坝空间变形预警能力不足，提出了大坝空间场变形性态的变形熵表达式，进而构建多测点空间变形熵，拟定了锦屏一级拱坝空间变形指标。

安全监控指标拟定已经从原来的单测点、单级别监控指标演化为多测点、多级别监控指标，考虑了大坝的结构性、空间性、模糊性，使得安全监控指标拟定理论更加完善。

10.3.5 大坝安全预警预报

在上述各类方法拟定监控指标后，可将其应用于大坝安全预警预报中。将获取的大坝监测值与相应的监控指标进行对比，根据监测值异常程度实现对大坝安全不同级别的预警预报。相对一级监控指标、二级监控指标、三级监控指标，大坝安全预警预报中的安全报警等级也分为一级报警、二级报警、三级报警(曾向农，2008)。

(1) 一级报警。当一个效应量发现异常时，应向主管部门报告，此时应分析原因，注意其发展趋势。

(2) 二级报警。当多个效应量发现异常，应向上级主管部门报告，并研究异常原因，采取工程措施，如降低水位和采取加固措施，以保证工程安全。

(3) 三级报警。当多个效应量发现异常，且其变化速率加大时，可作为三级报警，同时还表明事故的发生不可避免，应及时向政府主管部门报告，通知下游人民撤离。出现轻微异常的情况下，注意其发展趋势统计异常部位和异常效应量，并加强监测与现场巡视检查避免出现遗漏(如丰满电站溢流面冲刷成大坑，而坝顶位移未反映出来)。

第11章 水库大坝安全鉴定与安全性态综合评判

11.1 水库大坝安全鉴定的目的

1. 我国水库大坝现状

1949 年以来,我国出现了两次溃坝高峰,一次是 1959~1961 年,共计溃坝 507 座,另一次在 1973 年前后,仅 1973 年就溃坝 554 座(吴中如等,2005)。1954~ 2001 年共溃坝 3459 座,年平均溃坝率 0.75%,其中小型水库 3434 座,占溃坝水库总数的 99.28%(钮新强,2011)。

小型水库年均溃坝数量占溃坝总数的比例较大。据统计,截至 2013 年 3 月,我国共修建 97246 座中小型水库(黄云超等,2015),其中有 4.7 万余座病险水库,包括 10%的中型水库和 90%的小型水库[其中小(一)型水库约为 5400 座]。虽然,中小型水库的工程规模与大型水库无法相比,但由于中小型水库数量多,且相当一部分中小型水库紧邻城镇、工业园区等人口密集地区,其失事造成水库附近及下游人民的生命财产损失却十分显著。

据有关资料显示,对 116 座土石坝(土坝 92 座,堆石坝 24 座)的失事原因进行分析,结果见表 11.1。

表 11.1 土石坝的失事原因

失事原因	占比/%	备注
洪水漫顶	29	遭遇特大洪水、设计水位偏低或泄洪设施失灵
结构破坏	24	地质条件复杂,勘测设计未能充分考虑导致基础失稳;设计时对荷载估计不足;发生特殊荷载作用致使坝体结构破坏
坝基渗流异常	12	扬压力过高、渗流量过大
材料老化变质	17	结构开裂;侵蚀和风化及施工质量等致使坝体材料强度降低
其他原因	18	库区两岸岩体大滑坡、严重的人为过失

综合我国 3459 座大坝溃坝事故,其溃坝模式及原因分析见表 1.2。

无论是大型水库还是小型水库均存在不同程度的溃坝现象。虽然,近几年政策的改变和管理设施的完善使得溃坝数量减少,但年平均溃坝率仍然较高,情况不容乐观。

2. 安全鉴定的必要性

大坝安全鉴定对及时了解大坝的运行情况、发现隐患、检验设计和施工起到极其重要的作用。随着社会经济的发展和人民生活水平的提高，人们对生存安全的意识越来越强，尤其是在溃坝时有发生的情况下，大坝的安全已引起各国政府和人民的高度关注。水利工程作为我国国民经济的重要基础设施，在经济建设和社会安定中起着十分重要的作用，其安全问题不仅直接影响工程效益的充分发挥，而且危及下游人民的生命和财产安全。虽然，国内外对病险水库实施安全鉴定措施的研究取得了一定进展，但其中针对病险水库安全鉴定及其对应的除险加固理论研究还亟须加强。

各地在采取安全措施的同时，仍然面对技术及能力等方面的困难，往往因处理不及时而增加溃坝风险。因此，安全鉴定作为水库大坝安全运行不可缺少的基础工作，其工作执行力度和效率直接关系到水库大坝工程的效益和人民群众的生命财产安全。

3. 安全鉴定的具体措施

大坝的安全鉴定委员会(小组)应由大坝主管部门的代表，水库法人单位的代表和从事水利水电专业技术工作的专家组成，并符合下列要求(杨杰等，2012)：

(1) 大型水库和影响县城安全或坝高 50m 以上中型水库的大坝安全鉴定委员会(小组)由 9 名以上专家组成，其中具有高级技术职称的人员不得少于 6 名；其他中型水库和影响县城安全或坝高 30m 以上小型水库的大坝安全鉴定委员会(小组)由 7 名以上专家组成，其中具有高级技术职称的人员不得少于 3 名；其他小型水库的大坝安全鉴定委员会(小组)由 5 名以上专家组成，其中具有高级技术职称的人员不得少于 2 名。

(2) 大坝主管部门所在行政区域以外的专家人数不得少于大坝安全鉴定委员会(小组)组成人员的三分之一。

(3) 大坝原设计、施工、监理、设备制造等单位的在职人员，以及从事过本工程设计、施工、监理、设备制造的人员总数不得超过大坝安全鉴定委员会(小组)组成人员的三分之一。

(4) 大坝安全鉴定委员会(小组)应根据需要由水文、地质、水工、机电、金属结构和管理等相关专业的专家组成。

(5) 大坝安全鉴定委员会(小组)组成人员应当遵循客观、公正、科学的原则履行职责。

专家组中应含有水文、地质、水工、机电、金属结构等各方面的专家。大坝安全鉴定专家的资格应经上级大坝安全主管部门认可，认可办法另行规定。专家组应包括下列各方面的人员：

(1) 大坝主管部门的技术负责人。

(2) 大坝运行管理单位的技术负责人和有关运行管理单位的专家。

(3) 有关设计和施工部门的专家。

(4) 有关科研单位或高等院校的专家。

(5) 有关大坝安全管理单位的专家。

大、中型水库大坝的安全鉴定工作，应按下列基本程序进行，小型水库大坝的安全鉴定程序可适当简化。

(1) 水库大坝安全鉴定的主管部门下达安全鉴定任务，编制大坝安全鉴定工作计划。

(2) 组织有关单位进行资料准备工作，对大坝安全进行分析评价，编写分项分析评价报告和大坝安全论证总报告。

(3) 组织现场安全检查，编写现场安全检查报告。

(4) 组建大坝安全鉴定专家组，审查安全分析评价报告、安全论证总报告和现场安全检查报告，召开鉴定会议，讨论并提出安全鉴定报告书。

(5) 编写安全鉴定总结，上报并存档。

11.2 水库大坝安全鉴定的内容与方法

11.2.1 基本要求

水利部制定的《水库大坝安全鉴定办法》，对于坝高 15m 以上或库容在 100 万 m^3 以上的水库大坝应严格执行，坝高小于 15m、库容 10 万～100 万 m^3 的小型水库大坝可参照执行。大坝包括永久性挡水建筑物，以及与其配合运用的泄洪、输水和过船建筑物。水库大坝安全鉴定基本要求如下。

(1) 大坝安全鉴定实行分级负责。大型水库大坝和影响县城安全或坝高 50m 以上的中、小型水库大坝由省、自治区、直辖市水行政主管部门组织鉴定；中型水库大坝和影响县城安全或坝高 30m 以上小型水库大坝由地(市)或以上水行政主管部门组织鉴定；坝高 15m 以上或库容 100 万 m^3 以上的小型水库大坝，由县级及以上水行政主管部门组织鉴定；水利部直辖的水库大坝，由水利部或流域机构组织鉴定。

(2) 大坝管理单位及其主管部门必须按期对大坝进行安全鉴定。大坝建成投入运行后，应在竣工后 5 年内组织首次安全鉴定。运行期间的大坝，原则上 6～10 年组织一次安全鉴定。运行中遭遇特大洪水、强烈地震、工程发生重大事故或影响安全的异常现象后，应组织专门的安全鉴定。无正当理由不按期鉴定的，属违章运行，导致大坝事故的，按《水库大坝安全管理条例》的有关规定处理。

11.2.2 安全鉴定的内容

为做好大坝安全鉴定工作，确保大坝安全鉴定质量，安全鉴定工作内容主要有现场安全检查、大坝安全评价、鉴定结论的审定和管理。

11.2.2.1　现场安全检查

现场安全检查的目的是检查大坝是否存在工程安全隐患与管理缺陷，并为大坝安全评价工作提供指导性意见。大坝安全鉴定主管部门应组织现场安全检查。现场安全检查工作由安全鉴定主管部门主持，组织有关单位专家参加，大坝的运行管理单位密切配合。现场安全检查应在查阅资料基础上，对大坝外观与运行状况，设备、管理设施等进行全面检查和评价，并填写"大坝现场安全检查表"(附录 A)，编制现场安全检查报告，提出大坝安全评价工作的重点和建议。

11.2.2.2　大坝安全评价

参照《水库大坝安全评价导则》(SL 258—2017)，大坝安全评价的主要内容有以下 7 个方面。

1. 工程质量评价

工程质量评价的目的是复核大坝基础处理的可靠性、防渗处理的有效性，以及大坝结构的完整性、耐久性与安全性等是否满足现行规范和工程安全运行要求。其主要内容包括：

(1) 评价大坝工程地质条件及基础处理是否满足现行规范要求。

(2) 复查工程的实际施工质量(含基础处理、结构形体和材料等)是否符合国家现行规范要求。土石坝的施工技术及工程设计需达到《碾压式土石坝施工规范》(DL/T 5129—2013)和《混凝土面板堆石坝设计规范》(SL 228—2013)等规范的要求。混凝土坝施工技术及工程设计达到《水工混凝土施工规范》(SL 677—2014)和《混凝土强度检验评定标准》(GB/T 50107—2010)等规范要求。

(3) 检查工程投入运用以来质量方面的实际情况和变化，分析大坝工程质量变化情况，查找是否存在工程质量缺陷，并评估其对大坝安全的影响，确保工程的安全运行。

(4) 为大坝安全评价提供符合工程实际的参数。

(5) 为大坝除险加固提供指导性意见。

2. 大坝运行管理评价

大坝运行管理评价的目的是评价水库现有管理条件、管理工作及管理水平是否满足相关大坝安全管理法规与技术标准的要求，以及保障大坝安全运行的需要，并为改进大坝运行管理工作提供指导性意见和建议。其主要内容包括运行管理能力评价、调度运行评价、工程养护修理评价等。

3. 结构安全评价

结构安全评价的目的是复核大坝(含近坝岸坡)在静力条件下的变形、强度与稳定性是否满足现行规范要求。结构安全评价的主要内容包括大坝结构强度、变形与稳定性复核。其中，土石坝的重点是变形及稳定性分析，混凝土坝、砌石坝及泄水、输水建筑物的重点是强度及稳定性分析。另外，应结合现场检查对已暴(揭)露出的问题或异常工况进行重点复核计算。

4. 渗流安全评价

渗流安全评价的目的是复核大坝原设计施工的渗流控制措施，确定当前的实际渗流状态能否保证大坝按设计条件安全运行。其主要内容如下：

(1) 复核工程的防渗与反滤排水设施是否完善，设计和施工(含基础处理)是否满足现行有关规范要求。

(2) 查明工程运行中发生过何种渗流异常现象，判断是否影响工程安全。

(3) 分析工程现状条件下各防渗和反滤排水设施的工作性态，并预测在未来高水位运行时的渗流安全性。

(4) 针对大坝存在的渗流安全问题，分析其原因和可能产生的危害。

5. 抗震安全复核

抗震安全复核的目的是按现行规范复核大坝工程现状是否满足抗震要求。抗震安全复核的对象，包括永久性挡水建筑物，与大坝安全有关的泄水、输水等建筑物及地基和近坝库岸。抗震安全复核，首先应按表 11.2 复核地震烈度及地震加速度的标准值 J_c 及 a_c。必要时，应由地震局确定坝址的地震烈度。复核工作可按下列情况分别对待：

(1) 对 J_c 在 6 度(含 6 度)以下的工程可不进行抗震复核，但对 1 级建筑物，仍须参照《水库大坝安全评价导则》(SL 258—2017)对抗震结构及抗震设施做出安全评价。

(2) 对 $J_c \geqslant 7$ 的工程必做抗震复核。

(3) 对烈度为 9 度以上的工程或表 11.2 中的高坝、大型水库等应专门研究。

表 11.2　设计地震烈度 J、基岩峰值地震最大加速度 a_{max}、复核标准值 J_c 和 a_c

建筑物规模	区域地震地质条件	确定 J 或 a_{max} 的方法	复核标准值
2 级以下(含 2 级)建筑物	一般	用《中国地震烈度区划图》的基本烈度 J	$J_c=J$
1 级建筑物	可能强震	用《中国地震烈度区划图》的基本烈度 J 并考虑场地地震危险性	$J_c=J+1$
坝高大于 200m 或库容大于等于 1×10^{10} m³	$J \geqslant 6$	应根据专门的地震危险性分析成果确定 a_{max}	a_c 的超越概率水准取值：壅水建筑物为 $P_{100}=0.02$；非壅水建筑物为 $P_{50}=0.05$
坝高大于 150m 大(一)型水库	$J \geqslant 7$		

6. 金属结构安全评价

金属结构安全评价的目的是复核水库大坝泄水、输水建筑物的钢闸门(含拦污栅)、启闭机与压力钢管等其他影响大坝安全和运行的金属结构在现状下能否按设计条件安全运行。钢闸门安全评价应该遵照《水利水电工程钢闸门设计规范》(SL 74—2019)对其强度、刚度和稳定性进行复核;启闭机遵照《水利水电工程启闭机设计规范》(SL 41—2018)对其能力进行复核;压力钢管遵照《水电站压力钢管设计规范》(SL 281—2017)对其强度和抗外压稳定性进行复核。

7. 大坝安全性态综合评判

大坝安全性态综合评判是在现场检查和监测资料分析基础上,根据防洪能力、渗流安全、结构安全、抗震安全、金属结构安全等专项复核评价结果,并参考工程质量与大坝运行管理评价结论,对大坝安全进行综合分析,评定大坝安全类别。此外,大坝安全评价过程中,应根据需要补充地质勘探与土工试验,补充混凝土与金属结构检测,对重要工程隐患进行探测等。

11.2.2.3　鉴定结论的审定和管理

鉴定结束后鉴定部门应将审定的"大坝安全鉴定报告书"(附录 B)及时印发鉴定组织单位。省级水行政主管部门应及时将本行政区域内大中型水库及影响县城安全或坝高 30m 以上小型水库的"大坝安全鉴定报告书"报送相关流域机构和水利部大坝安全管理中心备案。鉴定组织单位应根据大坝安全鉴定结果,采取相应的措施,加强管理。

11.2.3　安全鉴定的方法

根据安全鉴定的内容,大坝安全鉴定方法主要有:

(1) 针对工程质量评价,其基本方法有现场巡视检查法、历史资料分析法、钻探试验与安全检测法。

(2) 大坝的安全监测主要有人工监测法和仪器检测法。设计洪水的推求主要有由流量资料推求设计洪水及由雨量资料推求设计洪水。

(3) 土石坝的结构安全评价变形分析方法有变形监测资料分析和计算分析法,稳定分析法主要有瑞典圆弧法和简化的毕肖普法等,常用的软件有理正和 Geostudio 等。混凝土坝结构安全评价方法主要有现场检查法、监测资料分析法及计算分析法,其中计算分析法主要有刚体极限平衡法和有限元法等。

(4) 渗流安全评价主要有现场检查法、监测资料分析法、计算分析法(模型试验)、经验类比法和专题研究论证法。

11.3　水库大坝安全鉴定分级结果

11.3.1　各专项安全性分级结果

根据《水库大坝安全评价导则》(SL 258—2017)各专项安全分级结果分为以下 6 类。

1. 工程质量鉴定结果

工程质量满足设计要求和规范要求,且工程运行中未暴露明显质量缺陷,工程质量可评为合格;工程质量基本满足设计和规范要求,且工程运行中暴露局部质量缺陷,但尚不严重影响工程安全的,工程质量可评为基本合格;工程质量不满足设计和规范要求,运行中暴露严重质量缺陷和问题,安全检测结果大部分不满足设计和规范要求。严重影响工程安全运行的,工程质量应评为不合格。

2. 运行管理评价鉴定结果

①查验水库管理机构和管理制度是否健全,管理人员职责是否明晰;②大坝安全监测、防汛交通与通信等管理设施是否完善;③水库调度规程与应急预案是否制定并报批;④是否能按审批的调度规程合理调度运用,并按规范开展安全监测;⑤大坝是否得到及时养护修理,处于安全和完整的工作状态。根据上述五方面标准,将大坝运行管理评为规范、较规范和不规范三个级别。

3. 防洪能力复核鉴定结果

防洪能力复核应做出以下明确结论:①水库原设计防洪标准是否满足规范要求;②水文系列延长后,原设计洪水成果是否需要调整;③水库泄洪建筑物的泄水能力是否满足安全泄洪的要求;④水库洪水调度运用方式是否符合水库的特点,是否满足大坝安全运行的要求,是否需要修订;⑤大坝现状坝顶高程或防浪墙顶高程及防渗体高程是否满足规范要求。

当水库防洪标准及大坝抗洪能力均满足规范要求,洪水能够安全下泄时,大坝防洪安全性应评为 A 级;当水库防洪标准及大坝抗洪能力不满足规范要求,但满足近期非常运用洪水标准要求,或水库防洪标准及大坝抗洪能力满足规范要求,但洪水不能安全下泄时,大坝防洪安全性可评为 B 级;当水库防洪标准及大坝抗洪能力不满足近期非常运用洪水标准要求时,大坝防洪安全性应评为 C 级。

4. 结构、渗流安全性鉴定结果

土石坝和混凝土坝的结构安全鉴定指标不同,其中土石坝的结构安全性分级见表 11.3。采用计算分析法对混凝土坝进行结构安全评价时,如果其强度和稳定性不满足《混凝土重力坝设计规范》(SL 319—2018)和《混凝土拱坝设计规范》(SL 282—2018)要求,可认为大坝结构不安全或存在隐患。

结构安全评价分为 A 级、B 级和 C 级三类。其中，A 级的评定标准为大坝及泄水、输水等建筑物的强度、稳定性满足规范要求，无异常变形，近岸坡稳定；B 级的评定标准为结构整体稳定，满足规范要求，但存在局部强度不足或异常变形未严重影响工程安全，近坝岸整体稳定；不满足规范要求，存在危及工程安全的异常变形，可为 C 级。

渗流安全评价分为 A 级、B 级和 C 级三类。其中，A 级的评定标准为各岩土材料的实际渗流比降小于规范允许值下限，坝基扬压力小于设计值，无渗流异常现象；B 级的评定标准为各岩土材料的实际渗流比降大于规范允许值下限，但未超过上限或同类工程的经验安全值，坝基扬压力小于设计值，有一定的渗流异常现象，但不影响大坝的安全；其他现象为 C 级。

5. 抗震安全性鉴定结果

各类坝的抗震安全性分级分别见表 11.4～表 11.6。

6. 金属结构安全评价鉴定结果

金属结构安全评价分为 A 级、B 级和 C 级三类。其中，A 级的评定标准为钢闸门及其承重构件，行走支撑、启闭机、压力钢管及其镇墩与支墩均能正常工作，安全检测结果与计算分析的应力、变形和位移均在有关规程、规范或设计、试验等规定的允许值以内。除以上情况外，可根据问题的数量及严重程度将金属结构安全性定为 B 级或 C 级。

11.3.2　综合评定结果

根据各专项安全性分级结果确定大坝的安全分类，按照《水库大坝安全鉴定办法》将大坝分为一类坝、二类坝和三类坝。

一类坝：实际抗御洪水标准达到《防洪标准》(GB 50201—2014)的规定；大坝工作状态正常；工程无重大质量问题，能按设计情况正常运行的大坝。

二类坝：实际抗御洪水标准不低于水利部颁布的水利枢纽工程除险加固近期非常运用洪水标准，但达不到《防洪标准》(GB 50201—2014)的要求；大坝工作状态基本正常，在一定控制运用条件下能安全运行的大坝。

三类坝：实际抗御洪水标准低于水利部颁布的水利枢纽工程除险加固近期非常运用洪水标准，或者工程存在较严重安全隐患，不能按设计正常运行的大坝。

鉴定为二类坝、三类坝的水库，鉴定组织单位应当对可能出现的溃坝方式和可能对下游造成的损失进行评估，采取除险加固、降等或报废等措施予以处理。在处理措施未落实或未完成之前，应制定保坝应急措施，并限制运用。

大坝安全鉴定工作结束后，鉴定主管部门应立即进行总结，并将总结和"大坝安全鉴定报告书"报上级主管部门审查备案。鉴定资料成果均应存档，长期妥善保管。大坝主管部门和管理单位应根据安全鉴定结果，相应的运行意见和有关

表 11.3 土石坝结构安全性分级

大坝级别	变形分析 分析结论			抗滑稳定安全系数											
				正常运用条件						非常运用条件					
				瑞典圆弧法			简化毕肖普法			瑞典圆弧法			简化毕肖普法		
	A	B	C	A	B	C	A	B	C	A	B	C	A	B	C
1	沉降稳定，开裂可能性很小	沉降趋于稳定，有开裂可能	沉降未稳定，危及大坝安全的裂缝	>1.50	<1.50 >1.30	<1.30	>1.65	<1.65 >1.50	<1.50	>1.30	<1.30 >1.20	<1.20	>1.43	<1.43 >1.26	<1.26
2	沉降稳定，开裂可能性很小	沉降趋于稳定，有开裂可能	沉降未稳定，危及大坝安全的裂缝	>1.40	<1.40 >1.25	<1.25	>1.54	<1.54 >1.31	<1.31	>1.25	<1.25 >1.15	<1.15	>1.38	<1.38 >1.21	<1.21
3	沉降稳定，开裂可能性很小	沉降趋于稳定，有开裂可能	沉降未稳定，危及大坝安全的裂缝	>1.30	<1.30 >1.20	<1.20	>1.43	<1.43 >1.26	<1.26	>1.20	<1.20 >1.10	<1.10	>1.32	<1.32 >1.16	<1.16

表 11.4 土石坝及其他坝型土质地基抗震安全性分级

大坝级别	地震抗滑稳定性				土层液化性判别	
	拟静力方法安全系数		极限状态计算结构系数		依土类、标贯击数、相对密度、土性指标、 A或B	依土类、标贯击数、相对密度、动剪强度及动力有限元分析判别 C
	A或B	C	A或B	C		
1	>1.20	<1.20	>1.25	<1.25	液化可能性小	液化可能性大
2	>1.15	<1.15	>1.25	<1.25	液化可能性小	液化可能性大
3	>1.10	<1.10	>1.25	<1.25	液化可能性小	液化可能性大

表 11.5　混凝土坝抗震安全性分级(抗震稳定部分)

大坝级别	混凝土重力坝、大头坝、拱坝重力墩						拱坝								
	拟静力法允许最小安全系数 C=0		按承载能力极限状态计算抗滑结构系数				拟静力法刚体极限平衡法允许最小安全系数				按承载能力极限状态计算抗滑结构系数			
			拟静力法		动力法		峰值强度 C≠0		屈服或残余强度 C=0		拟静力法		动力法	
	A 或 B	C	A 或 B	C	A 或 B	C	A 或 B	C	A 或 B	C	A 或 B	C	A 或 B	C
1	>1.00	<1.00	>2.70	<2.70	>0.60	<0.60	>2.50	<2.50	—	—	>2.70	<2.70	>1.40	<1.40
2	>1.00	<1.00	>2.70	<2.70	>0.60	<0.60	>2.25	<2.25	—	—	>2.70	<2.70	>1.40	<1.40
3	>1.00	<1.00	>2.70	<2.70	>0.60	<0.60	>2.00	<2.00	>1.00	<1.00	>2.70	<2.70	>1.40	<1.40

表 11.6　混凝土坝抗震安全性分级(抗震强度部分)

大坝级别	混凝土重力坝、大头坝及拱坝重力墩								拱坝							
	拟静力法的结构系数				动力法的结构系数				拟静力法的结构系数				动力法的结构系数			
	抗压		抗拉		抗压		抗拉		抗压		抗拉		抗压		抗拉	
	A 或 B	C	A 或 B	C	A 或 B	C	A 或 B	C	A 或 B	C	A 或 B	C	A 或 B	C	A 或 B	C
1	>4.10	<4.10	>2.40	<2.40	>2.00	<2.00	>0.85	<0.85	>4.10	<4.10	>2.40	<2.40	>2.00	<2.00	>0.85	<0.85
2	>4.10	<4.10	>2.40	<2.40	>2.00	<2.00	>0.85	<0.85	>4.10	<4.10	>2.40	<2.40	>2.00	<2.00	>0.85	<0.85
3	>4.10	<4.10	>2.40	<2.40	>2.00	<2.00	>0.85	<0.85	>4.10	<4.10	>2.40	<2.40	>2.00	<2.00	>0.85	<0.85

措施，立即安排对三类大坝进行除险加固，限期脱险，同时应满足《水库降等与报废评估导则》(SL/T 7 91—2019)要求。

11.4　水库大坝安全性态综合评判与决策

安全监测资料的正分析、反演分析和反馈分析一般仅局限于单项物理量的观测资料分析，即根据安全监测资料(如变形、裂缝开合度、应力、扬压力和渗流量等)。在定性分析的基础上，应用数学力学方法，建立各种数学模型，并进行反演分析，然后用于监测大坝的工作性态(杨杰等，2018)。这种方法对监控大坝运行和评判大坝工作性态起到了一定作用。但是，由于大坝的工作条件复杂，特别是复杂地基上在建高拱坝以病坝、险坝，仅用单项观测量的数学模型进行分析，存在下列问题：

(1) 各个单项观测量之间的关系，从表面上看好像互相独立，而实际上有一定关系，如变形、应力与裂缝开度及扬压力等互相影响。因此，单项分析时将难以解释某些异常现象。

(2) 发生事故的位置可能没有埋设观测设备。例如，某重力坝的溢流坝面被冲坏事故，事先就未预测到。因此，需要定期巡回检查和目测。

(3) 影响水工建筑物安全的有些因素无法定量表示，如施工质量问题、混凝土老化和周围环境变化等。

(4) 各个因素对建筑物的作用会转化，原来是次要影响因素，随着时间和环境的变化，可能转化为主要影响因素。若不考虑这些因素，将提出不符合实际情况的结论。这在分析水工建筑物运行工况时比较常见。

因此，水利工程上常常使用综合评判来分析大坝等水工建筑物的安全性态。综合评判应用系统工程理论方法，利用搜集的各种信息资料(包括设计、施工、观测与目测等)。在各单项监控成果的整理、分析和反馈的基础上，采用有关决策理论(如风险性决策等)，对各项资料和成果进行综合比较和不同层次的分析(包括单项分析、反馈分析、混合分析及非确定分析)，找出荷载及其影响集和效应集之间的非确定性(定性)和确定性(定量)关系，以及效应集与控制集之间的关系。然后，凭借经验和洞察力或运用归纳、演绎的逻辑思维和非逻辑思维方式，经过推理评判，找出问题的原因，进而全面认识大坝的结构性态和运行工况，对水工建筑物的安全性态进行准确评价。综合评判和决策网络可用图 11.1 表示。

从图 11.1 可以看出，综合评判和决策与单项分析不同点是应用专家的经验只能对各个观测量进行综合分析；结合现场目测，将一些难以用变量表示的随机因素也列入分析对象，这样既抓住了主要影响因素，又能考虑一些次要影响因素或

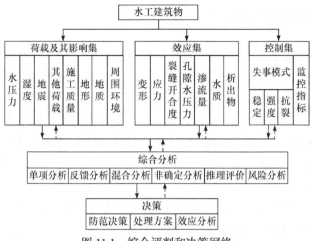

图 11.1　综合评判和决策网络

易被忽略的影响因素，以全面评判大坝运行工况，决策防范措施。综合评判和决策在一定程度上具有人工专家系统的智能，因此也将综合评判和决策称为人工专家分析系统。

1. 水库大坝综合评判和决策的步骤

综合评判和决策是一门综合性学科。它的可靠性和精确度，一方面依赖于观测仪表、观测精度，以及目测水平，另一方面依赖于专家的分析和推理决策能力(顾冲时等，1993)。一般要遵循下列步骤：

1) 问题的提出

根据设计、施工和运行情况，提出关键问题，并以这些问题为重点，进行人工智能推理分析。

2) 观察现象，收集素材

每一异常情况的发生，首先表现于事物的表面，要解释其异常情况，必须对此现象作正确评估，先要从认识表面现象入手，收集有关素材，联系客观实际，有机地寻找有关信息，为分析问题提供依据，编制网络。该阶段实质上是观察现象收集素材阶段，也是为分析问题和解决问题打基础的阶段。

3) 分析异常情况的成因

科技人员根据收集到的素材及观察到的现象，结合异常情况的特点，以时间、空间顺序进行组合，找出各种因素的内在联系，描绘产生异常情况的草图。这是分析事物成因的初级阶段，也是对异常情况进行定性和定量分析相结合的阶段。

4) 补充不足，给出完整的图案

经过初步分析，得出异常情况的框图，以初步认识事物特性。要认识其突变的真谛，还必须联系它的发展背景，挖掘之前没有考虑到的因素，补充不足，最后绘出发生异常情况的真正图案。

5) 决策

认识关键问题以后，就能根据具体情况决策解决问题的措施，指导工程实践。决策分确定型决策、不确定型决策和风险型决策。对大坝的结构性态评价，以及对异常情况的决策，往往属于风险型决策。通常采取下列决策过程：假设了解到大坝状态变量 ξ 的信息记为 $X_1, X_2, \cdots, X_n$，决策结果记为 a，则 a 是 $X_1, X_2, \cdots, X_n$ 的函数，记为 $a = f(X_1, X_2, \cdots, X_n)$，称 a 为决策函数。令 0 为正确决策，一般情况下 0 和 a 不完全相等，记 $L(\theta, a)$ 为两者的差函数(即损失函数)，要求 $L(\theta, a)$ 达到最小时作为最优决策。但 θ 未知，$L(\theta, a)$ 是一个统计量，因此一般经过多次抽样，求得若干个损失函数 $L(\theta, a)$ 的平均数来评价 a 的优劣，以求全面合理地解决问题，并将实施措施再循环评判，分析其效应，最终确定最优决策。

2. 水库大坝综合评判的发展及应用

在大坝安全综合评判与决策的研究和应用中，河海大学吴中如院士团队提出并建立了在一机四库(推理机、数据库、知识库、方法库和图库)基础上的水工建筑物安全综合评判专家系统，应用模式识别和模糊评判，通过综合推理机，对四库进行综合调用，将定量分析和定性分析结合起来，实现对水工建筑物安全性态的在线实时分析和综合评判。该系统在龙羊峡、二滩、水口等工程中得到实际应用，并取得了水工建筑物安全分析、评价和监控的实效。西安理工大学杨杰教授团队研究了基于 B/S(浏览器/服务器)结构的水库大坝安全监测管理信息系统，以 B/S 体系结构为基础，采用 ASP.NET(C#)技术和 SQL Server 数据库进行系统设计和程序实现。目前，该系统已成功应用于多个大坝工程安全监测，且运行状况良好，能及时、准确、方便地管理大坝安全监测的各类数据信息，实时监控大坝安全运行。此外，原南京国电自动化研究所研发了水工建筑物自动监测系统和大坝安全管理信息系统；1994 年，水利部南京水利水文自动化研究所开发了水工建筑物自动监测系统。这些系统实现了大坝安全监测数据的自动化采集、在线分析和实时监控，在三门峡、葛洲坝等工程中得到了应用。

第12章 水库大坝安全监测管理信息系统

针对水利工程各类水工建筑物的安全监测与数据处理分析，可以融合现代传感器、通信、计算机、物联网、大数据、云平台、人工智能等先进技术方法，进行水库大坝安全监测管理信息系统或专家系统的开发，实现对各类水工建筑物的安全监控。

12.1 水库大坝信息管理系统

大坝信息安全管理对于维护大坝安全具有重要意义，通过改进水库大坝信息管理系统，可以完成从数据入库到对数据进行计算统计处理的各个环节，从而较好地解决变形测量的数据读取、数据存储管理、计算过程追溯、精准度提醒、结果分析对比、定位等问题。也可以很方便地进行选择、查询统计和结果评估，从而提高数据处理的效率。

水库大坝信息管理系统主要包括数据管理、图形与图表、文档管理子系统。数据管理子系统的主要功能是将大坝安全监测的原始信息存储到原始数据库中，经公式转换和数据预处理后，进入整编数据库，可以直接输出，也可直接给其他功能模块提供数据支持。图形与图表子系统主要完成各类图形的生成，包括历时过程线、统计回归过程线、分布图、等值线图等，同时提供规范规定和用户需要的各类报表生成功能。文档管理子系统可实现对工程技术文件、重要工程文档、工程图纸、工程大事记等工程信息的高效管理和快捷查询。水库大坝信息管理系统流程见图12.1。

12.1.1 数据管理子系统

数据管理子系统具有数据录入与存储、数据预处理及整编、数据维护和数据查询等功能。

1. 数据录入与存储模块

数据录入功能提供人工采集数据的录入界面和自动化采集数据转录接口，数据存储采用数据库模式。现有的数据库语言很多，如 Visual Foxpro、Access、SQL Server 等，选择时可综合考虑数据与系统的持续访问、调用数据频率、信息资料的高效管理等因素。数据录入与存储流程见图12.2。

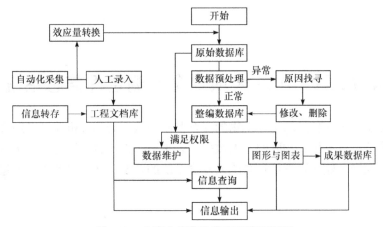

图 12.1　水库大坝信息管理系统流程图

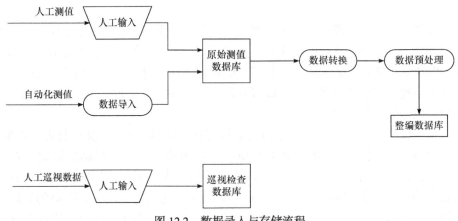

图 12.2　数据录入与存储流程

数据库的构建应依据《混凝土坝安全监测技术规范》(GB/T 51416—2020)、《混凝土坝安全监测资料整编规程》(DL/T 5209—2020)、《土石坝安全监测技术规范》(SL 551—2012)、《土石坝安全监测资料整编规程》(DL/T 5256—2010)等相关规程和规范的规定。大坝安全监测信息多种多样，既包括自动采集与人工采集安全监测资料和巡视检查资料，也包括各类分析、评价系统的生成数据，数据库主要包括以下几类。

(1) 观测仪器考证库。存储测点编号、埋设位置(桩号、坝轴距、高程)、孔口(管口)高程、孔底(管底)高程、仪器编号、型号、生产厂家、仪器技术性能(量程、分辨率、精度、率定参数、温度修正系数)、埋设前、后初始读数和埋设日期等相关信息。

(2) 原始测值数据库。原始测值数据库存放原始监测数据资料信息，包括各类仪器的原始读数和经转换的效应测量值。对自动化测值和人工测值并行模式的工程，应包括原始自动化测值数据库和原始人工测值数据库。

(3) 巡视检查数据库。巡视检查数据库存放人工巡视检查获取的观测数据资料，包括巡视记录、照片及影像资料。巡视检查数据库的设计应遵循《混凝土坝安全监测资料整编规程》(DL/T 5209—2020)和《土石坝安全监测资料整编规程》(DL/T 5256—2010)中的巡视检查记录表。

(4) 整编数据库。经数据异常识别后，原始测值效应量直接存入整编数据库。监测资料分析、结构计算、大坝安全综合评价等功能模块直接从中调用相关数据进行分析和计算。

(5) 生成数据库。生成数据库存放数据异常识别生成数据、统计分析生成数据、结构分析生成数据(包括变形分析、稳定分析、渗流分析、有限元应力变形分析)、反演分析生成数据(力学参数反演、渗流参数反演和热力学参数反演)、预测预报生成数据和综合评价分析生成数据及决策结果等。

2. 数据预处理及整编模块

数据预处理模块旨在根据评判准则对实测资料进行突变值识别、趋势性变化识别和异常值识别，并将无异常的数据存入整编数据库，为下一步的数据分析提供可靠数据源(饶小康等，2016)。数据误差按其性质可分为系统误差、随机误差和粗大误差。针对不同类型的数据误差，识别方法也不同。

水电工程所处阶段不同，适用的数据预处理方法可能不同。因此，本功能模块的开放性要求较高，即用户可根据实际情况选择运用预先植入的识别模型，又能较方便地加入新的识别模型。系统设置应强制要求用户在完成原始数据输入后进入数据预处理功能模块，完成数据异常识别后存入整编数据库。为方便用户查证异常数据，数据预处理功能界面应能同时提供异常测点报警功能和异常测点的位移过程线显示功能，见图 12.3。

3. 数据维护模块

监测系统可能出现系统误差或测值有误等问题，系统应具备原始数据修改功能，但该功能需设置使用权限，以保证数据的原始性和可靠性。

4. 数据查询模块

系统提供数据查询、更新和维护功能，可根据用户需求查询不同时段的监测数据资料，同时提供测值查询、测值历时过程线显示及测点信息显示等功能，如图 12.3 和图 12.4 所示。

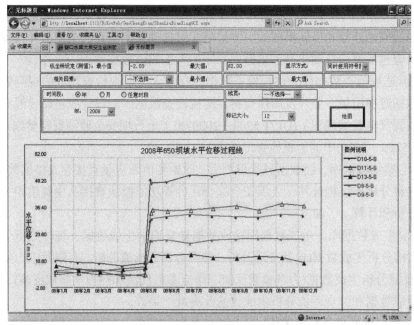

图 12.3　数据预处理功能界面

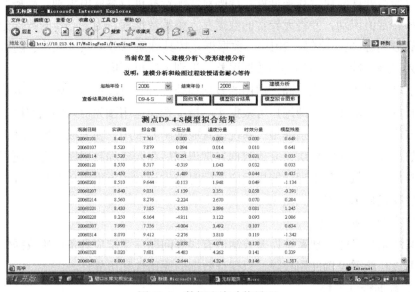

图 12.4　数据查询功能界面

12.1.2　图形与图表子系统

1. 图形生成模块

图形生成功能根据输入参数自动生成安全监测分析与评价所需的各类图形,

主要包括测值历时过程线图、分布曲线图、等值线图、回归过程线图等。

测值历时过程线图的生成模式较多，系统应根据用户需求设定图形生成时段，既可以生成单测点的历时过程线，也可以按类别生成系列测点的历时过程线，同时还可添加水位、温度等环境量过程线，见图 12.5。回归过程线图一般按单测点绘制，但应允许用户选择绘图时间，见图 12.6。

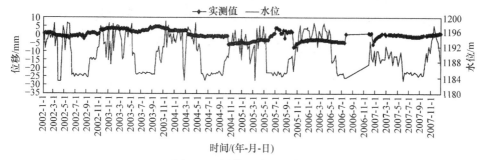

图 12.5　测值历时过程线图

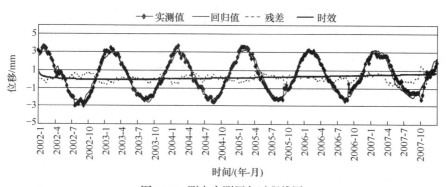

图 12.6　测点实测回归过程线图

分布图的种类较多，包括竖向位移分布图、位移沿坝轴线分布图、渗压水位分布图等。大坝竖向位移分布见图 12.7。实际监测资料和有限元计算成果等均可以绘制分布图。

等值线图主要有温度等值线图、渗流等值线图、应力与变形等值线图等，可根据实际检测资料和有限元计算成果分别绘制，水平位错分布见图 12.8，断面温度等值线如图 12.9 所示。

2. 报表生成模块

报表生成功能主要包括规范规定和满足大坝管理单位需要的各类报表的生成和打印。该功能模块应既能预先设定报表格式模板，也能让用户按自己需要设计和增加新的报表模式。工程中常用的是分类报表，不同工程因监测仪器

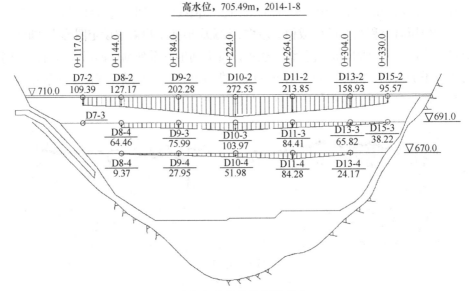

图 12.7　大坝竖向位移分布图(单位：mm)

D_{i-j} 为测点编号

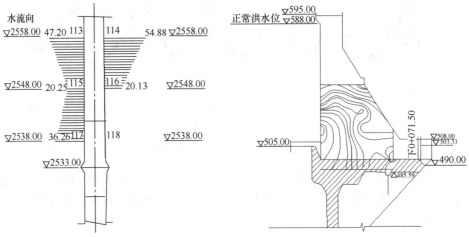

图 12.8　水平位错分布图(单位：高程为 m，其余为 mm)

图 12.9　断面温度等值线图(单位：高程为 m，其余为 mm)

种类不同其分类方式不尽相同，该模块应具备批处理功能。

3. 图像管理模块

大坝安全巡视检查、大坝安全定期现场检查等工作均涉及照片、视频等图像资料，图像管理模块按不同类别和不同日期归类存放，实现其有效、有序管理，方便各类查询和调用。

12.1.3　文档管理子系统

工程文档管理子系统实现工程图纸、工程文档、工程大事记等重要图形、文档、图像的有效、有序管理，方便各类查询和调用。

1. 工程图纸管理模块

工程图纸主要包括预可研阶段、可研阶段、设计阶段、施工图阶段、竣工阶段的枢纽平面布置图，大坝平面布置图，大坝纵横剖面图等重要工程图纸。工程图纸可采用 JPG 格式或 CAD 格式保存，可给定查询条件实现快速查询。

2. 工程文档管理模块

工程文档主要包括各设计阶段的设计报告、蓄水安全鉴定报告、竣工报告和竣工验收报告、相关科研报告、观测资料分析报告、运行报告等。工程文档可采用 JPG 格式或 Word 格式保存，可给定查询条件实现快速查询，功能界面同工程图纸管理模块。

3. 工程大事记管理模块

工程大事记主要记录工程建设过程中发生的重要事件，如工程设计与设计变更、工程批复、加固及更新改造报告等。工程大事记可采用 Word 格式保存，用户可给定查询条件实现快速查询。

4. 工程安全监测系统展示模块

为便于用户快速了解大坝安全监测系统布置的详细情况，应设置工程安全监测系统展示模块，包括工程安全监测系统布置等图文资料，用户可直接点击相关选项实现查询。

12.2　水库大坝安全监测资料分析及预报系统

大坝安全监测资料分析及预报系统包括监测资料分析子系统和预测预报子系统，监测资料分析子系统又包括常规分析功能模块和模型算法库功能模块。系统流程是首先调用整编数据库中的各序列监测资料，选择适宜的数学模型和分析计算方法完成监测资料的分析计算，并在此基础上进行合理的预测预报，然后通过图形与图表功能模块完成统计回归等曲线绘制、特征值统计等工作，监测资料分析子系统流程图如图 12.10 所示。

1. 常规分析功能模块

常规分析包括年特征值、年变化率、典型时刻变化对比分析、渗流对比分析、单因子相关分析和比较分析等。

用户指定任意时间间隔后，系统自动完成各测点的极值和变位率统计，同时绘制极值-时间过程线图和变位率-时间过程线图。坝体表面及内部位移的对比分

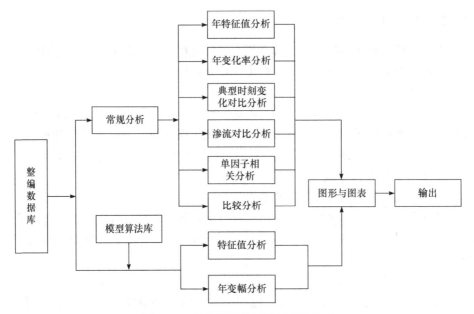

图 12.10　监测资料分析子系统流程图

析、防渗设施前后渗压对比分析便于用户及时掌控大坝变形性态和防渗系统运行状况。相关研究侧重分析位移或渗流与水位、稳定等环境量的单因子相关性，全面掌握环境量对变形或渗流的影响程度及滞后特性。

2. 模型算法库功能模块

大坝施工及水库蓄水后，大坝在其自重、库水压力、泥沙压力、温度和时间等环境因素作用下会发生变形、应力应变和渗流等效应，这些效应量的大小、空间分布形态及其时程变化情况反映了大坝的实际工作性态。数学模型分析的目的在于通过有限的、不连续的系列监测数据，建立反映大坝效应量与环境测量值之间的确定性或统计关系，掌握其定量变化规律，了解大坝的整体工作状况，对大坝安全作出判断和评价。大坝安全监测分析中常采用统计模型、确定性模型和混合模型等。

数学模型分析功能模块包括统计回归分析、灰色理论、神经网络模型、确定性模型、混合模型等多种算法的算法库和基于大坝变形与渗流产生机理的统计回归、灰色理论、神经网络等多种模型的模型库。模型库的构建应综合考虑大坝的类型、大坝的运行阶段(施工期、运行初期和运行期)和不同监测项目类型等诸多因素，同时应具有开放性，方便用户结合实际工程特征添加、更改或删除影响因子，调整模型架构。

预测预报子系统的核心问题是建立科学、合理的预测模型，完成精度较高的预测分析，对大坝安全运行提出指导性意见。预测预报的精度依赖于监测资料序列长度，对监测序列资料较短的工程，实现可信度大的预测预报具有较大难度。目前，预测预报模型中运用较多的是统计回归预测模型和灰色预测模型。统计回归预测模型主要基于历史测值资料构建预测回归模型，不同监测项目的预报模型不一样，但一般都以水位、温度、降雨等环境量为输入参数。

水库大坝安全监测管理信息系统应首先预植适宜的预测模型供用户选择，同时实现将当日环境量调入预测模型后自动生成大坝变形、渗流等关键监测项目的预测估计。

12.3　水库大坝安全评价系统

水库大坝安全评价系统包括大坝单项关键指标评价和大坝安全综合评价两大子系统，水库大坝安全评价系统流程如图 12.11 所示(吴世勇等，2009)。

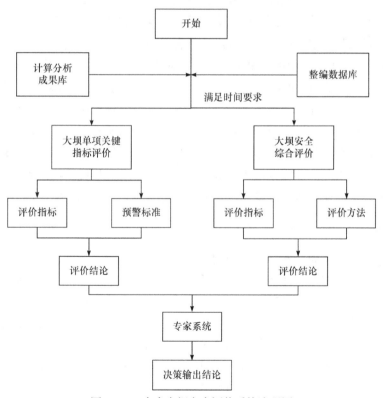

图 12.11　水库大坝安全评价系统流程图

12.3.1　大坝单项关键指标评价子系统

该系统关键在于如何构建评价大坝安全的关键指标体系，关键指标一般可根据设计规范、标准及设计研究成果等设置。大坝单项关键指标评价功能模块主要分为指标表述区、评价结论显示区和安全等级预警区，侧重于实时掌控大坝安全性态，并提出相应的处理措施建议。

单项关键指标评价通常采用一票否决的原则，即当其不满足要求时，大坝就会出现安全问题，如重力坝的抗滑稳定安全系数、近坝区岸坡稳定情况、土石坝的坝坡稳定、渗漏是否冒浑水等指标。构建单项关键指标应结合工程具体特点并广泛听取专家意见。单项关键指标包括定量指标和定性指标，前者一般从安全分析成果库、监测资料整编数据库中获取，后者从巡视检查数据中获取。

单项关键指标评价是实时评价，其重点和难点是评价标准的获取。评价标准主要通过综合分析设计规范、有限元计算成果、设计标准等获取。不同评价指标的预警标准、预警等级和预警提示会有较大差异，如抗滑稳定安全系数采用实时计算值。以规范规定值作为预警标准，预警等级分为两级，实测值小于规范规定的允许值时，发出红色预警，提示用户"大坝存在失稳危险，应及时有效处理"；实测值大于允许值时，指示灯显示绿色，表示安全。扬压力系数采用实时监测值，以设计值作为预警标准，预警等级分为三级，若所有坝段扬压力系数均小于设计值，指示灯显示绿色，表示安全；若某坝段的扬压力系数大于设计值，但该坝段的抗滑稳定安全系数仍满足要求，指示灯显示黄色，提示用户"加强监测并查明原因"；若某坝段的计算扬压力系数大于设计值，且该坝段的抗滑稳定安全系数小于规范规定的允许值，则发出红色预警，提示用户"立即查明原因并处理"。

12.3.2　大坝安全综合评价子系统

所有结构在长期自然环境和使用环境的双重作用下，功能逐渐减弱，大坝安全综合评价子系统综合评估这种损伤的规律和程度，全面评价大坝的安全性。当评价结果达不到安全要求时，系统发出警报提示，应采取有效的处理措施防止事故发生。目前，在大坝安全管理领域，除运行单位的日常安全管理和影响大坝安全的专题性研究外，通常按照国家有关规定采用定期安全检查的方式进行大坝安全综合评价。由于大坝安全涉及的定量与定性因素庞杂，难以采用统一的指标体系和某种数学模式予以评价，国内外众多学者曾尝试建立专家系统，列举关键指标等多种途径解决大坝安全综合评价问题，但尚无较为成功的案例。

12.3.2.1　评价指标体系的构建

评价指标体系的构建直接关系最终评价结论的合理性与可靠性。大坝安全评价指标主要有两大类:一类是可根据大坝原型观测资料获得实测值或计算值的定量指标;另一类是定性指标,该类指标无法或难以量化,只能通过专家现场巡视检查判断获得,通过定量转化进入评价模型。科学的评价指标体系应将定性与定量指标结合起来统筹考虑,根据具体工程条件及存在的关键性问题,有针对性地设置层次指标体系。大坝安全综合评价指标体系的构建宜遵循一些基本原则。

(1) 科学性、目的性原则。评价指标体系的构建需紧紧围绕综合评价的目的层层展开,具体指标须概念明确,有科学内涵,能够度量和反映大坝安全性态某一方面的特征。

(2) 代表性。保证重要特征和因素不被遗漏的同时,应尽可能选择主要的、有代表性的评价指标,从而减少评价指标的种类和数量,便于计算和分析。

(3) 独立性。构建评价指标体系应力求减少单个指标之间的相关程度,避免明显的包容关系,设立的各评价指标应能相对独立地反映大坝安全状况某一方面的特征,各评价指标之间应尽量排除兼容性,避免信息重叠。

(4) 层次性。将大坝安全性态分析评价这个复杂问题中的一系列评价指标分解为多个层次考虑,形成一个多层次递阶分析系统,从而由粗到细、由表及里、由局部到全面地对大坝安全状况进行逐步深入的研究。

(5) 可操作性。构建的评价指标应能通过已有手段和方法进行度量,或能在评价过程中通过研究获得指标进行度量;同时,要求评价指标体系内部与外部的同类指标能够比较。

12.3.2.2　评价方法的选择

选用适宜的评价方法,保证对大坝安全度的评价效果,提高综合评价结果与大坝实际运行状况的吻合度是至关重要的。大坝安全综合评价是一种多层次、多指标的递阶分析问题,需要集专家智慧、经验与工程实际情况于一体,才能做出相对科学合理的评判。因此,如何在评价中体现专家智慧,实现定量因素和定性因素的综合评价,是选择评价方法时应着重考虑的因素。目前,大坝安全性态的综合评价方法主要有层次分析法、模糊多层次综合评价模型、灰色理论、人工神经网络等。本部分仅介绍模糊多层次综合评价模型。

1. 模糊多层次综合评价模型

模糊多层次综合评价模型主要有主因素决定型模型 $M(\wedge,\vee)$、主因素突出型模型 $M(\bullet,\vee)$ 和 $M(\bullet,\oplus)$、乘幂修正型模型 $M(\bullet^m,\vee)$ 和加权平均型模型 $M(\bullet,+)$。主因素决定型模型和主因素突出型模型可能淹没(即忽略)许多因素的作用。工程中常用加权平均型模型 $M(\bullet,+)$ 和主因素突出型模型 $M(\bullet,\vee)$，该模型基于模糊关系矩阵 R，并综合模糊变换和线性规划的思路，融入专家知识和经验。所有因素依权重的大小均衡兼顾，克服了其他模型可能淹没某些因素的弊端，适于整体评价情况(陈健康等，1986)。

选定评价模型后，根据模糊综合评价分类逐层集成的思路，建立模糊多层次综合评价模型。针对具体评价项目，根据指标体系，确定各层次指标集，给定备择对象集 $X=[x_1,\cdots,x_m]$，共 m 个备择对象，最底层指标集 $V=[V_1,\cdots,V_l]$，共 l 个单因素指标。设第一层效果指标集为 $V/P=[v_1,\cdots,v_n]$ 且 $V_i\cap V_J=\varnothing$，$\bigcap\limits_{i=1}^{n}V_i=V$。其中，$V_i=[v_{i1},\cdots,v_{ik}](i=1,2,\cdots,n)$。显然，$V_i$ 含 k_i 个单因素指标，V 共有 $l=\sum\limits_{i=1}^{n}k_i$ 个单因素指标，设 V_i 中第 k 个因素的单因素评价矩阵为 X 上的模糊子集 $R_{ik}=[r_{ik_1},r_{ik_2},\cdots,r_{ik_m}]$，$r_{ik_j}(k_j=k_1,k_2,\cdots,k_m)$ 表示 V_i 中第 k 个因素的评价对于第 j 个备择对象的隶属度，按序集成 R_{ik} 得 V_i 的总评价矩阵 $R_i=\left(R_{i1}\ R_{i2}\cdots R_{ik_i}\right)^{\mathrm{T}}$。设 V_i 中诸因素权向量为 $W_i=\left(w_{i1}\ w_{i2}\cdots w_{ik_i}\right)$，$w_{ij}\in[0,1]$ 且 $\sum\limits_{i=1}^{k_i}w_{ij}=1$，按单层次综合评价模型合成，即

$$W_iR_i=S_i,\quad(i=1,2,\cdots,n) \tag{12.1}$$

式中，$S_i=\left(s_{i1}\ s_{i2}\cdots s_{im}\right)$，按序集成第二层综合评价结果，形成第一层的 V 指标集评价矩阵 $R=\left(S_1\ S_2\cdots S_m\right)^{\mathrm{T}}=\left(S_{ij}\right)_{n\times m}$。同理，根据 V/P 划分中各效果指标 V_i 的权向量 $W=\left(w_1\ w_2\cdots w_n\right),w_i\in[0,1]$ 且 $\sum\limits_{i=1}^{n}w_i=1$，合成大坝安全综合评价矩阵为

$$S^*=WR \tag{12.2}$$

将上述式(12.1)及式(12.2)融合，得到大坝安全综合评价模式为

$$S^*=WR=W\left(W_1R\ W_2R\cdots W_nR_n\right)^{\mathrm{T}} \tag{12.3}$$

式中，$S^*=\left(s_1^*\ s_2^*\cdots s_m^*\right)$ 为大坝安全综合评价矩阵，$s_i^*(i=1,2,\cdots,m)$ 为第 i 个大坝安全综合评价结果。若 $m=1$，即为对某特定大坝的安全综合评价结果。

2. 模糊多层次综合评价步骤

(1) 根据项目特点，选定各层次指标体系，形成各层指标集。

(2) 采用层次分析法构造判断矩阵，计算各指标相对权重，归一化处理并通过一致性检验，得出各级权向量。

指标权重获取的方法很多,而层次分析法是权重计算的一种常用方法,其基本思路是在递阶层次结构的基础上,聘请一些经验丰富、知识渊博的专家按表 12.1 中的规定对两两因素间的重要程度对比打分。随后,建立判断矩阵 C,如式(12.4)。再按式(12.5)对各专家打分样本进行一致性检验,随机一致性比率 CR 小于 0.1 的为合格样本,最后按式(12.6)计算权向量。

表 12.1　因素重要程度的判断

相对重要程度 等级	C_0	G_i	相对重要程度 等级	C_0	G_i
C_i 与 C_0 同等 重要	1	1	C_i 比 C_0 强烈 重要	7	1/7
C_i 比 C_0 稍微 重要	3	1/3	C_i 比 C_0 绝对 重要	9	1/9
C_i 比 C_0 明显 重要	5	1/5	C_i 与 C_0 的重要 程度介于各等级 之间	2、4、6、8 之一	相应倒数

$$C = \begin{bmatrix} c_{11} & \cdots & c_{1j} & \cdots & c_{1n} \\ \vdots & & \vdots & & \vdots \\ c_{i1} & \cdots & c_{ij} & \cdots & c_{in} \\ \vdots & & \vdots & & \vdots \\ c_{n1} & \cdots & c_{nj} & \cdots & c_{nn} \end{bmatrix} \tag{12.4}$$

$$\begin{cases} M_i = \prod_{i=1}^{n} c_{ij} \\ \overline{\omega_i} = \sqrt[n]{M_i} \\ \omega_i = \overline{\omega_i} \Big/ \sum_{i+1}^{n} \overline{\omega_i} \end{cases} \tag{12.5}$$

式中,ω_i 为权向量;n 为判断矩阵的阶数;c_{ij} 为判断矩阵的元素。

$$\begin{cases} CR = \dfrac{CI}{RI} \\ CI = \dfrac{\lambda_{max} - n}{n - 1} \\ \lambda_{max} = \sum_{i=1}^{n} \dfrac{(AW)_i}{nW_i} \end{cases} \tag{12.6}$$

式中，RI 根据判断矩阵的阶数不同按表 12.2 取值；A 为判断矩阵；W 为权向量；$(AW)_i$ 为 A、W 矩阵相乘后合成矩阵的第 i 个元素；CI 为一致性指标；RI 为平均随机一致性指标。

表 12.2 平均随机一致性指标 RI 取值表

判断矩阵阶数	1	2	3	4	5	6	7	8	9
RI	0.00	0.00	0.58	0.90	1.12	1.24	1.32	1.41	1.45

(3) 构造单因素评价矩阵 R_i。定量指标采用隶属函数确定，定性指标采用模糊统计方法确定。

(4) 计算大坝安全水平标度 S，并据等级划分标准评定大坝安全性态。

模糊多层次综合评价模型能较好地实现定量因素和定性因素的综合评价，同时能从隶属度获取、权重获取等多方面融入专家知识。但在许多应用领域，尤其是水电工程安全监测应用中，常常遇到确定隶属度、隶属函数中主观任意性的困惑，同时模糊多层次综合评价结果是 0～1 的标度，如何将其与大坝的安全性态(安全、基本安全、险坝)结合起来是制约其应用的关键问题。

12.3.3 大坝安全评判专家系统

大坝安全评判专家系统实质上是用计算机模拟专家，实现对大坝安全的分析、解释、评判和决策等智能辅助决策。大坝安全评判专家系统的构建尚属起步阶段，其中较有代表性的是意大利 Fanali 对人工智能应用于大坝安全监测的可能性和发展前景探讨，俄罗斯 Radkevich 研发的高土石坝专家诊断系统和中国吴中如研发的大坝安全综合评价专家系统。具体而言，构建大坝安全评判专家系统的目的在于提供测值异常的原因及异常部位分析的辅助决策平台，并融入专家知识与经验，分析可能引起该项异常的所有与异常现象、原因、结构有关的事件及这些事件的逻辑组合，找出解决方法。大坝安全评判专家系统是包括知识库、工程数据库、方法库、图库和综合推理机的完整智能系统，系统的总体结构和网络结构见图 12.12。

12.3.3.1 知识表示的模式

专家系统中常用的知识表示模式有逻辑表示法、层次表示法和网络表示法。

1. 知识的逻辑表示法

知识的逻辑表示法采用一对一的关系，用"如果…则"表达，是知识表达最常用的模式，一般多用于规范、法规类知识。例如，如果属于一级建筑物的土石坝在正常运用条件下，采用计条块间作用力计算方法计算的坝坡抗滑稳定安全系

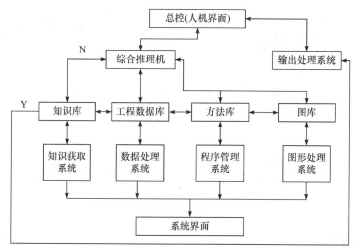

图 12.12　系统的总体结构和网络结构
N-疑点测值或病险坝；Y-正常测点或正常坝

数小于 1.5，则土石坝坝坡不稳定。

2. 知识的层次表示法

知识的层次表示法采用一对多的层次结构关系，顶层节点表示性态、现象，而底层节点则表示出现这一性态或现象的原因或处理措施。该模式适用于具有多约束、多数据支持的知识表达，知识的层次表示法示例见图 12.13。

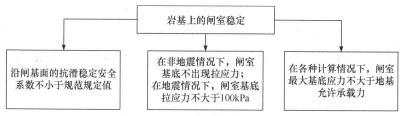

图 12.13　知识的层次表示法示例

3. 知识的网络表示法

知识的网络表示法采用多对多的网络结构关系，表征不同原因组成不同现象的知识表达，多用于具有良好分类条件的不同领域知识，知识的网络表示法如图 12.14 所示。

12.3.3.2　知识库的构建

知识库的构建是大坝安全评判专家系统研发的核心，即专家系统必须具备一定深度和广度的大坝安全监测、评价等知识。

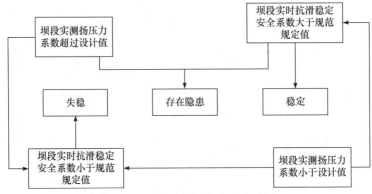

图 12.14　知识的网络表示法示例

1. 知识的广度

知识的广度即知识的全面性。对大坝安全分析评价而言，相关的知识不仅包括规范、规程、设计标准类知识，也包括工程经验、工程界认同度较高的研究成果类知识。规范、规程、设计标准类知识的获取相对较容易，知识库构建时可采用直接输入的方式，而工程经验类知识的获取则相对较难，必须经过工程特性分析、问题提出、专家咨询与讨论、专家意见提炼、检验及验证等环节。

保证知识的广度时不应忽略知识的针对性。不同坝型、不同防渗结构，大坝安全分析的侧重点不同。例如，土石坝的安全性态判断主要包括裂缝的可能性推断、渗流破坏的可能性推断和滑坡的可能性推断等，而重力坝的安全性态判断主要包括裂缝的可能性推断、渗流破坏的可能性推断、坝基面及深层滑动破坏的可能性推断和坝体应力超限的可能性推断。

2. 知识的深度

对于大坝安全监测分析与评价,知识的深度主要体现于异常测值的成因分析。若是仪器误差、读数误差等导致数据异常，则大坝是正常的，只需及时修正测值；若是其他原因，则需进行物理成因分析。

(1) 变形异常的成因分析。若发现重力坝坝基变形过大，可能是软弱结构面处理不完善、存在地质勘探中未发现的深层软弱面等原因。若坝体向上游的变形异常，可能是库盘变形、坝踵压应力较大、下游坝基面扬压力偏高等原因。若坝体向下游的变形过大，可能是坝基面或深层具有软弱结构面、坝趾压应力较大、上游坝基面扬压力偏高等原因。

(2) 渗流异常的成因分析。若坝基渗流量明显加大，渗流压力增大，可能是因防渗系统损坏产生渗漏通道、防渗系统未切断渗透通道、基础存在强卸荷带或强透水断裂带。若重力坝发生轻微渗漏，可能是坝体存在表面裂缝；若发生严重渗漏，可能是产生了贯穿裂缝、横缝止水破坏等；若土石坝发生渗漏则可能是坝体防渗系统破坏。

(3) 知识的更新。知识是相对的科学，随着人类认识的不断发展和更新，知识也需要不断完善和更新，特别是大坝运行条件复杂，当大坝运行一段时间以后可能出现一些新的情况，知识的可更新性就尤其重要。因此，知识库的构建须注重开放性和可维护性，允许对知识的不断补充、修正和更新。

12.3.3.3　综合推理的模式

综合推理的模式主要有正向推理和反向推理两种。

1. 正向推理

正向推理从大坝出现的现象出发，从知识库中寻找与之匹配的知识(即可能、肯定发生或产生某种后果)或相冲突的知识(即肯定不发生或产生某种后果)，从匹配的知识中还可能引发新的知识匹配，从而推进问题的推理求解，直至结论中已包含所有的现象。若均无匹配的知识，则进入人工综合评价，正向推理流程如图 12.15 所示。

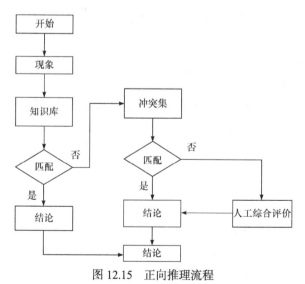

图 12.15　正向推理流程

2. 反向推理

反向推理从已知或假设问题的结论出发，从知识库中寻找与之匹配的知识，若有，则为有解结论。若与其不匹配，则在知识库中继续搜索，直到搜索到匹配知识为止。若无法寻找到匹配的知识，则进入人工综合评价，反向推理流程如图 12.16

所示。

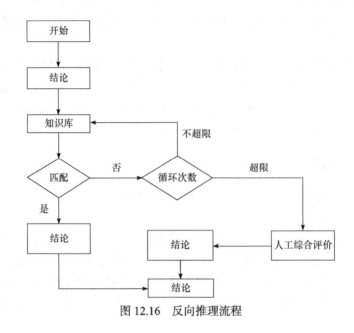

图 12.16　反向推理流程

12.4　水库大坝安全管理系统

12.4.1　水库大坝日常安全管理子系统

1. 安全管理规程

大坝安全监督和管理对保障人民生命和财产安全，促进国民经济可持续发展具有重要意义。不同阶段大坝安全管理的内容不一样，会派生出不同类别的安全管理规程，如大坝安全监测系统的专项设计、专项审查和专项验收；大坝安全管理年度计划和长远规划；大坝日常安全运行的观测、检查和维护制度；安全监测仪器的检查和率定等。安全管理规程模块有助于实现大坝安全管理相关规程的有效、有序管理，方便各类查询和调用。

2. 水库大坝安全管理图谱

没有人为干预、管理的情况下，大坝的安全状况通常要经历"异常中止""非破坏性事故""破坏事故"三个阶段。

水库大坝安全管理图谱借用事件树分析法的思想，定性分析大坝安全管理过程，水库大坝安全管理事件树如图 12.17 所示。构建水库大坝安全管理事件树以洞悉系统的不安全因素，估计事故的可能后果，寻找最经济的、最佳时机的预防手段和方法，并在其基础上针对关键失败事件的原因，建立相应的大坝安全管理预案树谱。

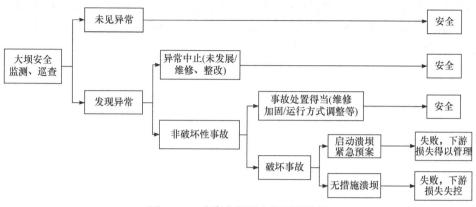

图 12.17　水库大坝安全管理事件树

　　从大坝安全管理实践看来，有些事故现象的本质是一样的。因此，构建大坝安全管理事件树分析图必须借助大量的事故资料，对大坝安全事故的现状及原因进行分析、整理、归纳，按照一定的逻辑关系分析所有与事故现象、原因、结果有关的事件及这些事件的逻辑组合。大坝安全管理预案树谱旨在大坝安全管理事件树分析图的基础上，融入专家知识与经验制定避免事故的措施和方法。

　　大坝安全管理综合图谱是在构建大坝安全事故因果图的基础上，融入对应事故的处置措施对策。大坝安全管理综合图谱用于大坝的常规安全管理，可明确管理责任，便于提出整改意见，及时化险；用于事故后分析，可快速便捷地寻找最小事故诱因，落实管理责任，深思反省。

12.4.2　水库大坝安全应急管理子系统

　　大坝安全管理是一种公共安全工作，一种避免溃坝、防患于未然的工作，属于一种预防性、未雨绸缪、主动发现问题并及时采取补救措施的专业工作。

　　水库大坝安全应急管理子系统包括大坝安全预警模式和大坝安全应急预案。大坝安全预警模式应融合各单项关键指标评价、综合指标评价和专家知识的综合预警，而大坝安全应急预案则应针对超标洪水、特大地震、极端气候下的暴风等突发事件制定有效的应对方案和措施，最大限度地减少生命财产损失。

　　2004 年，国务院办公厅发布《国务院有关部门和单位制定和修订突发公共事件应急预案框架指南》。2006 年，国务院发布《国家突发公共事件总体应急预案》，同年 3 月，国家防汛抗旱总指挥部办公室发布了《水库防汛抢险应急预案编制大纲》。2020 年，国家市场监督管理总局发布了《生产经营单位生产安全事故应急预案编制导则》(GB/T 29639—2020)。2015 年 12 月，水利部颁发了《水库大坝安全管理应急预案编制导则》(GB/T 29639—2013),同时颁布了一系列水利水电方面的应急预案。为了切实做好大坝安全管理工作,保障大坝安全,最大程度保障人民群众生命安全,减少损失,须深入研究所管辖大坝的安全特征,编制适合国情、适合所管辖大坝特点的应急预案。

参 考 文 献

曹武安, 张超, 贡大伟, 2008. 钢筋混凝土桥梁的裂缝分析[J]. 北方交通, (5): 176-177.

陈德, 2011. 砌体护坡裂缝的成因及预防处理要求[J]. 西部探矿工程, 23(5): 199-200.

陈辉, 景卫华, 李益进, 2009. 穿堤建筑物的防渗措施简析[J]. 山西建筑, 35(2): 356-357.

陈家银, 李富长, 司马军, 2007. 白龟山水库白蚁隐患的探地雷达检测试验[J]. 河南水利与南水北调, (1): 54-55.

陈健康, 曾佑澄, 1986. 模糊数学在中型水电电源优选中的应用[J]. 四川水力发电, (4): 57-66.

陈鹏, 2011. 监测工程的质量控制[J]. 河南水利与南水北调, (8): 16-18.

丛杨, 2012. DC 区属建筑企业施工安全评判与管理对策研究[D]. 济南: 山东大学.

邓发如, 2011. 丙乳砂浆在窑里水库混凝土缺陷加固处理中的应用[J]. 山西水利科技, 31(1): 69-70.

邓中俊, 姚成林, 贾永梅, 等, 2008. 探地雷达在水工隧洞质量检测中的应用[J]. 水利水电技术, 39(10): 108-112.

董哲仁, 1999. 堤防抢险实用技术[M]. 北京: 中国水利水电出版社.

杜锋, 杨晓凌, 2012. 水工建筑物监测仪器的布置[J]. 内蒙古科技与经济, (2): 73-74.

杜晖, 2006. 平原水库土工膜防渗技术研究与应用[D]. 南京: 河海大学.

房纯纲, 姚成林, 贾永梅, 2010. 堤坝隐患及渗漏无损检测技术与仪器[M]. 北京: 中国水利水电出版社.

顾冲时, 吴中如, 刘爱光, 1993. 应用综合分析法分析大坝渗流状况[J]. 大坝观测与土工测试, 17(5): 14-19.

顾慰慈, 1994. 水利水电工程管理[M]. 北京: 中国水利水电出版社.

郭春轩, 2013. 浅谈建筑工程施工管理[J]. 科技创新与应用, (27): 247.

郭峰, 2010. 基于分形理论的 HVFAC 抗冲磨性能研究[D]. 杨凌: 西北农林科技大学.

郭卫东, 2013. 浅谈混凝土防渗墙施工技术与应用[J]. 中国水运, 13(9): 224-225, 233.

郭治, 刘艳辉, 2011. 桃山水库大坝安全检查及巡护[J]. 黑龙江水利科技, 39(3): 295-296.

何松云, 2006. 深圳市长岭皮水库大坝防渗灌浆处理技术研究[D]. 南京: 河海大学.

何为, 2004. 浅谈土坝的检查与养护[J]. 甘肃水利水电技术, 40(4): 357-358.

何晓燕, 孙丹丹, 黄金池, 2008. 大坝溃决社会及环境影响评价[J]. 岩土工程学报, 30(11): 1752-1757.

胡德秀, 杨杰, 程琳, 2017. 水利工程风险与管理[M]. 北京: 科学出版社.

胡象明, 2006. 公共部门决策的理论与方法[M]. 北京: 高等教育出版社.

胡罂, 2019. 基于非概率可靠性的重力坝变形监控指标拟定方法与应用[D]. 南昌: 南昌工程学院.

黄华, 2016. 某水库溢洪道过流能力的研究[D]. 武汉: 湖北工业大学.

黄人堂, 卫启云, 涂树基, 等, 2000. GPS 在应县木塔变形监测网中的应用研究[J]. 北京测绘, (2): 28-33.

黄胜方, 2007. 土石坝老化病害防治与溃坝分析研究[D]. 合肥: 合肥工业大学.

黄腾, 陈光保, 张书丰, 2004. 自动识别系统 ATR 的测角精度研究[J]. 水电自动化与大坝监测, 28(3): 37-40.

黄伟杰, 2016. 接头管法在石壁水库大坝防渗墙施工中的应用[J]. 黑龙江水利科技, (2): 114-116.

黄耀英, 瞿立新, 周宜红, 等, 2012. 混凝土浇筑仓温度双控指标拟定的最大熵法[J]. 长江科学院院报, 29(11): 104-107, 121.

黄云超, 乔一乐, 孙文杰, 2015. 关于小型病险土石坝除险加固的探讨[J]. 科技视界, (9): 260-261, 280.

焦强, 罗哲, 2005. 管理学[M]. 成都: 四川大学出版社.

姜殿文, 宋冰, 王军, 1998. 渡槽的冰害及其防治措施[J]. 黑龙江水专学报, (4): 102-104.

雷鹏, 2008. 混凝土坝变形安全监控指标的拟定方法研究[D]. 南京: 河海大学.

雷鹏, 常晓林, 肖峰, 等, 2011. 高混凝土坝空间变形预警指标研究[J]. 中国科学: 技术科学, 41(7): 992-999.

雷声昂, 张法思, 2004. 灌区建筑物加固改造[M]. 北京: 中国水利水电出版社.

冷元宝, 王锐, 杜思义, 2014. 防渗墙质量无损检测技术规程[M]. 郑州: 郑州大学出版社.

李端有, 熊健, 於三大, 等, 2005. 土石坝渗流热监测技术研究[J]. 长江科学院院报, 22(6): 29-33.

李光平, 2015. 提高重力坝抗滑稳定的措施[J]. 四川水利, 36(4): 33-36.

李继业, 刘福臣, 2003. 建筑施工质量问题与防治措施[M]. 北京: 中国建材工业出版社.

李健民, 杨冬梅, 许俊, 2004. 实用粘接技术问答[M]. 北京: 化学工业出版社.

李军鹏, 2005. 公共管理学[M]. 北京: 首都经济贸易大学出版社.

李梅华, 王建伟, 2004. 水工混凝土建筑物裂缝修补工艺探讨[J]. 黄河水利职业技术学院学报, 16(2): 19-21, 24.

李明, 刘君仪, 2010. 浅谈混凝土结构的耐久性[J]. 科技信息, (17): 504-505, 501.

李尚者, 杜怀超, 陈立军, 2017. 利用有限元法的大坝变形分析研究[J]. 测绘地理信息, 42(4): 89-91.

李胜利, 2009. 建筑工程施工阶段的安全管理研究[D]. 北京: 中国地质大学.

李石, 牛运光, 曹松润, 1991. 中国水利管理40年[J]. 水利学报, (4): 77-86.

李喜孟, 杨志懋, 王立君, 2001. 无损检测[M]. 北京: 机械工业出版社.

李阳, 2007. 筒型基础负压沉贯过程渗流场数值分析[D]. 天津: 天津大学.

廖文来, 2005. 大坝安全巡视检查信息综合评判方法研究[D]. 武汉: 武汉大学.

廖勇龙, 刘祖强, 2006. 三峡工程安全监测管理与监理的实践[J]. 水利建设与管理, 26(4): 1-3.

林冬妹, 2004. 水利法律法规教程[M]. 北京: 中国水利水电出版社.

林继镛, 2009. 水工建筑物[M]. 北京: 中国水利水电出版社.

刘长江, 李丽, 2008. 察尔森水库大坝安全监测[J]. 东北水利水电, (11): 56-57.

刘国卫, 王军涛, 邹念椿, 等, 2015. 光纤光栅监测系统在公路隧道的应用研究[J]. 工业仪表与自动化装置, (3): 51-53.

刘杰, 谢定松, 2017. 反滤层设计原理与准则[J]. 岩土工程学报, 39(4): 609-616.

刘伟华, 2011. 水工建筑物钢筋锈蚀破坏与修补处理[J]. 山东水利, (6): 15-16.

刘晓钟, 朱元文, 2013. 高压旋喷灌浆生产性试验研究[J]. 浙江水利水电专科学校学报, 25(1): 4-6.

刘学祥, 郭志鸿, 赵根源, 等, 2007. 龙桥水电站大坝安全监测成果初步分析[J]. 湖北水力发电, (1): 114-116, 119.

龙智飞, 孙玮玮, 周克发, 2018. 水库运行、维护和监测手册编制要点[J]. 中国水利, (20): 31-33.

罗倩钰, 杨杰, 程琳, 等, 2017. 混凝土坝运行初期安全监控指标拟定方法研究[J]. 水利与建筑工程学报, 15(2): 32-36.

马春辉, 杨杰, 程琳, 等, 2017. 基于混合核函数HS-RVM的边坡稳定性分析[J]. 岩石力学与工程学报, 36(S1): 3409-3415.

马春辉, 杨杰, 程琳, 等, 2019. 基于QGA-MMRVM的堆石坝材料参数自适应反演研究[J]. 岩土力学, 40(6): 2397-2406.

马婧, 2019. 土石坝病险识别及溃坝风险分析关键技术研究[D]. 西安: 西安理工大学.

牛运光, 1979. 土坝滑坡的原因分析与处理[J]. 水利水电技术, (3): 7-11.

牛运光, 1995. 土石坝下输水洞(管)破坏原因及其加固措施[J]. 水利水电技术, (11): 42-47.

牛运光, 1998. 土坝安全与加固[M]. 北京: 中国水利水电出版社.

钮新强, 2011. 大坝安全与安全管理若干重大问题及其对策[J]. 人民长江, 42(12): 1-5.

潘冬红, 2009. 综述水工混凝土建筑物裂缝的处理[J]. 中小企业管理与科技, (7): 192.

潘家铮, 何璟, 2000. 中国水力发电工程[M]. 北京: 中国电力出版社.

彭雪辉, 赫健, 施伯兴, 2008. 我国水库大坝风险管理[J]. 中国水利, (12): 10-13.

戚中兴, 王星, 2006. 劈裂灌浆在土堤防渗中的应用[J]. 昆明冶金高等专科学校学报, 22(3): 11-14, 20.

饶小康, 罗熠, 姚振和, 2016. 白鹤滩水电站开挖爆破数字化系统研究与开发[J]. 长江科学院院报, 33(1): 143-146.

任士伟, 董兆忱, 王汉新, 等, 2003. 黄河下游涵闸工程老化防治与管理技术[M]. 郑州: 黄河水利出版社.

盛玉, 2017. 水库除险加固混凝土坝渗漏控制措施探讨[J]. 黑龙江科技信息, (13): 192.

石自堂, 2009. 水利工程管理[M]. 北京: 中国水利水电出版社.

《数学手册》编写组, 2010. 数学手册[M]. 北京: 高等教育出版社.

宋国涛, 王晓旭, 2016. 幸福沟水库坝基防渗设计研究[J]. 黑龙江水利科技, 44(1): 34-36.

宋厚双, 赵全麟, 1994. 精密导线法在大坝变形监测中的应用[J]. 人民长江, (10): 6-10.

宋树新, 刘虎, 2013. 浅谈防渗渠道坏损修复技术[J]. 内蒙古水利, (2): 119-120.

孙东玺, 张卫红, 宋林林, 2008. 灌区水工闸门及启闭机养护与维修[J]. 水利天地, (12): 40-41.

孙静, 2005. 混凝土结构模糊评估体系和判别系统的研究[D]. 南京: 河海大学.

孙明利, 2010. 堤防和大坝安全监测信息分析评价系统研究[D]. 济南: 山东大学.

孙志恒, 鲁一晖, 岳跃真, 2004. 水工混凝土建筑物的检测、评估与缺陷修补工程应用[M]. 北京: 中国水利水电出版社.

唐景丽, 2009. 百合水库土坝高压喷射灌浆防渗墙施工试验[J]. 广西水利水电, (6): 87-89.

唐静, 2011. 压力相关的粗粒土渗透变形试验研究[D]. 长沙: 长沙理工大学.

王伯恭, 2000. 中国百科大词典[M]. 北京: 中国大百科全书出版社.

王彩文, 1999. 混凝土裂缝的化学注浆修补技术[J]. 山西建材, (1): 37-38.

王德厚, 1997. 三峡水利枢纽安全监测工程的管理和监理[J]. 水利水电标准化与计量, (4): 2-6.

王德厚, 2003. 长江科学院三峡工程科研工作综述[J]. 人民长江, 34(8): 29-36.

王德厚, 2007. 水利水电工程安全监测理论与实践[M]. 北京: 长江出版社.

王凤岐, 2001. 浅析防汛工程检查[J]. 吉林水利, (4): 22-23.

王国秉, 吕小彬, 1998. 水工建筑物的混凝土质量检测[J]. 山西水利科技, (S1): 38-42.

王开明, 2010. 仁宗海堆石坝初期蓄水阶段的监测分析与安全评判[D]. 成都: 成都理工大学.

王立彬, 燕乔, 毕明亮, 2010. 砂砾石层可灌性分析与探讨[J]. 水利技术监督, 18(3): 42-46.

王益才, 1994a. 冲抓套井回填粘土防渗墙[J]. 水利管理技术, (6): 58-62.

王益才, 1994b. 险坝防渗加固措施——混凝土防渗墙[J]. 水利管理技术, (3): 18-21.

王益才, 1995. 土石坝事故分析与处理(下)[J]. 水利管理技术, (5): 55-62.

王志福, 王吉贵, 2007. 浅析剥蚀破坏的破坏机理[J]. 黑龙江科技信息, (8): 208, 234.

吴世勇, 陈建康, 邓建辉, 2009. 水电工程安全监测与管理[M]. 北京: 中国水利水电出版社.

吴相豪, 吴中如, 2004. 碾压混凝土坝变形一级监控指标的拟定方法[J]. 水利水电技术, (9): 136-138.

吴秀英, 2006. 山东西苇水库安全评判及其除险加固设计研究[D]. 南京: 河海大学.

吴中如, 2003. 水工建筑物安全监控理论及其应用[M]. 北京: 高等教育出版社.

吴中如, 陈波, 2016. 大坝变形监控模型发展回眸[J]. 现代测绘, 39(5): 1-3, 8.

吴中如, 顾冲时, 2000. 大坝原型反分析及其应用[M]. 南京: 科学技术出版社.

吴中如, 顾冲时, 郑东健, 等, 2005. 探讨重大水利水电工程寿命诊断的理论和方法[J]. 岩石力学与工程学报, 24(17): 3017-3022.

吴中如, 金永强, 马福恒, 等, 2008. 水库大坝的险情识别[J]. 中国水利, (20): 32-33, 28.

吴中如, 赵斌, 顾冲时, 1997. 混凝土坝变形监控指标的理论及其应用[J]. 大坝观测与土工测试, (3): 3-6.

武永新, 吴正桥, 于玉森, 2004. 水工建筑物设计与加固[M]. 郑州: 黄河水利出版社.

夏富洲, 2000. 渡槽水毁及其它破坏的修复[J]. 人民长江, 31(3): 17-19, 50.

熊威, 胡小龙, 田波, 2018. 坝体超深混凝土防渗墙加固技术研究[J]. 山西建筑, 44(5): 216-218.

徐存东, 2012. 水工建筑物检测与健康诊断[M]. 北京: 中国水利水电出版社.

徐国龙, 2002. 中华人民共和国行业标准 SL268-2001《大坝安全自动监测系统设备基本技术条件》的编制概述[J]. 大坝与安全, (6): 35-39.

徐长华, 满守耀, 2011. 寒区渡槽冻害防治措施[J]. 黑龙江水利科技, 39(6): 283-284.

严国璋, 李俊辉, 2001. 堤坝白蚁及其防治[M]. 武汉: 湖北科学技术出版社.

闫世平, 2007. 浅谈现浇混凝土防渗渠道的管理和维修[J]. 内蒙古水利, (2): 88-90.

杨佳伟, 亓丽媛, 杨嘉冰, 2006. 混凝土坝渗漏的原因及处理措施[J]. 黑龙江水利科技, 34(5): 124.

杨杰, 李宗坤, 林志祥, 等, 2012. 水工建筑物安全监测与控制[M]. 郑州: 黄河水利出版社.

杨杰, 马春辉, 程琳, 等, 2019. 高陡边坡变形及其对坝体安全稳定影响研究进展[J]. 岩土力学, 40(6): 2341-2353.

杨杰, 马春辉, 向衍, 等, 2018. 基于机器学习与随机有限元的筑坝材料参数不确定性反分析[J]. 中国科学: 技术科学, 48(10): 1113-1121.

杨杰, 吴中如, 顾冲时, 等, 2006. 坝体与坝基材料参数的薄层单元有限元反分析[J]. 岩石力学与工程学报, 25(S1): 3087-3092.

杨金春, 2003. 浅析渠道防渗修理问题[J]. 节水灌溉, (2): 34-36.

叶家峻, 张淑华, 吴岩, 2009. 土坝的养护及常见病害的处理[J]. 黄河水利职业技术学院学报, 21(1): 15-17.

曾向农, 2008. 矿山碾压尾矿坝稳定性分析及预警预报理论应用研究[D]. 长沙: 中南大学.

曾昭发, 刘四新, 王者新, 等, 2006. 探地雷达方法原理及应用[M]. 北京: 科学出版社.

张劲松, 徐云修, 2000. 倒虹吸管的破坏分析及修补措施[J]. 中国农村水利水电, (3): 6-8.

张军, 2010. 建筑施工事故分析概述[J]. 北方交通, (11): 75-78.

张乃艳, 2009. 水电站建筑物防止和减免空蚀的措施研究[J]. 科技创新导报, (23): 40.

张文渊, 张长清, 1998. 浅谈混凝土的冻融破坏及其修补[J]. 海岸工程, (4): 47-51.

张新玉, 2005. 水利投资效益评价理论与方法[M]. 北京: 中国水利水电出版社.

张妍, 2014. 混凝土坝坝体裂缝及处理方法[J]. 黑龙江科技信息, (17): 255.

张耀中, 2010. 混凝土裂缝灌浆修补措施探析[J]. 魅力中国, (25): 52-53.

赵登贵, 2011. 建筑工程安全管理的基本内容及相关问题研究[J]. 科技信息, (23): 702, 726.

赵丽子, 石自堂, 2011. 劈裂灌浆的湿化变形分析[J]. 水利与建筑工程学报, 9(5): 125-128.

赵全麟, 1991a. 变形监测网的优化设计[J]. 人民长江, (7): 22-28.

赵全麟, 1991b. VAMS 型大坝垂直位移自动监测系统[J]. 大坝观测与土工测试, (1): 87-91.

赵全麟, 朱丽如, 1994. 深埋三维倒垂及三峡工程变形监测基准系统的研究[J]. 人民长江, (1): 17-24.

赵旭升, 冯旭, 苏德乾, 2004. 土坝裂缝的预防与治理[J]. 杨凌职业技术学院学报, 3(1): 28-31.

赵艳秋, 2019. 浅析水库管理过程中土坝渗漏的种类与成因及其检查[J]. 农家参谋, (5): 194.

赵志明, 2016. 混凝土坝运行初期安全监控方法研究[D]. 西安: 西安理工大学.

赵志仁, 1983. 混凝土坝的现场检查[J]. 水利水电技术, (7): 54-61.

赵志仁, 郭晨, 2005. 国内外引(调)水工程及其安全监测概述[J]. 水电自动化与大坝监测, (1): 62-65.

周小桥, 2003. 突出重围: 项目管理实战[M]. 北京: 清华大学出版社.

周仲孟, 1990. 水工建筑物检查观测与养护修理[M]. 北京: 水利电力出版社.

朱凯, 秦栋, 汪雷, 等, 2013. 云模型在大坝安全监控指标拟定中的应用[J]. 水电能源科学, 31(3): 65-68.

朱丽如, 1991. 葛洲坝水利枢纽大坝垂直位移观测设计的几个问题[J]. 大坝与安全, (1): 39-46.

祝君, 2005. 环氧砂浆大面积应用的研究[D]. 西安: 西安理工大学.

MA C H, YANG J, CHENG L, et al., 2020a. Adaptive parameter inversion analysis method of rockfill dam based on harmony search algorithm and mixed multi-output relevance vector machine[J]. Engineering Computations, 37(7): 2229-2249.

MA C H, YANG J, ZENZ G, et al., 2020b. Calibration of the microparameters of the discrete element method using a relevance vector machine and its application to rockfill materials[J]. Advances in Engineering Software, 147: 102833.

YANG J, QU X, CHANG M, 2019. An intelligent singular value diagnostic method for concrete dam deformation monitoring[J]. Water Science and Engineering, 12(3): 205-212.

附　录

附录 A　大坝现场安全检查表

A1　现场安全检查基本情况

水库名称及基本情况描述	
枢纽工程主要建筑物	
水库防洪保护对象	
检查时间	
天气	
检查时库水位/m	
检查时库容/m³	
检查人员	
现场检查发现的主要问题描述	

注：可根据工程实际情况增减表中内容，余表同。

A2　挡水建筑物现场检查情况——土石坝

检查部位			检查情况记录
挡水建筑物	坝顶	坝顶路面	
		坝顶排水设施	
		防浪墙	
	坝体	坝体填土	
		坝体外观形象面貌	
		上游护坡设施	
		上游垫层料	
		上游反滤料	
		上游排水设施	
		下游护坡设施	
		下游垫层料	

续表

检查部位			检查情况记录
挡水建筑物	坝体	下游反滤料	
		下游排水设施	
	坝基	上游坝基	
		下游坝基	
		坝基截水槽(墙)	
	坝肩	左坝肩	
		右坝肩	
	下游地面	排水沟	
		排水渠	
	近坝库岸	坝左库岸	
		坝右库岸	
	其他		

A3　挡水建筑物现场检查情况——混凝土坝与浆砌石坝

检查部位			检查情况记录
挡水建筑物	坝顶	坝顶路面	
		坝顶排水设施	
	坝体	坝体混凝土或浆砌石	
		坝体外观形象面貌	
		上游坝面	
		下游坝面	
		坝体排水设施	
		坝体内部廊道	
	坝基	上游坝基	
		下游坝基	
		坝基防渗帷幕	
		坝基排水	
	坝肩	左坝肩	
		右坝肩	

续表

检查部位			检查情况记录
挡水建筑物	下游地面	排水沟	
		排水渠	
	近坝库岸	坝左库岸	
		坝右库岸	
	其他		

A4　泄水建筑物现场检查情况——溢洪道

检查部位			检查情况记录
泄水建筑物	进水段	左岸边墙	
		右岸边墙	
		底板	
	控制段	左岸边墙	
		右岸边墙	
		闸墩	
		牛腿	
		底板	
		溢流堰体	
	闸门	拦污栅	
		检修闸门	
		检修门槽	
		工作闸门	
		工作门槽	
		通气孔	
	启闭设施	启闭房(塔)	
		启闭机	
		启闭控制设施	
		启闭电源	
		备用电源	
	泄槽段	左岸边墙	

续表

检查部位			检查情况记录
泄水建筑物	泄槽段	右岸边墙	
		底板	
	消能设施	挑流鼻坎	
		消力池	
		底板	
		消能跌坎	
	尾水	尾水渠道	
		下游河道	
	交通设施	工作桥	
		交通桥	
	岸坡	左岸边坡	
		右岸边坡	
	其他		

A5　挡水建筑物现场检查情况——溢(泄)洪隧洞

检查部位			检查情况记录
挡水建筑物	进水段	左岸边墙	
		右岸边墙	
		底板	
	隧洞段	闸门井	
		洞顶部	
		洞壁两侧	
		洞底板	
	闸门	拦污栅	
		检修闸门	
		检修门槽	
		工作闸门	
		工作门槽	
		通气孔	

检查部位			检查情况记录
挡水建筑物	启闭设施	启闭房(塔)	
		启闭机	
		启闭电源	
		备用电源	
	出口段	左岸边墙	
		右岸边墙	
		底板	
		消能设施	
	尾水	尾水渠道	
		下游河道	
	其他		

A6　输(引)水建筑物现场检查情况

检查部位			检查情况记录
输(引)水建筑物	进水段	左岸边墙	
		右岸边墙	
		底板	
	隧(涵)洞段	闸门井	
		洞顶部	
		洞壁两侧	
		洞底板	
	闸门	拦污栅	
		检修闸门	
		检修门槽	
		工作闸门	
		工作门槽	
		通气孔	
	启闭设施	启闭房(塔)	
		启闭机	

续表

检查部位			检查情况记录
输(引)水建筑物	启闭设施	启闭电源	
		备用电源	
	出口段	左岸边墙	
		右岸边墙	
		底板	
		消能设施	
	尾水	尾水渠道	
		下游河道	
	其他		

A7　管理设施现场检查情况

检查部位			检查情况记录
管理设施	管理机构	机构组成	
		机构主管部门	
	管理队伍	行政管理人员	
		技术管理人员	
	管理制度	管理制度类型	
		管理制度执行情况	
	办公用房	办公用房面积	
		结构安全性	
	办公设备	计算机	
		打印机	
		监控设备	
		办公桌椅	
	水雨情测报设施	水情测报设施	
		雨情测报设施	
	安全监测设施	变形监测设施	
		渗流及渗漏量监测设施	
		应力应变监测设施	

续表

检查部位			检查情况记录
管理设施	安全监测设施	温度监测设施	
		地震监测设施	
		环境量监测设施	
		其他监测设施	
		监测资料整理分析情况	
	交通道路	防汛土坝公路	
		与外界联系交通道路	
	车辆与船只	办公车辆	
		防汛抢险车辆	
		防汛抢险船只	
	防汛抢险储备物资	土石料	
		木桩	
		钢丝(筋)	
		编织袋	
		防汛抢险照明	
		其他	
	通信设施	固定电话	
		卫星电话	
		电台	
		移动电话	
	警报系统	上游警报设施	
		枢纽工程区警报设施	
	供电及照明设施	枢纽工程区供电	
		枢纽工程区照明	
	维修养护设备及物资	维修养护机械设备	
		维修养护物资	
	调度运用计划	编制内容	
		培训	
	应急预案	编制内容	

续表

检查部位			检查情况记录
管理设施	应急预案	洪水风险图	
		有效性、可行性	
		宣传、培训及演练(习)	
	运行、维护与监测手册(OMS)	编制内容	
		培训	
	其他		

A8　水库上下游现场检查情况

检查项目			检查情况记录
库区	上游已建水利水电工程	水库	
		水电站	
		水闸	
		泵站	
		山塘	
		淤地坝	
	库区渗漏情况		
	库区地下水		
	库区交通道路		
	近坝岸坡		
	库区滑坡(滑移变形)体		
	水库泥沙淤积情况		
	库区冰凌		
	库区居民区		
	库区污染源		
	库区植被		
	其他		
下游	下游已建水利水电工程	水库	
		水电站	
		淤地坝	

续表

检查项目			检查情况记录
下游	下游已建水利水电工程	山塘	
		堤防	
		水闸	
		泵站	
		蓄滞洪区	
	河道断面		
	跨河桥梁		
	跨河管线		
	下游乡村分布		
	下游城镇分布		
	下游工矿企业分布		
	下游污染企业		
	下游学校与医院		
	下游自然与历史景观		
	下游道路分布		
	避难场所		
	其他		

附录 B 大坝安全鉴定报告书

水 库 名 称 :_____

鉴定审定部门:_____

鉴 定 时 间 :_____

填 表 说 明

一、工程概况：应填明水库建设时间、规模及功能，续建、加固情况，现状工程规模、防洪标准及特征水位，枢纽主要建筑物组成及其特征参数，运行中的主要问题及水库大坝对下游的影响等情况。

二、现场安全检查：填明现场安全检查的主要结果，指出严重的运行异常表现，反映工程存在的主要安全问题。

三、工程质量评价：填明施工质量是否达到设计要求，总体施工质量的评价，运行中暴露出的质量问题。反映施工及历年探查试验的质量结果，补充探查和试验的主要结果。

四、运行管理评价：反映主要运行及管理情况，历史最高蓄水时的大坝运行情况，历年出现的主要工程问题及处理情况，水情及工程监测、交通通信等管理条件。

五、防洪标准复核：应填明本次鉴定中采用的水文资料系列和洪水复核方法，主要调洪计算原则及坝顶超高复核结果，指出水库大坝现状实际抗御洪水能力，及与标准的比较。

六、结构安全评判：根据本次对大坝等主要建筑物的结构安全评判结果，填明大坝是否存在危及安全的变形，大坝抗滑是否满足规范要求，近坝库岸是否稳定，混凝土建筑物及其他泄水、输水建筑物的强度安全是否满足规范要求等。

七、渗流安全评判：根据本次鉴定中对大坝进行的渗流稳定性分析评价结果，填明大坝运行中有无渗流异常，各种岩土材料中的渗透稳定是否满足安全运行要求，坝基扬压力是否满足设计要求等。

八、抗震安全复核：根据《中国地震动参数区划图》(GB 18306—2015)或专门研究确定的基本地震参数及设计烈度，土石坝的抗滑稳定、坝体及地基的液化可能性；重力坝的应力、强度及整体抗滑稳定性；拱坝的应力、强度及拱座的抗滑稳定性；以及其他输、泄水建筑物及压力水管等的抗震安全复核结果。

九、金属结构安全评判：是否做了检测，填明金属结构锈蚀程度，复核的强度、刚度及稳定性是否满足规范要求，闸门启闭能力是否满足要求，紧急情况下能否保证闸门开启。

十、工程存在的主要问题：根据现场安全检查及大坝安全评判结果，归纳水库大坝存在的主要安全问题。

十一、安全鉴定结论：应根据现场安全检查和大坝安全分析评价结果，结合专家判断做出安全鉴定结论。包括防洪标准、结构安全、渗流安全、抗震安全、金属结构安全是否满足规范要求，指出水库大坝存在的主要安全问题，结论要明确。

十二、大坝安全类别评定：根据大坝安全鉴定结论，对照本办法的大坝安全分类原则及《水库大坝安全评价导则》(SL 258—2017)中的大坝安全分类标准，评定大坝安全类别。

水库名称		所在地点	
所在河流		总库容	
水库管理单位		鉴定组织单位	
鉴定承担单位		鉴定审定部门	

工程概况：

大坝现场安全检查		
大坝安全分析评价	工程质量评价	
	运行管理评价	
	防洪标准复核	
	渗流安全评价	

	结构安全评价	
	抗震安全复核	
	金属结构安全评价	

工程存在的主要问题：

大坝安全类别评定：

对运行管理或除险加固的意见和建议：

安全鉴定结论：

组　长(签名)：

水库大坝安全鉴定专家组名单

序号	姓名	专家组职务	单　位	职务/职称	签　字
1					
2					
3					
4					
5					
6					
7					
8					
9					

鉴定组织单位意见：

　　　负责人(签名)：　　　　　单位(印章)：　　　　年　月　日

鉴定审定部门意见：

　　　负责人(签名)：　　　　　单位(印章)：　　　　年　月　日